ENTDECKUNGSREISE MIT

FLEURUS

IN DIE NATUR

Hélène Dutilleul

FLEURUS VERLAG

Inhaltsverzeichnis

Auf dem Land 102

ENTDECKE SELBST…

Am Wasser 164

ENTDECKE SELBST…

Im Wald 204

ENTDECKE SELBST...

Am Meer 240

ENTDECKE SELBST...

In den Bergen 308

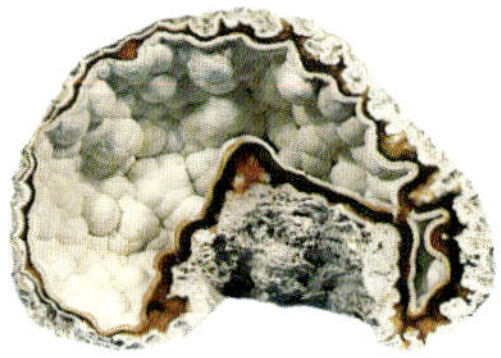

ENTDECKE SELBST...

Urlaub im Süden 344

ENTDECKE SELBST...

Orientierungshilfen 372

ENTDECKE SELBST...

Beobachtungskalender 377

Wunderwerk Natur entdecken und schützen!

Die Erde bildet im lebensfeindlichen Universum eine paradiesische Insel, die für ihre Bewohner nicht nur wertvoll, sondern lebenswichtig ist. Es ist unsere Aufgabe, sie zu schützen und zu erhalten.

Im Laufe seiner langen Geschichte brachte unser „Blauer Planet" das Leben hervor – ein vielleicht einzigartiges Phänomen im Kosmos. Die Erde entstand vor ca. 4,5 Milliarden Jahren. Durch Evolution entwickelten sich viele verschiedene Tier- und Pflanzenarten. Vulkanausbrüche, Kometeneinschläge oder andere uns noch unbekannte Ereignisse führten dazu, dass einige von ihnen wieder ausstarben. Die Gesamtheit der auf der Erde lebenden Arten macht die Lebensvielfalt aus. Diese ist aber nicht unveränderlich, im Gegenteil! Sie ändert sich dauernd und passt sich fortwährend an, auch ohne das Eingreifen der Menschen.

Was ist Ökologie?

Das Leben kann sich auf der Erde nur in einer sehr dünnen Schicht, der so genannten Biosphäre entwickeln. Sie reicht von 5000 m über und bis zu 5000 m unter dem Meeresspiegel. In seltenen Ausnahmefällen werden diese Grenzen auch überschritten.

Alle Lebewesen sind von Klima und Umgebung abhängig; daher ist ihre Verteilung in der Biosphäre ungleichmäßig. Auf dem Land findet sich z. B. eine ganz andere Tier- und Pflanzenwelt als im Wasser und wieder eine andere in den Bergen oder in den Ebenen, in den Tropen oder in Polnähe. Jede mögliche Kombination zwischen Klima und Umwelt nennt man Biotop. Jedes Biotop bildet zusammen mit den in ihm lebenden Tier- und Pflanzenarten ein Ökosystem. Die Wissenschaft, die sich mit der Beziehung der Lebewesen zu ihrer Umwelt beschäftigt, heißt Ökologie.

Der Platz des Menschen in der Natur

Auch der Mensch ist durch Evolution entstanden. Er ist also ein Teil der biologischen Vielfalt. Doch gilt der Mensch als geistig am höchsten entwickeltes Lebewesen der Erde: Er ist zwar ein Teil der Natur, konnte aber trotzdem Herr über sie werden. So sind z. B. alle Lebewesen, vor allem die Tiere, in eine Nahrungskette eingegliedert und geben Antwort auf zwei grundlegende, ja lebenswichtige Fragen: Wer frisst wen? Und: Wer wird von wem gefressen? Dem Menschen stellt sich nur die erste Frage. Dank der Intelligenz ist er in der Lage, Beziehungen zwischen Tatsachen zu erkennen und daraus Schlussfolgerungen zu ziehen. Er hat Vorstellungskraft und Abstraktionsvermögen, ist jederzeit lernfähig und kann sein Wissen weitergeben. Er kann vorausdenken und auf die Welt einwirken. Außerdem folgt der Mensch nicht nur seinem Überlebens- oder Fortpflanzungsinstinkt, sondern besitzt auch die Fähigkeit nach Werten zu handeln, nach dem, was gut, richtig oder schön ist. Er hat also ein Bewusstsein und dieses erklärt die Freiheit, mit der der Mensch handelt. Er verdankt es all diesen Fähigkeiten, dass er die Natur beherrschen und sie in seinem Interesse nutzen kann.

Die Natur schützen

Der Mensch ist also das einzige Lebewesen, das bewusst auf die Natur einwirken kann. Und somit ist auch er allein für das, was er tut, verantwortlich! Die Auswirkungen des menschlichen Handelns auf das ökologische Gleichgewicht unseres Planeten dürfen dabei nicht übersehen werden: Wasser-, Energie- und Rohstoffverbrauch, Abholzung der Wälder, Überfischung der Gewässer, Umweltverschmutzung, ungebremster Städtebau, wachsende Müllberge usw. Die Vorfahren der Menschen mussten sich gegen die Natur schützen und brauchten ihre ganze Intelligenz zum Überleben. Heute dagegen müssen wir die Natur schützen, denn ohne sie können wir nicht überleben. Es geht nicht darum, den Fortschritt zu stoppen, sondern darum, verantwortlich zu handeln.

Wir alle tragen die Verantwortung

Selbstverständlich kannst du allein die Natur nicht retten. In einer Welt mit über 6 Milliarden Menschen kannst du aber mit gutem Beispiel vorangehen! Stell dir nur vor, jedesmal, wenn du der Natur schadest, z. B. eine Plastiktüte im Wald wegwirfst oder eine Blume ausreißt, würden 6 Milliarden Leute das Gleiche im gleichen Moment tun. Durch das Beachten einfacher Regeln trägst du also mehr dazu bei, die Schönheit unseres Planeten zu erhalten und zu schützen als mit großen Worten:

- Informiere dich darüber, welche Tier- und Pflanzenarten geschützt sind und auf der Roten Liste stehen! Naturschutzbehörden geben gerne Auskunft.
- Bleib beim Spazierengehen und Wandern auf den vorgegebenen Wegen und hinterlasse keine unnötigen Spuren.
- Lasse niemals deinen Abfall liegen! Sogar Eierschalen können für die Natur schädlich sein. Außerdem kann Müll wieder verwertet werden, vor allem Flaschen und Dosen.
- In Deutschland ist es allgemein verboten, wild lebende Tiere absichtlich zu beunruhigen, zu fangen, zu verletzen oder gar zu töten!
- Wildpflanzen dürfen nicht ausgegraben werden. Besonders geschützte Arten, wie Orchideen, dürfen nicht einmal gepflückt werden!
- Tiere und Pflanzen, die ihre Entwicklung noch nicht abgeschlossen haben, wie Raupen, Kaulquappen oder Samen, dürfen nicht aus der Natur entnommen, beschädigt oder zerstört werden!
- Sei leise, um die Tiere nicht aufzuschrecken. Musik solltest du zu Hause hören, aber nicht bei einem Spaziergang in der Natur.
- Nimm dir Zeit die Natur zu beobachten, sie zu riechen, zu hören und ihre wunderbaren Geheimnisse zu entdecken. Du wirst begeistert sein und vielleicht Lust bekommen dich aktiv für ihren Schutz einzusetzen.

Im Haus

Viele Tiere suchen bei dir Unterschlupf, egal ob du in einer Wohnung oder in einem Einfamilienhaus lebst. Die meisten sind so unauffällig, dass man sehr viel Geduld braucht, um sie überhaupt zu entdecken. Andere kann man leicht beobachten, du brauchst nur richtig hinzusehen! Du kannst dir auch auf dem Balkon oder in deinem Zimmer einen kleinen Garten einrichten, nur musst du ihn dann auch pflegen!

Gäste in jedem Zimmer

Von Hunden, Katzen oder Goldfischen einmal abgesehen, sind Tiere im Haus meist ungeladene Gäste. Manche suchen nur Schutz und Wärme und leben unabhängig von uns. Spinnen bauen da ihr Netz, wo sie viele Insekten fangen können. Andere Tiere, Motten, Ameisen und Nagetiere beispielsweise, ernähren sich von unseren Kleidern oder Vorräten. Um diese kleine, geheime Welt beobachten zu können musst du ein paar Grundkenntnisse über ihre Gewohnheiten haben und dich in Geduld und Zurückhaltung üben, denn nur den niederen Tierarten wie Insekten oder Spinnen ist die menschliche Gegenwart gleichgültig, solange sie nicht von Licht und ungewöhnlichen Schwingungen begleitet wird.

Im Badezimmer
Schaben hinterlassen z. B. am Waschbecken ihre Ausscheidungen.

In der Küche
Schokoladentafeln und Kekspackungen aus dem Vorratsschrank sind angeknabbert: Eine Maus war da!

Im Keller
Alte Zeitungen zerfallen zu Staub: Das ist das Werk der Silberfischchen. Der Gips an den Rohrleitungen wurde angenagt, um den Durchgang zu erweitern: Die Ratte bahnt sich ihren Weg.

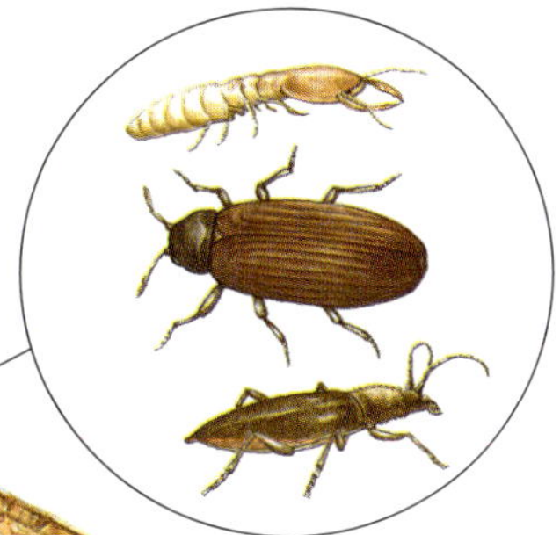

Auf dem Dachboden
Siehst du die vielen kleinen Löcher im Gebälk und die kleinen Staubhaufen? Termiten, Holzwurm oder Hausbock waren am Werk!

Im Schlafzimmer
Löcher in Wollpullovern: Die Larven der Kleidermotte waren hungrig!

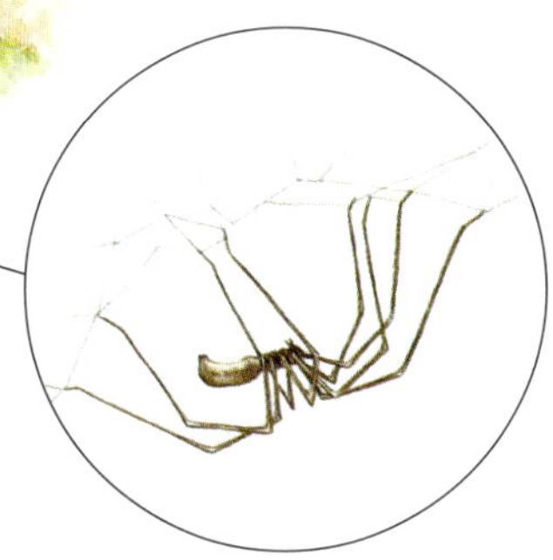

Im Wohnzimmer
Ein Spinnennetz? Die Spinne wartet auf Insekten, die ihr in die Falle gehen.

Im Keller

Wenn du in den Keller gehst und das Licht anmachst, bewegt sich gar nichts. Es ist schwer sich all die kleinen Tiere vorzustellen, die sich noch kurz zuvor hier tummelten! Um sie zu entdecken brauchst du eine Taschenlampe und eine Lupe. Geh nun in den Keller und verhalte dich eine Viertelstunde lang ganz still. Dann kannst du mit der Beobachtung anfangen.

Kellerassel
Sie versteckt sich an dunklen, feuchten Orten, unter verfaulenden Brettern, Blumentöpfen oder großen Steinen. Sie ist kein Insekt, sondern ein Krebstier wie der Hummer!

Totenkäfer
Mithilfe deiner Nase kannst du ihn ganz leicht aufspüren. Bei Gefahr sondert er nämlich einen übel riechenden Duftstoff ab. Seine Nahrung findet er vor allem im Keller.

Spinnenassel
Dieser Hundertfüßer kommt in Südeuropa vor und ist ein gefürchteter Jäger. Er ist so flink, dass er es schafft Fliegen zu fangen. Vorsicht: Spinnenasseln sind giftig.

Silberfischchen
Es ist ein Allesfresser und lebt gerne zwischen alten Zeitungen oder Büchern. Wenn es nichts zu „lesen" findet, macht es sich auch über Tapetenkleister her.

Wanderratte
Die Wanderratte, die genauso intelligent, aber stärker als die Hausratte ist, hat unsere Keller erobert. Ihr Fell ist graubraun, ihre Ohren sind kleiner und ihre Nase ist runder als die der Hausratte. Du kannst sie durch Körner anlocken, die du täglich an der gleichen Stelle auslegst. Zur Beobachtung brauchst du ein Versteck, in dem sie dich weder sieht noch riecht.

Champignonzucht im Keller

Dafür brauchst du einen dunklen Keller mit gleich bleibender Temperatur. Achte darauf, dass es nicht zieht!

Was du brauchst:

- Pferdemist, der sich schon zersetzt (im Gartencenter oder beim Bauern erhältlich)

- Blumenerde aus dem Gartencenter
- einen großen Eimer
- eine große Plastikflasche
- ein Thermometer
- zwei oder drei Stoffstreifen
- Champignonsporen (am einfachsten ist es, große, weit geöffnete Champignons zu kaufen und die Sporen selbst zu sammeln)
- Handschuhe, um den Pferdemist anzufassen (vergewissere dich vorher, ob deine Tetanus-Impfung noch gültig ist)

Die Vorbereitung des Champignoneimers:

- Fülle eine mindestens 30 cm dicke Schicht Pferdemist in den Eimer. Sie erzeugt die Wärme, die für die Entwicklung der Sporen notwendig ist.
- Mische die Sporen mit der Pflanzenerde und schichte davon etwa 5 - 10 cm auf den Pferdemist.
- Stelle den Eimer in die dunkelste und wärmste Ecke des Kellers.
- Schneide den Hals der Plastikflasche ab und fülle sie mit Wasser. Befeuchte die Stoffstreifen. Hänge nun die Streifen mit dem einen Ende in die Flasche und lege die anderen Enden auf die Erde. Auf diese Weise kann die Erde nicht austrocknen. Du darfst niemals gießen!
- Stecke das Thermometer in die Erde. So kannst du überprüfen, ob sie die erforderliche Temperatur von 15 - 20 °C hat.

Drei bis acht Wochen später erscheinen kleine weiße Kügelchen, die dann schnell zu leckeren Champignons heranwachsen.

Na so was?

Tierische Kannibalen

Ratten werden sehr aggressiv, wenn sie nicht mehr genug zu fressen haben. Gibt es gar keine Nahrung mehr, liefern sie sich untereinander blutige Kämpfe. Am Ende frisst dann der Sieger den Verlierer. Die Weibchen fressen während einer solchen Hungersnot sogar ihre Jungen, um zu überleben.

Ein ungenießbares Krebstier

Spinnen und Spinnenasseln sind die größten Feinde der Kellerassel, die ihre Angreifer mit einer fürchterlich schmeckenden Flüssigkeit abschreckt!

In der Küche

In der Küche gibt es Lebensmittel in Hülle und Fülle. Kein Wunder also, dass viele Tiere hier ein Festessen wittern!

Fliege
Fange vorsichtig mit einem Glas eine Fliege. So kannst du sie in Ruhe mit einer starken Lupe betrachten: Ihre Augen bestehen aus etwa 4000 Einzelaugen, so genannten Facetten. Die Schwingkölbchen unter den Flügeln ermöglichen ihr kunstvolles Fliegen.
Mithilfe unzähliger Hafthaare an den Füßen kann sie sogar kopfunter an der Zimmerdecke laufen.

Ameise
Die schwarzen Ameisen leben im Garten, besuchen aber regelmäßig unsere Küchen. In langen Kolonnen begeben sie sich auf Nahrungssuche. In Südeuropa hat die kleine argentinische Ameise die Häuser so gründlich erobert, dass man sie kaum noch los wird. Willst du das Ameisennest entdecken, musst du die Kolonne zurückverfolgen. Mit einer Lupe kannst du beobachten, dass sich die Ameisen Zeichen geben. Auf diese Weise tauschen sie Informationen über Ort und Art der Nahrung aus, die sie gerade gefunden haben.

Schabe, Kakerlak
Diese Tiere leben in Kolonien, die einige Tausend Tiere zählen können.
Unter guten Bedingungen (Wärme, Feuchtigkeit, ausreichende Nahrung) vermehren sie sich sehr schnell. Schaben sind Allesfresser, die sich über Küchenabfälle, Papier, Karton und Stoff ebenso her machen, wie über Schwämme, Schuhcreme oder Tinte.

Maus
Einige erschrecken vor ihr, andere finden sie süß – auf jeden Fall ist sie sehr reinlich und während ihrer Toilette putzig anzusehen. Sie spaziert im ganzen Haus umher und nistet oft in Schuhkartons, kehrt aber immer wieder in die Küche zurück, um nach Nahrung zu suchen.

NA SO WAS!

Ameisenabwehr
Ameisen mögen weder den Geruch von Zimt noch den von Zitronen. Willst du sie fern halten, kannst du also ihren Weg mit Zimt bestreuen oder mit Zitronenscheiben auslegen.

Eine kleine Akrobatin!
Wenn du eine Fliege in Großaufnahme filmst und die Videokassette in Zeitlupe abspielst, wirst du staunen: Die Fliege ist eine echte Flugakrobatin! Senkrechtstart, Rückwärtsfliegen, Trudeln, Sturzflug, Landung an der Decke – alles kein Problem für sie.

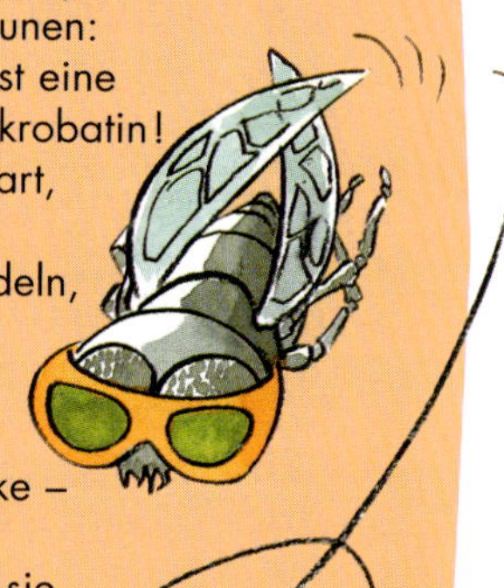

WIE ZÄHMT MAN EINE MAUS?

• Zwei wichtige Vorbedingungen:
– Du musst sehr geduldig sein und lange warten können.
– Du solltest sicher sein, dass niemand im Haus vorhat in den nächsten zwei Monaten die Mäuse zu bekämpfen.

• Wenn du eine Maus zähmen willst, musst du sie erst eine Zeit lang beobachten und lernen sie zu erkennen. Erkennst du sie, erkennt sie dich auch!

Das erste Problem besteht darin, dass sich die Maus nur nachts in die Küche wagt. Knipst du aber das Licht an, wird sie sofort weglaufen und du bekommst sie nicht zu Gesicht. Wenn du die ganze Nacht hindurch ein schwaches Licht brennen lässt, gewöhnt sie sich daran. Gleichzeitig legst du Körner aus, sodass du die Maus unauffällig beim Fressen beobachten kannst. Wiederhole diesen Vorgang eine Woche lang. Danach wirst du dich sogar hinsetzen können, um sie zu beobachten: Die Maus hat sich ans Licht und an die Körner gewöhnt – und an dich! Beim ersten Mal zeigt sie sich bestimmt nicht, weil sie Angst hat. Bleibst du aber ganz ruhig sitzen, wird sie ihren ganzen Mut zusammennehmen und einfach so tun, als wärst du gar nicht da. Mache keine hastigen Bewegungen und erschrecke sie nicht.

Rücke jeden Tag ein bisschen näher an die ausgestreuten Körner heran. Wenn du ganz nah bist, kannst du auch zu deiner Maus sprechen und ihr etwas zuflüstern. Nach einer Weile wird sie dich so gut kennen, dass sie dir die Körner aus der Hand frisst.

NA SO WAS!

Lästige Fliegen ...
Auf chemische Insektenvernichtungsmittel sollte man auf jeden Fall verzichten, denn sie sind auch eine Gefahr für unsere Gesundheit. Fliegenpapier und Fliegenklatsche dagegen sind bewährte Mittel. Je nach Jahreszeit kannst du aber auch mit Nelken gespickte Zitronen aufhängen oder Sträuße getrockneter Fliederblüten. Außerdem sollte man wissen, dass Fliegen blaues Licht und blaue Wände meiden.

... und Wespen
Im Sommer fliegen sie auf süße Getränke. Trinke deshalb nie aus der Flasche, decke dein Glas ab oder benutze einen Strohhalm! Fliegengitter an den Fenstern sind ein guter Schutz und halten nicht nur Fliegen, sondern auch Wespen und andere Insekten ab.

Im Zimmer

Dein Zimmer ist ein idealer Beobachtungsposten. Dort hältst du dich oft alleine auf, machst Schulaufgaben, liest oder schläfst. Wenn du aufmerksam bist, stellst du ganz schnell fest, dass du Tag und Nacht Gesellschaft hast.

Eichenspinner
Es gibt viele Tausend Schmetterlingsarten. Viele werden nachts von dem Licht in deinem Zimmer angezogen und fliegen bei offenem Fenster zielstrebig auf die Lichtquelle zu. Eichenspinner findet man häufig in der Nähe von Parks und Wäldern. Das Männchen ist meist dunkelbraun und hat einen gelben Querstreifen. Das Weibchen ist größer und an den Flügelspitzen heller. Beide haben einen weißen, schwarz umrandeten Punkt in der Mitte der Vorderflügel. Die Raupen ernähren sich von Eichenlaub. Spannweite: Männchen: 5 cm, Weibchen: 6 - 7 cm.

Gemeine Stechmücke
Sie kommt in ganz Europa vor und jeder kennt sie. Nachts sind vor allem die Weibchen aktiv und saugen das Blut aus ihren schlafenden Opfern. Die Männchen ernähren sich von Nektar und anderen Pflanzensäften. Die Larven entwickeln sich vorwiegend in kleinen, stehenden Gewässern, z. B. in Wegpfützen und Teichen. An manchen Urlaubsorten können Mücken zu einer wahren Plage werden.

Kleidermotte
Motten selbst fressen nichts, dafür haben sich aber die Larven spezialisiert: Die Larven der Kleidermotte lieben alles aus Wolle. Synthetische Gewebe können sie nicht verdauen. Andere fressen Pelze (Pelzmotte) oder Tapeten (Tapetenmotte). Mit einer starken Lupe kannst du sie beobachten.

Fiebermücke
Sie ist allgemein verbreitet und gilt in wärmeren Ländern als Überträger der Malaria. Beim Stich der Mücke gelangen so genannte Sporentierchen in den menschlichen Organismus, die nach ca. 6 Wochen die roten Blutkörperchen angreifen.

Stachelbeerspanner, Harlekin
Dieser nachtaktive Falter ist einfach zu erkennen: Er hat weiße Flügel mit schwarzen Flecken, die zum Teil durch ein intensiv gelbes Band verbunden sind. Die Raupen ernähren sich von Beerensträuchern, am liebsten von Stachelbeeren. Spannweite: 4 cm.

Sektorenspinne
Früher lebte sie vor allem in Höhlen, heute findet man die Sektorenspinne fast nur noch an Häusern und Zäunen. Sie ist völlig harmlos, auch wenn sie Furcht erregend aussieht. Will man sie aus ihrem Versteck locken, muss man nur ein Insekt in ihr Radnetz werfen. Sie wird sich sofort darauf stürzen.

Eine geniale Falle – und absolut tödlich!

Es gibt zwar Spinnen, die aktiv auf die Jagd gehen und ganz auf ein Netz verzichten, für die meisten ist diese geniale Falle aber lebensnotwendig. Man unterscheidet im Allgemeinen zwei Arten von Spinnen:
Die einen weben täglich neue Fäden zu den alten hinzu und erneuern ihr Netz auf diese Weise. Darin fangen sich Insekten, aber auch Staub und kleine Abfälle. Die anderen dagegen machen sich jeden Tag die Mühe ein neues, sauberes, fast unsichtbares Netz zu weben und fressen das alte einfach auf. Die verschiedenen Spinnstoffe, die netzbauende Spinnen für ihr Werk brauchen, stellen sie mithilfe ihres körpereigenen Spinnapparates her. Um ein Radnetz zu spinnen sondert die Spinne zunächst Rahmenfäden ab, die, vom Wind getragen, irgendwo haften bleiben – etwa an Gitterstäben, Fensterrahmen oder elektrischen Leitungen. An den Rahmenfäden werden so genannte Radialfäden befestigt. Sie bilden die einzelnen Speichen des Radnetzes. Am Schluss werden von der Mitte ausgehend zahlreiche klebrige Fangfäden im Uhrzeigersinn mit den Radialfäden verbunden.
Bei der Sektorenspinne besitzt das Netz einen fangfadenfreien Teil. Hier verläuft der Signalfaden, der von der Netzmitte bis zum Schlupfwinkel der Spinne verläuft. Vibriert dieser Signalfaden, weiß die Spinne, dass sich eine Beute in ihrem Netz verfangen hat und kommt aus ihrem Versteck heraus.

Na so was!

Eine ungewöhnliche „Anmache"!
Paarungswillige Spinnenmännchen stürzen sich einfach in das Netz eines Weibchens und zappeln darin wie ein gefangenes Insekt herum. Kommt das Weibchen heraus, so kann das Männchen es besamen.

Wie hält man Mücken fern?
Fliegengitter und Moskitonetze sind eine Möglichkeit, aber es gibt auch noch andere natürliche Mittel zur Mückenabwehr: Draußen kannst du deine Haut mit Zitronenkraut, Eukalyptusblättern oder Lavendel einreiben. Auch den Geruch von Geranienblättern können Mücken nicht leiden.

Auf dem Dachboden

Dachböden sind ruhig, wettergeschützt und gut belüftet: ein ideales Versteck für viele Tiere. Streue eine Woche lang immer zur gleichen Zeit Körner aus. Nun musst du nur noch warten und beobachten!

Schleiereule
In Deutschland gehört die Schleiereule zu den gefährdeten Tieren. Sie ist der Ursprung vieler Geistergeschichten. Ihr unheimlicher Ruf oder das nächtliche Kratzen ihrer Krallen auf dem Dachboden mögen dafür verantwortlich sein oder aber ihr geisterhaft geräuschloser Flug in der Abenddämmerung!

Steinmarder
Mit seinem schönen braunen Fell, seiner weißen Brust, seinen Knopfaugen und runden Ohren sieht der Steinmarder wie ein süßes Plüschtier aus. Aber Vorsicht, er ist ein gefürchtetes Raubtier, das mit Vorliebe auf Mäusejagd geht!

Termiten
Diese lichtscheuen, Staaten bildenden Insekten werden auch weiße Ameisen genannt. Man findet sie vor allem in den Tropen, aber auch in Südeuropa sind zwei Arten beheimatet. Sie sind eher unauffällig, verraten sich aber durch die enormen Schäden, die sie an Holzbalken und Möbeln verursachen

Fledermaus
Sie ist das einzige Säugetier in Europa, das fliegen kann. Sie ist geschützt und hält Winterschlaf. Im Sommer geht sie nachts auf Insektenjagd.

NA SO WAS!

Vorsicht, Vampire!
In den amerikanischen Tropen und Subtropen leben Vampire: Blut saugende Fledermäuse. Aber keine Bange! Alle in Europa lebenden Arten ernähren sich ausschließlich von Insekten, die sie mithilfe von Ultraschallortung kunstvoll im Flug fangen können.

Hausratte Aufgrund fehlender Quartiere und intensiver Bekämpfung ist sie in Deutschland weitgehend ausgerottet.

DER KAMPF DER HAUSRATTE

Es ist lange her, dass Hausratten nichts zu fürchten hatten. Die Kreuzzüge bescherten ihnen die Katze als ernsten Gegner und auf Handelsschiffen wurde die Wanderratte eingeschleppt, die größer und aggressiver als die Hausratte ist. Im Mittelalter löste die Wanderratte durch ihre Flöhe die Pest aus. Gut ein Viertel der europäischen Bevölkerung starb an dieser Seuche. Um Kohlengruben von den Ratten zu befreien züchtete man im letzten Jahrhundert besonders kämpferische und flinke Hunde als Rattenfänger. Da die Hausratte sehr gut klettern kann, suchte sie auf unseren Dachböden Zuflucht. Hierher hatte sich aber bereits ein anderes Säugetier, der Steinmarder, zurückgezogen. Dieser ursprüngliche Waldbewohner ist heute gerade in Siedlungsgebieten als guter Rattenvertilger bekannt. Es ist allerdings dem Menschen und nicht dem Steinmarder zuzuschreiben, dass die Hausratte, im Gegensatz zur Wanderratte, in Deutschland fast ausgerottet ist.

NA SO WAS!

Gewölle? – Nie gehört?!
Wie viele andere Eulen und Greifvögel verschlingt die Schleiereule ihre Beute (meist kleine Nagetiere) mit Haut und Knochen. Die unverdaulichen Beutereste, wie Haare, Knochen, Federn und auch Fischschuppen, werden später als so genanntes Gewölle wieder ausgewürgt. Diese kleinen Kugeln mit einem Durchmesser von bis zu 5 cm geben Auskunft über die Ernährungsgewohnheiten.

Ein geräuschloser Flieger
Im Gegensatz zu ihrem gespenstischen Schrei ist der Flug der Schleiereule absolut geräuschlos. Ihre Flugfedern sind nämlich mit Flaum versehen, der das Geräusch der Flügelbewegung dämpft. Selbst Feldmäuse können trotz ihres feinen Gehörs dem Angriff einer Schleiereule nicht entgehen.

Zimmerpflanzen

Sie sind beliebt, aber oft sehr anspruchsvoll: Jede hat besondere Bedürfnisse und braucht eine bestimmte Umgebung. Je nach Jahreszeit muss man sich sorgfältig um sie kümmern oder sie ganz in Ruhe lassen. Willst du wissen, ob du einen „grünen Daumen" hast? Hier werden einige der pflegeleichten Zimmerpflanzen vorgestellt!

Fleißiges Lieschen
Im Winter braucht es Sonne, im Frühling und Sommer bevorzugt es Halbschatten. Bei Wärme und feuchter Erde gedeiht es prächtig und kann fast das ganze Jahr über blühen und viel Freude bereiten.

Efeu
Er ist wirklich pflegeleicht! Stelle ihn weder zu hell noch zu warm und gieße ihn im Frühling und Sommer regelmäßig. Im Winter sollte die Erde erst trocknen, bevor du ihn erneut gießt.

Schwertfarn
Er wächst am liebsten an einem nicht allzu sonnigen Platz und braucht viel Wasser und Wärme. Temperaturen unter 15 °C verträgt er nicht. Außerdem sollte man in zentralbeheizten Räumen für eine höhere Luftfeuchtigkeit sorgen.

Begonie
Sie steht zwar gerne hell, sollte aber nie direkter Sonnenbestrahlung ausgesetzt werden. Vermeide auch Zugluft. Sobald sich die Topferde trocken anfühlt, musst du sie gießen.

Bogenhanf
Ursprünglich stammt er aus dem tropischen Afrika. Deshalb braucht er auch auf deiner Fensterbank viel Wärme und möchte oft, aber immer nur mäßig, gegossen werden.

Geranie, Pelargonie
In der warmen Jahreszeit braucht sie Sonne, reichhaltige Erde und viel Wasser. Im Winter muss man sie zurückschneiden und an einen kühlen, hellen Ort stellen. Da sie im Winter kaum Wasser braucht, sollte man sehr sparsam gießen. Sie ist sowohl als Zimmerpflanze als auch als Balkon- oder Beetpflanze beliebt. Neue Pflanzen zieht man leicht aus Stecklingen, die man im November oder Dezember in sandiger Erde vortreiben lässt. Schon im nächsten Frühling werden sie blühen!

SO ZIEHT MAN EINEN AVOCADOBAUM

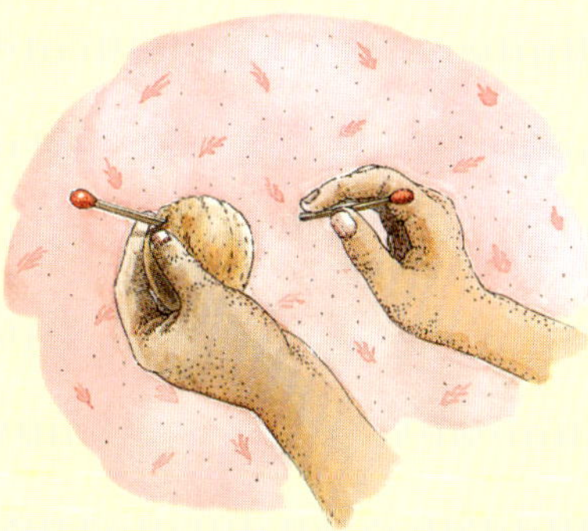

Die Avocado wird in warmen Ländern angebaut. Aus einem Avocadokern kannst du dir deinen eigenen Baum ziehen, der schön anzusehen ist, jedoch keine Früchte tragen wird!

- Kaufe eine reife Avocado und löse den großen Kern aus. Wasche ihn mit lauwarmem Wasser und lasse ihn einen Tag trocknen. Die braune Haut sollte sich nun einfach entfernen lassen.

- Du kannst den Kern jetzt in einen Topf pflanzen. Achte dabei darauf, dass das spitze Ende des Kerns noch aus der Erde ragt.

- Wenn du beobachten willst, wie der Kern zu keimen beginnt, kannst du ihn auch in einem Glas mit Wasser vorziehen: Stecke dazu drei Streichhölzer in sein rundes Ende und setze ihn so auf ein mit Wasser gefülltes Glas, dass das spitze Ende im Trockenen bleibt, während das runde ins Wasser eintaucht (siehe Zeichnung oben).

- Wenn sich der Stängel und die Wurzeln entwickeln, sprengen sie den Kern in zwei Hälften. Das kann allerdings einige Wochen dauern. Also habe Geduld und denke daran, regelmäßig das Wasser im Glas nachzufüllen bzw. die Erde zu gießen.

- Nachdem sich Stängel und Keimblätter entwickelt haben, pflanzt du den Kern ein und bedeckst ihn ganz mit Erde. Wenn du ihn oft gießt und ans Licht stellst, kann er über einen Meter hoch werden. Damit er buschig wird, solltest du ab und zu neue Knospen entfernen.

DIE KUNST DES BONSAI

Sie stammt ursprünglich aus China und Japan und besteht darin, durch besondere Beschneidung Zwergbäume von 15 bis 80 cm Höhe zu ziehen. Wenn du geduldig bist und sorgfältig vorgehst, wird dir dein Bonsai ein Leben lang Freude bereiten!

Der Bonsai-Kauf
Einen alten Bonsai kannst du dir wahrscheinlich nicht leisten. Es ist aber ohnehin interessanter, ihn selbst großzuziehen.
Auf jeden Fall solltest du dir zunächst eine unempfindliche Art kaufen, die auch Schnittfehler verträgt. Sage dem Verkäufer, dass du keinen Freilandbonsai, sondern einen fürs Zimmer möchtest.

Der beste Standort
Dein Bonsai braucht Licht und Wärme. Am Fenster fühlt er sich also wohl. Achte aber im Winter darauf, dass er nicht zu nahe an der Heizung steht!

Die richtige Wasserdosierung
Obwohl Bonsais sehr schnell austrocknen, vertragen sie nicht viel Wasser. Gieße deinen Bonsai also täglich, aber mäßig: Vor dem Gießen muss die Erde fast trocken sein, danach nur feucht, nicht durchnässt. Überschüssiges Wasser muss durch Löcher im Schalenboden abfließen können. An heißen Sommertagen oder im Winter, wenn die Heizung läuft, braucht er etwas mehr Wasser. Außerdem müssen die Blätter und der Stamm täglich besprüht werden. Eine Sprühflasche erhältst du im Kaufhaus oder Gartencenter. Wenn das Wasser in deiner Gegend zu viel Kalk enthält, kann es deinem Bonsai schaden. Lasse es über Nacht stehen, bevor du ihn damit gießt.

Düngen zur rechten Zeit
In der Zeit von März bis Juni und von September bis November solltest du deinen Bonsai ein- bis zweimal pro Monat düngen. Aber Vorsicht: Obwohl er unbedingt Dünger braucht, ist weniger besser als zu viel. Informiere dich auch über biologisches Düngen!

Das A und O: Beschneiden
DIE WERKZEUGE:
- eine Bonsaischere zum Beschneiden der feinen und mittleren Triebe
- eine Konkavzange, um die größeren Äste nahe am Stamm abschneiden zu können

Wie jeder Baum wächst auch dein Bonsai ständig weiter. Um ihn klein zu halten und ihm im Laufe der Jahre eine bestimmte Form zu geben musst du ihn jährlich im Februar beschneiden. Zuerst schneidest du tote, beschädigte oder zu dicht übereinander liegende Äste ganz nahe am Stamm ab. Entferne dann vorsichtig die Äste, die dir unschön erscheinen und beschneide die anderen so, dass der Baum eine schöne Form annimmt und immer gleich groß bleibt.

Je älter dein Bonsai wird, desto vorsichtiger musst du ihn beschneiden.
Da die Schnittstellen eine ideale Angriffsfläche für Holz zerstörende Bakterien und Pilze sind, solltest du die Wunden nach jedem Schnitt mit einem Wundverschlussmittel behandeln.

Das Umtopfen
Es findet immer im Frühling statt, erfordert größte Sorgfalt und ist für den Bonsai sehr wichtig. Junge Bäume sollten alle zwei Jahre umgetopft werden, ältere nur alle drei Jahre.

1 - DER WURZELSCHNITT
Hebe den Baum aus der Schale oder dem Topf und entferne die überschüssige Erde, sodass noch eine dünne Schicht an den Wurzeln haften bleibt. Lockere nun mit einer Wurzelkralle oder

mit einem grobzinkigen Kamm den Wurzelballen vorsichtig von außen nach innen auf. Entferne die toten oder beschädigten Wurzeln und schneide etwas weniger als die Hälfte der Wurzelfasern ab (bei älteren Bäumen schneidet man nur etwa ein Drittel ab).

2 - Neue Schale – neuer Topf
Schale oder Topf müssen den neuen Ausmaßen des Baumes entsprechen. Dabei ist folgendes zu beachten: Du solltest den Bonsai so tief einpflanzen, wie der Durchmesser des Stamms in ca. 1 cm Höhe ist. Wächst der Bonsai eher in die Breite, sollte der Topfumfang ungefähr zwei Drittel des Baumkronenumfangs betragen. Bonsais, die eher in die Höhe wachsen, brauchen einen Topf, dessen Umfang drei Vierteln der Baumhöhe entspricht.

3 - Über frische Erde und das Eintopfen
Fülle eine Schicht frischer Bonsai-Erde in die Pflanzschale. Stelle den Bonsai darauf und fülle weiter Erde auf, die du mit vorsichtigen, stochernden Bewegungen eines Essstäbchens zwischen die Wurzeln arbeitest. Nur Wurzeln mit ausreichend Erdkontakt können Wasser aufnehmen!

Nach und nach kannst du neue Techniken wie das Eindrahten lernen und das Züchten der Bonsais kann zu einem interessanten Hobby werden. Jeder Miniaturbaum ist ein einmaliges Kunstwerk. Bei Spezialisten oder auf Ausstellungen kann man uralte Bonsais bewundern! Frei übersetzt heißt Bonsai übrigens „Baum in der Schale“.

Das Wetter

In der Stadt ist es nicht immer einfach den Himmel zu beobachten. Auf dem Land oder in den Bergen können dafür die Launen des Wetters zum gewaltigen Schauspiel werden. In diesem Kapitel bekommst du die nötigen Informationen, um das, was du siehst, besser interpretieren und verstehen zu können.

Wo kommt das Wetter her?

Unser Planet ist von einer Gasschicht, der Atmosphäre, umgeben. Ohne sie könnten wir nicht auf der Erde leben.

Im Vergleich zur Unendlichkeit des Universums erscheint die Erdatmosphäre nur als sehr dünne Schicht.

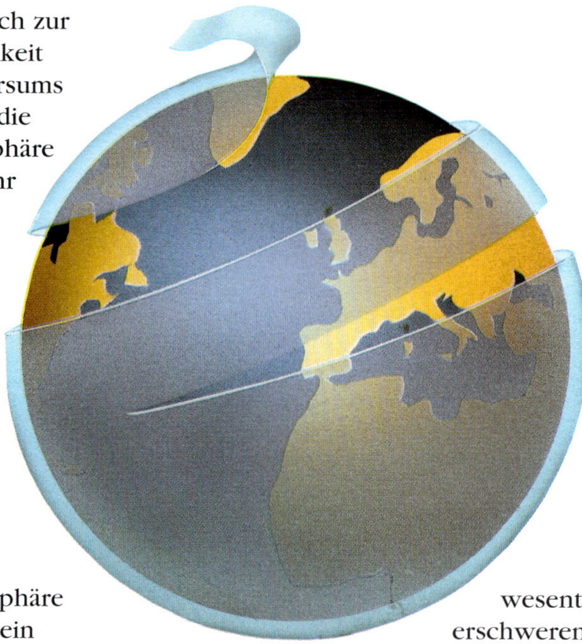

Die Atmosphäre wirkt wie ein Schutzschild zwischen dem Leben auf der Erde und dem lebensfeindlichen Weltraum. Wir atmen den in ihr enthaltenen Sauerstoff und sie schützt uns vor Meteoriten sowie UV- und Röntgenstrahlen aus dem All. Außerdem reguliert sie die Temperatur und das Klima der Erde. So hält sie z. B. die von der Erde ausgehende Wärmestrahlung zurück und verhindert deren Abstrahlung ins All. Ohne Atmosphäre würde die Durchschnittstemperatur auf Höhe des Meeresspiegels statt +15 °C nur –18 °C betragen! So würden eisige Kälte in der Nacht und glühende Hitze am Tag die Entwicklung des Lebens wesentlich erschweren.

Die Atmosphäre reicht etwa bis in 1000 km Höhe. Sie besteht aus mehreren Schichten, deren Dichte mit zunehmender Höhe schnell abnimmt. Der höchste Luftdruck herrscht also direkt über dem Erdboden. Die unterste Schicht der Atmosphäre, die Troposphäre, ist im Durchschnitt 11 km hoch. Sie ist die wolkenreichste Schicht der Atmosphäre, in der auch alle Wetterprozesse ablaufen. Ab einer Höhe von 30 km ist die Atmosphäre für Meteorologen uninteressant. Die letzte Schicht, die Exosphäre, bildet den Übergang der Erdatmosphäre zum interplanetarischen Raum.

NA SO WAS!

Wie hoch fliegen Flugzeuge?
Mit zunehmender Höhe nimmt der Luftdruck ab. Für Flugzeuge hat das einen Vorteil und einen Nachteil. Da der Luftwiderstand in großer Höhe geringer ist, braucht ein Flugzeug hier weniger Treibstoff und kann schneller fliegen. In großer Höhe gibt es aber auch weniger Sauerstoff und den brauchen die Triebwerke. Die ideale Flughöhe liegt deshalb für Linienflugzeuge zwischen 9000 und 13 000 m. Militärflugzeuge fliegen in fast 30 000 m Höhe, um Luftabwehrraketen zu entgehen.
Über 30 000 m gibt es nicht mehr genug Sauerstoff.

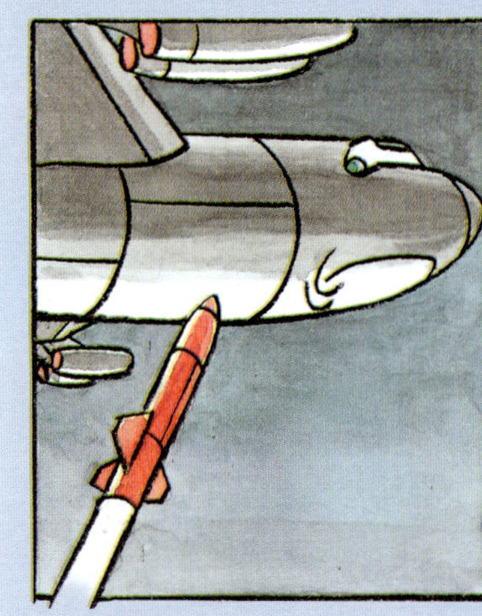

Im All leben?
Jenseits der Erdatmosphäre befindet sich die Leere des Alls. Man kann hier nicht atmen, das Blut erhitzt sich und der Körper wird zerstört. Astronauten gehen deshalb mit speziellen Druckanzügen ins All. So sind sie vor den gefährlichen Strahlen geschützt, die hier nicht von der Atmosphäre gefiltert werden.

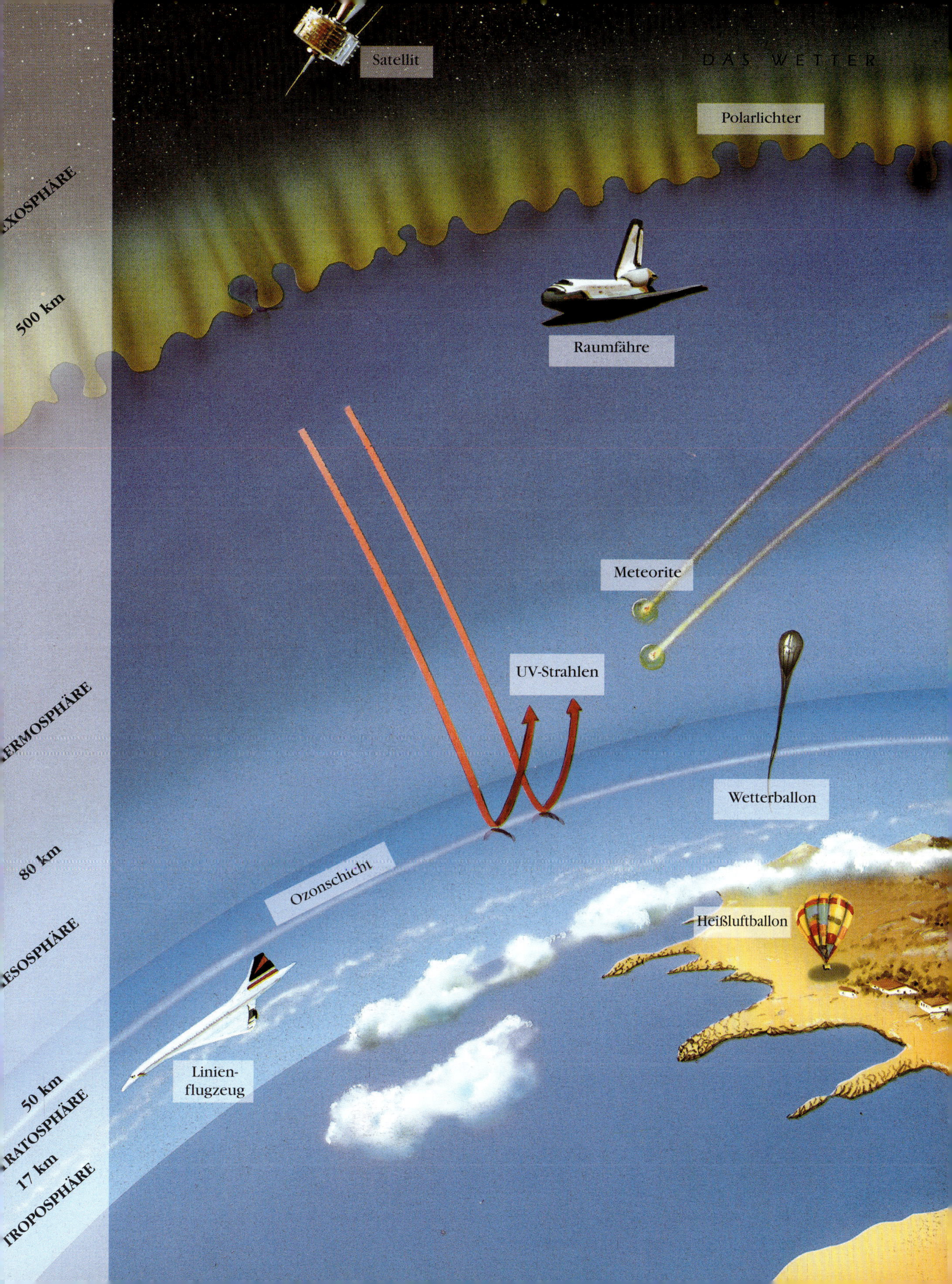
Satellit
Polarlichter
XOSPHÄRE
500 km
Raumfähre
Meteorite
UV-Strahlen
ERMOSPHÄRE
Wetterballon
80 km
Ozonschicht
Heißluftballon
ESOSPHÄRE
Linien-
flugzeug
50 km
RATOSPHÄRE
17 km
ROPOSPHÄRE

Die Atmosphäre vom All aus betrachtet

Warum erscheint die Atmosphäre blau? Weil das Sonnenlicht zwar aus allen Farben des Regenbogens besteht, aber gerade die kurzwelligen blauen Strahlen durch Staub oder Wassertröpfchen in der Atmosphäre in alle Richtungen abgelenkt werden. Der Anteil an blauem Sonnenlicht kommt dadurch viel stärker zur Geltung!

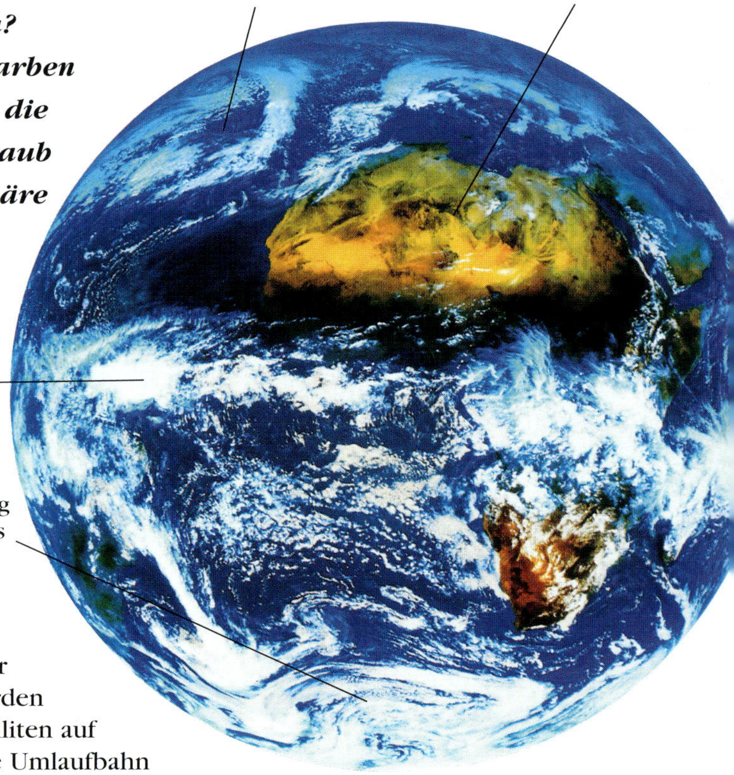

NA SO WAS!

Die Erdatmosphäre
In der Nähe der Erdoberfläche besteht sie aus 79 % Stickstoff, 20 % Sauerstoff, 1 % Argon und Spuren anderer Gase. Je nach dem Wasserdampfgehalt der Luft können diese Zahlen leicht variieren.

Die Atmosphäre der Planeten
Die gasförmige Hülle der anderen Planeten ist sehr sauerstoffarm. So besteht z. B. die Atmosphäre des Mars oder der Venus zu über 95 % aus Kohlendioxid.

In den 60er Jahren wurden Wettersatelliten auf eine polare Umlaufbahn gebracht. Sie lieferten die ersten Bilder von Wolkenspiralen, die sich um Tiefdruckzentren bilden. Ab 1974 wurden die ersten geostationären Satelliten ins All geschossen. Diese Satelliten behalten immer die gleiche Position über dem Punkt auf der Erde, den sie beobachten. Sie dienen der Bestimmung von meteorologischen Daten, wie Wolkenstrukturen, Temperaturprofilen und Windgeschwindigkeiten, bei Tag und Nacht. Im Jahr 1977 folgte der europäische Wettersatellit Meteosat. Er steht immer über dem gleichen Punkt des Erdäquators und ermöglicht es so, meteorologische Phänomene, wie den Monsun, in der innertropischen Zone zu beobachten. Auf Satellitenbildern ist der thermische Äquator gut zu sehen. Diese Linie der stärksten Erwärmung auf der Erde, die zwischen Nord- und Südhalbkugel verläuft, ist deutlich an dem dichten Kumulonimbus-Gürtel (Gewitterwolken) zu erkennen. Meteosat beobachtet aber auch die Wolkendecke über Europa, Afrika, dem mittleren Osten, dem Atlantik und einem Teil Südamerikas. Weiter westlich befindet sich der amerikanische Satellit GOES Ost, der ganz Amerika abdeckt. Noch weiter westlich beobachtet der amerikanische Satellit GOES West den Pazifik. An der Datumsgrenze übernimmt der japanische Satellit GMS die Beobachtung.

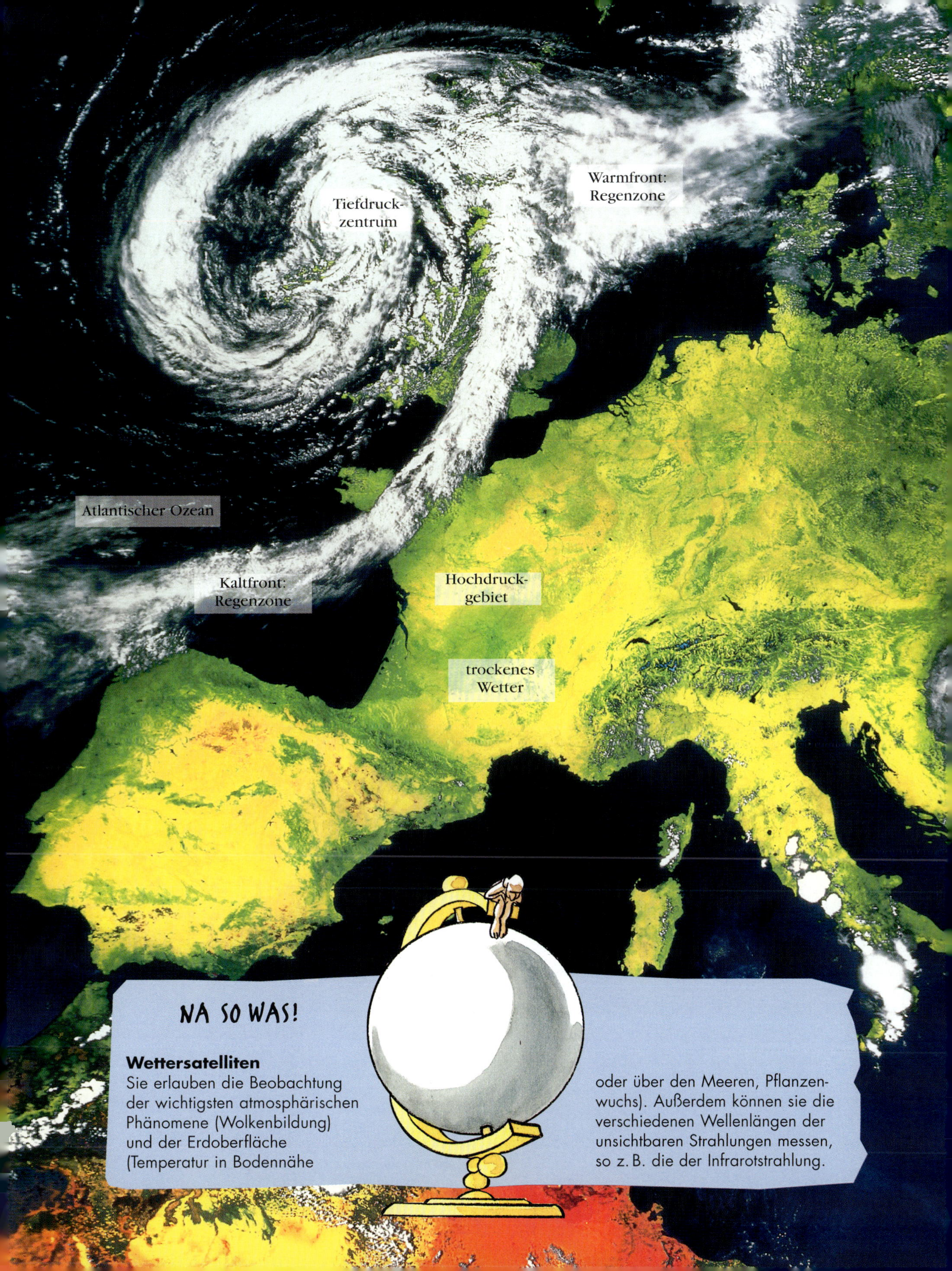

NA SO WAS!

Wettersatelliten
Sie erlauben die Beobachtung der wichtigsten atmosphärischen Phänomene (Wolkenbildung) und der Erdoberfläche (Temperatur in Bodennähe oder über den Meeren, Pflanzenwuchs). Außerdem können sie die verschiedenen Wellenlängen der unsichtbaren Strahlungen messen, so z. B. die der Infrarotstrahlung.

Hitze und Kälte

Ohne die Hitze der Sonne wäre die Erde ein eisiger, unfruchtbarer Planet. Die Sonnenstrahlung wird jedoch abgeschwächt, wenn sie die Atmosphäre durchdringt. Je nach Ort, Tages- und Jahreszeit wird die Erde unterschiedlich stark erwärmt.

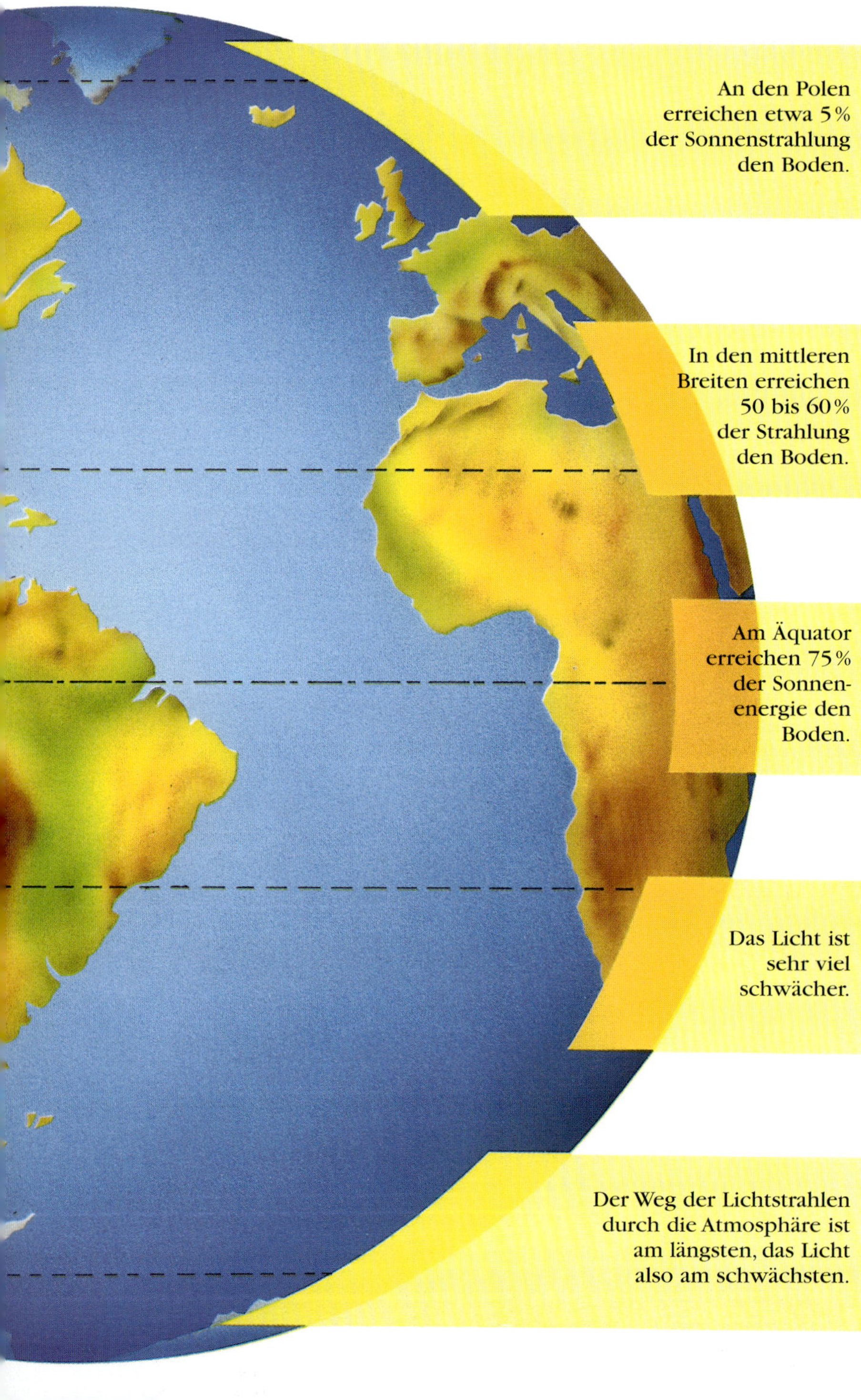

Sonnenstrahlen, die senkrecht auf die Erde treffen, sind wirkungsvoller als schräg auftreffende Strahlen. Deshalb ist es mittags wärmer als abends. Da die Erde rund ist, treffen die Sonnenstrahlen je nach Lage einzelner Regionen in unterschiedlichen Winkeln auf und teilen die Erde in kalte, gemäßigte und warme Klimazonen. In den wärmsten Gebieten, den Tropen, treffen die Sonnenstrahlen fast senkrecht auf die Erde und erwärmen sehr intensiv einen relativ kleinen Teil der Erdoberfläche. Die kältesten Regionen sind die Pole. Die Strahlen treffen hier so schräg auf, dass ihre Wärme weit gestreut wird.

NA SO WAS!

Die Mitternachtssonne
Je näher man den Polen kommt, desto länger sind die Tage im Sommer und desto kürzer sind sie im Winter. Im Sommer geht die Sonne an den Polen nie unter. Selbst um Mitternacht sieht man sie ganz tief am Horizont stehen! Im Winter dagegen geht die Sonne nicht auf: Die Nacht dauert mehrere Monate.

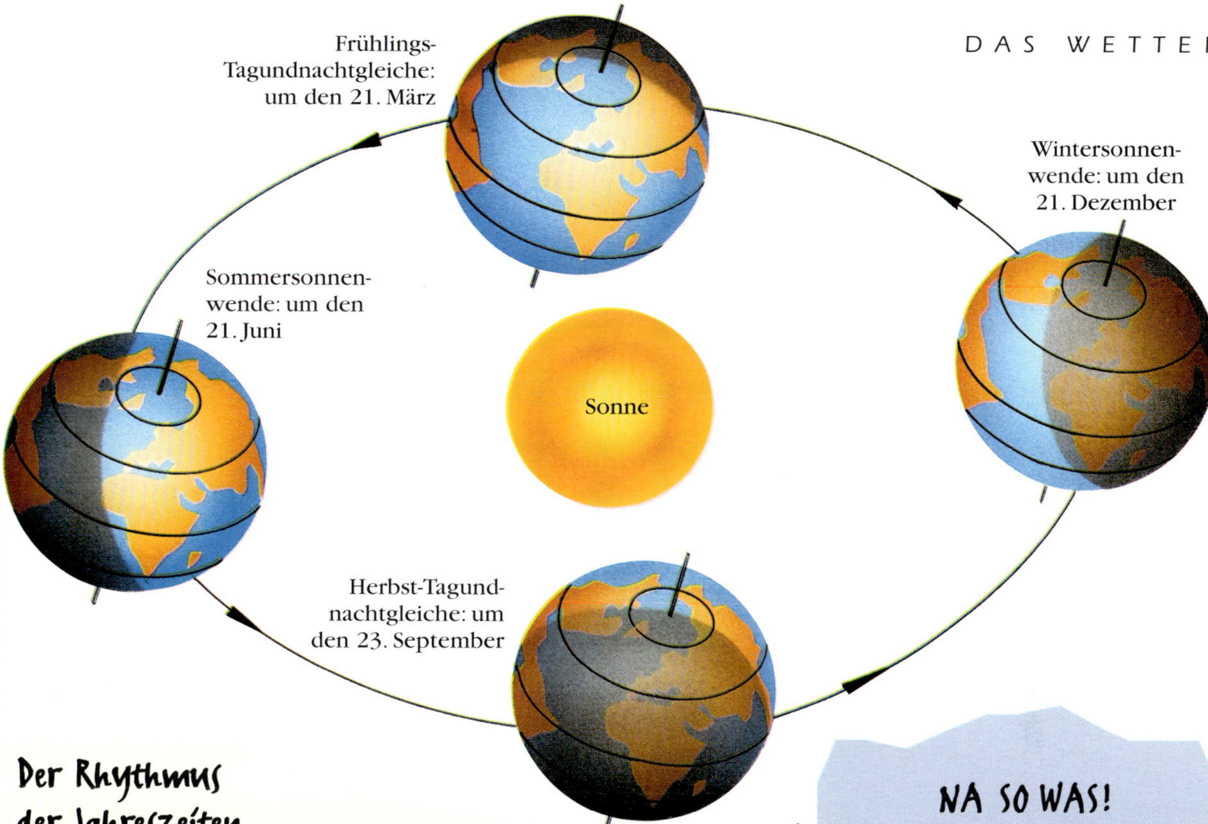

Der Rhythmus der Jahreszeiten

• Die Erde dreht sich um ihre eigene Achse (Erdachse) und zugleich um die Sonne. Allerdings steht die Erdachse nicht senkrecht zur Erdumlaufbahn um die Sonne, sondern ist leicht geneigt. Aufgrund dieser Neigung (23 ° 27') existieren die Jahreszeiten.

• Die nördliche Erdhalbkugel ist der Sonne am 21. Dezember (Wintersonnenwende) am stärksten abgewandt und am 21. Juni (Sommersonnenwende) am stärksten zugewandt. Je weiter man vom Äquator entfernt ist, desto stärker spürt man den Temperaturunterschied.

• Die Einteilung des Jahres in vier Jahreszeiten, nämlich Frühling, Sommer, Herbst und Winter, haben wir von den Griechen übernommen. Sie gilt vor allem in den mittleren Breiten (30° - 60 ° nördlicher Breite). Auf der Höhe von Stuttgart z. B. ist der Tag am 21. Juni mit 16 Stunden doppelt so lang wie am 21. Dezember. Außerdem trifft hier Ende Juni 6-mal mehr Sonnenenergie auf die Erde als Ende Dezember.

• In anderen Gegenden der Erde, z. B. in der Nähe des Äquators, gibt es nur zwei Jahreszeiten: die Regenzeit und die Trockenzeit. Das Wort Monsun kommt aus dem Arabischen und heißt „(für die Seefahrt geeignete) Jahreszeit".

• Die Atmosphäre ist außerdem einer thermischen Trägheit unterworfen. So trifft in Europa zwar am 21. Dezember am wenigsten Sonnenenergie auf die Erde, der kälteste Tag ist aber erst ca. 3 Wochen später, um den 10. Januar. Zwischen der Sommersonnenwende und dem im Durchschnitt heißesten Tag des Jahres (31. Juli) liegen sogar fast 6 Wochen!

NA SO WAS!

In den Bergen ist es kälter
Mit zunehmender Höhe verringern sich Luftdichte, Luftdruck und Lufttemperatur stetig. An einem Gebirgshang sinkt die Lufttemperatur im Durchschnitt um 0,55 °C pro 100 Höhenmetern.

Warum regnet es?

Das ganze Jahr hindurch lässt die Hitze der Sonne einen Teil des Wassers der Ozeane und Seen, der Gletscher und des Bodens verdunsten. Der unsichtbare Wasserdampf steigt auf und kühlt sich ab. Ab einer gewissen Höhe, die von den örtlichen Bedingungen abhängt, verwandelt er sich wieder in Wasser. Dieses Phänomen (Kondensation) hast du bestimmt schon einmal beim Kochen beobachtet.

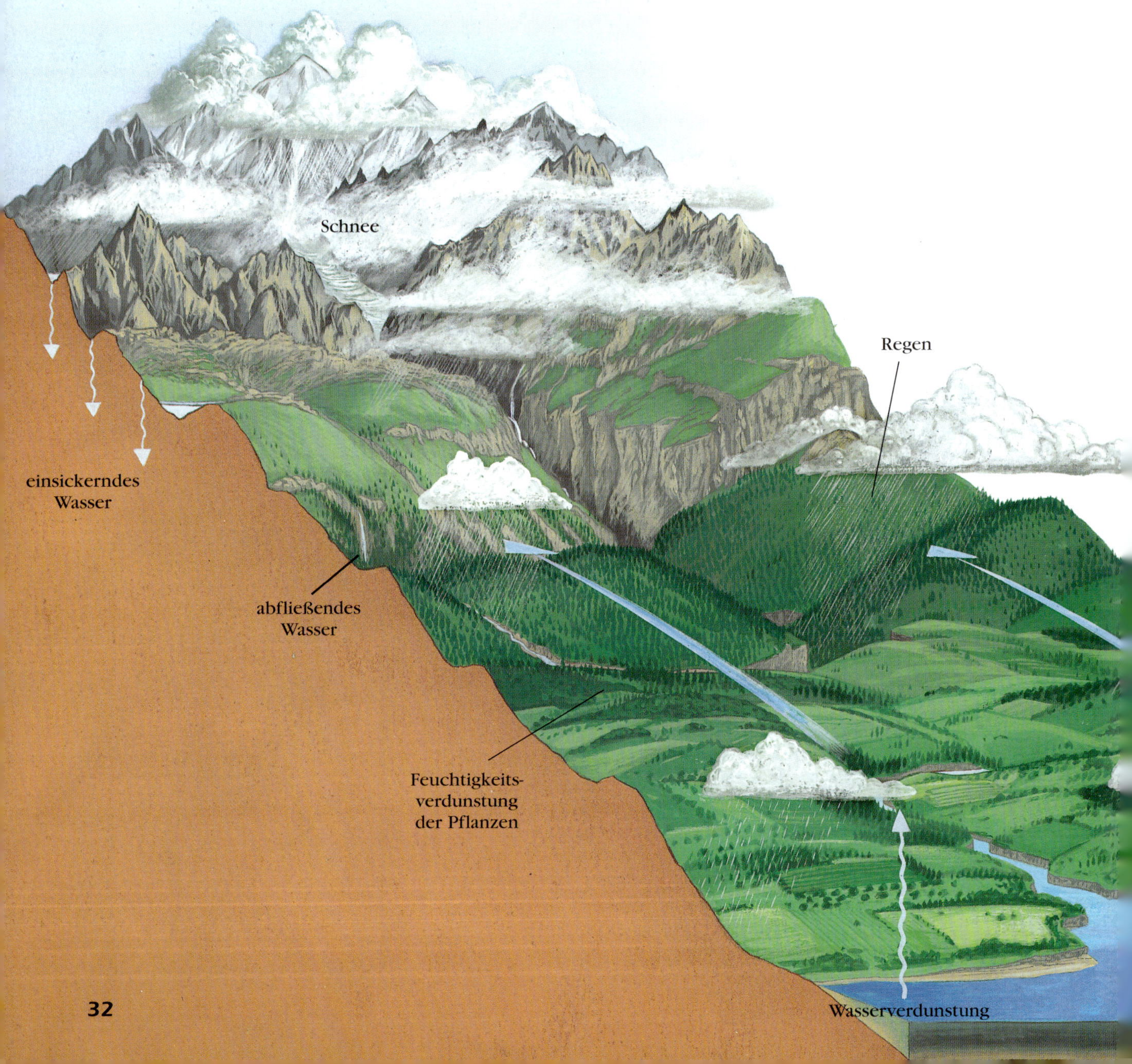

Die Wolkenbildung
In großer Höhe verwandelt sich Wasserdampf durch Kondensation in feine Wassertröpfchen, die sich an kleine Staubpartikel anlagern und von der Luftströmung getragen werden. Wolken sind so gesehen nichts weiter als riesige Anhäufungen von Wassertropfen verschiedener Größe. Der Wind kann Wolken auf weiten Strecken vor sich hertreiben. Auf ihrer Reise verbinden sich die Wassertröpfchen im Wolkeninneren miteinander. Wenn sie groß und schwer genug sind, fallen sie zur Erde: Es regnet!

Der Wasserkreislauf
Er findet zum Teil in der Atmosphäre statt und zum Teil im Boden. Wolken und Regen sind der sichtbarste Teil des Wasserkreislaufs, denn Wasser, vor allem aber Wasserdampf, zirkuliert ständig in der Atmosphäre. Eine Wolke enthält in der Regel viermal mehr Wasserdampf als flüssiges Wasser. Das Wasser bleibt im Durchschnitt acht Tage lang in der Atmosphäre. Im Boden zirkuliert das Wasser viel langsamer und kommt hauptsächlich in flüssiger Form vor, nicht als Wasserdampf.

NA SO WAS!

Aufsteigender Wasserdampf
Wenn man Wasser erhitzt, dehnt es sich aus und verwandelt sich in Wasserdampf. Dieses Gas mischt sich mit der Luft. Durch Erwärmung der Luft oder durch Reibung entstehen Luftturbulenzen, so genannte Aufwinde, die zusammen mit dem Wasserdampf nach oben steigen. Kühlt der Wasserdampf ab, so wird er in Form kleiner Wassertröpfchen sichtbar.

Woher die Wolken kommen
Die Regenwolken der Küstenregionen haben sich in der Regel über dem Ozean gebildet. Aber auch im Binnenland kann Wasser verdunsten und so zur Bildung von Kumuluswolken führen. Wichtig dafür ist nur, dass die Luft viel Wasserdampf enthält und warm genug ist, um aufsteigen zu können. Dann kondensiert der Dampf und bildet meist unbeständige Wolken.

Es schneit!

Wenn die Temperatur der Luft und der Wolken unter 0 °C sinkt, verwandelt sich der in ihnen enthaltene Wasserdampf in sehr feine Eiskristalle. Diese ballen sich dann zusammen und fallen als Schneeflocken auf die Erde.

Damit es schneit, müssen aber nicht nur die Wolken sehr kalt sein. Auch in Bodennähe muss die Temperatur bei 0 °C oder darunter liegen, damit die Eiskristalle auf den Boden gelangen können und nicht schon in der Luft schmelzen. Wenn die Lufttemperatur gerade über 0 °C liegt, kommt der Schnee nur als Schneeregen auf der Erde an. Die ideale Temperatur für Schnee beträgt zwischen 0 °C und –10 °C. Wenn die Atmosphäre aber zu kalt ist, enthält sie zu wenig Wasserdampf und die Schneeflocken können sich nur schlecht bilden. Gibt es in deiner Gegend genug Schnee im Winter, kannst du anstelle von Schneemännern ja einmal Schneetiere bauen – eine kleine Abwechslung!

EISKRISTALLE

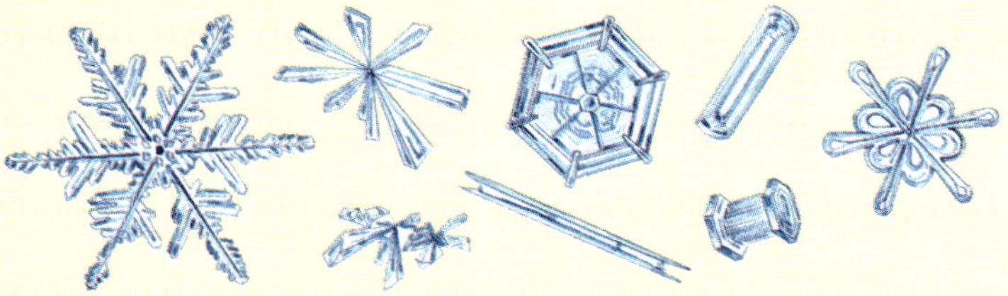

Welche Form ein Eiskristall annimmt – Nadel, Sternchen, Plättchen, Blume oder Zapfen – hängt zum Teil von der Lufttemperatur während der Bildung ab. Am besten kannst du Schneeflocken mit einer starken Lupe auf der Fensterbank betrachten, wo sie sich anhäufen. Lege dir doch ein Heft an, in das du die verschiedenen Kristallformen zeichnest! Du kannst sie nach Aussehen ordnen und vergleichen.

NA SO WAS!

Wo die Gletscher herkommen
Auf den höchsten Bergen und an den Polen schmilzt der Schnee nie vollständig. Er sammelt sich an und bildet riesige Schneemassen, die sich unter ihrem eigenen Gewicht zu Eis verdichten. Dieses Eis schiebt sich dann langsam in die Täler und bildet die Gletscher.

Was ist Reif?

Raureif entsteht, wenn sich die Luft nach sehr kalten Nächten plötzlich erwärmt und die Luftfeuchtigkeit steigt. Der Wasserdampf schlägt sich auf dem eiskalten Boden oder auf abgekühlten Pflanzen und Gegenständen nieder und gefriert.

Und der Hagel?
Hagel entsteht in hoch reichenden Wolken unter Mitwirkung starker Auf- und Abwinde. Die Wassertröpfchen werden in die Höhe gewirbelt, gelangen in sehr kalte Luftschichten und gefrieren. Beim Herabfallen ballen sich die Eiskörnchen mit Wassertropfen zusammen, die ebenfalls gefrieren, wenn sie wieder mit in die Höhe gerissen werden. Dieses Auf und Ab wiederholt sich solange, bis die Hagelkörner schwer genug sind und ohne zu tauen auf die Erde fallen.

Woher kommt der Wind?

Generell entsteht Wind, wenn Luftmassen in Bewegung geraten. Der Ausgleich von Luftdruckunterschieden spielt dabei eine wichtige Rolle. Auf der Erde gibt es drei so genannte vorherrschende Winde.

In den mittleren Breiten der Nordhalbkugel hängen Richtung und Geschwindigkeit des Windes direkt von der Lage der Hoch- und Tiefdruckgebiete (Antizyklone und Zyklone) ab, zwischen denen er hin- und herwandert. Hochdruckgebiete umkreist er im Uhrzeigersinn, Tiefdruckgebiete gegen den Uhrzeigersinn. Außerdem weicht starker Wind ab einer Höhe von 1500 m um 30 ° nach rechts von der Windrichtung am Boden ab. Diese Abweichung wird von der Erddrehung hervorgerufen. Ein westlicher Wind in der Höhe entspricht also einem aus Westsüdwest wehenden Wind am Boden. Auf der Südhalbkugel weichen die Winde nach links ab. Die mittleren Breiten sind dem Westwind ausgesetzt.
In der innertropischen Zone (zwischen 30 ° nördlicher und 30 ° südlicher Breite) wehen die Passatwinde. Nördlich vom Äquator herrschen Winde aus nordöstlicher, südlich von ihm aus südöstlicher Richtung vor. Am Äquator steigt die heiße Luft in die höheren Schichten der Atmosphäre auf und zieht polwärts. Auf der Höhe der Wendekreise sinkt sie wieder ab. Aus diesem Grund gibt es gerade in den Subtropen ausgedehnte Wüstengebiete.

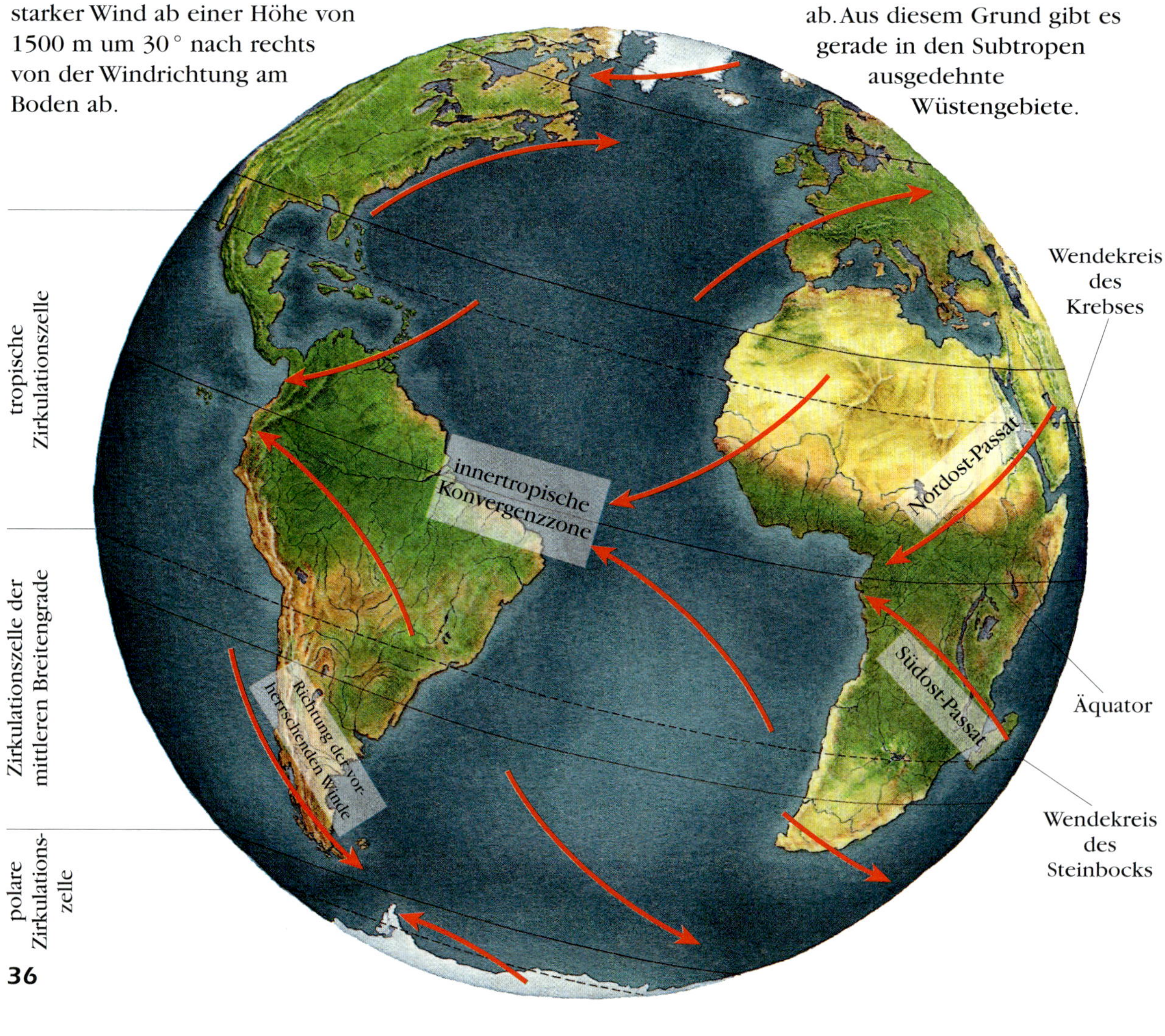

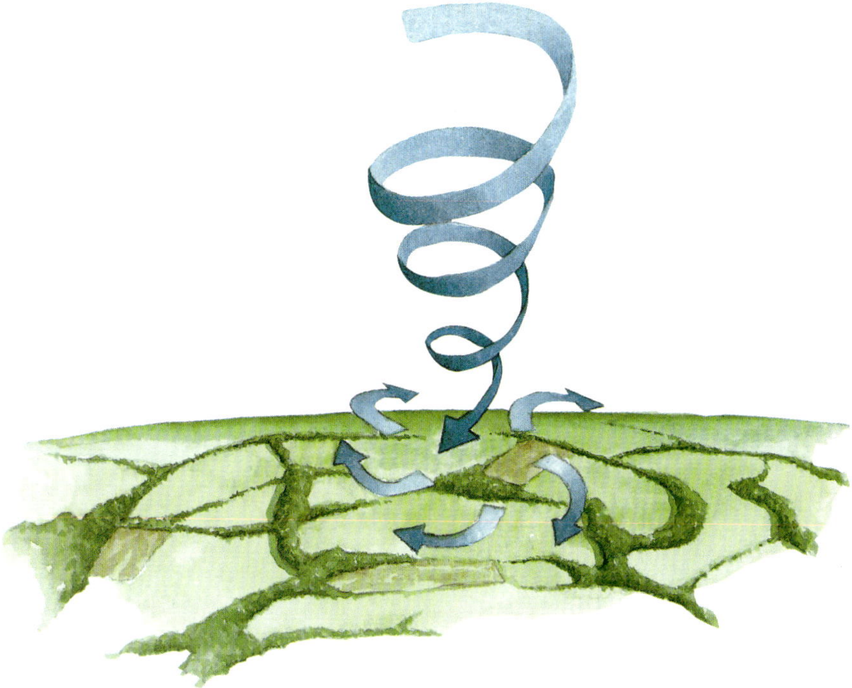

Luftbewegung in einem Hochdruckgebiet (Antizyklon):
Die Luft im Hoch sinkt ab und erwärmt sich.

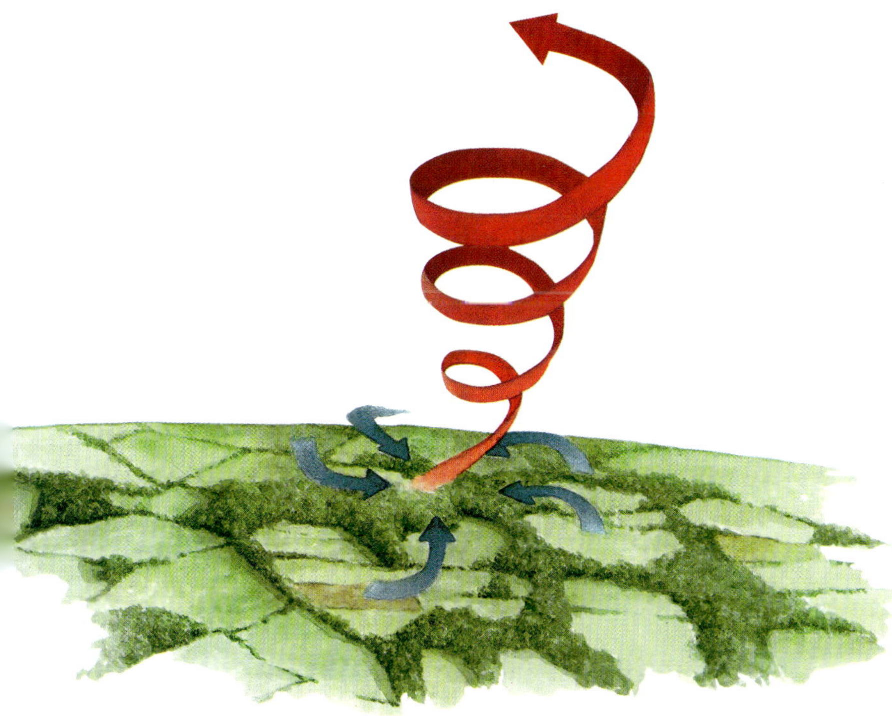

Luftbewegung in einem Tiefdruckgebiet (Zyklon):
Die Luft im Tief steigt auf und kühlt sich ab.

NA SO WAS!

Der Seewind

An der Küste kommt selbst an schönen Tagen gegen 17 Uhr oft Wind auf, der bis zum Sonnenuntergang vom Meer aufs Land weht: der Seewind. Er ist dadurch zu erklären, dass die Oberfläche des Landes die Hitze der Sonne anders speichert als die Oberfläche des Meeres. Nach mehreren Sonnenstunden ist die Küste stärker aufgeheizt als das Meer. Je nachdem, wie groß der Temperaturunterschied ist, kann der Wind die Stärken 1–4 erreichen.

Wirbelwind & Co.

Manche Wirbelstürme wehen mit bis zu 360 km/h! Diese Rekordgeschwindigkeit wurde im Oktober 1979 beim Vorbeiziehen des Supertaifuns Tip nahe der Marianen-Inseln im Pazifik gemessen. Solche Stürme verursachen gewaltige Verwüstungen und oft werden Menschen dabei getötet.

BAU DIR EINEN DRACHEN

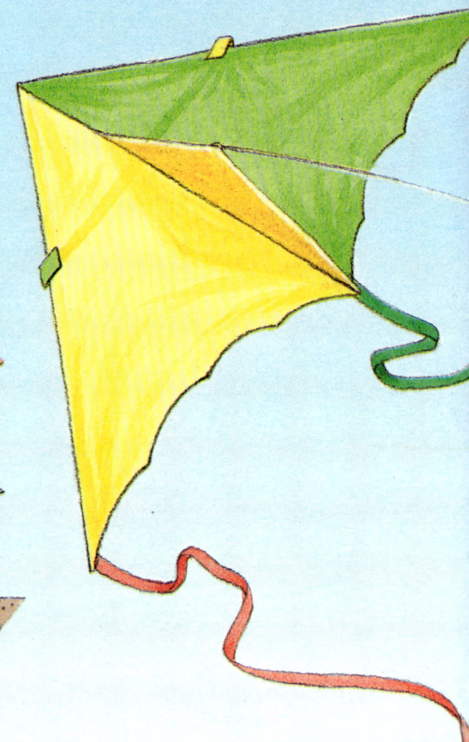

Was du brauchst:
- Rundhölzer oder Plastikröhrchen (6 mm Durchmesser)
- eine kleine Säge
- Sandpapier
- Klebeband
- eine Nadel und starken Faden
- eine Schere
- einen leichten Metall- oder Plastikring
- 2 m² Nylon oder ähnlichen Stoff (am besten in zwei Farben!)

1

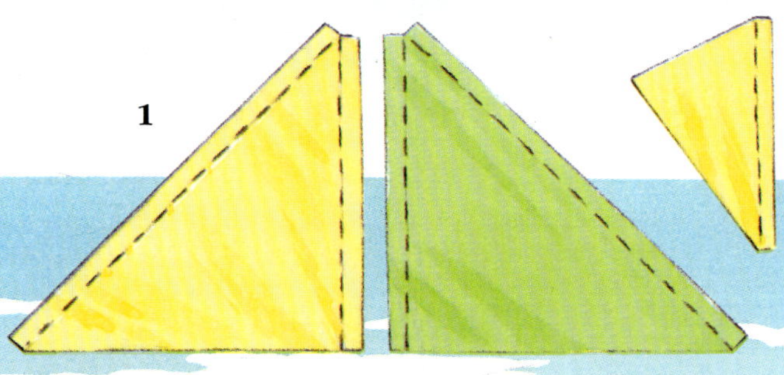

Der Delta-Drachen
Dieses klassische Drachen-Modell fliegt auch bei leichtem Wind. Außerdem ist es sehr stabil. Du findest hier eine Bauanleitung. Zum Schluss kannst du deinen Drachen natürlich auch noch verzieren und ihn zu einem unverwechselbaren Kunstwerk machen!

1 - Schneide zwei rechtwinklige Dreiecke mit je 80 cm Schenkellänge zu. Lasse an der Mittelnaht und an den Seiten rechts und links davon je einen Rand von etwa 2 bis 3 cm für den Saum. Schneide nun ein weiteres Dreieck (29 x 35 x 54 cm) für den Kiel zu und lasse 2 cm Rand an der Grundseite. Der Kiel stabilisiert den Drachen.

2 - Nähe nun den Saum an den Außenseiten um, sodass du anschließend die Rundhölzer für die Flügel hineinschieben kannst.

3 - Nähe die Innenseiten mit einer Doppelnaht zusammen, sodass das mittlere Rundholz hineingeschoben werden kann.

2

3

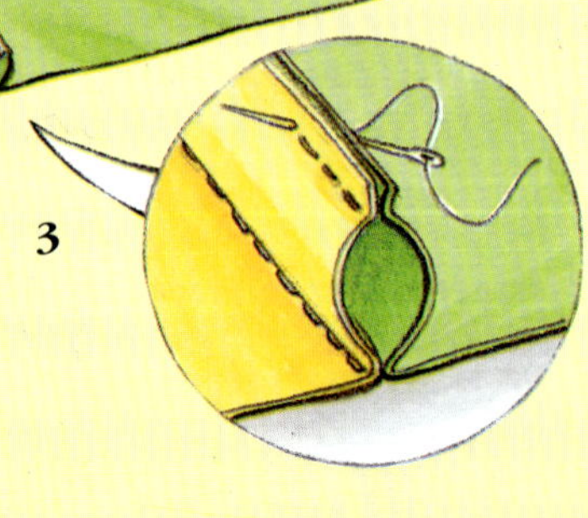

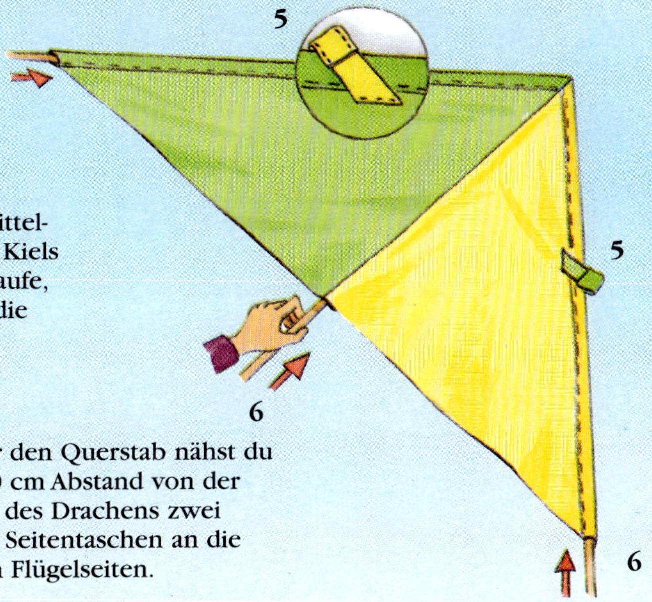

4 - Nähe den Kiel an der Mittelnaht fest. An der Spitze des Kiels befestigst du eine Stoffschlaufe, durch die du den Ring für die Drachenschnur ziehst.

5 - Für den Querstab nähst du mit 50 cm Abstand von der Spitze des Drachens zwei kleine Seitentaschen an die langen Flügelseiten.

6 - Säge zwei Rundhölzer auf eine Länge von je 82,5 cm und eines auf 80 cm Länge zurecht. Schiebe je einen der längeren Stäbe in die langen Flügelseiten und den kürzeren in die Mitte.

7 - Säge nun ein 80 cm langes Rundholz zurecht, das als Querstab dient. Schiebe die Enden in die kleinen Taschen an den Flügeln. Wenn du magst, kannst du die Grundlinie deines Deltas wellenförmig einschneiden.

8 - Du kannst deinen Delta-Drachen natürlich noch verschönern: Klebe Sterne auf, bastle einen langen Schwanz aus bunten Bändern oder lasse ihn ein Spruchband hinter sich herziehen!

Die Windstärke

Beaufortgrad (Windstärke)	Bezeichnung u. Geschwindigkeit	Was du merkst	Auswirkungen im Binnenland	Auswirkungen auf See und Höhe der Wellen
Stärke 0	Windstille bis zu 1 km/h bis zu 1 Knoten	Du merkst nichts.	Rauch steigt gerade empor.	spiegelglatte See, keine Wellen
Stärke 1	leiser Zug 1 - 5 km/h 1 - 3 Knoten	Du merkst fast nichts.	Windrichtung am Zug des Rauches erkennbar	kleine Kräuselwellen 0 - 0,1 m
Stärke 2	leichte Brise 6 - 11 km/h 4 - 6 Knoten	Du spürst Wind im Gesicht oder am angefeuchteten Finger.	Blätter säuseln, Windfahne bewegt sich.	kleine Wellen 0,1 - 0,5 m
Stärke 3	schwache Brise 12 - 19 km/h 7 - 10 Knoten	Der ideale Wind für deinen Drachen.	Blätter und dünne Zweige bewegen sich.	vereinzelt kleine, weiße Schaumköpfe 0,5 - 1,25 m
Stärke 4	mäßige Brise 20 - 28 km/h 11 - 16 Knoten	Du brauchst einen soliden Drachen.	Zweige und dünnere Äste bewegen sich. Wind hebt Staub.	Wellen werden länger, recht viele Schaumkronen. 1,25 - 2,5 m
Stärke 5	frische Brise 29 - 38 km/h 17 - 21 Knoten	Du kannst ein 1 m² großes Schild nicht mehr gegen den Wind halten.	Kleine Laubbäume beginnen zu schwanken.	mäßige Wellen, überall Schaumkämme, vereinzelt Gischt 2,5 - 4 m
Stärke 6	starker Wind 39 - 49 km/h 22 - 27 Knoten	Du hast Schwierigkeiten, deinen Regenschirm zu halten.	Stärkere Äste bewegen sich.	Es bilden sich große Wellen; etwas Gischt. 4 - 6 m
Stä 7	steifer Wind 50 - 61 km/ 28 - 33 Knote	Du musst dic beim Laufen ge den Wind lehne	Ganze Bäume si in Bewegung.	Die See türmt sic 6 - 9 m

- Beaufortgrad (Windstärke)
- Bezeichnung u. Geschwindigkeit
- Was du merkst
- Auswirkungen im Binnenland
- Auswirkungen auf See und Höhe der Wellen

Meteorologen und Seeleute benutzen die dreizehnstufige Beaufort-Skala, um die Windstärke anzugeben. Sie wurde 1805 von dem britischen Admiral Sir Francis Beaufort festgelegt und ist seit dem 1. Januar 1949 international gültig.

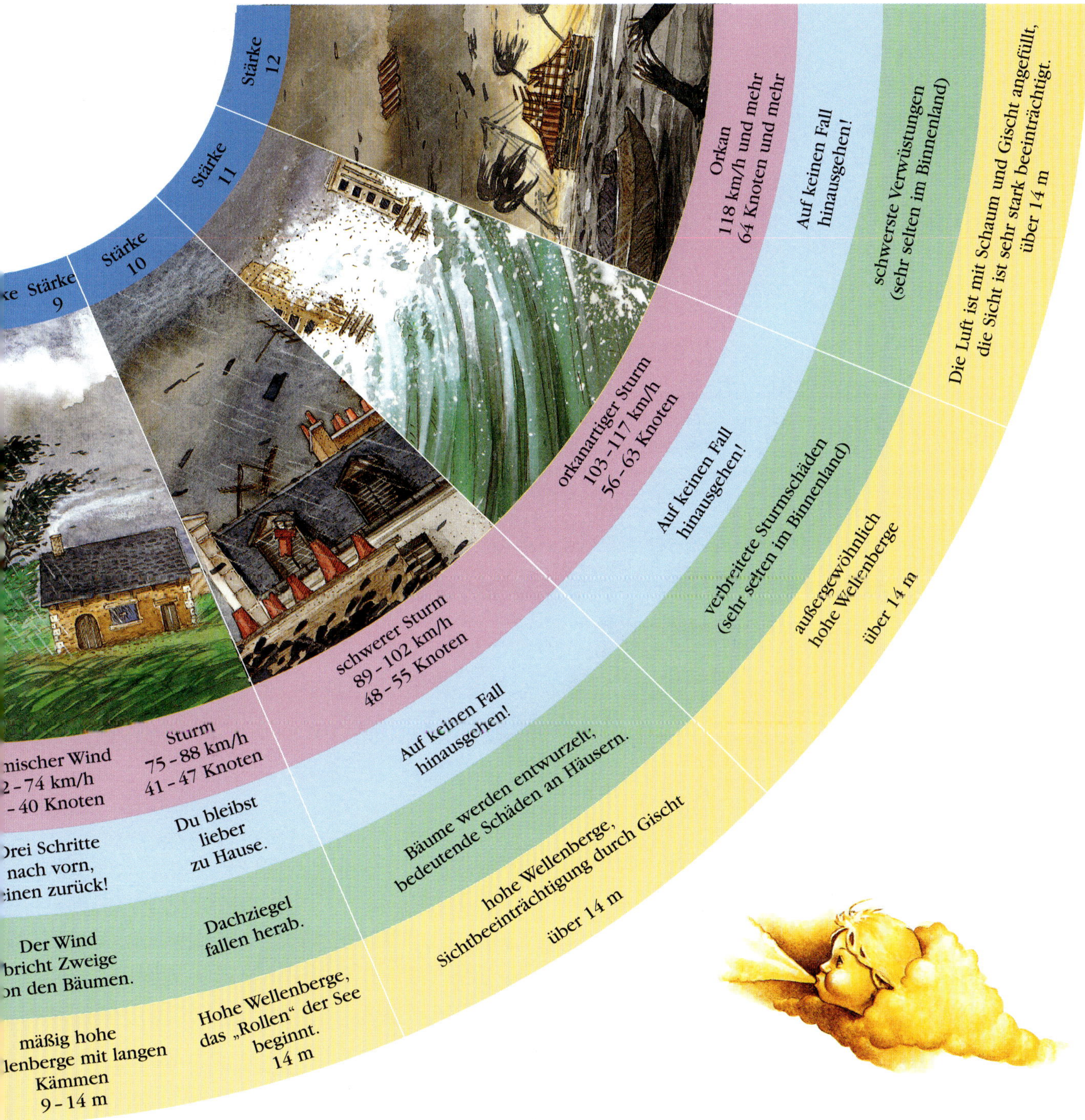

Die verschiedenen Wolken

Wolken entstehen, wenn der Wasserdampf der Luft kondensiert. In Form und Größe können sie sehr verschieden sein. Diese kleine Wolkenkunde wird dir helfen die wichtigsten von ihnen zu erkennen.

1 - Zirrus: Diese Wolken, auch Federwolken genannt, bestehen aus Eiskristallen. Sie sind weiß und sehen faserig aus. Sie entstehen in großer Höhe zwischen 6000 und 11 000 m. Wenn sie hakenförmig sind, kündigen sie oft die Ankunft einer Warmfront mit Regen an.

2 - Zirrokumulus: Sie bilden dünne, weiße Wolkenschleier, die aus einzelnen Wolkenteilen bestehen. Um Mond und Sonne lassen sie Lichthöfe entstehen. Sie gehören zu den hohen Wolken und befinden sich in der Regel in über 5000 m Höhe. Sie kündigen das Ende einer Schönwetterperiode an.

3 - Altokumulus: Wegen ihrer Form heißen sie auch Schäfchenwolken. Sie bilden weiße oder graue Wolkenfelder und gehören zu den mittelhohen Wolken in 2000 bis 5000 m Höhe. Besonders vor Gewittern sieht man sie häufig.

4 - Altostratus: Sie bilden graue oder bläuliche Wolkenschichten mit streifigem Aussehen. In einer Höhe von 3500 bis 5000 m zählen sie zu den mittelhohen Wolken und gehen oft den Nimbostratuswolken voraus.

5 - Nimbostratus: Sie entstehen in einer Höhe von 1000 bis 2000 m und bilden eine graue, dunkle Wolkenschicht, aus der normalerweise anhaltend Regen oder Schnee fällt. In den Bergen können sie zu Nebel führen.

6 - Stratokumulus: Die „Schichthaufenwolken" sind zwischen 300 und 2000 m Höhe die häufigsten Wolken. Sie bilden eine grauweiße Schicht, durch die man ab und zu ein Stück blauen Himmel sehen kann.

7 - Stratus: Diese tiefen Wolken in 300 bis 1000 m Höhe bilden eine gleichmäßige, graue Wolkenschicht. Sie bringen oft Nieselregen oder Schnee.

8 - Kumulus oder Haufenwolken: Diese einzelnen, dichten Wolken sind immer scharf voneinander abgegrenzt und haben oft die Form eines riesigen Blumenkohls, wechseln aber sehr schnell ihre Größe und Form. Sie gehören zu den tiefen Wolken, bilden sich in einer Höhe zwischen 1000 und 5000 m und können sich in Gewitterwolken verwandeln.

9 - Kumulonimbus: Diese massigen, dichten Wolken türmen sich senkrecht auf und können über 9000 m hoch sein, wobei sich die Basis in 1000 bis 2000 m Höhe befindet. Sie bringen meist heftigen Regen, können sich aber auch in plötzlichen Gewittern entladen oder als Hagel niedergehen.

Kumulus

Zirrus
Zirrokumulus
Altokumulus
Kumulonimbus
Altostratus
Nimbostratus
Stratokumulus
Stratus

Ein Tief zieht vorüber

Tiefdruckgebiete entstehen in den gemäßigten Zonen – dort, wo kalte Polarluft und warme Tropenluft aufeinander stoßen. Ein herannahendes Tief kannst du am Abfall des Luftdrucks erkennen.

Tiefdruckgebiete, die über Westeuropa ziehen, bewegen sich normalerweise von West nach Ost, also im vorherrschenden Luftstrom dieser Breiten. Kaltluft- und Warmluftfronten sind an der Entstehung solcher Tiefdruckgebiete maßgeblich beteiligt. Die Entwicklung eines Tiefs lässt sich folgendermaßen beschreiben: Nach einem ersten Kaltlufteinbruch zieht eine Warmfront vorüber, der ein zweiter Kälteeinbruch und eine Kaltfront folgt. Das unten stehende Schaubild zeigt die einzelnen Etappen.

Der Durchzug eines Tiefdruckgebiets (von rechts nach links):

4 - Nach dem Tief
Weht der Wind heftiger, kommt ein neues Tief. Gibt es keinen Wind, ist schönes Wetter möglich. Der Himmel hat die Farbe frisch gewaschener Bluejeans und das Wetter ist schön ... bis zum nächsten Tief!

3 - Eine Kaltfront zieht vorbei
Der Luftdruck steigt wieder. Die Temperatur sinkt. Wolken ziehen rasch vorüber. Aufheiterungen und heftige Schauer wechseln einander ab.
Dauer: 10 – 20 Stunden.

NA SO WAS!

Wie entstehen Kalt- und Warmfronten?
Wenn westliche Kaltluft in warme Luftmassen eindringt, entsteht eine Kaltfront. Die warme Luft wird nach oben gewirbelt. Holt aber die warme Luft die kalten Luftmassen ein und gleitet an ihnen empor, so spricht man von einer Warmfront. In Wirklichkeit läuft das Wettergeschehen natürlich nicht so ideal ab und ist deshalb manchmal schwer zu interpretieren.

... Wetterfühligkeit
Viele Menschen reagieren empfindlich auf Wetterumschwünge. Beim Durchzug von Kalt- oder Warmfronten leiden sie z. B. unter Problemen mit der Verdauung, Konzentrationsschwäche oder Kopfschmerzen.

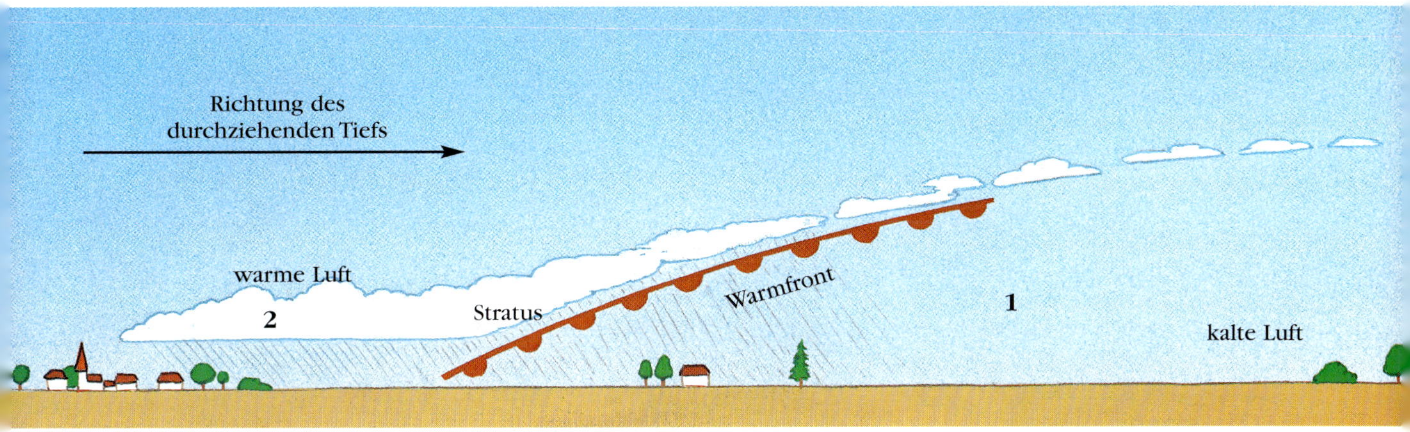

2 - Das Wetter verschlechtert sich
Der Luftdruck bleibt niedrig.
Tiefe Regenwolken verhängen den Himmel.
Es gibt Dauer- oder Nieselregen.
Dauer: 5 – 10 Stunden.

1 - Eine Warmfront zieht vorbei
Der Himmel bedeckt sich: Erst ziehen hohe Wolken auf, dann mittelhohe. Der Luftdruck fällt. Der Himmel ist grau in grau und die nahende Warmfront bringt leisen Regen mit sich.
Dauer: 12 – 24 Stunden.

Vorsicht Gewitter!

Gewitter entstehen in riesigen Wolken, die sich über 10 km hoch auftürmen können, z. B. in Kumulonimbuswolken, die daher auch Gewitterwolken heißen.

Ein Gewitter ist das Ergebnis eines komplizierten Vorgangs, bei dem sich im Inneren der Wolken starke elektrische Felder aufgebaut haben. Die positive Ladung sammelt sich im oberen Bereich der Wolken, die negative sammelt sich unten. In der Wolke, zwischen Wolken oder zwischen der Wolke und der Erdoberfläche kann sich ein Spannungsunterschied aufbauen. Um diesen auszugleichen kommt es zu einer elektrischen Entladung: dem Blitz. Im Blitzkanal wird die Luft auf etwa 30 000 °C erhitzt, wobei sie sich explosionsartig ausdehnt und Schallwellen erzeugt: den Donner.

Gewitterregeln I
Wirst du von einem Gewitter überrascht, darfst du auf keinen Fall unter einem Baum Schutz suchen. Lehne dich nicht an eine Mauer oder Felswand und meide Bergrücken oder die Gipfel von Hügeln!

Gewitterregeln II
Häuser sind durch Blitzableiter gesichert und Autos durch ihre isolierenden Reifen – sie sind also ideale Zufluchtsorte!

NA SO WAS!

Lichtspur am Himmel
Jeder Blitz besteht in der Regel aus mehreren einzelnen Blitzschlägen (bis zu zwanzig Stück!). Daher hat man den Eindruck, er würde zuckend zur Erde gehen. Diese Blitzschläge ereignen sich aber so schnell – in ein paar Hundertstel Sekunden –, dass unser Auge nur einen einzigen Blitz wahrnimmt.

NA SO WAS!

Blitzschäden
Abgesehen von dem Schaden, den sie an Gebäuden oder Elektrogeräten anrichten können, verursachen Blitze jährlich mehr Todesfälle als irgendeine andere Wettererscheinung. 1996 wurden in Deutschland elf Männer und eine Frau vom Blitz getroffen und getötet!

Nah oder fern?
Die Entfernung eines Gewitters ist einfach zu errechnen: Zähle die Sekunden, die Blitz und Donner trennen. Jede Sekunde entspricht einer Entfernung von etwa 300 m.

Kugelblitze
Es gibt immer wieder Menschen, die angeblich Zeuge eines Kugelblitzes geworden sind. Diese Feuerkugeln sollen in Häuser eindringen, durchs Zimmer wirbeln, explodieren oder durch ein Fenster wieder entweichen. Eine Erklärung gibt es bisher nicht.

SO BAUT MAN EINEN NIEDERSCHLAGSMESSER

Was du brauchst:
- eine Plastikflasche (ca. 11 cm Durchmesser) mit einem flachen Boden
- eine kleine Säge und ein Messer mit Sägeschliff
- eine Schere
- eine Rolle durchsichtiges Klebeband
- ein Lineal aus Plastik
- eine gerade 1,2 m hohe Latte

Wie es geht:

1 - Schneide vorsichtig das obere Viertel der Flasche ab. Achte darauf, dass der Schnitt ganz gerade verläuft!

1

2 - Drehe den oberen Teil um und setze ihn als Trichter auf die Flasche. Fixiere ihn sorgfältig mit Klebeband.

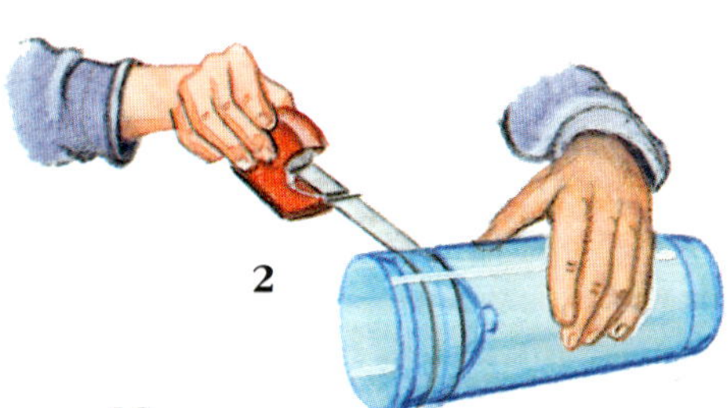

2

3 - Befestige das Lineal nun mit durchsichtigem Klebeband (damit du die Zahlen lesen kannst) an der Flasche und achte darauf, dass es nicht übersteht. Fertig ist dein Niederschlagsmesser!

4 - Wenn du den Niederschlagsmesser nun mit dem Klebeband an der Latte befestigst, kannst du ihn in die Erde stecken. Achte darauf, dass er nicht unter einem Baum steht!

4

5 - Sammelt sich ein Zentimeter Wasser, so sind ungefähr 10 Liter Wasser pro Quadratmeter gefallen. D. h. du musst die gesammelte Menge mal hundert nehmen, um die Niederschlagsmenge pro m^2 zu ermitteln!

5

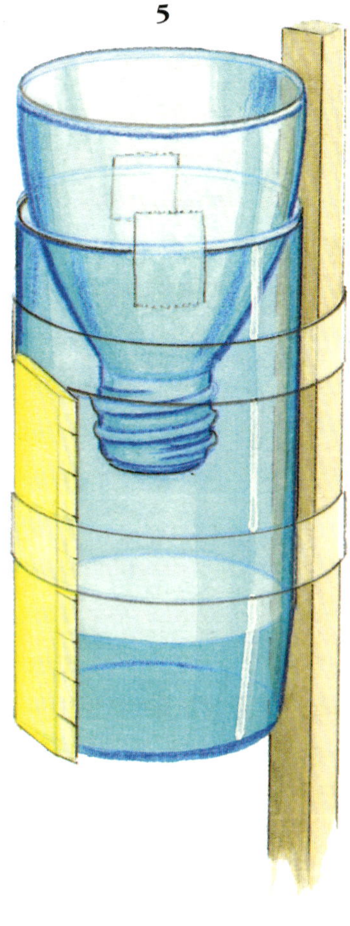

So baut man ein Barometer

Was du brauchst:
- eine glatte Plastikflasche
- eine flache, eckige Schüssel
- ein durchsichtiges Lineal
- etwas Gips
- eine Rolle beschriftbares, durchsichtiges Klebeband
- ein kleines Brett
- ein selbstklebendes Etikett

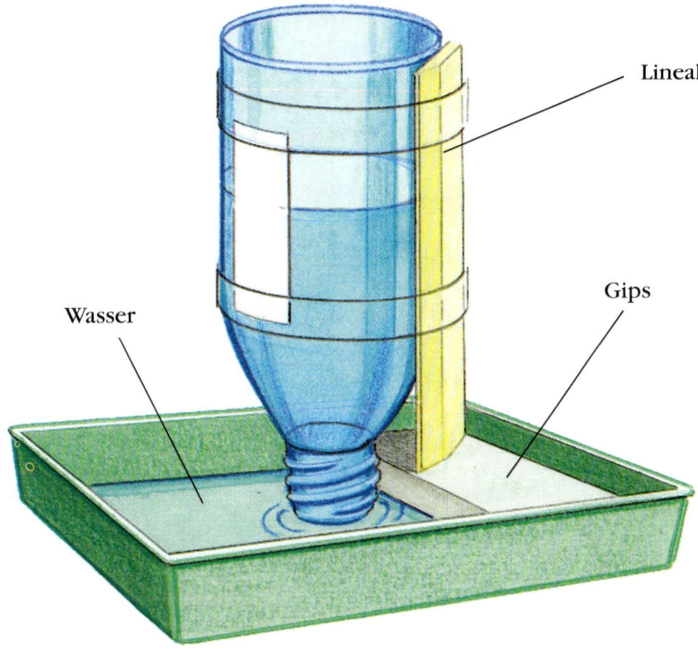

Wie es geht:

1 - Säge das Brett auf die Breite der Schüssel zurecht und teile ein Drittel der Schüssel damit ab. Rühre den Gips mit Wasser an und fülle ihn in das abgeteilte Drittel der Schüssel, sodass eine etwa 5 cm hohe Schicht entsteht.

2 - Bevor der Gips hart wird, steckst du das Lineal hochkant hinein. Achte unbedingt darauf, dass das Lineal gerade steht!

3 - Wenn der Gips trocken ist, kannst du das Brett entfernen.

4 - Fülle die Schüssel 5 cm hoch mit Wasser und stelle sie auf eine ebene Fläche.

5 - Schneide den Boden der Flasche ab und entferne den Verschluss.

6 - Drehe die Flasche um, halte den Verschluss mit zwei Fingern zu und fülle sie zu drei Vierteln mit Wasser auf.

7 - Halte den Hals noch mit deinen Fingern verschlossen. Unter Wasser nimmst du sie weg, sodass der Hals auf dem Boden der Schüssel steht.

8 - Schiebe die Flasche jetzt vorsichtig, ohne sie vom Boden abzuheben, ganz nahe an das Lineal heran.

9 - Befestige die Flasche mit dem durchsichtigen Klebeband am Lineal. Fertig ist dein Barometer!

6

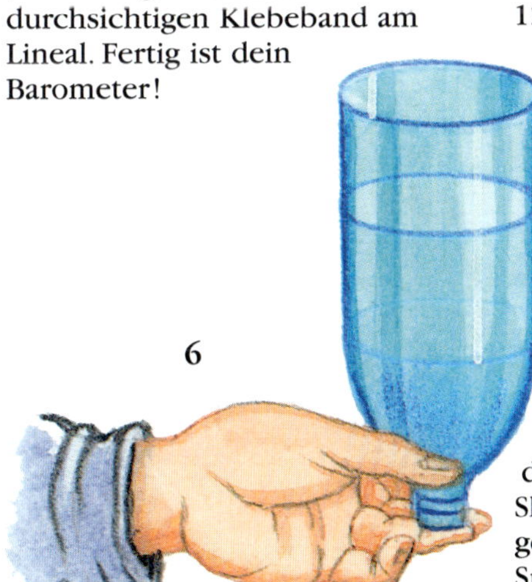

Wie es funktioniert:
- Während eines Hochs steigt der Luftdruck und somit auch das Wasser in der Flasche. Während eines Tiefs passiert das Gegenteil.
- Beobachte täglich den Wasserstand und markiere die verschiedenen Höhenstände auf dem Lineal. Übertrage sie in ein Heft und notiere dir jeweils, wie sich das Wetter in den folgenden 12 Stunden entwickelte.
- Wenn du sicher bist, dass die von dir ermittelten Werte, vom Sturm bis zum schönsten Sonnenschein, richtig sind, überträgst du sie auf ein Klebeetikett, wobei du die Zentimeterangaben durch folgende Skala ersetzt: (von unten nach oben) *Sturm - Regen - wechselhaft - schön - sehr schön.* Klebe das Etikett nun auf die Flasche. Achte darauf, dass Skala und Zentimeteranzeige genau übereinstimmen. Viel Spaß bei der Wettervorhersage!

Die Wettervorhersage

Schon lange bevor die Wetterkunde zu einer Wissenschaft wurde, konnten Bauern und Seeleute das Wetter vorhersagen. Generation um Generation hatten sie gelernt die Veränderungen ihrer Umwelt zu beobachten – vor allem die der Atmosphäre.

Dieses Wissen ist oft in Form von Sprichwörtern oder Bauernweisheiten zusammengefasst worden. Unter zwei Voraussetzungen kannst du diese alten Regeln wieder entdecken und nutzen:

1 - Du musst so viele Hinweise wie möglich sammeln, denn es muss nicht unbedingt Regen geben, nur weil die Schwalben tief fliegen!
2 - Manche Regeln sind nur in einer bestimmten Gegend gültig.

In ein Notizheft kannst du eintragen, welche Regeln wo zutreffen.

Hier einige Regeln, die du vielleicht noch nicht kennst und die hilfreich sein können.

Schlechtwetterzeichen

Der Himmel am Morgen ist gelblich. Der Nebel hebt sich nur langsam.

Eine graue Wolkenschicht verhängt den Himmel (Nimbostratus).

Dichte, schwarze Wolken hängen tief (Nimbus, Kumulonimbus).

Der vorherrschende Wind kommt aus dem Osten. Die Sicht ist klar.

Der Kopfsalat öffnet sich. Klee und Schlüsselblume schließen sich.

Die Schwalben fliegen tief.

Die Vögel glätten ihre Federn und singen wenig.

Die Katze putzt sich sorgfältig.

METEOROLOGIE ODER DIE WISSENSCHAFT VOM WETTER

Die Lage von Hoch- und Tiefdruckzentren beeinflusst sowohl die Windrichtung als auch Luftströmungen und somit das Wetter von morgen. Den Luftdruck, also den vom Gewicht der Luft ausgeübten Druck auf die Erde, misst man mit einem Barometer. Steigender Luftdruck kündigt eine Wetterbesserung an, fällt er hingegen schnell ab, kann schlechtes Wetter bevorstehen. Die Wettervorhersagen beruhen natürlich auf einer ganzen Menge weiterer Informationen. Die Meteorologen müssen nicht nur die Temperatur und Feuchtigkeit der Luft messen, sondern auch die Wolkenbildung sowie die Richtung und Geschwindigkeit des Windes, die Oberflächentemperatur des Ozeans usw. beobachten. Diese Informationen werden von den Wetterstationen rund um die Erde gesammelt und ausgewertet, sodass man die Wetterentwicklung voraussagen kann.

Das Vieh auf den Weiden rückt näher zusammen.

Die Gänse schnattern und die Enten sind unruhig.

Die Sterne flimmern und der Mond ist von einem Hof umgeben.

Schönwetterzeichen

Die Vögel singen schon früh am Morgen.

Morgens ist der Himmel hell und fahl und es ist leicht neblig.

Die hoch am Himmel stehenden Zirrus-Wolken sind weiß und federig.

Die Vögel fliegen hoch. Es herrscht schlechte Fernsicht.

Abendrot tritt auf. Die Fliegen sind bis spät abends aktiv.

Hunde und Katzen schlafen ruhig.

NA SO WAS!

Das Gewicht der Luft
Ein Liter Luft wiegt bei 20 °C ein bisschen mehr als ein Gramm. Das scheint zwar nicht viel zu sein, aber die ganze Luft eines Klassenzimmers ist über 100 kg schwer. Stell dir vor, wie viel die Atmosphäre wiegen muss! Die Maßeinheit des Luftdrucks heißt Hektopascal (hPa). Unter 1013 hPa ist der Luftdruck niedrig, über 1013 hPa ist er hoch.

Der Mond ist klar zu sehen, die Sterne glänzen, funkeln aber nicht.

Es gibt viel Abendtau.

Frösche und Kröten geben nächtliche Konzerte.

Zeichen eines Wetterwechsels

Wird es weiter regnen? Wie lange bleibt es noch schön? – Mithilfe der folgenden Tipps kannst du einen Wetterwechsel schon einige Stunden vorher erkennen.

Der Himmel ist von Schäfchenwolken überzogen.

Der Wind weht unregelmäßig und in heftigen Böen.

Der Hahn kräht ohne Unterlass.

Die Katze ist schlecht gelaunt und unruhig.

Die Glühwürmchen leuchten in der Nacht besonders hell.

Im Garten

Öffentliche Parkanlagen sind die grünen Lungen unserer Städte.
Die prächtigen Blumenbeete und die oft über 100 Jahre
alten Bäume laden dazu ein, sich im Grünen zu erholen.
Auch im eigenen Garten lässt sich die Natur erleben.

So legt man einen Garten an

Nach Art der Nutzung unterscheidet man zwischen dem Obst- und Gemüsegarten, der Abwechslung in die Ernährung bringt, und dem Ziergarten, der mit seinen Farben und Gerüchen eine Freude für die Sinne ist.

Wenn euer Haus in der Mitte des Grundstücks steht, könnt ihr den Ziergarten zur Straße hin anlegen. So können sich auch die Passanten daran erfreuen. Den Gemüsegarten pflanzt du dann hinter dem Haus an. Zur Pflege der beiden Gärten brauchst du eine zentral gelegene und vor Frost geschützte Wasserstelle. In einem hölzernen Geräteschuppen, oder besser noch, in einem überdachten Stand hinter einer Hecke aus Buchsbaum oder Eiben können die Gartengeräte verstaut werden. Du kannst auch einen Komposthaufen für Blätter und anderen pflanzlichen Abfall anlegen. Schädlingsbekämpfungsmittel sowie Düngemittel sollten, wenn überhaupt, nur sehr sparsam verwendet und sicher im Haus aufbewahrt werden.

Der Ziergarten soll schön sein, aber auch nicht zu viel Arbeit machen. Ist er groß genug, kann man Büsche und Bäume pflanzen. Letztere können sehr alt werden und bilden durch ihre Größe einen schönen Kontrast zu den übrigen Pflanzen. Damit sie jedoch nicht zu viel Schatten aufs Haus werfen, müssen sie ab und zu beschnitten werden. Auch der Rasen sollte regelmäßig gemäht werden, damit er schön dicht wird. Ein- oder mehrjährige Blumen setzen in den Beeten farbige Akzente. Im Rasen kannst du Blumenzwiebeln, z. B. von Krokussen, verteilen – und im Frühling überrascht dich ein Blütenmeer! Achte aber auch auf lang blühende Blumen. Empfindliche, Wärme liebende oder exotische Pflanzen setzt man am besten in Töpfe, um sie im Haus frostfrei zu überwintern.

Auch im Gemüse- oder Nutzgarten können Büsche und Bäume gepflanzt werden. Apfel- und Kirschbäume gedeihen in unserem gemäßigten Klima ebenso wie Schwarze und Rote Johannisbeeren oder Himbeeren. Einjährige Gemüsepflanzen lässt du in Beeten heranwachsen. Sehr nützlich kann auch ein kleines Gewächshaus sein. Hier werden die Pflanzen schon früh aus Samen vorgezogen, bevor du sie dann in die Beete auspflanzt. Sei nicht enttäuscht, wenn deine ersten Ernten nicht so reich ausfallen, wie es auf den Samentüten zu sehen ist! Du wirst feststellen, dass Obst und Gemüse aus dem eigenen Garten viel besser schmecken als aus dem Supermarkt.

Bäume in Garten und Park

Früher wurde in den meisten Gärten Obst und Gemüse angebaut. Dies stellte eine wichtige Bereicherung des täglichen Speisezettels dar. Heute dient der eigene Garten in erster Linie der Zierde und bringt lebendiges Grün in unsere Städte, wie auch die Parks.

Judasbaum
Südeuropäischer Zierbaum, der im Mai in Blüte steht und die Sonne liebt. Seine rosa Blüten bedecken Äste und Stamm!
Höhe: über 5 m.

Weißdorn
Dieser dornige Baum ist in Deutschland heimisch.
Seine weißen, rosafarbenen oder roten Blüten schmücken ihn von Mai bis Juni.
Höhe: bis zu 5 m.

Gleditschie
Eigentlich ist sie in Asien und Amerika heimisch. Bei uns wird sie oft in Parks und Gärten gepflanzt.
Sie ist sehr dornig und leicht an ihren bis zu 40 cm langen, gedrehten Fruchtschoten zu erkennen.
Höhe: bis zu 15 m.

Ginko
Man findet ihn häufig in Parks und erkennt ihn leicht an seinen fächerförmig verbreiterten Blättern. Meist werden nur männliche Ginkos gepflanzt, da die kirschähnlichen Samen der weiblichen Pflanzen furchtbar unangenehm riechen.
Höhe: über 10 m.

NA SO WAS!

Achtung, Verwechslungsgefahr!
Die Esskastanie gibt es seit der Römerzeit auch in den wärmeren Gebieten Deutschlands. Sie kann über 1000 Jahre alt und über 20 m hoch werden. Ihre Früchte, die Maronen, auch Esskastanien genannt, sind von einer stacheligen Fruchthülle umgeben und schmecken sowohl gekocht als auch geröstet wunderbar.
Die Rosskastanie stammt aus Südost-Europa und wurde bei uns als Zierbaum eingeführt. Ihre Samen, die Kastanien, sind giftig!

NA SO WAS!

Eine komische Konifere
Der Ginko ist der Vorläufer unserer heutigen Nadelbäume. Seine Urform wuchs bereits vor 100 Millionen Jahren! Seine fächerförmigen Blätter weisen parallele Blattnerven auf: Wissenschaftler nehmen an, dass es sich um miteinander verklebte Nadeln ähnlich denen unserer Nadelbäume handelt. Im Gegensatz zu vielen anderen Baumarten sind Ginkopflanzen entweder männlich oder weiblich.

Wilder Apfelbaum, Holzapfelbaum
Es gibt sehr viele verschiedene Arten wilder Apfelbäume. Sie blühen zwischen Mai und Juni und tragen im Herbst hübsche kleine Äpfel, die leider ungenießbar sind. Die Bäume gedeihen gut auf den fruchtbaren Böden der gemäßigten Zone. Höhe: 5 m.

Japanische Kirsche
Ende April blüht dieser Zierbaum ganz in rosa und im Herbst sieht er mit seinen orangeroten Blättern wunderschön aus. Höhe: 2–10 m.

Rote Rosskastanie
Sie ist in den Städten sehr verbreitet, wird aber nicht so groß wie die weiß blühende Rosskastanie. Im Mai entfalten sich ihre roten und rosafarbenen Rispenblüten. Höhe: bis zu 10 m.

Eberesche
Von Juli bis Dezember trägt sie ihre orangeroten Früchte, die Vogelbeeren. Hier kannst du viele Vögel beobachten, die diesen Festschmaus zwitschernd genießen. Höhe: bis zu 10 m.

Falsche Akazie, Robinie
Ihre duftenden Blüten sind ein Fest für die Bienen. Du solltest aber nicht auf diesen Baum klettern! Er hat nämlich Dornen und seine Äste brechen leicht. Höhe: 10 - 15 m.

Amberbaum
Erst im Herbst, wenn dieser Baum plötzlich aussieht, als stünde er in Flammen, fällt er einem auf! Dann leuchtet nämlich sein Laub in den schönsten und buntesten Farben. Im Sommer ist der Amberbaum eher unauffällig. Höhe: über 10 m.

Blasenesche
Aus ihrer Rinde kann man Seife herstellen. Besonders schön ist sie im Juli, wenn sie mit ihren lampionförmigen Früchten bedeckt ist. Höhe: 5 - 10 m.

Pyramidenpappel
Sie ist ein rasch wachsender Baum, dessen kräftige Wurzeln sogar Mauern zerstören können. Sie eignet sich nicht als Kletterbaum, da ihre Äste zu schnell brechen. Höhe: 30 m.

NA SO WAS!

Essbare Blüten
Die duftenden weißen Blütentrauben der Robinie schmecken köstlich, wenn du sie frittierst. Lasse dir dabei von einem Erwachsenen helfen. Pflücke ein paar schöne Blütentrauben, säubere sie, lege sie in eine flache Schale und bestreue sie mit Zucker. Nun stellst du aus 250 g Mehl, einer Prise Salz, 2 Löffeln Olivenöl und einem Glas Wasser einen Frittierteig her. Die gezuckerten Blüten ziehst du dann durch den Teig und frittierst sie in heißem Fett. Mit Zucker bestreuen und servieren!

Vom Baum zum Kanu
Bevor Nordamerika kolonisiert wurde, war das Land von dichten Wäldern bedeckt. Flüsse und Seen waren damals die bequemsten Verkehrswege. So entwickelten sich die amerikanischen Indianer zu Meistern im Kanubau. Meist benutzten sie Birkenholz, das zugleich haltbar und leicht war, sodass die Kanus auch getragen werden konnten, wenn gefährliche Stellen zu umgehen waren.

Blauglockenbaum, Paulownie

Im Mai trägt er glockenförmige, blauviolette Blüten, die leider schon nach ein bis zwei Wochen welken. Wenn du einen jungen Baum jährlich beschneidest, werden seine Blätter riesig: 50 bis 80 cm groß! Höhe: über 10 m.

Magnolie

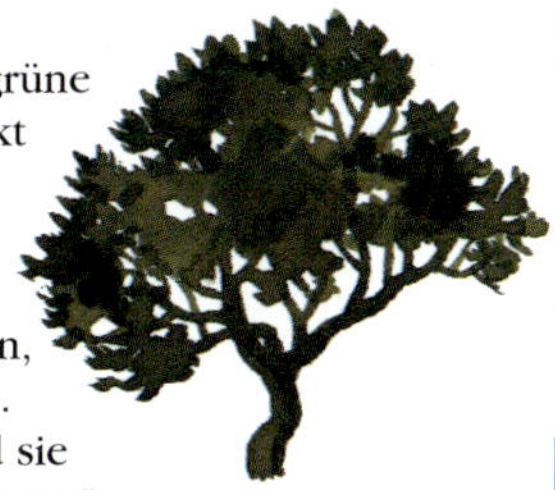

Dieser immergrüne Baum schmückt sich im Sommer mit herrlichen, stark duftenden, weißen Blüten. Allerdings sind sie etwas „schüchtern“ und sie verstecken sich gern hinter dem dichten Laub! Höhe: über 10 m.

Kirschpflaume, Türkische Kirsche

Schon ab März begrüßt dieser Zierbaum mit seinen rosa Blüten und seinem purpurfarbenen Laub den Frühling. Höhe: 5 m.

Trompetenbaum

Dieser im Juni prächtig blühende Parkbaum wird auch Katalpa genannt. Er hat besonders große Blätter und seine Früchte erinnern an grüne Bohnen, sind aber nicht essbar! Höhe: über 10 m.

Zeder

In großen Parks sieht man noch die schönen, hundertjährigen Libanon-Zedern. In kleineren Gärten zieht man es vor Atlas-Zedern oder blaue Zedern zu pflanzen. Höhe: 20 m und mehr.

Birke

Ihre schneeweiße Rinde wurde von den Indianern als Papier benutzt. Die Birke ist sehr widerstandsfähig, möchte aber nicht beschnitten werden. Höhe: bis zu 15 m.

Tulpenbaum

Er stammt aus Nordamerika und wird bei uns gerne in Parks gepflanzt. Seine tulpenartigen, stark duftenden Blüten öffnen sich ab Anfang Juni. Im Herbst färbt sich sein Laub goldgelb. Höhe: bis zu 30 m.

Hecken und Kletterpflanzen im Garten

Mithilfe von Hecken lässt sich ein Garten gut aufteilen. Sie trennen die verschiedenen Teile des Gartens voneinander ab, schützen vor Wind und bilden einen hübschen Kontrast zu den Blumenbeeten. Kletterpflanzen können öde Mauern in ein Meer bunter Blüten verwandeln. Sowohl Hecken als auch Kletterpflanzen müssen beschnitten werden.

1 - Leyland-Zypresse
Im Mittelmeerraum wächst sie sehr schnell und kann hohe Hecken bilden. Unser Klima mag sie nicht so sehr, aber ihre Cousine Thuja, auch Lebensbaum genannt, findet sich bei uns oft. Höhe: bis zu 12 m.

2 - Zypresse
Es gibt etwa 15 Arten dieses immergrünen Nadelbaums. Seine schuppenförmigen Blätter sind sehr dicht.

3 - Eibe
Dieser in allen Teilen giftige Nadelbaum trägt rote Samen, die wie Beeren aussehen und kann allein stehend sehr groß und über 3000 Jahre alt werden. Er ist in Europa geschützt.

4 - Knöterich
Dieser Kletterkünstler hat kräftige Zweige und bedeckt in kürzester Zeit alles, was ihm im Wege steht.

5 - Bougainvillea
Sie stammt ursprünglich aus den Tropen. Als Kübelpflanze an einem sonnigen Platz wächst sie auch bei uns sehr gut. Wenn es kalt wird, musst du sie zum Überwintern ins Haus holen. Ihre Blüten sind rosa oder weiß und ihr Laub wird im Herbst purpurfarben.

6 - Wilder Wein
Diese Kletterpflanze rankt sich schnell an jeder Mauer empor und bedeckt sie bald ganz. Im Herbst leuchtet das Laub in bunten Farben.

7 - Klematis
Diese schöne Kletterpflanze mit blauen Blüten ist anspruchsvoll: Sie verlangt Schatten für ihren Stamm und Sonne für Blätter und Blüten.

8 - Glyzinie
Ihre großen, duftenden Blütentrauben sind lilafarben und öffnen sich ab Mai. Sie windet sich an allem empor, was sie findet. Aber Vorsicht! Sie ist so kräftig, dass sie andere Pflanzen erwürgen und sogar das haltbarste Rankgitter verbiegen kann!

9 - Hainbuche
In den gemäßigten Zonen lassen sich Hainbuchen zu wunderbaren Laubengängen ziehen. Im Herbst wird ihr Laub gelb, fällt aber im Winter nicht ab! Höhe: bis zu 12 m.

10 - Feuerdorn
Er hat immergrünes Laub und kräftige Dornen. Er blüht im Mai und trägt im Herbst und Winter leuchtend rote Früchte. Höhe: bis zu 3 m.

11 - Spindelstrauch, Pfaffenhütchen
Du kannst Zeichenkohle herstellen, wenn du einen Zweig dieses Strauchs 15 Min. in Glut legst, alles mit Erde bedeckst und den Zweig dann vorsichtig auf Sand zum Abkühlen legst.

12 - Liguster, Rainweide
Man kann ihn rasch zur Hecke ziehen, muss ihn aber oft beschneiden.
Höhe: bis zu 5 m.

WIE MAN SCHMETTERLINGE IN SEINEN GARTEN LOCKT

Selbst in einem kleinen Garten in der Stadt kannst du viele schöne Schmetterlinge beobachten. Wichtig dafür sind Blumen, die reich an Nektar sind, denn viele Schmetterlinge ernähren sich von diesem zuckerhaltigen Saft. Wenn in deinem Garten auch Pflanzen wachsen, die Schmetterlingsraupen als Nahrung dienen, kannst du vielleicht sogar beobachten, wie die Eier gelegt werden und sich daraus die Raupen und schließlich die Schmetterlinge entwickeln. Du musst einige Zeit ganz still in deinem Garten warten und schon bald siehst du, wie sie ganz in deiner Nähe von Blume zu Blume fliegen.

Darauf fliegen Schmetterlinge
Um möglichst viele verschiedene Schmetterlinge über eine lange Zeit hinweg beobachten zu können sollten vom Ende des Winters bis zum Herbst blühende Pflanzen in deinem Garten stehen. Es sind aber nicht unbedingt die schönsten und größten Blumen, die die meisten Schmetterlinge anziehen. Im Frühling fliegen diese vor allem auf Nachtviolen, Primeln, Flieder, Gänsekraut, Goldlack und Silberblatt sowie auf Blaukissen und Goldkörbchen aus dem Steingarten.

Heimische Sträucher wie Schlehe, Kreuz- und Weißdorn und Faulbaum sind besser für eine Schmetterlingshecke geeignet als exotische Sträucher. Im Sommer lieben Schmetterlinge Spornblumen (roter Baldrian), Nelken, Phlox, Lavendel und natürlich den Sommerflieder, der auch Schmetterlingsstrauch genannt wird.

Ein Stück wilder Garten

Bitte deine Eltern, ein kleines Stück Garten verwildern zu lassen! Viele Schmetterlinge werden nämlich von so genanntem Unkraut angezogen. Admiral, C-Falter, Tagpfauenauge und Kleiner Fuchs bevorzugen zur Eiablage Brennnesseln, der Distelfalter Disteln. Blüten und Blätter von Himbeersträuchern sind Nahrung für viele Schmetterlinge und deren Raupen. Auch eine Wiese, die nur einmal im Herbst gemäht wird, zieht viele Arten an. Schädlinge kann man mithilfe ihrer natürlichen Feinde bekämpfen. Diese Methode ist auch für Mensch und Natur gut verträglich. Auf chemische Produkte sollte man verzichten. Sie sind eine Gefahr für unsere Gesundheit und schädigen die Umwelt!

Im Sommer ernähren sich die Falter auch vom Blütennektar der Gewürzpflanzen im Gemüsegarten wie Pfefferminze, Dost, Thymian oder Ysop. Damit es auch im Herbst in deinem Garten blüht, kannst du folgende Pflanzen setzen: Fetthenne, Aster, Studentenblume (Tagetes), Heidekraut usw.

Ziersträucher

Die Sträucher und Büsche unserer Gärten werden selten höher als 2 m. Gärtner haben aus vielen der wilden Arten Ziersträucher gezüchtet, die durch ihre Form, ihr besonderes Laub oder die Schönheit ihrer Blüten auffallen.

Kamelie
Sie ist ein sehr schöner immergrüner Strauch mit prächtigen Blüten von Februar bis April. Je nach Art können die Blüten an Rosen, Nelken, Lilien, Pfingstrosen oder sogar an Chrysanthemen erinnern. Die Kamelie liebt kalkfreie Böden und leidet unter Frost und Regen. Höhe: bis 5 m.

Gemeiner Schneeball
Seine weißen Blüten zeigen sich von Mai bis Juni und erinnern an Schneebälle. Im Herbst färbt sich sein Laub rot. Er verträgt Schatten und kann gut beschnitten werden. Höhe: 3 - 4 m.

Goldbaum
Sein hübsches Laub ist immergrün und es trägt im Winter kleine, rote Früchte. Er bevorzugt die Sonne und kommt bei uns als Gartenzierstrauch und Topfpflanze vor. Höhe: 2 - 3 m.

Rhododendron
Diese beliebte immergrüne Pflanze bevorzugt sauren Boden und steht gerne im Schatten. Ihre Blüten gibt es in der ganzen Palette des Regenbogens. Höhe: 1,5 - 2,5 m.

Azalee
Sie gehört zur selben Gattung wie der Rhododendron, ist aber kleiner und manche Arten tragen im Winter kein Laub. Viele lassen sich gut in Kübeln ziehen. Die Blüten sind sehr verschieden. Höhe: 1,5 - 2 m.

Sommerflieder, Schmetterlingsstrauch
Hier tummeln sich im Sommer viele Falter, die dem zarten Duft der Blüten folgen. Die Blütenstände können bis zu 50 cm lang werden. Höhe: 3 m.

Forsythie
Auch wenn es draußen noch winterlich aussieht - schon früh kündigt uns die Forsythie mit ihren gelben Blüten den Frühling an! Sie liebt die Sonne und sollte nach der Blüte beschnitten werden. Höhe: 2 - 3 m.

Perückenstrauch
Er ist vom Mittelmeer bis China verbreitet. Sein Laub ist rot und ab Juli schmücken ihn behaarte Fruchtstände, die er bis zum Herbst trägt. Er steht gerne sonnig. Höhe: 2 - 3 m.

Abelie
Von Juli bis November ist sie von kleinen, weißen Blüten bedeckt. Sie liebt die Sonne und fürchtet kalte Winter. Im März muss sie stark zurückgeschnitten werden. Höhe: 1,5 m.

Flieder
Dieser kräftige Strauch liebt die Sonne und trägt duftende weinrote, violette oder weiße Blüten. Wird er nach der Blüte beschnitten, blüht er wieder genauso schön! Höhe: 4 - 5 m.

Goldregen (links)
Er ist sehr genügsam und wächst auf fast allen Böden. Im Mai trägt er prächtige goldgelbe Blütentrauben. Aber Vorsicht! Seine Blätter, Blüten und Früchte sind hochgiftig. Zünde auch nie ein Grillfeuer mit seinem Holz an! Es überträgt die Giftstoffe auf die gegrillten Speisen. Höhe: 3 - 6 m.

Steinmispel, Cotoneaster
Je nach Art kann sie ganz unterschiedlich aussehen. In der Regel erkennt man sie aber an ihren kleinen immergrünen Blättern und den leuchtend roten Früchten, die sie den ganzen Winter über schmücken. Höhe: 2 - 4 m.

Essigbaum
Dieser breitwüchsige, kleine Baum hat große Fiederblätter, die sich im Herbst orange bis purpurrot verfärben. Seine herabhängenden Früchte sind borstig. Höhe: 3 - 4 m.

Japanische Scheinquitte
Ab März erscheinen ihre schönen ziegelroten oder rosafarbenen Blüten. Achtung, die Scheinquitte hat Dornen! Höhe: 1 - 2 m.

Yucca
Sie ist eine ideale und beliebte Kübelpflanze. Im Sommer beeindruckt sie durch ihre riesigen Blüten! Höhe: 1-1,5 m mit etwa doppelt so langen Blütenstielen.

Hortensie
Dieser buschige Strauch trägt im Sommer und Spätsommer dichte blaue oder rosafarbene Blütendolden. Die Blätter sind dunkelgrün, oval und zugespitzt. Höhe: 1 - 2 m.

Fingerstrauch
Er liebt die Sonne, ist buschig, hat silbrige Blätter und viele kleine weiße oder gelbe Blüten, die ihn von Juni bis September zieren. Im März muss er auf eine Höhe von 50 cm zurückgeschnitten werden. Höhe: 0,5 - 1,5 m.

Falscher Jasmin, Pfeifenstrauch
Seine großen, duftenden, weißen Blüten erscheinen von Frühsommer bis Sommer. Sein Laub ist dunkelgrün. Er steht gerne sonnig und sollte nach der Blüte beschnitten werden. Höhe: 1,5 m.

NA SO WAS!

Mit und ohne Chlorophyll
Pflanzen haben grüne Blätter, da in ihnen Chlorophyll, ein grüner Blattfarbstoff, hergestellt wird. Sie brauchen das Chlorophyll, um die Energie der Sonne nutzen zu können. Es gibt aber Pflanzen, bei denen Teile der Blätter diese Fähigkeit verloren haben.
Es handelt sich um eine Mutation, die man an gelben oder hellgrünen Flecken der Blätter erkennt. Dies ist z. B. beim Goldbaum der Fall. Seine Blätter sind gelb gesprenkelt und sehen sehr originell und dekorativ aus.

Schmetterlingsstrauch ohne Besucher
Der Sommerflieder ist ein großer Strauch mit bis zu 50 cm langen Blütenständen, die aus vielen kleinen Einzelblüten bestehen. Die Farben variieren zwischen weiß, weinrot und violett. Die Blüten duften nach Honig und ziehen viele Schmetterlinge an. So kam er zu seinem Namen „Schmetterlingsstrauch".
Er ist nicht sehr anspruchsvoll und wächst auch problemlos in der Stadt. Allerdings gibt es Regionen, die stark durch Insektenvernichtungsmittel belastet sind. Dort gibt es kaum noch Schmetterlinge. Was uns also bleibt, ist ein Zierstrauch und sein Name.

Obstbäume

Früher versorgten große heimatliche Obstplantagen die Menschen das ganze Jahr über mit Obst. Heute werden Obstbäume vor allem im eigenen Garten gepflanzt. Ihre Blüte im Frühjahr ist ein Schmuck und die selbst geernteten Früchte sind im Herbst ein wahrer Festschmaus!

Aprikosenbaum
Er bevorzugt warme Gegenden und will nicht beschnitten werden.

Pflaumenbaum
Die wichtigsten Sorten sind Renekloden mit runden, grünlichen, süßen Früchten, Mirabellen mit goldgelben, saftig-süßen Früchten, Zwetschgen mit blauen, eiförmigen Früchten und Pflaumen, die größer sind als Zwetschgen.

Birnbaum
Es gibt über 25 Arten, die als Tafel-, Einmach- oder Mostbirnen verwendet werden. Die bekanntesten Sorten sind Bosc's Flaschenbirne (mittelgroß mit saftigem, zartem Fruchtfleisch), Schinkenbirne (stark bauchig, hellgelbe Schale, sehr saftig und erfrischend), Diels Butterbirne (groß bis sehr groß, gelb mit rostroten Punkten, saftig, süß und würzig), Gute Luise (mittelgroß, hellgrün, saftig und feinwürzig), Pastorenbirne (groß, sehr saftig und leicht gewürzt), Williams Christbirne (mittelgroß mit rostroten Punkten und einem feinen, etwas eigenartigen Aroma).

Walnussbaum
Um die Walnüsse frisch zu genießen schlägt man sie Anfang September vom Baum ab. Will man sie lagern, so sammelt man die Früchte im Oktober.

NA SO WAS!

Apfel- oder Birnbaum?
Wie kann man sie im Winter unterscheiden? Wenn sie unbeschnitten sind, an der Form, denn dann haben sie die Form ihrer Früchte: Der Apfelbaum ist rund und gedrungen, der Birnbaum länglich und im unteren Teil kräftiger.

Birnenvielfalt
Manche Birnen sind sehr dickbauchig, andere eher länglich, einige reifen sehr schnell und müssen bald nach der Ernte gegessen werden, wieder andere reifen im Keller auf Stroh gelagert nach und können im Winter verzehrt werden. Neu in Europa ist eine Birne aus China, die durch ihre runde Form, ihren langen Stiel und ihren besonderen Geschmack auffällt.

NA SO WAS!

Pomologie
Dieses ulkige Wort gibt es tatsächlich! Es wurde von dem lateinischen Wort pomum abgeleitet, das so viel wie „Baumfrucht" heißt. Die Pomologie wird auf Deutsch auch Obstkunde genannt, denn sie beschäftigt sich mit der wissenschaftlichen Lehre von den Obstsorten und vom Obstbau. Im Jahr 1860 wurde der Deutsche Pomologenverein gegründet, der sich mit dem Obst als Kulturpflanze beschäftigt. Das meiste Obst Westeuropas wird in Frankreich erzeugt. In Deutschland werden 65 % aller Obstbäume in Privatgärten und in Bauernbetrieben angebaut, wobei der Apfel mehr Anbaufläche einnimmt als alle anderen Obstsorten zusammen. Aber natürlich gibt es in Deutschland auch große Obstanbaugebiete, deren Ertrag für den Verkauf bestimmt ist. Das älteste natürliche Gebiet, in dem Obst angebaut wird, ist das Havelland.

Kirschbaum
Die wichtigsten Kirscharten sind die weichen, saftigen Herzkirschen, die festen, knackigen Knorpelkirschen, die nur mäßig sauren Glaskirschen und die kleinen, sauren Schattenmorellen.

Apfelbaum
(Siehe S. 59) Er bevorzugt das gemäßigte, feuchte Klima. In Europa gibt es etwa 1600 Apfelsorten! Die bekanntesten sind Cox' Orange (mittelgroß, sehr saftig und süß), Goldparmäne (mittelgroß, süß mit säuerlichem Nachgeschmack), Golden Delicious (mittelgroß, grün bis goldgelb und süß), Prinz Albrecht (groß mit rötlichen Streifen überzogen) und Boskop (groß mit rauer, bräunlicher Schale und säuerlichem Geschmack).

NA SO WAS!

Apfelvielfalt
Es ist nicht vollständig geklärt, woher der Apfelbaum ursprünglich stammt. Man nimmt aber an, dass die Gattung in der Region zwischen Kaspischem und Schwarzem Meer beheimatet ist. In der Schweiz wurden in prähistorischen Siedlungen verkohlte Apfelreste gefunden und in der griechischen und nordischen Mythologie war der Apfel Symbol der Liebe und Fruchtbarkeit. Die Römer führten den Apfelanbau nördlich der Alpen ein. Heute gibt es auf der Erde fast 20 000 verschiedene Apfelarten. Einige sind grün, andere goldgelb, rot oder bräunlich grau. Man unterscheidet zwischen Tafeläpfeln, Kochäpfeln und Mostäpfeln, die als Frucht kaum genießbar sind.

Gartenblumen

Es gibt viele Tausend verschiedene Blumenarten und jede Art hat sich einem bestimmten Lebensraum mit seinem Klima angepasst. Hier ein Überblick über die bekanntesten Blumen unserer Breiten:

Einjährige Pflanzen

Sie leben nur ein Jahr und müssen deshalb jeden Frühling neu gepflanzt werden. Sie sind als Blumenrabatten und Beetblumen beliebt.

Garten-, Sommeraster
Es gibt zahlreiche Arten, die einfach oder doppelt gefüllte Blüten haben.

Garten-Ringelblume
Diese schnell wachsende Pflanze schmückt von Juni bis Oktober viele Gärten. Sie hat große orangefarbene Blüten und ist pflegeleicht.

Sommerlevkoje
Von Juni bis September bildet sie große, samtige Blütenähren in vielen kräftigen Farben.

Tagetes, Studentenblume
Sie ist eine besonders dankbare Beetpflanze und leicht an ihrem typischen, unangenehmen Geruch erkennbar.

Strohblume
Sie ist leicht an ihren papierartigen Blüten zu erkennen und lässt sich zu schönen Trockensträußen binden.

Zinnie
Sie hat bunte, kugelförmige Blüten und raue Blätter. Diese zeigen sich von Juli bis August.

Petunie
Diese buschige Pflanze hat trompetenförmige Blüten und blüht von Mai bis Oktober.

Kapuzinerkresse
Groß, klein, buschig oder kletternd – sie wächst rasch und blüht vom Sommer bis in den späten Herbst.

Zweijährige Pflanzen

Diese Pflanzen leben zwei Jahre. Sie werden im Frühling angepflanzt, blühen aber erst im Frühling oder Sommer des darauf folgenden Jahres.

Stiefmütterchen
Die vielen verschiedenen Arten blühen in allen Farben. Mit ihren samtigen Blüten leuchten sie schon früh im Jahr in den Beeten und Rabatten der Gärten und Parks.

Maßliebchen
Man erkennt diese Verwandte des Gänseblümchens an den kleinen roten, gefüllten Blüten.

Duftwicke
Sie verströmt einen berauschenden Duft und ist eine Augenweide. Verwelkte Blüten solltest du abschneiden!

Silberblatt
Es hat violette Blüten und seine durchscheinenden Samenhüllen (siehe Bild) verwendet man oft in Trockensträußen.

Fingerhut
Er hat bis zu 1,50 m hohe Stiele und glockenförmige Blüten in rosa oder weiß. Er ist sehr giftig!

Zwiebelgewächse

Sie wachsen aus einer Zwiebel, einem Wurzelstock oder einer Wurzelknolle. Nach der Blüte verwelken sie, blühen aber im nächsten Jahr wieder.

Hyazinthe
Sie riecht besonders stark. In einem Tontopf kannst du sie auch auf der Fensterbank ziehen.

Schwertlilie, Iris
Ihren Duft genießt man von Mai bis Juni.

Begonie
Diese artenreiche Gattung stammt ursprünglich aus Südamerika und fällt durch ihre farbenprächtigen Blüten und die oft dekorativen Blätter auf.

Lilie
Diese Sommerblume ist eine dankbare Pflanze, die die Sonne liebt. Sie wird in vielen Farben angeboten und besitzt wohlriechende Blüten.

Narzisse
Sie wird auch Osterglocke genannt und ist wegen ihrer schön geformten Blüte sehr beliebt.

Blumenrohr
Es benötigt einen warmen, sonnigen Standort und blüht den ganzen Sommer. Es ist frostunempfindlich.

Gladiole
Ihre großen Blütenähren ergeben festliche Sträuße.

Tulpe
Es gibt über 4000 Tulpensorten, die sich als Beet- und Schnittblumen eignen. Die Zwiebeln werden im Herbst an einem sonnigen Ort gesetzt.

Dahlie
Unter guten Bedingungen bringt eine einzige Pflanze über 100 Blüten hervor!

Mehrjährige Pflanzen

Diese Pflanzen leben viele Jahre und blühen in jeder Saison wieder aufs Neue.

Fuchsie
Ihre röhrenförmigen Blüten sind fast immer hängend. Sie mag schattige Lagen und bildet üppige, dichte Stauden.

Lupine
Diese aufrechte Staude zeigt große, eindrucksvolle Blütenähren. Sie blüht im Frühsommer und bevorzugt viel Sonne und durchlässige Böden.

Taglilie
Ihre Blüten erscheinen nacheinander und jede verwelkt nach nur einem Tag. Sie braucht volle Sonne.

Nelke
Sie blüht von Juli bis August und hat einen typischen, starken Duft. Sie braucht Sonne und trockene Erde.

Aster
Sie blüht den ganzen Sommer über und kann dichte Stauden bilden. Eine Stütze ist manchmal erforderlich.

Stockrose
Sie wird sehr hoch – bis zu 2 m – und liebt die Sonne. Es gibt sie in Creme, in Gelb, Rosa, Rot und Violett.

Löwenmäulchen
Es blüht den ganzen Sommer über und vermehrt sich mithilfe des Windes, der seine Samen davonträgt. Es braucht einen sehr sonnigen Platz.

Johanniskraut
Diese immergrüne Staude ist sehr genügsam und daher für Steingärten gut geeignet. Im Sommer hat sie leuchtend gelbe Blüten.

Pfingstrose
Im Mai öffnen sich ihre schönen roten, weißen oder rosafarbenen Blüten. Manche Arten bilden Sträucher.

Primel
Sie wird auch Schlüsselblume genannt und ihre bunten Blüten erscheinen bereits im Februar.

Rosen

Es gibt über tausend Rosenarten, die alle von der Heckenrose abstammen. Die Schönheit ihrer Formen, die Vielfalt ihrer Farben und ihr angenehmer Duft haben ihr den Namen „Königin der Blumen“ eingebracht. Es ist jedoch noch nie gelungen, eine rein weiße Rose ohne grünlichen Schimmer oder eine blaue zu züchten. Am schönsten sind Rosen im Morgentau, denn da riechen sie am feinsten.

Kletterrosen
Diese starkwüchsigen Rosen brauchen Rankgitter, so genannte Spaliere. Sie haben einzeln stehende, einfache oder gefüllte Blüten.

Strauchrosen
Die Blüten stehen einzeln oder in Büscheln und sind schön anzusehen.

Schlingrosen
Werden sie gut befestigt und von Menschenhand geführt, wachsen ihre langen, biegsamen Triebe an Spalieren in die Höhe. Die Blüten stehen in Büscheln zusammen.

Hochstamm-Rosen
Diese Rosensorte züchtet man durch so genanntes Aufpfropfen von Strauchrosen auf den Stamm einer Heckenrose.

Miniatur-Buschrosen
Sie sind sehr widerstandsfähig und wachsen als kleine, stark verzweigte Sträucher mit zahlreichen, dicht aneinander stehenden Blüten.

Rosenmarmelade

Rosen bringen Farben und Duft in den Garten, das weiß jeder! Man kann aus ihren Blütenblättern und Früchten aber auch Marmelade kochen. Überrasche doch deine Freunde damit!

Was du brauchst:

- 500 ml Wasser
- 500 g frische Rosenblätter
- Saft von 2 Zitronen
- 500 g Zucker

Wie es geht:

Die Blütenblätter der Rose sind das Geheimnis einer guten Rosenmarmelade. Je stärker die Rosen riechen, desto besser wird die Marmelade. Nach dem Sammeln und Reinigen müssen die Blütenblätter gut abtropfen. Bedecke sie dann mit 500 ml kochendem Wasser und lasse sie 3 Stunden lang gut durchziehen. Gib sie dann samt Wasser in einen Topf und füge den Zitronensaft und den Zucker hinzu. Unter gelegentlichem Rühren muss diese Mischung etwa 10 Minuten kochen, bis die Marmelade dickflüssig wird. Fülle die Marmelade in Gläser und verschließe sie.

Hagebutten, die orangeroten Früchte der Rose, sind reich an Vitamin C. Aus ihnen kann man ebenfalls Marmelade machen, allerdings ist die Gewinnung des Hagebuttenmarks sehr aufwendig.

VÖGEL BEOBACHTEN

Auch wenn die meisten Vögel Menschen meiden, so trauen sich einige doch in unsere Nähe. Sie sind gern gesehene Gäste in unseren Gärten und recht einfach zu beobachten. Stehe vor Tagesanbruch auf und setze dich, den Rücken der aufgehenden Sonne zugewandt, in den Garten. Bewege dich nicht und sei vor allem leise. Außerdem solltest du ein gutes Fernglas dabei haben und einige, schon vorbereitete Karteikarten, auf denen du deine Beobachtungen notieren kannst. Mithilfe dieses Buches wirst du sie später ergänzen können.

Deine Beobachtung

Halte auf deiner Karteikarte fest:

- Vogelname (genau überprüfen!)
- Anfangs- und Endzeit der Beobachtung
- Größe
- Form
- Farben des Gefieders
- Aufenthaltsorte
- Verhalten (aktiv, faul, ruhig, unruhig ...)
- Fortbewegung auf dem Boden (hüpfend, laufend)
- Flug (gerade, zickzackartig ...)
- Flugart (kurz, schnell, nervös, langsam, gleichmäßig, strudelnd, abwechselnd ...)
- Ruf (versuche ihn mit Vergleichen zu beschreiben)
- Nahrungssuche (Insekten im Flug oder im Gras, Beeren an Sträuchern ...)
- andere besondere Kennzeichen

Kleine Vögel in Gärten und Parks

Die kleinen geflügelten Gäste unserer Gärten wagen sich schon einmal bis zur Haustür vor, um ein paar Brotkrümel aufzupicken. Im Frühling ist vor allem der Gesang der Männchen eine Freude. Zahlreiche Vogelarten lassen sich manchmal in unseren Städten und in Parks beobachten. Sie werden im nun folgenden Kapitel und in den Kapiteln „Auf dem Land“ und „Im Wald“ beschrieben.

Kohlmeise
Ihr Gesang ist ein rhythmisches „zizibä zizibä“. Sie bewohnt gerne Nistkästen und lässt sich im Notfall auch einmal in Briefkästen nieder. Sie fliegt gerade von Baum zu Baum und hüpft von Zweig zu Zweig.

Mönchsgrasmücke
Sie hält sich vor allem in Bodennähe im dichten Gebüsch auf. Das Männchen ist grau und hat eine schwarze Kopfplatte. Das Weibchen ist bräunlich und fällt durch seine rotbraune Kopfplatte auf.

Singdrossel
Sie hat ihren Namen verdient. Ab Ende des Winters kann man ihren harmonischen Gesang hören. Jede Tonfolge wiederholt sie etwa dreimal. In den Hecken unserer Parks und Gärten baut sie ihr Nest aus Moos und Lehm, das innen glatt ausgeschmiert wird.

Mehlschwalbe
Sie hat schwarze Deckfedern und eine rein weiße Unterseite. Das runde, aus Lehmklümpchen erbaute Nest errichtet sie unter einem Dachvorsprung oder einem Balkon. Im Winter zieht sie nach Afrika. Sie wird in unseren Städten immer seltener.

Mauersegler
Auch er überwintert im tropischen und südlichen Afrika. Er ist ein Luftjäger, der seine Beute ausschließlich im Flug fängt. Aber auch sonst macht er fast alles im Flug: Er paart sich, wäscht sich fliegend und schläft sogar während seiner langen Gleitflüge. Oft kreisen Mauersegler in Scharen über den Städten.

NA SO WAS!

Die Drossel und die Schnecke
Drosseln sind Feinschmecker und schrecken nicht einmal vor einem harten Schneckenhaus zurück. Mit dem Schnabel nehmen sie es auf und zerschlagen es auf einem flachen Stein oder einem anderen harten Gegenstand. Wenn das Schneckenhaus zerbricht, fressen sie die Schnecke!

Furchtlose Drosseln
Eichhörnchen, Elstern, Raben und Eichelhäher sind Nesträuber und lieben die Eier der Drossel. Die beschützt aber energisch ihr Gehege gegen Räuber. Sie zeigt dabei einen unglaublichen Mut auch größeren Angreifern gegenüber.

SO BAUT MAN EINEN NISTKASTEN

Viele Singvögel, wie Meisen oder der Kleiber, zählen zu den Halbhöhlen- oder Höhlenbrütern. Sie benötigen alte Bäume mit zurückfaulenden Astlöchern, aber solche sind in den meisten Gärten kaum zu finden. Mit einem selbst gebauten Höhlenbrüterkasten kannst du ihnen einen Nistplatz schaffen. Aufhängen solltest du ihn an einem ruhigen Ort, nicht zu nahe am Haus, aber so, dass du ihn beobachten kannst. Wenn du den Nistkasten an einem Baumstamm befestigen willst, wickle ein wenig Stacheldraht um den Baumstamm, sodass Katzen nicht daran hochklettern können.

Was du brauchst:

- ein massives Holzbrett (5 mm dick, 13 cm breit, 129 cm lang)
- 16 Nägel (je 3 cm lang)
- ein Scharnier
- eine kleine Holzsäge

Wie es geht:

- Säge zunächst die Einzelteile zurecht: 2 Seitenwände und die Rückwand mit jeweils 13 x 25 cm Seitenlänge, Dach und Boden mit jeweils 13 x 16 cm Seitenlänge und die Fluglochwand mit 13 x 22 cm Seitenlänge. Der Boden sollte 2 Auslauflöcher erhalten.
- Bitte einen Erwachsenen, die Oberkanten von Vorder- und Rückseite abzuschrägen. Die Rückseite ist 25 cm, die Frontseite nur 22 cm hoch, sodass das Dach schräg liegt.
- Säge in die Frontseite ein Flugloch, den Vogeleingang, von 5 cm Durchmesser.
- Befestige erst die Seitenwände mit Nägeln an der Rückwand, dann die Frontseite und den Boden.
- Bringe das Scharnier an einer der kurzen Seiten des Daches an und befestige es zugleich an der Rückwand des Kastens. Mithilfe des aufklappbaren Daches kannst du den Nistkasten im Herbst säubern und Nestreste vom Sommer entfernen.

Rotkehlchen
Dem Menschen gegenüber zutraulich, kündigt es sich mit perlendem Gesang an. Du erkennst es leicht an der orangeroten Brust, Kehle und Stirn.

Zaunkönig
Dieser Vogel ist rostbraun, sehr klein und rundlich. Er bewegt sich ständig, außer wenn er singt. Das Männchen legt mehrere Moosnester mit seitlichem Eingang an und das angelockte Weibchen wählt eines davon aus.

Buchfink
Das Männchen ist im Gegensatz zum Weibchen sehr bunt. Sein Lockruf ist ein helles „pink“, im Flug dagegen ein halblautes „jüb“. Das Nest baut das Weibchen. Es verwendet dazu Moos und kleine Wurzeln und tarnt das Nest von außen mit Flechten.

Amsel
Sie ist mittlerweile sehr verbreitet und besiedelt Gärten und Parks, wo sie Schutz und Nahrung findet. Im Frühling kann man von morgens bis abends ihr Gezwitscher hören.
Ihr Nest aus Halmen und Stängeln, die mit Erde verkittet werden, baut sie im Gebüsch oder sogar an Gebäuden. Die Weibchen legen zwei- bis dreimal im Jahr Eier.

Gimpel
Sein Lockruf, ein weiches „diü“, ist leicht nachzuahmen.

Haussperling, Spatz
Er macht sich durch laut schilpende Rufe bemerkbar. Das Nest wird aus Stroh, Papier und Federn z. B. in ein Mauerloch gebaut und sieht etwas unordentlich aus.

NA SO WAS!

Kluge Meisen
Wie klug Meisen sind, kannst du leicht selbst herausfinden: Binde eine 50 cm lange Schnur an einen Ast und einen Wurm ans andere Ende der Schnur. Die Meise wird den Faden mit dem Schnabel hochziehen und mit dem Fuß festhalten, bis sie an den Wurm herankommt!

Ein Federgewicht
Das Wintergoldhähnchen ist mit 10 cm Größe und 4 bis 5 g Gewicht der kleinste Vogel Europas. Es ernährt sich von kleinen Insekten und Spinnen.

Heckenbraunelle
Als Park- und Gartenbewohner pfeift dieser graubraune Vogel im Frühling schon frühmorgens von der Spitze der Bäume herunter. Sein Nest beherbergt grünblaue Eier.

DAS FUTTERHÄUSCHEN

Auch kleine Vögel haben einen großen Appetit, denn sie müssen ihre Körpertemperatur bei 40 °C halten – die des Menschen liegt nur bei 37 °C! – und verbrauchen viel Energie beim Fliegen. In der schönen Jahreszeit fällt es ihnen leicht für sich und ihre Brut Futter zu finden: Sie fressen Körner und Insekten. Im Winter sieht es aber ganz anders aus. Du kannst den kleinen Vögeln helfen diese schlechte Zeit zu überstehen, indem du ein Futterhäuschen aufstellst. Sinnvoll ist dies aber natürlich nur, wenn in der Natur keine Nahrung mehr zu finden ist. Verschiedene Formen von Futterhäuschen sind im Handel erhältlich. Du kannst aber auch selbst eines bauen. Am einfachsten ist es, an einer freien, ruhigen Stelle, die du vom Haus aus gut beobachten kannst, einen 1,5 m hohen Pflock aufzustellen. Mithilfe eines großen Nagels kannst du darauf ein rechteckiges Brett (30 x 40 cm) anbringen. Nagele nun zwei saubere, flache Dosen als Futterbehälter am Brett fest. Wenn du geschickt bist oder dir ein Erwachsener hilft, kannst du etwa 20 cm über dem Brett ein Dach anbringen, sodass das ausgelegte Futter vor Nässe geschützt ist. Du kannst Vogelfutter, Sonnenblumenkerne oder Speckwürfel, die ungesalzen und ungeräuchert sein müssen, in die Dosen legen. Mit Speckwürfeln lockst du vor allem die Kohlmeise an, mit Körnern eher den Spatz.

NA SO WAS!

Ein Vielfraß!
Für den Gimpel sind die Knospen von Obstbäumen ein wahrer Leckerbissen. Er kann bis zu 50 Knospen in der Minute fressen! Wird dein Apfelbaum von einer Schar Gimpel heimgesucht, kannst du ziemlich sicher sein in diesem Jahr keine Äpfel zu ernten.

Die Mauer lebt

Alte, etwas vernachlässigte Ziegel- oder Natursteinmauern sind ein Segen für manche Pflanzen und Tiere. Sie finden dort Wärme und Unterschlupf. Sei deshalb vorsichtig: Für die Kreuzotter, die in Deutschland auf der Roten Liste steht, sind sie zu bevorzugten Rückzugsorten geworden.

Mauereidechse
Da sie Wärme liebt, sieht man diese kleine Eidechse bei uns selten, in Südeuropa hingegen oft. Sie ernährt sich hauptsächlich von kleinen Gliederfüßern.

Ohrwurm
Die meiste Zeit verbirgt er sich unter Steinen. Die Zangen am Hinterleib sind ganz ungefährlich, erlauben aber eine Unterscheidung: Das Männchen (Bild) hat gebogene Zangen, die des Weibchens sind gestreckter.

NA SO WAS!

Schneckenliebe
Jede Schnecke besitzt männliche und weibliche Geschlechtsorgane; sie ist ein so genannter Zwitter. Trotzdem müssen sich Schnecken bei der Paarung gegenseitig besamen, um Nachwuchs zu bekommen.

Gürtelskolopender
Er gehört zu den Hundertfüßern und ist bei uns nicht anzutreffen. Im Mittelmeerraum ist dieser Jäger allerdings bekannt und wegen seines schmerzhaften Bisses gefürchtet.

Weinbergschnecke
Man sieht sie oft an Mauern, wo sie auf Regen wartet. Nach einem Schauer begibt sie sich mit beeindruckenden 3 m pro Stunde auf Nahrungssuche! An heißen Sommertagen und im Winter sucht sie Zuflucht in einer feuchten Mauerecke.

WIE MAN EINEN STEINGARTEN ANLEGT

Neue Mauern, deren Fugen mit Mörtel verspachtelt sind, bieten keinen Lebensraum für Pflanzen und Tiere.

Du kannst aber deinen eigenen Steingarten anlegen. Schon innerhalb eines Jahres wird er von Pflanzen und Tieren nur so wimmeln! Beginne damit, viele große Steine zu sammeln. Dann wählst du einen ruhigen, sonnigen Ort aus und schichtest die Steine so auf den Boden, dass du einen Kreis mit etwa 1 m Durchmesser erhältst. Bedecke diese Steinschicht mit Lehmerde und achte darauf, auch die Ritzen gut auszufüllen. Jeweils nach einer Woche legst du eine neue, etwas weniger breite Schicht auf die letzte und bedeckst sie ebenfalls mit lehmiger Erde. Wenn du nur noch einen einzigen Stein obenauf legen kannst, ist dein Steingarten fertig. Wilde Pflanzen werden sich von ganz alleine hier ansiedeln. Damit es aber nicht so lange dauert, bis der Steingarten bewachsen ist, kannst du im Gartencenter ein paar junge Pflanzen kaufen und einsetzen: Fetthenne, Blaukissen, Mittagsblume, Seifenkraut oder Steinbrech bilden zum Teil schöne Polster und blühen in allen Farben. Schon bald wirst du Bienen, Schmetterlinge und Hummeln bei der Nahrungssuche beobachten können.

NA SO WAS!

Ein plötzliches Wiederaufleben
Wenn es über einige Zeit sehr trocken ist, sieht Moos ganz vertrocknet und tot aus. Gib einen Tropfen Wasser auf ein paar Moosblättchen und beobachte, wie sich innerhalb kurzer Zeit die trockenen, zusammengeschrumpften Blättchen mit Leben füllen, sich entfalten und wieder grün werden!

Ein tödliches Gift
Der Biss eines Gürtelskolopenders ist immer sehr schmerzhaft. In seltenen Fällen kann er sogar tödlich sein, vor allem im Frühling, wenn man am Hals oder am Kopf gebissen wird.

Ein „Kopffüßer"
Bei der Schnecke ist der Kopf direkt mit dem Fuß verbunden, in dem sich auch der Verdauungskanal und der Magen befinden. Die Lunge, das Herz und die Eingeweide sind oben im Gehäuse.

Leben unter der Erde

Maulwurfshügel, die Gärtner zum Verzweifeln bringen, sind ein Zeichen für das Leben unter der Erde: Würmer, Larven, Insekten und Maulwürfe leben im Boden und graben unterirdische Gangsysteme.

Engerling
Der Engerling ist eine Maikäferlarve. Er verbringt drei Jahre unter der Erde, bevor er erwachsen ist. Da Engerlinge Wurzeln fressen, können sie beträchtliche Schäden verursachen. Ihre Zahl wurde aber durch den Einsatz von Pestiziden stark verringert.

Maulwurf
Er ist fast blind und orientiert sich mithilfe des Gehörs und des Tastsinns. Er ernährt sich von Würmern und Insekten und lebt in einem ausgeklügelten Gangsystem.

NA SO WAS!

Vorratshaltung
In seinem Unterschlupf legt der Maulwurf einen riesigen Vorrat an Regenwürmern an. Mit einem Biss in den Kopf lähmt er sie, sodass sie am Leben bleiben, jedoch nicht fliehen können!

Regenwurm
Er kann bis zu 30 cm lang und zehn Jahre alt werden! Er ernährt sich von pflanzlichen Abfällen und scheidet die unverdaulichen Reste als Humus aus.

Die Maulwurfsgrille
Dieses bis zu 5 cm große Insekt hat kräftige Vorderbeine, mit denen es Gänge graben und Wurzeln durchtrennen kann. In schönen Sommernächten zirpt die Maulwurfsgrille wie eine echte Grille.

DIE WELT DES MAULWURFS

Beim Graben seiner Gänge macht der Maulwurf die gleichen Bewegungen wie ein Brustschwimmer: Mit den langen flachen Krallen der Vorderfüße gräbt er, mit den Hinterbeinen führt er die Erde ab. Ein Gangsystem besteht aus zwei oder drei Strecken, die sich in unterschiedlicher Tiefe befinden. Sie sind durch einen Schacht miteinander verbunden, der bis zu 1 m tief sein kann. Nahe an der Erdoberfläche wird die Nestkammer oft unter einem Baumstumpf angelegt. In ungefähr 30 cm Tiefe und im Zentrum des Gangsystems gelegen wird sie mit trockenen Blättern und Zweigen gut ausgepolstert. Männchen und Weibchen graben sich neben der Nestkammer ihre eigenen Kammern. Im März oder April paaren sie sich und nach fünf Wochen kommen die Jungen zur Welt. Nach zwei Monaten verlassen diese das bequeme Nest ihrer Eltern.

NA SO WAS!

Eine große Familie!
Unter einem Hektar feuchter Rasenfläche leben schätzungsweise über 10 Millionen Regenwürmer!

Riesenspagetti
Der australische Riesenregenwurm Megascolides australis kann bis zu 3 m lang werden! Den Ureinwohnern dient er als Nahrung.

Regenwurmfarm
Fülle in ein großes Glasgefäß eine dünne Kiesschicht und darauf abwechselnd leichte Gartenerde und Sand. Obenauf legst du etwas Laub. Suche einige Regenwürmer – du findest sie z. B. unter großen Steinen – und beobachte sie in ihrem neuen Heim. Beachte aber, dass du deine Regenwurm-Farm immer leicht feucht, kühl und dunkel halten musst!

Die Anlage deines eigenen Gemüsegartens

Bestimmt kannst du deine Eltern davon überzeugen, dass Gemüse aus dem eigenen Garten eine feine Sache ist. Wenn du einen Gemüsegarten anlegen willst, brauchst du eine sonnige, windgeschützte Fläche. Fang lieber klein an: 4 x 4 m reichen zunächst völlig aus. Du kannst deinen Garten später immer noch vergrößern.

1 - Die Abgrenzung
Mit Stöcken kannst du die vier Ecken eines 4 x 4 m großen Beetes abstecken. Verbinde die Stöcke etwa 20 cm über dem Boden mit einer Schnur. Reihe mittelgroße Steine entlang den Quadraten.

2 - September: Unkraut jäten
Unkrautvernichtungsmittel solltest du auf keinen Fall in deinem Garten verwenden. Sie sind eine Gefahr für die Umwelt und unsere Gesundheit. Schließlich willst du ja unbelastetes Obst und Gemüse ernten! Vor allem im September musst du deshalb Unkraut jäten.

3 - Oktober: Die Erde analysieren und verbessern
Die Fruchtbarkeit des Mutterbodens, also der obersten Erdschicht, die du bestellen willst, ist eine Grundvoraussetzung für kräftigen Pflanzenwuchs. Der Mutterboden sollte eine Schicht von mindestens 20 cm bilden und schön dunkelbraun sein. Die beste Erde für den Gemüseanbau besteht aus 20 % Ton, 65 % Sand, 5 % Kalk und 10 % Humus.

Du kannst die Qualität der Erde natürlich verbessern, solltest dir dabei aber von einem Erwachsenen helfen lassen. Zuerst musst du die Erde analysieren. Dafür entnimmst du ungefähr einen Monat nach dem Jäten in etwa 15 cm Tiefe eine Hand voll Erde. Sie muss feucht sein. Knete die Erde durch und lasse sie nach und nach auf den Boden fallen. Du kannst sie nun genau betrachten und wie angegeben zielgerichtet verbessern.

• Beobachtung: Die Erde zerbröckelt zwischen den Fingern und bildet Krümel.
Erde: Sandig; einfach zu bearbeiten, aber nicht sehr fruchtbar; trocknet schnell aus.
Verbesserung: Mische einen Sack Rindenmulch und zwei Säcke Mist unter die Erde. In den folgenden Jahren reicht jeweils ein Sack Mist. Auf Torf sollte man verzichten. Er enthält kaum Nährstoffe und der Torfabbau zerstört Moore.

• Beobachtung: Die Erde hält zwar zusammen, zerbricht aber in große Stücke, wenn man sie auf den Boden wirft.
Erde: Fast ideal; schwerer zu bearbeiten als sandiger Boden, gibt aber dafür die besten Ergebnisse.
Verbesserung: Mische etwa 100 g Kalk unter die Erde und einen Monat später einen Sack Mist.

• Beobachtung: Die Erde lässt sich wie Knetmasse kneten. Der Klumpen zerbricht nicht, wenn man ihn auf den Boden wirft.
Erde: Lehmartig; fruchtbar, aber schwer zu bearbeiten; im Winter zu feucht, im Sommer zu trocken.
Verbesserung: Mische je einen Sack Rindenmulch und Mist sowie eine Schubkarre voll Sand unter die Erde. Nach einem Monat gibst du 500 g Kalk dazu. Grabe jährlich im Herbst die Erde um und mische einen Sack Mist darunter. Nach 4 Wochen fügst du 100 g Kalk dazu.

4 - November: Das Umgraben
Besorge dir im Gartencenter, was du zur Verbesserung des Bodens brauchst: z. B. Rindenmulch, Pferdemist oder Sand. Streue diese „Zutaten" in gleichmäßigen Schichten auf dein Beet und grabe dann die Erde um.

DIE WERKZEUGE

Von links nach rechts:
Garten- oder Gemüsehacke
Mit ihr lockert man den Boden und entfernt Unkraut.
Schubkarre
Sie dient dem Transport von Pflanzen, Steinen usw. – kurz, von allem, was schwer wiegt.
Rechen
Er hilft den Boden zu ebnen und die Aussaat festzuklopfen.
Misthacke
Mit ihr lüftet und lockert man die Erde.
Gießkanne
Du brauchst sie nach dem Umgraben und dem Umsetzen von Pflanzen oder zum Gießen, wenn es länger nicht geregnet hat.
Die Pflanzhaue
Sie hilft Unkraut zu entfernen und Furchen für die Aussaat zu ziehen.
Spaten
Er ist unverzichtbar, wenn man die Erde umgraben will. Bei sehr lehmiger Erde ist eine Grabgabel besser geeignet.
Richtschnur
Mit ihrer Hilfe zieht man gerade Furchen.

Die Pflege deines Gemüsegartens

Wenn du deinen Garten angelegt und im November umgegraben hast, kannst du im März mit den Vorbereitungen für die Aussaat beginnen.

1 - Das Umgraben
Am Ende des Winters – Ende März bis Anfang April – muss die Erde bei trockenem Wetter noch einmal umgegraben werden, allerdings nicht so tief wie im November. Zerschlage dabei die Erdschollen mit der Kante des Spatens und zerteile grobe Erdbrocken mit der Misthacke, bevor du sie glatt rechst.

2 - Vorbereiten der Aussaat
Prüfe vor der Aussaat, ob die Erde warm genug ist (mindest. 10 °C). Mithilfe der Richtschnur steckst du nun gerade Linien ab. Je nachdem, welche Gemüsesorten du anpflanzen willst, musst du 10 bis 80 cm Abstand zwischen den Linien lassen.

3 - Aussäen
Folge der Richtschnur und ziehe mit der Pflanzhaue ungefähr 5 cm tiefe Furchen. Für die meisten Samen benutzt du das spitz zulaufende Ende der Hacke, das V-förmige Furchen bildet. Zwischen den einzelnen Samen sollten 5 bis 10 cm Abstand sein. Für Karotten, Radieschen und Zwiebeln benutzt du das andere, breite Ende der Pflanzhaue. Die Furchen werden so etwa 10 cm breit und sollten 3 cm tief sein. Die Samen streust du über die gesamte Breite der Furche.

Abstände der Furchen

Tomaten	80 cm
Kartoffeln	50 cm
Salat	50 cm
Kohl	50 cm
Bohnen	50 cm
Erbsen	30 cm
Erdbeeren	20 cm
Karotten	30 cm
Radieschen	10 cm

4 - Auslichten
Nachdem die Saat aufgegangen ist, stehen die jungen Pflanzen meistens zu dicht. Sobald die Setzlinge 5 cm groß sind, kannst du die überzähligen Pflanzen vorsichtig entfernen, damit die übrigen genug Platz zum Wachsen haben. Für ein Radieschen rechnet man 3 cm, für eine Karotte 10 cm und für einen Salat 30 cm Abstand. Nach dem Auslichten musst du reichlich gießen, damit sich die Erde wieder dicht zusammenschließt.

Abstände zwischen den Pflanzen

Tomaten	50 cm
Kartoffeln	50 cm
Salat	30 cm
Kohl	50 cm
Bohnen	10 cm
Erbsen	10 cm
Erdbeeren	15 cm
Karotten	10 cm
Radieschen	3 cm

5 - Auspflanzen
Salat, Tomaten, Kohl und Erdbeeren sind schwer aus Samen zu ziehen. Es ist einfacher, die Setzlinge im Gartencenter oder auf dem Markt zu kaufen. Entferne die Töpfe und pflanze die Setzlinge mit den Erdballen in die Furche. Achte darauf, dass sie nicht zu dicht nebeneinander stehen. Haben die Setzlinge keine Erde an den Wurzeln, musst du mithilfe eines Setzholzes kleine Löcher bohren, die Wurzeln hineinhalten und vorsichtig mit Erde bedecken. Drücke diese dann sanft um die Pflanze herum an. Zum Schluss musst du reichlich gießen.

6 - Die Pflege
Da Unkraut immer wieder nachwächst, muss die Erde zwischen den Furchen und zwischen den Setzlingen regelmäßig mit der Gartenhacke gelockert und umgegraben werden. Am besten geht das, wenn die Erde nicht allzu feucht ist. Wächst das Unkraut zu nahe an den Setzlingen, könnte man sie mit der Hacke verletzen. Hier musst du mit der Hand jäten.

Auf chemischen Dünger solltest du ganz verzichten, da zu viel Dünger ohnehin schädlich für die Pflanzen ist. Natürlich musst du regelmäßig gießen, vor allem, wenn es sehr heiß ist und nicht genügend regnet.

7 - Umgraben vor dem Winter
Vergiss nicht, jährlich Rindenmulch, Pferdemist und Kalk beim Umgraben im Herbst unter die Erde zu mischen.

Gemüsepflanzen

Die Natur sorgt für alles und damit Kochen Spaß macht, hat sie uns Gemüse gegeben. Gemüsepflanzen sind in der Regel ein- oder zweijährig; Obstpflanzen wie die Erdbeere, die der Gattung der Rosengewächse angehört, sind oft mehrjährig. Einige Gemüsesorten werden roh als Salat gegessen, andere müssen erst gekocht werden.

Knoblauch
Knoblauch wird als Steckzwiebel gepflanzt und wächst in jeder Erde. Rosafarbener Knoblauch wird im Februar gesetzt und im Juli geerntet.

Zucchini
Pflanze die Setzlinge im Mai mit 1 m Abstand voneinander. Lege Stroh um die Pflanzen, damit die grünen Früchte sauber bleiben. Du kannst sie von Juli bis Oktober ernten.

Erdbeere
Sogar der Nachtisch wächst im Gemüsegarten! Die Pflanzen werden zwischen April und Oktober in leicht erhöhte, 50 cm voneinander entfernte Erdhügel gesetzt. Früchte wirst du erst im nächsten Jahr ernten. Erdbeerpflanzen leben fünf Jahre lang.

Kohl
Ob Weißkohl, Rotkohl, Blumenkohl oder Rosenkohl – sie gedeihen in den meisten Böden.

Kopfsalat
Er gedeiht in den meisten Böden, braucht aber regelmäßig Wasser. Säe die Samen zwischen März und Ende Mai, spätestens Anfang Juni aus. Zwei Monate später kannst du ernten.

Endivien
Drei Endivienarten werden als Salat angebaut: der Eskariol, der Chicoree und die Winterendivie. Ausgesät wird zwischen Juni und Juli und geerntet zwischen September und Oktober.

Rote Beete
Ihre dicken roten Sprossknollen entwickeln sich am besten in sandigen Böden. Säe im Juni ein, damit du ab September ernten kannst.

Erbsen
Sie lieben gemäßigtes, etwas frisches Klima. Säe sie von März bis Juni aus. Zwei bis drei Monate später kannst du ernten. Einen Monat nach dem Keimen muss Erde um den Fuß der Pflanzen angehäufelt werden.

NA SO WAS!

Internationales Gemüse
Unsere Vorfahren kannten nur eine begrenzte Zahl Gemüsesorten: Karotten, dicke Bohnen, Rettich, Rote Beete, Radieschen und Kopfsalat. Andere dir bekannte Gemüsesorten wie grüne Bohnen, Tomaten, Kartoffeln und Mais wurden aus Amerika eingeführt. Zwiebeln, Auberginen und Gurken kommen aus Asien.

Tomate
Tomatenpflanzen kommen ursprünglich aus Mittel- und Südamerika und bevorzugen daher warmes Klima. Sie gedeihen aber auch bei uns. Tomaten musst du an einer etwa 1,5 m hohen Stütze befestigen und junge unter den Blättern ansetzende Triebe entfernen. Das gleiche gilt für die Spitze der Pflanze, wenn sie blüht. Es gibt zahlreiche Arten.

Grüne Bohnen
Sie werden erst ab Mai gepflanzt, da sie die Kälte nicht mögen. Nach zwei Monaten kannst du sie bereits ernten. Achtung: Die 2 bis 3 m hohen Stangenbohnen können einen Garten schnell überwuchern.

Lauch
Er ist in fast jedem Gemüsegarten zu finden, denn er ist eine wichtige Zutat in allen Eintöpfen. Er bevorzugt gute Erde und ist recht anspruchsvoll.

Aubergine
Auberginen wachsen nur in warmen, südlichen Gegenden und werden wie Tomaten angebaut. Im Mai werden sie gepflanzt, im September geerntet und schmecken gedünstet, gebraten oder gekocht.

Rettich
Er mag leichte, fruchtbare Böden. Zeit für die Aussaat ist Anfang Mai und für die Ernte im Juli.

NA SO WAS!

Eine Riesenkartoffel
Bieten Boden und Klima optimale Bedingungen, können manche Gemüse unglaublich groß werden. So erntete man in Israel eine Kartoffel, die in sandigem Boden das unglaubliche Gewicht von 15 kg erlangt hatte! Sie reichte aus, um 70 Personen satt zu machen, die eigens der Kartoffel zu Ehren ein Festmahl organisiert hatten.

Melone
Diese süße Frucht wird roh als Obst gegessen oder zu Gemüse verarbeitet. Sie stammt ursprünglich aus den Tropen, kann aber auch bei uns in wärmeren Gebieten wachsen.

Zwiebel
Säe sie im März aus und gieße reichlich. Das Auslichten ist wichtig: Es dürfen nicht mehr als 10 bis 15 Pflanzen in einer 1 m langen Reihe wachsen. Ab Juli kannst du ernten.

Kartoffel
Grabe Anfang Mai 20 cm tiefe Löcher mit 50 cm Abstand dazwischen. Lege nun je eine Kartoffel in ein Loch und bedecke sie mit Erde. Wenn die jungen Triebe etwa 30 cm groß sind, musst du bis zur Höhe der Blätter Erde um den Fuß jeder Pflanze anhäufeln. Im September kannst du sie ernten!

Karotte
Ihre Samen sind winzig: 1000 Stück wiegen ein Gramm! Karotten brauchen fruchtbare, sandige und tief aufgelockerte Böden. Die Samen säst du von April bis Juli aus und von Juli bis Oktober wird geerntet.

Radieschen
Radieschen wachsen so schnell, dass du zwischen März und September mindestens fünfmal ernten kannst. Um gute Radieschen zu bekommen, musst du die Samen mit 2 cm Sand bedecken (nicht mehr!) und, wenn es nicht regnet, täglich gießen.

Paprika
Dieses Gemüse stammt aus Mittel- und Südamerika und wächst bei uns in warmen Gegenden und als Topfpflanze. Es gibt die großfrüchtige, verschiedenfarbige Gemüsepaprika und die kleine, scharfe Peperoni.

Artischocke
Diese Distelart wird vor dem Blühen geerntet, um den fleischigen unteren Teil der Hüllblätter und den Blütenboden zu essen. Sie liebt mildes Klima und fruchtbare, nicht zu feuchte Erde.

DER GARTENKALENDER

Dieser Kalender gibt nur Eckdaten. Die Pflanzzeiten können je nach Gegend und Jahr leicht abweichen.

MÄRZ

- Grabe dein Beet um, aber nicht zu tief. Zerschlage die Erdschollen und entferne Unkrautwurzeln.
- Zerkleinere die Erde mit der Misthacke und glätte sie dann mit dem Rechen.
- Aussaat: Radieschen.

APRIL

- Aussaat: Möhren, Erbsen, Kopfsalat.
- Pflanze Erdbeersetzlinge. Bis zur Ernte musst du allerdings noch ein Jahr warten.
- Ernte: Radieschen.
- Zupfe das Unkraut und lockere die Erde zwischen den vorjährigen Erdbeerpflanzen. Bedecke den Boden mit Stroh.

MAI

- Lockere den Boden zwischen den Saatreihen.
- Aussaat: Bohnen (ab dem 15.), neue Radieschen.
- Pflanze Kohlsetzlinge.
- Entferne das Stroh vom Erdbeerfeld (ab dem 15.).

JUNI

- Aussaat: Chicoree und Winterendivien.
- Pflanze Anfang des Monats Tomatensetzlinge.
- Ernte: Radieschen, Kopfsalat, Erdbeeren.
- Nicht vergessen, bei trockenem Wetter oft zu gießen, am besten abends.

JULI

- Binde die Tomaten an ihren Stützen fest und entferne die Knospen, sodass nur vier Blütenbüschel an jedem Zweig stehen.
- Ernte: Salate, Bohnen, Erbsen, Erdbeeren, die ersten Möhren.
- Aussaat: Auf dem bisherigen Radieschenfeld säst du grüne

Bohnen.
- Setze Winterendivien wo vorher der Kopfsalat wuchs.
- Gieße viel und oft.

AUGUST

- Bevor du in Urlaub fährst, musst du alle Pflanzen gut wässern. Am besten bittest du einen Nachbarn ab und zu vorbeizukommen und zu gießen.

SEPTEMBER

- Ernte: Salate, Kartoffeln, grüne Bohnen, die ersten Tomaten und die letzten Möhren.

OKTOBER

- Ernte: Kohl, die letzten Tomaten. Grüne Tomaten reifen im Haus noch nach.

NOVEMBER

Verteile Pferdemist auf dem Beet. An einem milden Tag gräbst du die trockene Erde mit Ausnahme des Erdbeerfeldes tief um.
- Räume das Werkzeug gereinigt, getrocknet und eventuell geölt in den Schuppen.

DEZEMBER, JANUAR, FEBRUAR

- Die Erde hält Winterschlaf. Auch sie braucht Ruhe!

Der Kräuter- und Gewürzgarten

Getrocknete Kräuter aus dem Handel sind zwar praktisch, schmecken aber nicht so gut wie frische. Sie schmecken würzig und riechen sehr gut. Du kannst sie entweder in Tontöpfen auf dem Fensterbrett ziehen oder du richtest dir draußen einen kleinen Kräutergarten ein!

NA SO WAS!

Aromabad
Nicht nur Schaumbäder ergeben ein wohlriechendes Bad. Eine Hand voll Rosmarinblätter, in einem Stoffsäckchen ins Wasser gehängt, duftet deutlich stärker und regt den Kreislauf an!

Meerrettich
Er wird ähnlich wie Kartoffeln angebaut, aber erst im Dezember findet mit einer Grabgabel die Wurzelernte statt. Frischer Meerrettich wird gerne zu gekochtem Rindfleisch gegessen. Dafür musst du die Wurzel schälen und fein reiben. Sahne oder geriebene Äpfel mildern die Schärfe.

Basilikum
Ab Mai können die Jungpflanzen gesetzt werden. Ab August kannst du ernten. Ob frisch oder getrocknet, Basilikumblätter schmecken wunderbar zu Tomaten und Salaten.

Thymian (oben) und Rosmarin
In Südeuropa wachsen diese Pflanzen wild. Die Setzlinge pflanzt du im Mai aus. Die Blätter passen gut zu gegrilltem Fleisch. Bei einer Magenverstimmung wirkt ein Kräutertee aus Rosmarin wahre Wunder (rechts).

Estragon
Gekaufte Jungpflanzen setzt man in ein tiefes Loch, dessen Boden man zunächst mit einer Schicht aus Sand und Steinen und zum Schluss mit Erde bedeckt. Im November schneidet man die untersten Stängel ab und schützt den Boden um die Pflanzen mit trockenem Laub. Estragon verleiht Salaten und Soßen einen feinen Geschmack.

Schnittlauch
Pflanze Anfang April die jungen Setzlinge in Büscheln zu je fünf Pflanzen aus und lasse zwischen den einzelnen Büscheln 10 cm Platz. Von Mai bis November kannst du ernten. Schnittlauch eignet sich besonders gut für Salate oder Kräuterquark!

NA SO WAS!

Ein Würzsträußchen
Ob Gemüsesuppe, Fleischbrühe oder Ragout – Kräuter bringen immer die richtige Würze. Für ein Würzsträußchen bindest du einen Zweig Thymian, ein Lorbeerblatt und etwas Petersilie mithilfe eines Schnittlauchstängels zusammen und gibst es in den Topf.

Ein Kraut – viele Namen
Estragon ist ein altes Kraut mit vielen volkstümlichen Namen, z. B. Dragon oder Drachenwurz. Da man früher Estragon als Gegengift bei Schlangenbissen verwendete, heißt er auch Schlangenkraut.

Petersilie
Sie wird ab März mit 30 cm Abstand zwischen den Reihen ausgesät. Zwei Monate später kannst du ernten. Petersilie ist ein verbreitetes Küchengewürz und passt, fein gehackt, zu Gemüse, Fleisch oder Salat.

ESTRAGON-HÄHNCHEN

Die Zutaten
Für 4 Personen:
- ein Hähnchen
- eine Hand voll Estragonblätter, fein gehackt
- 100 g Butter
- Salz und Pfeffer
- 250 g Crème fraîche
- 2 Eier

Wie es geht:
- Heize den Ofen auf 190 °C vor (Elektroherd Stufe 5).
- Verknete Butter, Salz, Pfeffer und die Hälfte der Estragonblätter miteinander.
- Fülle die Hälfte der Butter in das Hähnchen. Reibe das Hähnchen dann mit der restlichen Butter gründlich und gleichmäßig ein.

- Brate das Hähnchen bei 190 °C im Ofen. Man rechnet mit 20 Minuten Garzeit pro 600 g Hähnchen, d.h. ein normales Hähnchen braucht etwa 1 Stunde.
- Drehe nach 30 Minuten die Ofentemperatur auf 180 °C (Elektroherd Stufe 4) herunter.
- Gib eine Viertelstunde vor Ende der Garzeit die Crème fraîche in einen Topf. Füge den restlichen Estragon und die zwei mit einer Gabel verquirlten Eier hinzu. Eigelb und Eiweiß müssen sehr gut vermengt sein. Salze und pfeffere das Ganze und verrühre es gut.

- Erwärme die Mischung bei geringer Hitzezufuhr etwa 10 Minuten unter ständigem Rühren. Aber gut aufpassen: Die Mischung darf nicht kochen, deshalb musst du immer sorgfältig rühren!
- Schalte den Herd aus und schmecke ab. Eventuell musst du nachsalzen oder -pfeffern.
- Hole das Hähnchen aus dem Ofen und lege es in eine Servierform. Gieße die Soße darüber.
- Serviere das Hähnchen z.B. mit Nudeln.

Estragon passt gut zu weißem Fleisch wie Kalb oder Pute. Wenn dir das Estragon-Hähnchen geschmeckt hat, kannst du das Rezept auch mit anderen Fleischsorten probieren. Ein Estragon-Omelett ist übrigens ganz einfach zu machen und schmeckt toll!

Wohltuende Kräutertees

Bis zum 19. Jahrhundert waren Pflanzen die einzigen Heilmittel. Heutzutage werden die Vorteile dieser natürlichen Medizin wieder entdeckt und man versucht den Geheimnissen unserer Vorfahren auf die Spur zu kommen. In der Pflanzenheilkunde haben Kräutertees immer eine große Rolle gespielt und ihre Wirksamkeit wurde oft nachgewiesen. Arzneitees sollte man immer von Fachleuten in der Apotheke zusammenstellen lassen.

Darüber hinaus riechen und schmecken die meisten Kräutertees sehr gut. Du kannst dir einen Haustee aus getrockneten Kräutern selbst mischen – er ist gesund und obendrein ein prima Durstlöscher! Geeignet sind milde Kräuter wie Kamille, Zitronenmelisse, Lindenblüten, Minze-Arten, Salbei oder Fenchel, die du in einem Kräutergarten oder -beet mit ein wenig Geduld selbst ziehen kannst. Nicht nur an kalten Wintertagen sind Teegetränke willkommen. Kalte Teegetränke sind an heißen Sommertagen sehr beliebt und erfrischend. Probiere einmal eine Mischung aus Pfefferminze, Zitronenmelisse und Holunderblüten. Gib Zitrone, anderen Fruchtsaft oder Mineralwasser dazu. Süße dein Teegetränk mit Zucker, Honig oder Süßstoff. Du kannst vor dem Servieren auch kleine Fruchtstückchen oder Eiswürfel hineingeben. Es gibt viele wohlschmeckende Mischungen. Deiner Fantasie sind keine Grenzen gesetzt. Erstelle dein ganz persönliches Rezept und lade deine Freunde zu einer sommerlichen Tee-Party ein. Sie werden bestimmt überrascht sein, was du aus ein paar Kräutern „gezaubert" hast!

Lindenblüten
Lindenblütentee hat einen angenehmen Geschmack und duftet zart. Er wird schon seit dem 16. Jahrhundert als fiebersenkendes Heilmittel bei Erkältungen und Grippe eingesetzt. Wegen der Luftverschmutzung sollten die Blüten nicht in der Stadt gesammelt werden.

Kamille
Sie wird Anfang Mai in Reihen mit 20 cm Abstand ausgesät. Die Blütenköpfchen werden gleich nach dem Aufblühen gesammelt. Kamillentee wird als Heilmittel und Kosmetikum verwendet. Echte Kamille hellt das Haar auf!

NA SO WAS!

Kräuterfußbad
Nach einer langen Wanderung oder einem anstrengenden Fußballspiel wirkt ein Lavendelfußbad wahre Wunder! Die Muskeln entspannen sich und die Schmerzen lassen nach.

Es war einmal vor 4000 Jahren ...
In einer Pyramide wurde eine alte ägyptische Schriftrolle gefunden, die Kräutertees und deren medizinische Wirkungen beschreibt.

Lavendel
Solche Lavendelfelder sieht man vor allem in Südfrankreich. In unseren Gärten wird Lavendel gerne als Beeteinfassung gepflanzt. Er wirkt beruhigend und appetitanregend. Man verwendet ihn als Tee und Badezusatz oder näht die Blüten in Leinensäckchen für Duftkissen ein.

NA SO WAS!

Pickelwunder
Wenn du unter Akne leidest, kannst du dir täglich das Gesicht mit Pfefferminztee waschen. Minze wirkt Keim tötend und belebt die Haut.

Besser als Lutschbonbons!
Bei Halsschmerzen kannst du mit Honig gesüßtem Kamillentee gurgeln.

KRÄUTER TROCKNEN UND AUFBEWAHREN

Die Ernte
Ernte morgens, nachdem der Morgentau getrocknet ist, niemals aber in praller Sonne oder nach Regenfällen.

Das Trocknen
Man bindet die einzelnen Kräuter zu kleinen Sträußen und hängt sie mit den Stielen nach oben an einem trockenen, gut belüfteten Ort auf. Nach etwa 15 Tagen sollten die Blätter trocken sein, aber noch nicht zerbröseln. Dann füllt man sie in Gläser.

Die Aufbewahrung
Zupfe die Blätter von den Stielen und fülle sie in gut schließende Dosen, oder besser noch in getönte Gläser, die du mit einem Korken verschließt. Wenn die Kräuter noch nicht trocken sind, legst du Löschpapier auf den Boden der Gläser. So wird die restliche Feuchtigkeit aufgesogen. Die getrockneten Kräuter solltest du innerhalb der nächsten acht bis neun Monate verbrauchen!

Pfefferminze
Diese mehrjährige, kräftige Pflanze wird bis zu 80 cm hoch. Die Jungpflanzen kann man im Frühjahr kaufen. Sie lieben feuchte Standorte und möchten bei trockenem Wetter viel gegossen werden. Aus Minze kann man Bonbons und Kuchen herstellen, aber auch Soßen, wie in England, und natürlich Tee.

Untermieter im Gemüsegarten

Kopfsalat ist ein Festessen für Schnecken. Blattläuse schwärmen für den Saft junger Pflanzen. Sollten sich zu viele Tiere über deine Ernte hermachen, musst du etwas unternehmen. Meistens ist das aber nicht nötig, denn sie alle haben natürliche Feinde: Der Igel frisst Nacktschnecken, der Maikäfer Blattläuse.

Igel
Der bei uns heimische Braunbrustigel hält Winterschlaf. Im Sommer verlässt er bei Sonnenuntergang sein Versteck und geht auf Nahrungssuche. Fühlt er sich bedroht, rollt er sich ein.

Blattlaus
Diese winzigen Insekten sind grün, gelb oder schwarz und ernähren sich von Pflanzensaft, den sie aus Blättern und Stängeln saugen, fast wie Vampire!

NA SO WAS!

Igel-Fütterung
Zähmen kann man den Igel nicht, aber er lässt sich gerne regelmäßig füttern. Wenn du einen Igel entdeckst, dann erschrecke ihn vor allem nicht!

Bewege dich nicht zu ruckartig und halte ihm eine Schnecke oder einen Regenwurm hin. Nach einigen Tagen wird er zutraulich, aber Achtung: Igel haben oft Flöhe!

Marienkäfer
Bei den Menschen ist der kleine Käfer sehr beliebt und gilt als Glücksbringer. Schild- und Blattläuse fürchten diesen gefräßigen Räuber jedoch sehr. Ein einziger Marienkäfer kann über 1000 Blattläuse an einem Tag fressen!

Die Nacktschnecke
Diese Schnecke besitzt kein Haus. Tagsüber kann man ihre klebrige Spur auf dem Boden und an Pflanzen entdecken. Sie verlässt nur nachts ihr Versteck, um Nahrung zu suchen.

EIN ERBITTERTER GEGNER

Der Igel ist ein äußerst mutiger Kämpfer. Um sich zu verteidigen stellt er sich seinen schlimmsten natürlichen Feinden, wie dem Fuchs oder dem Dachs, furchtlos entgegen. Manchmal hat er Erfolg. Wenn er aber verliert, wird er aufgefressen. Er liefert sich auch lebhafte Kämpfe mit Ratten, wenn es darum geht, seine Jungen zu schützen. Ungeachtet der Gefahr kann ein hungriger Igel sogar tollkühn eine ausgewachsene Kreuzotter angreifen. Er nähert sich ihr mit vorgeschobenen Kopfstacheln und schnappt nach ihr. Die Otter versucht zwar den Igel mit ihren Giftzähnen zu erreichen, prallt aber an seinem Stachelpanzer ab. Ist sie so geschwächt, dass sie unaufmerksam und langsam reagiert, stürzt sich der Igel wie der Blitz auf sie und beißt sich kurz hinter ihrem Kopf fest. Er hält die Otter so lange hartnäckig fest, bis sie sich nicht mehr wehrt. Dann kann er sie in aller Ruhe verspeisen.

NA SO WAS!

Punktespiel
Marienkäfer sind rot, schwarz oder gelb mit schwarzen oder weißen Punkten. Manche haben zwei Punkte, auf jedem Flügel einen, andere haben sieben oder sogar zweiundzwanzig. Achte einmal darauf!

Ein ruhiges Leben
Der Marienkäfer schreckt die meisten seiner natürlichen Feinde ab. Er sondert nämlich ein sehr unangenehm riechendes und schmeckendes Sekret ab. So kann er sich in aller Ruhe vermehren.

Marienkäfer-Armee
Wenn Blattläuse deinen Gemüsegarten heimsuchen, musst du dich einfach auf die Suche nach Marienkäfern machen. Diese verstecken sich oft unter der Rinde alter Bäume. Behandle die Käfer sehr vorsichtig und setze sie gleich in deinem Garten aus! Du wirst staunen, wie schnell dieses „biologische Insektenvernichtungsmittel" wirkt! Wenn die Marienkäfer nicht mehr genug zu fressen finden, fliegen sie wieder weg!

Auf dem Land

Schon seit Jahrhunderten betreibt der Mensch Ackerbau, sodass das Land nach und nach seinen ursprünglichen und natürlichen Charakter verloren hat. Wilde Pflanzen und Tiere sind auf den Feldern selten willkommen! Neben dem Kulturland gibt es aber noch ein paar Flecken fast unberührter Natur, die weniger vom Menschen geprägt wurden. Hier wachsen viele verschiedene Pflanzen und die Tiere finden noch günstige Lebensbedingungen.

Fruchtbares Land

Je nach Klima, Boden sowie Oberflächengestalt der Region und Einwirken des Menschen im Laufe der Jahrhunderte können Landschaften viele verschiedene Gesichter haben. Bestellte Felder, Obst- und Privatgärten sind völlig vom Menschen gestaltet und vereinnahmen die fruchtbarsten und am leichtesten zu bearbeitenden Böden. Die freie Natur wurde zurückgedrängt. Ihr blieben nur karge Böden, steile Hänge und trockene, steinige oder sehr feuchte Gebiete.

Gräser und Kräuter
Gräser und Kräuter wachsen auf Weideflächen und Wiesen. Weideflächen sind Wiesen, die von Vieh abgegrast werden. Die anderen Wiesen werden gemäht, um Viehfutter für den Winter zu gewinnen. Auf künstlich angelegten Wiesen wachsen meist nur zwei oder drei Grasarten, die vom Menschen ausgesät wurden. Auf wilden Wiesen dagegen wachsen Gräser, Kräuter und Blumen in großer Vielfalt und manchmal auch Pilze.

Hecken und Felder
Man unterscheidet zwei große Landschaftstypen, je nachdem ob dort Bäume und Sträucher stehen oder nicht. Die Knicklandschaft ist eine so genannte geschlossene Landschaft: Sie besteht aus meist kleinen Feldern, die an den Seiten von Hecken umschlossen sind. In einer offenen Landschaft hingegen erstrecken sich riesige Felder so weit das Auge reicht. Bäume gibt es hier so gut wie keine.

Bäume
Bäume und Sträucher wachsen nicht nur als Hecken in geschlossenen Landschaften. Sie stehen auch einzeln oder bilden kleine Wälder.

Karges Land

Diese Böden werden meist nicht vom Menschen bearbeitet, da sie steinig, unfruchtbar, zu trocken oder zu feucht sind. Hier findet sich eine ganz andere und vielfältigere Tier- und Pflanzenwelt als in den vom Menschen genutzten Kulturlandschaften. In dieser Umgebung kannst du die Natur am besten beobachten.

Brachland
An Wegrändern oder am Waldsaum erstrecken sich oft unbestellte Bodenflächen: das Brachland. Diese Äcker werden vom Menschen für ein paar Jahre stillgelegt, damit sich der Boden wieder erholen kann. Die manchmal beträchtlichen Flächen werden schnell von vielen Wildpflanzen besiedelt.

Heideland
Es entsteht auf armem, häufig trockenem und steinigem Boden. Büsche und Sträucher sind hier zu Hause, Heidekraut und Stechginster verwandeln die Heide zur Blütezeit in eine farbenfrohe Landschaft. Als Garrigue bezeichnet man die immergrüne Strauchheide im Mittelmeerraum. Man findet sie in heißen und trockenen Gegenden auf felsigem Boden (siehe Seiten 346 - 347).

Wasser
In den verschiedenen Landschaften unserer Breitengrade finden sich auch Wasserflächen wie Flüsse, Tümpel oder Teiche und Feuchtgebiete wie Straßengräben, Sümpfe und Moore (siehe Seiten 164 - 203).

Wildpflanzen und Kräuter

Oft werden alle Wildpflanzen und Kräuter, die sich im Rasen und in Gärten breit machen, als Unkraut bezeichnet. Viele von ihnen sind in Wirklichkeit aber sehr nützlich und werden bereits seit Jahrhunderten als Heil- und Küchenkräuter verwendet. Um sie nutzen zu können musst du jedoch erst lernen sie zu erkennen und zu bestimmen.

Wiesen-Schafgarbe
Sie ist sehr verbreitet und man erkennt sie an ihren weißen oder rötlichen, doldenartigen Blütenständen.
Die jungen Blätter kann man hacken und dem Salat beifügen.
Höhe: 40 – 70 cm.

Wiesen-Löwenzahn
Er ist leicht an seinen großen, gelben Blüten zu erkennen. Die Blätter ergeben einen leckeren Salat mit einem typischen, bitteren Geschmack. Am besten schmeckt er mit Speckwürfeln. Höhe: 10 – 25 cm.

Gemeiner Frauenmantel
Er hat gelbe Blüten, wirkt kräftigend und wird bei Magen- und Darmstörungen angewandt. Höhe: 20 – 40 cm.

Gemeiner Beifuß
Er zeichnet sich durch seine lanzettförmigen, eingeschnittenen Blätter und die oft dunkelroten Stängel aus.
Der Tee wirkt appetitanregend und verdauungsfördernd. Höhe: 60 – 120 cm.

Weiße Taubnessel
Trotz ihres Namens können ihre Blüten auch rosa bis violett sein. Die Blätter erinnern an die der Brennnessel, brennen aber nicht und schmecken als Suppe sehr gut. Höhe: 20 – 60 cm.

NA SO WAS!

Magische Perlen
In den Blättern des Frauenmantels sammeln sich Tauperlen. Im Mittelalter glaubten die Alchimisten, mithilfe dieses „himmlischen Wassers" den Stein der Weisen entdecken zu können.

Mädesüß und Aspirin
Das Mädesüß enthält eine chemische Verbindung, die der Acetylsalicylsäure sehr ähnlich ist. Diese schier unaussprechliche Säure ist als Aspirin bekannt, dessen Name von der lateinischen Bezeichnung des Mädesüß (Spiraea) abgeleitet wurde.

Klette
Sie hat rötlich bis purpurfarbene Blütenköpfchen, deren Hüllblätter an der Kleidung „wie eine Klette“ hängen bleiben. Wenn die jungen Wurzeln gewaschen, in Scheiben geschnitten und frittiert werden, ergeben sie einen wahrhaftigen Leckerbissen. Höhe: 70 - 120 cm.

Brombeere
Ihre schwarz glänzenden Früchte sind ein Leckerbissen und helfen, in vernünftiger Menge genossen, wirksam gegen Durchfall. Vorsicht: Sie ist sehr stachelig! Höhe: 1 - 4 m.

Echte Kamille
Ihre Blüten ähneln denen der Margerite und sind einfach zu erkennen. Aus ihnen kann man einen wohltuenden und beruhigenden Tee zubereiten. Höhe: 10 - 50 cm.

Kanadische Goldrute
Im Sommer sieht man ihre gelben Blüten oft auf Brachen und Weiden. Die getrockneten Blätter kann man beim Backen verwenden. Höhe: 40 - 100 cm.

NA SO WAS!

Vorsicht, giftige Pflanzen!
Willst du Wildpflanzen nutzen, musst du Folgendes beachten:
- Lerne giftige Pflanzen zu erkennen.
- Pflücke nie Kräuter in einer verschmutzten Umgebung, z. B. in der Nähe einer Fabrik, am Straßenrand oder an Feldern, die chemisch behandelt wurden.
- Verwende nie Kräuter, ohne sie vorher deinen Eltern oder einem Apotheker gezeigt zu haben.
- Bei Doldenblütlern – sie haben meist kleine, weiße Blüten in einfachen oder zusammengesetzten Dolden – muss man besonders vorsichtig sein. Manche können tödlich sein, wie etwa der Gefleckte Schierling. Im antiken Athen wurden Leute mit dem „Schierlingsbecher“ hingerichtet.
- Wasche die Kräuter stets, bevor du sie gebrauchst.

Eine alte Heilpflanze
Die Schafgarbe wurde im antiken Griechenland und im deutschen Mittelalter verwendet, um Wunden auszuwaschen. Die Schafe mögen nur das Kraut; den Blütenstand lassen sie stehen!

Kornblume
Früher wuchs sie häufig auf Getreidefeldern, wird heute aber wegen des vermehrten Einsatzes von Pestiziden immer seltener. Gelegentlich findet man sie noch auf brachliegenden Feldern. Die getrockneten Blüten färben z. B. Kräutertees und Suppen blau ein. Höhe: 40 - 80 cm.

Mutterkraut
Man erkennt es an seinen Fiederblättern und den kleinen, weißen Blüten, die denen des Gänseblümchens ähneln. Es riecht unangenehm und vertreibt Ungeziefer. Höhe: 60 cm.

Felsen-Fetthenne, Tripmadam
Sie wächst auf Mauern und steinigen Böden. Die Blüten sind klein und goldgelb. Junge Triebe schmecken angenehm säuerlich und eignen sich als Salat-Zutat. Höhe: 5 - 15 cm.

Echter Steinklee
Er hat gelbe Blüten und ist leicht zu erkennen: Seine Blätter riechen stark nach frischem Heu. Getrocknet sind sie eine interessante Würze für jede Soße. Höhe: 60 - 80 cm.

Gemeiner Odermennig
Er ist in fast ganz Europa verbreitet und trägt gelbe Blütenähren. Die getrockneten Blätter verwendet man als Tee bei innerlichen und äußerlichen Entzündungen. Höhe: 40 - 80 cm.

NA SO WAS!

Kaffee-Ersatz
Aus den Wurzeln des Wiesen-Löwenzahns kann man einen guten Kaffee herstellen. Dazu muss man die Wurzeln kräftiger Pflanzen sammeln und grillen. Sie müssen so trocken sein, dass man sie zu Pulver zerreiben kann, dürfen aber nicht verbrannt sein!

Ein Schatz auf dem freien Feld
Georges de Mestral ist heute Millionär. Wie hat er das geschafft? Beim Spaziergang auf den Feldern beobachtete er, wie die Hüllblätter der Klette sich in seinen Kleidern verfingen und erfand den Klettverschluss!

Huflattich
Er wächst an Ufern, auf Äckern und sogar auf Schutt. Seine gelben Blüten können 2 – 3 cm breit werden und zeigen sich schon gegen Ende des Winters. Am Blütenschaft befinden sich rötliche Schuppen. Die rundlich herzförmigen Blätter erscheinen am Fuß des Stängels, wenn die Blüten zu verwelken beginnen. Huflattichtee ist wohl die älteste Medizin gegen Husten, aber auch umstritten. Höhe: 10 – 20 cm.

Mädesüß
Es wächst auf Moorwiesen und an Flussläufen. Die kleinen, cremefarbigen Blüten wachsen dicht an dicht auf oft rötlichen Stielen und riechen sehr gut. Ein Tee, den man aus den Blüten zubereitet, hilft bei fiebrigen Erkältungskrankheiten. Höhe: 50 – 120 cm.

Tüpfel-Johanniskraut
Es liebt eher trockene Böden und sonnige Waldränder. Die goldgelben Blüten erscheinen in großer Zahl von Sommer bis Frühherbst.
Die getüpfelten Blätter und die Blüten ergeben einen beruhigenden Tee.
Höhe: 30 – 60 cm.

Wegerich
Weide-, Breit- und Spitzwegerich wachsen auf Wiesen und an Wegrändern. Alle drei sind alte Heilpflanzen, die Schleimstoffe enthalten. Höhe: 10 – 30 cm.

Echte Engelwurz
Sie ist sehr groß, duftet aromatisch und im Sommer trägt sie gelbgrüne Blütendolden. Schön in getrockneten Sträußen!
Höhe: 50 – 200 cm.

Gefährliche und giftige Pflanzen

Diese Pflanzen enthalten Gifte, die dich sehr krank machen können. Du kannst sogar daran sterben. Lerne also unbedingt diese Pflanzen zu erkennen! Zerstöre sie aber auf keinen Fall, denn auch sie sind ein Teil der Naturvielfalt. Bewundere sie, ohne sie zu pflücken oder anzufassen!

Echte Küchenschelle
Sie kommt auf Trockenrasen vor, liebt Wärme und ist mit Ausnahme der Blätter behaart. Verursacht Atemnot und Herzprobleme!
Höhe: 10 - 40 cm.

Echter Wermut
Er wächst vor allem in Mittel- und Südeuropa. Aus dieser Pflanze wurde früher ein Branntwein hergestellt, der für das Nervensystem sehr schädlich ist. Höhe: 10 - 80 cm.

Bittersüßer Nachtschatten
Man findet ihn in Auwäldern und an Ufern. Alle Teile der Pflanze sind giftig. Besonders gefährlich und manchmal sogar tödlich sind die ovalen Beeren, die zunächst grünlich gelb sind und später rot werden.
Höhe: 50 - 100 cm.

Bunte Kronwicke
An den Waldsäumen Mittel- und Südeuropas findet man diese Pflanze mit Fiederblättern und dreifarbigen Blütendolden (rosa, violett, weiß). Blätter und Samen bewirken bei Verzehr Übelkeit, Erbrechen und Atemnot. Höhe: 20 - 60 cm.

NA SO WAS!

Ein tolles Waschpulver
Der Verzehr des Seifenkrauts ist gefährlich. Diese Pflanze ist aber auch nützlich: Sie wird teilweise noch in Museen verwendet, um alte Wandteppiche und andere wertvolle Objekte zu reinigen.

Giftpflanzen, die heilen können
Zahlreiche Giftpflanzen enthalten Gifte, die in geringer Dosis und unter strikter ärztlicher Kontrolle heilend wirken können. So wird das Atropin aus der Tollkirsche als Gegenmittel bei bestimmten Vergiftungen verwendet und die aus dem Fingerhut gewonnenen Digitalisglykoside können Herzkrankheiten heilen.

Gelbe Narzisse, Osterglocke
Wilde Narzissen sind gefährdet und deshalb geschützt. Sie haben lange, schmale Blätter, gelbe Blüten und sind sehr giftig.
Höhe: 20 - 40 cm.

Schöllkraut
Es wächst an Mauern und Wegrändern. Sein giftiger Milchsaft ruft Verdauungsstörungen und Hautreizungen hervor.
Höhe: 20 - 60 cm.

Jakobskreuzkraut
Es wächst auf Brachland und an Wegrändern. Es verursacht Übelkeit und ist in hoher Dosis ein Lebergift.
Höhe: 30 - 100 cm.

Herbstzeitlose
Sie wächst auf feuchten Wiesen und in Auwäldern. Sie enthält das hochgiftige Alkaloid Colchicin, das zum Tode führen kann. Höhe: 10 - 20 cm.

Roter Fingerhut
Man findet ihn in lichten Wäldern und auf Kahlschlägen. Man erkennt ihn an seinen röhren- bis glockenförmigen, purpurfarbenen Traubenblüten.
Er wird als Zier- und Arzneipflanze verwendet. Sein Gift kann tödlich sein.
Höhe: 40 - 120 cm.

Tollkirsche
Man findet sie an Waldwegen und auf Schlagfluren, besonders im Bergland. Ihre braun-violetten Blüten sind glockenförmig. Die runden, schwarz glänzenden Früchte sind etwa kirschgroß und von den sternförmigen Kelchblättern der Blüte umgeben. Durch ihren hohen Gehalt an Alkaloiden sind sie sehr giftig, manchmal sogar tödlich!
Höhe: 50 - 150 cm.

NA SO WAS!

Eine Pflanze, die verrückt macht!
Der Absinth, ein Branntwein, der aus der Wermutpflanze gewonnen wird, ist heute in den meisten Ländern verboten. Er enthält nämlich das Nervengift Thujon, das starke Krämpfe und Lähmungen hervorruft. Die Dichter Charles Baudelaire und Paul Verlaine sowie der Maler Vincent van Gogh litten stark unter der Wirkung dieses giftigen Getränks.

Gemeiner Wurmfarn
Er wächst in Wäldern und auf feuchten Wiesen. Früher bekämpfte man damit Bandwürmer. Heute nutzt man die Pflanze nicht mehr, da sie auch für den Menschen giftig ist.
Höhe: 50 – 120 cm.

Gefleckter Schierling
Das charakteristische Merkmal dieser Giftpflanze ist der unangenehme Mäusegeruch. Sie wächst an feuchten Schuttstellen. Höhe: 50 – 200 cm.

Gemeiner Stechapfel
Diese auffällige Pflanze ist relativ selten. Man findet sie auf Brachland und an Wegen. Sie trägt große, trichterförmige, weiße Blüten. Alle Teile der Pflanze enthalten Alkaloide und sind hochgiftig. Höhe: 30 – 100 cm.

Schwarzer Nachtschatten
Man findet ihn an Wegrändern, auf Äckern und Schuttplätzen. Die Blätter sind oval und gezähnt. Die weißen, sternförmigen Blüten erscheinen von Juni bis Oktober und entwickeln sich zu schwarzen Beerenfrüchten.
Die Beeren sind giftig, genau wie die des Bittersüßen Nachtschattens.
Höhe: 10 – 50 cm.

Wolfsmilchgewächse
Sie wachsen auf Äckern, an Wegrändern und in Gärten. Die winzigen, gelblich grünen Blüten bilden Scheindolden, die von blattähnlichen Hüllblättern umgeben sind. Bricht man Teile der Pflanze ab, tritt ein giftiger Milchsaft aus, der Augen- und Hautreizungen hervorruft und Verdauungsstörungen verursachen kann.
Höhe: 10 – 50 cm.

Gnadenkraut
Die Blätter sind schmal, die Blüten weiß oder rosafarben. Es wurde früher, wie andere Giftpflanzen auch, als Arznei genutzt. Überdosierungen sind jedoch sehr gefährlich. Höhe: 20 – 50 cm.

Pfaffenhütchen, Spindelstrauch
Dieser Strauch wächst an Wegrändern und oft in Hecken. Die gelblich grünen Blüten sind eher unauffällig. Seine leuchtend rosafarbenen Kapselfrüchte sind genauso giftig, wie alle restlichen Teile der Pflanze auch. Höhe: 1 - 5 m.

Scharfer Hahnenfuß
Er ist auf Wiesen zu finden. Seine Blätter sind behaart und er hat goldgelbe Blüten. Wie alle Hahnenfußarten ist er giftig. Der Presssaft kann bei Missbrauch auf der Haut Entzündungen hervorrufen. Höhe: 20 - 70 cm.

Besenginster
Auf der Heide fühlt er sich wohl. Er hat kleine Blätter und viele gelbe Schmetterlingsblüten. Der Strauch enthält hochgiftige Substanzen, so genannte Alkaloide. Er kann den Boden mit Stickstoff anreichern. Höhe: 60 - 200 cm.

Kornrade
Diese Pflanze ist vom Aussterben bedroht. Sie wuchs früher auf Getreideäckern und ihre giftigen, schwarzen Samen konnten in das Brot gelangen. Höhe: 30 - 100 cm.

Schwarzes Bilsenkraut
Es gehört zu den gefährdeten Pflanzen. Die Blätter sind zottig behaart. Die Blüten riechen unangenehm. Alle Pflanzenteile sind giftig. Höhe: 30 - 80 cm.

Weiße und Rotbeerige Zaunrübe
Sie ranken sich an Zäunen, Hecken und Auengehölzen entlang. Ihre schwarzen bzw. roten Beeren sind sehr giftig und verursachen Erbrechen und Durchfall. Höhe: 2 - 5 m.

Sauerampfer
Er wächst wild auf Wiesen und Weiden. Die Oxalsäure verleiht den Blättern einen sauren Geschmack, macht in größeren Mengen jedoch krank. Höhe: 30 - 100 cm.

Schlafmohn
Diese Gartenblume findet man oft auf Schuttplätzen. Sie hat fahl rosafarbene, am Grund dunkel gefleckte Blüten. Der Saft der unreifen Fruchtkapseln ist äußerst giftig. Höhe: 30 - 120 cm.

Stinkende Nieswurz
Die grüngelben Blüten mit rotem Rand bestehen nur aus den Kelchblättern. Der Verzehr der Pflanze kann zu Erbrechen und Durchfall führen. Höhe: 30 - 80 cm.

Feld- und Wiesenblumen

Die folgenden Blütenpflanzen, die unsere Landschaften besiedeln, sind in erster Linie schön anzusehen. In allen Farben, Größen und Formen erfreuen sie uns im Frühling und Sommer. Sie erkennen zu können macht richtig Spaß und du fühlst dich der Natur gleich viel näher!

Weiß, 80 cm und mehr

Weißer Steinklee
Er hat dreizählige Kleeblätter, weiße Blüten in Trauben und blüht im Sommer. Höhe: 50 - 150 cm.

Wilde Möhre
Ihre weißen Blüten stehen im Sommer in Dolden. Höhe: 40 - 100 cm.

Wiesenlabkraut
Seine kleinen Blätter sind quirlförmig um den Stängel angeordnet. Es hat kleine weiße oder elfenbeinfarbene Blüten, die von Frühling bis Sommer erscheinen. Höhe: 30 - 100 cm.

Weiß, 50 bis 80 cm

Weißes Leimkraut
Es hat längliche, spitze Blätter und blüht von Frühling bis Sommer aus einem bauchigen Kelch.
Höhe: 40 - 100 cm.

Wiesenkerbel
Er wächst häufig auf Wiesen und an Waldrändern. Seine gefiederten Blätter sind zugespitzt, die weißen Blüten bilden Dolden. Er blüht von Frühling bis Sommer. Höhe: 20 - 80 cm.

Weiß, kleiner als 50 cm

Knöllchen-Steinbrech
Diese Pflanze blüht im Frühling. Nur wenige Blätter sitzen am klebrig behaarten Stängel. Höhe: 20 - 50 cm.

Taubenkropf-Leimkraut
Die weißen Blüten haben einen kugelig aufgeblasenen Kelch, der mit lautem Knall zerplatzt, wenn man ihn zerdrückt! Blütezeit ist im Sommer.
Höhe: 30 - 60 cm.

Weißer Mauerpfeffer
Dieses Dickblattgewächs breitet sich gerne auf steinigem Boden aus. Die Blätter sind dunkelgrün, die weißen Blüten erscheinen im Sommer.
Höhe: 5 - 15 cm.

Gänseblümchen
Die Blüten erwachsen aus Blattrosetten auf Wiesen und Weiden. Wer kennt es nicht? Es blüht fast das ganze Jahr über – außer wenn es schneit! Höhe: 10 – 15 cm.

Wiesen-Augentrost
Er wächst auf mageren Wiesen und Weiden. Die Blätter sind gekerbt. Die kelchförmigen Blüten sind weiß und haben oben einen violetten Fleck, unten einen gelben. Sie zeigen sich vom Sommer bis zum Herbst. Höhe: 5 – 30 cm.

Acker-Stiefmütterchen
Man findet es auf Äckern und Wiesen. Die länglichen Blätter sind gekerbt, die Blüten cremefarben mit gelben oder violetten Flecken. Es blüht von Frühling bis Herbst. Höhe: 10 – 20 cm.

Rot bis purpurn, 70 cm und mehr

Skabiosen-Flockenblume
Die länglichen Blätter sind gefiedert. Die 2 – 3 cm großen Blütenköpfe sind purpurn und leuchten den ganzen Sommer über. Höhe: 60 – 130 cm.

Nickende Distel
Man findet sie an Plätzen in Mittel- und Südeuropa. Sie ist stachelig und trägt im Sommer große, purpurne Blüten. Höhe: 30 – 90 cm.

Wilder Dost
Er duftet sehr aromatisch und findet sich an Waldrändern. Die Blätter sind oval, die rosafarbenen Blüten bilden im Sommer Rispen. Höhe: 20 – 80 cm.

Wilde Malve
Sie blüht im Sommer an Wegen und Mauern. Die Blüten sind purpurn mit dunklen Streifen. Höhe: 40 – 100 cm.

Rot bis purpurn, kleiner als 70 cm

Acker-Gauchheil
Auf Hackfruchtäckern findet man ihn häufig. Seine Blätter sind eiförmig, die kleinen meist zinnoberroten Blüten blühen vom Sommer bis zum Herbst. Höhe: 10 – 20 cm.

Klatschmohn
Im Sommer blüht er auf Getreidefeldern. Manchmal verwandeln sich die Felder vor lauter Mohn in ein rotes Meer. Der Stängel ist behaart, die roten Blüten sind sehr empfindlich. Höhe: 30 – 60 cm.

Kartäuser-Nelke
Die rosafarbenen Blüten dieser Wärme liebenden Pflanze erscheinen im Sommer. Höhe: 20 – 40 cm.

Gelb bis orange, 80 cm und mehr

Kleinblütige Königskerze
Sie wächst auf trockenen Böden. Ihre Blätter sind filzig behaart, die gelben Blütenähren erscheinen im Sommer. Höhe: 30 - 150 cm.

Raue Gänsedistel
Man findet sie auf Äckern und in Gärten. Die Blätter sind stachelig gezähnt und der hohle Stiel enthält einen Milchsaft. Blüte von Sommer bis Herbst. Höhe: 30 - 100 cm.

Gelb bis orange, 50 bis 80 cm

Wiesen-Pippau
Er wächst an Wegrändern und auf Wiesen. Mit seinen kleinen, gelben Blüten erinnert er an den Löwenzahn, wird aber höher und hat einen verzweigten Stiel. Er blüht im Frühsommer. Höhe: 40 - 80 cm.

Gelb bis orange, kleiner als 50 cm

Frühlings-Fingerkraut
Es bevorzugt trockene Böden und Mauern, wo es Polster bilden kann. Seine Blätter sind fünf- bis siebenzählig, handförmig aufgeteilt und herzförmig. Die gelben, 1 - 2 cm breiten Blüten erscheinen im Frühling.
Höhe: 10 - 20 cm.

Gemeiner Wundklee
Er hat ovale Fiederblätter und meist gelbe Blüten. Im Sommer blüht er in trockenen Regionen. Höhe: 10 - 30 cm.

Gemeines Leinkraut
Es liebt sonnige, steinige Gegenden. Es hat schmale, lanzettförmige Blätter und hellgelbe Traubenblüten mit einem orangefarbenen Fleck, die sich im Sommer öffnen.
Höhe: 30 - 50 cm.

Gemeiner Hornklee
Er wächst auf Wiesen und hat fünfteilige Blätter. Die gelben Blütenköpfchen erscheinen im Sommer. Höhe: 10 - 30 cm.

Berg-Ziest
Diese recht seltene Pflanze ist auf steinigen Böden zu Hause. Die Blätter sind oval zugespitzt und behaart, die Blüten sind gelb. Er blüht im Sommer. Höhe: 20 - 50 cm.

Wiesen-Schlüsselblume
Schon zu Beginn des Frühlings blüht sie u. a. an Waldrändern. Man erkennt sie an den grundständigen Blättern und ihren gelben, orange gefleckten Blüten, die am Ende des Stiels in Dolden stehen. Höhe: 10 - 30 cm.

DIE BLUMENUHR

Es ist Zeit, wir machen auf!
Die meisten Blumen öffnen und schließen ihre Blüten zu bestimmten Zeiten, jedoch nicht alle gleichzeitig. Wenn du an einem Sommermorgen ohne Uhr spazieren gehst, kannst du anhand der geöffneten Blüten ungefähr feststellen, wie spät es ist.

Die Wegwarte ist eine Frühaufsteherin: Sie öffnet ihre Blüten zwischen 5 und 6 Uhr, während der „faule“ Portulak erst nach 11 Uhr aufgeht. Die Nachtkerze öffnet sich erst gegen 17 - 18 Uhr. Die Malve hingegen, deren Blüten zwischen 9 und 10 Uhr aufgehen, schließt sie auch schon wieder zwischen 13 und 14 Uhr.

Nachtblüher
Die peruanische Wunderblume, die in unseren Breiten nicht vorkommt, öffnet ihre Blüten bei Sonnenuntergang – daher auch der Name Vieruhrblume – und schließt sie im Morgengrauen. Auch bei uns gibt es so genannte Nachtblüher. So öffnen der Stechapfel sowie das Nickende und das Taubenkropf-Leimkraut ihre Blüten erst bei Einbruch der Dunkelheit. Blumen, deren Blüten nur nachts aufgehen, duften oft besonders stark. Auf diese Weise locken sie Nachtschmetterlinge an.

Diese Besucher tragen die Blütenpollen von Blume zu Blume und ermöglichen so die Vermehrung.
In der Nacht blühende Blumen sind oft weiß oder haben zumindest helle Farben. Sie leuchten förmlich im Dunkeln, wie etwa die gelb blühende Nachtkerze.

Ein empfindliches Uhrwerk bei schlechtem Wetter
An einem wolkigen oder gar verregneten Tag kann man sich nicht auf die Blumenuhr verlassen. Viele Blumen schließen sofort ihre Blüten, wenn die Sonne verschwindet oder wenn es regnet!
Beim Roten Gauchheil ist diese Wirkung zu beobachten genauso wie auch bei dem Gänseblümchen und dem Löwenzahn sowie der Margerite.

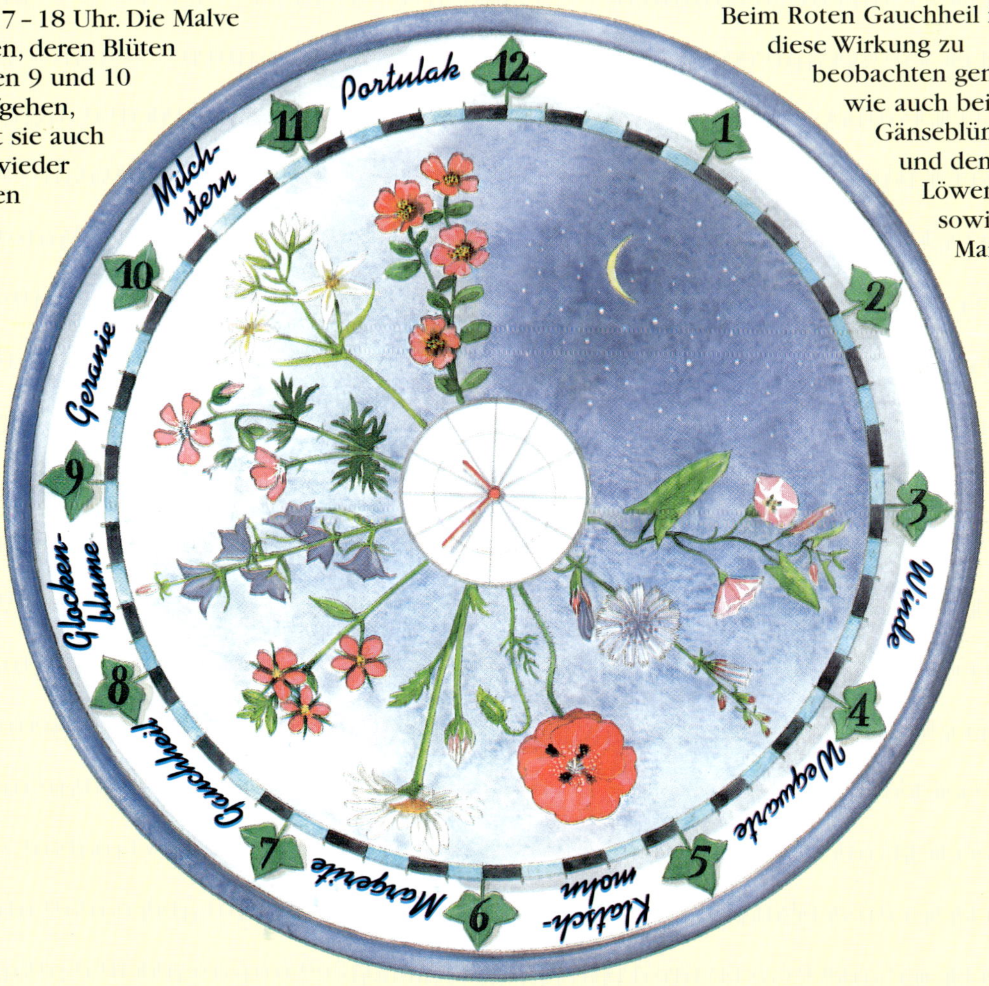

Blau bis violett, 60 cm und mehr

Gemeine Wegwarte
Sie blüht im Sommer. Die Stängel sind sparrig und verästelt, die Blüten sind blau. Höhe: 40 – 100 cm.

Tauben-Skabiose
Sie ist vom Sommer bis in den Herbst auf trockenem Lehmboden anzutreffen. Die flachen Blütenköpfchen sind blau- bis rotviolett. Höhe: 40 – 70 cm.

Wiesen-Storchschnabel
Ebenso wie andere Storchschnabelgewächse findet man ihn oft auf Wiesen. Die Blätter sind meist siebenteilig mit gefiederten Abschnitten. Die Blüten sind blauviolett, bei anderen Arten häufig rosafarben und zeigen sich im Sommer. Höhe: 30 – 80 cm.

Blau bis violett, kleiner als 60 cm

Büschel-Glockenblume
Die blauen Blüten sitzen in knäueligen Köpfchen und erscheinen im Sommer. Höhe: 10 – 50 cm.

Acker-Vergissmeinnicht
Die kleinen, blau-gelben Blüten bilden eine Traube. Man sieht sie von Frühling bis Sommer. Höhe: 20 – 40 cm.

Rundblättrige Glockenblume
Im Sommer blüht sie hellblau an Waldrändern. Die untersten Blätter sind rundlich und herzförmig. Höhe: 10 – 50 cm.

Feld-Thymian
Er duftet sehr aromatisch. Die Blätter sind oval. Ab Sommer zeigen sich die hellvioletten Blüten. Höhe: 10 – 30 cm.

Gamander-Ehrenpreis
Er blüht im Frühling in Wiesen und an Wegen. Seine kleinen, blauen Blüten haben vier Blütenblätter mit dunkleren Adern. Die ungeteilten, gekerbten Blätter werden nach oben hin kleiner. Höhe: 5 – 20 cm.

Kriechender Günsel
Man findet ihn häufig auf Wiesen. Die kleinen, blauen Blüten wachsen im Sommer direkt aus den Blattachseln. Höhe: 10 – 40 cm.

Wiesen-Salbei
Er liebt sonnige Standorte und blüht im Sommer blauviolett. Der Stängel ist oben etwas klebrig. Höhe: 30 – 60 cm.

Grün, 80 cm und mehr

Große Brennnessel
Sie ist häufig zu finden. Sie blüht von Sommer bis Herbst. Aufgrund der Brennhaare ist ihre Berührung schmerzhaft. Höhe: 40 – 120 cm.

Weißer Gänsefuß
Die weißlich grünen Blüten stehen im Sommer pyramidenförmig dicht an dicht. Höhe: 20 – 120 cm.

Großer Sauerampfer
Diese häufige Weg- und Wiesenpflanze hat längliche, pfeilförmige Blätter. Sie blüht im Sommer und trägt danach orangefarbene Samen. Höhe: 50 – 100 cm.

Eine Blume – viele Farben

Bienen-Ragwurz
Sie ist geschützt! Die Blüte erscheint im Sommer und ahmt das Aussehen einer Biene nach. Höhe: 20 – 30 cm.

DER BLÜTENSTAND

Die meisten Pflanzen haben mehrere Blüten, die verschiedenartig angeordnet sein können. Am häufigsten wirst du folgende Blütenstände finden:

- **Traube:** Die Blüten haben einen Stiel, auch Seitenachse genannt, und sind übereinander am Pflanzenstängel angeordnet. Die Blütenstiele sind mehr oder weniger gleich lang (wie z. B. bei Fingerhut oder Steinklee).

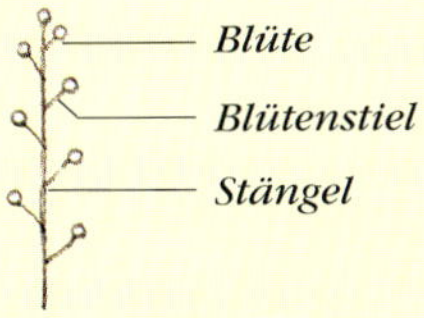

Dolde

- **Dolde:** Im Gegensatz zur Doldentraube sind die Blütenstiele bei der Dolde alle am selben Punkt des Pflanzenstängels befestigt (z. B. Schlüsselblume). Die Wilde Möhre (siehe unten) hat sogar eine so genannte zusammengesetzte Dolde: Die einzelnen Blüten sind doldenförmig an Stielen angeordnet, die wiederum zusammen eine große Dolde bilden.

Zusammengesetzte Dolde

- **Ähre, Kolben:** Diese Blütenstände ähneln der Traube, aber die einzelnen Blüten sind ungestielt, (z. B. Königskerze und Wegerich).

- **Doldentraube:** Die Länge der Blütenstiele nimmt von unten nach oben ab, sodass die Blüten fast auf einer Ebene liegen (z. B. Weißdorn).

- **Körbchen:** Die so genannten Korbblütler sind eine der größten Pflanzenfamilien, zu der z. B. die Margerite oder das Gänseblümchen gehören: Ihre Blüten wirken wie Einzelblüten, in Wirklichkeit handelt es sich aber um eine ganze Ansammlung von Blüten. Ein gemeinsamer Blütenboden trägt die Einzelblüten: In der Mitte befinden sich kleine, gelbe Röhrenblüten, darum herum sitzen weiße Zungenblüten.

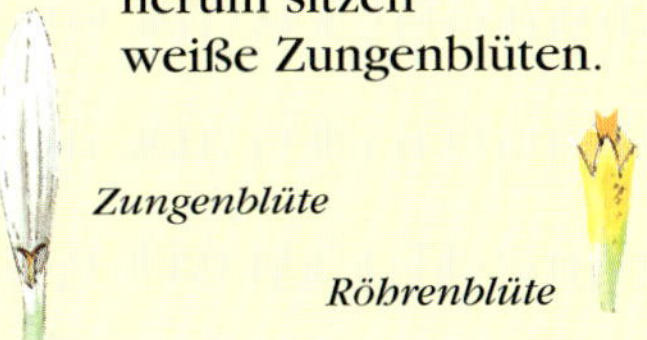

Kulturpflanzen

Ein großer Teil der Landfläche wird für den Ackerbau genutzt. Die oft großen, gleichmäßigen und abgegrenzten Felder werden mit nur einer Pflanzenart bebaut. Je nach Jahreszeit sehen sie anders aus. Sie werden im Herbst oder Frühling bestellt und fallen im Winter kaum oder gar nicht auf. Im Frühling geht die Saat auf – alles wird grün. Die darauf folgende Blütezeit ist bei manchen Pflanzen, wie den Sonnenblumen, sehr auffällig, bei anderen weniger. Vom Sommer bis in den Herbst hinein findet die Ernte statt.

1 - Mais
Diese schon sehr alte Kulturpflanze stammt aus Mittel- und Südamerika. Durch genetische Veränderungen vertragen die heutigen Arten auch unser gemäßigtes Klima. Mais kann bis zu 3 m hoch werden. Er hat große Blätter und trägt mehrere Kolben pro Pflanze, die von Hüllblättern umgeben sind. Mais ist ein Nahrungsmittel für Mensch und Tier. Aus Mais kann man Popcorn herstellen.

2 - Raps
Er ist mit dem Kohl verwandt und wird wegen seiner ölhaltigen Samen angebaut. Die mit gelben Blüten übersäten Felder sind sehr auffällig. Aufgrund seiner frühen Blüte wird er als erste Kulturpflanze im Jahr geerntet. Das aus den kleinen, schwarzen Samen gewonnene Öl ist ein wichtiger Rohstoff für die Margarineherstellung, gewinnt aber auch als Treibstoff zunehmend an Bedeutung.

3 - Sonnenblume
Sie sieht wie eine riesige Margerite aus, hat aber gelbe Zungenblüten und in der Mitte braune Röhrenblüten. Ihre Blüte wächst auf einem kräftigen Stängel mit rauen Blättern. Anfangs ist der Stängel biegsam und die Blüten drehen sich der Sonne entgegen. Wenn die Samen reif sind, werden sie meist maschinell geerntet und zu Speiseöl verarbeitet.

4 - Zuckerrübe
Da das Zuckerrohr tropisches Klima liebt, kann es in gemäßigten Breiten nicht angebaut werden. Hier wird die Zuckerrübe kultiviert, die von der Gemeinen Runkelrübe abstammt und eine gleichmäßige, dicke, konische Wurzel hat. In Zuckerfabriken und Raffinerien wird sie zu Zucker verarbeitet und landet so in den uns bekannten Zuckerpäckchen.

5 - Weizen
Weizen ist das am weitesten verbreitete Getreide der Welt. Er übertrifft sogar den Reis. Seine Ergiebigkeit ist beeindruckend: Die Ernte ergibt 50- bis 100-mal mehr Körner als ausgesät wurden! Allerdings sind die Erntemaschinen sehr teuer: Ein Mähdrescher kostet ungefähr so viel wie zehn bis zwölf Autos. Weizen wird vor allem zu Mehl verarbeitet, aus dem dann Brot und Brötchen gebacken werden.

6 - Luzerne
In der Regel werden auf einem Feld nacheinander drei Kulturen angebaut: Im ersten Jahr Pflanzen, die man von Unkraut befreien muss (Mais, Raps, Sonnenblumen, Rüben oder Kartoffeln), im zweiten Jahr Weizen und im dritten eine weitere, so genannte sekundäre Getreideart. Danach baut man am besten zwei bis drei Jahre lang Luzerne an. Diese Pflanze reichert den Boden mit dem wichtigen Stickstoff an und ihre Stängel und Blätter ergeben ausgezeichnetes Viehfutter.

7 - Gerste
Sie ist leicht vom Weizen zu unterscheiden: Die Ährchen haben lange Borsten, so genannte Grannen. Die Körner bleiben in ihrer Hülle, wenn man sie von der Ähre trennt. Gerste ist ein so genanntes sekundäres Getreide. Sie wird im Jahr nach dem Weizen angebaut. Die Wintergerste dient als Futter für Geflügel und Schweine, die Sommergerste wird zur Bierherstellung und zum Brotbacken verwendet.

8 - Hafer
Er könnte ursprünglich ein Unkraut der Weizen- und Gerstenfelder gewesen sein. Seine lockeren Rispen sind einfach zu erkennen und sehr dekorativ. Die hellgelben oder schwarzen Körner sind von Hüllspelzen umgeben und werden von Mensch und Vieh geschätzt. Sein Anbau ist wenig aufwendig.

WIE MAN EIN HERBARIUM BASTELT

Mit den Pflanzen, die du pflückst, kannst du dir eine wunderschöne Sammlung anlegen. Aber Vorsicht: Manche Arten, wie Orchideen oder Edelweiß, stehen unter Naturschutz und dürfen nicht gepflückt werden!

Was du brauchst:
Zum Pflücken:
- ein Paar Handschuhe bei stacheligen Pflanzen
- eine kleine Gartenschere oder ein Taschenmesser
- einen Korb, um deine Ernte zu transportieren
- einen Notizblock und einen Stift, um Anmerkungen aufzuschreiben, z. B. Ort und Datum des Pflückens und Beschreibung der Umgebung

Für das Herbarium:
- einen Ordner und gelochte DIN-A4-Blätter (21 x 29,7 cm), dickes Zeichenpapier und Pauspapier
- eine Tube flüssigen Klebstoff
- zwei kleine Holzspachtel
- eine Rolle durchsichtiges Klebeband
- kleine selbstklebende Etiketten
- eine Pinzette
- ein großes selbstklebendes Etikett für die Vorderseite des Ordners

1 - Das Sammeln
Informiere dich zunächst, welche Pflanzen geschützt sind und nicht gepflückt werden dürfen! Wenn du dann eine bestimmte Pflanze ausgewählt hast, reiße sie auf keinen Fall einfach aus, sondern schneide den Stängel sauber ab und lasse ein Stück davon stehen. Zu Hause stellst du die Pflanzen solange in ein mit Wasser gefülltes Gefäß, bis deine Trockenpresse fertig ist.

2 - Das Trocknen

- Kaufe Löschpapier (DIN A4). Du brauchst doppelt so viele Bögen, wie du Pflanzen zum Trocknen hast (und noch einmal die gleiche Menge, damit du die feuchten Blätter alle zwei oder drei Tage auswechseln kannst).
- Entferne ein paar Blätter von den Pflanzen, damit sie eine schöne Form erhalten.
- Lege jede Pflanze zwischen zwei Bögen Löschpapier und staple sie übereinander.
- Schreibe jeweils auf den unteren Bogen den Namen der Pflanze und deine Anmerkungen.
- Jeder Stapel besteht aus höchstens 16 Bögen Löschpapier, also sieben Pflanzen.
- Lege den Stapel zwischen zwei Holzbretter (21 x 30 cm).
- Lege etwas Schweres darauf, z. B. große Bücher.
- Wechsle alle zwei bis drei Tage das Löschpapier.
- Nach einem Monat sind deine Pflanzen getrocknet.

3 - Das Herbarium

Wenn du das nötige Material beisammen hast, kannst du mit der Arbeit anfangen.

- Mit der Pinzette nimmst du eine Pflanze am Stängel. Vorsicht, trockene Pflanzen brechen leicht!
- Nimm ein Blatt aus dem Ordner und lege die Pflanze verkehrt herum darauf.
- Gib etwas Klebstoff auf die Blüte und auf die Blätter. Verteile ihn sorgsam mit einem Spachtel.
- Drehe die Pflanze vorsichtig um und lege sie auf das Blatt Papier.
- Drücke die Blüte und die Blätter mit dem anderen Spachtel leicht an, damit sie gut kleben.
- Befestige nun den Stängel mit zwei Stückchen Klebeband.
- Schreibe den Namen der Pflanze und deine dazugehörigen Anmerkungen auf ein Etikett.
- Klebe das Etikett auf das Blatt Papier.
- Drehe das Blatt um und verfahre mit einer anderen Pflanze auf der Rückseite genauso.
- Wenn zwei Pflanzen auf einem Blatt befestigt sind, kannst du es abheften. Zwischen jeweils zwei Blätter kommt ein Bogen Pauspapier.

Wiesenpilze

Vor allem im Frühling und im Herbst, wenn es feucht und warm ist, schießen zahlreiche Pilze aus dem Boden und das Sammeln kann sich richtig lohnen. Es gibt aber viele giftige Pilze und manche können zum Tode führen! Vor einigen der hier vorgestellten Pilze sollte man sich in Acht nehmen. Es ist also ratsam, sich genau zu informieren, um Pilze sicher bestimmen und damit jede Vergiftungsgefahr vermeiden zu können. Iss deshalb niemals selbst gesammelte Pilze, bevor du sie nicht einem Experten gezeigt hast!

Grüner Knollenblätterpilz
Er wächst in Laubwäldern und ist tödlich giftig, obwohl er appetitlich aussieht. Du musst ihn unbedingt erkennen können! Die Scheide an der Stielbasis, die Manschette und die Lamellen sind weiß. Viele Giftpilze weisen diese drei Merkmale auf – sammle sie also nicht. Vorsicht: Schnecken könnten die Manschette gefressen haben! Achte beim Sammeln immer auf die Stielbasis. Grabe den Pilz zur Not aus, um sicher zu gehen, dass er keine Scheide hat!

Feldtrichterling
Er ist weißlich. Sein Hut ist in der Mitte eingedrückt und mit einer weißen Schicht bedeckt. Die Lamellen laufen leicht den Stiel herab. Er wächst auf Wiesen und Weiden, manchmal kreisförmig angeordnet. Er zählt zu den sehr giftigen Pilzen.

Parasol, Riesenschirmling
Dieser Pilz kann 30 bis 40 cm hoch werden. Man erkennt ihn an seinem schuppigen Hut und der großen Manschette. Kleine Exemplare kann man aber leicht mit dem Fleischrosa Schirmling verwechseln, der tödlich giftig ist! Sammle also keine Parasolpilze, die kleiner als 15 cm sind oder die keine große Manschette haben.

Karbolegerling
Dieser giftige Pilz ist leicht zu erkennen. Er verströmt einen äußerst unangenehmen Geruch. Sein Hut und der Stiel verfärben sich gelb, wenn man darauf drückt.

Schopftintling
Er verdirbt sehr schnell und muss deshalb am Tag des Sammelns gegessen werden. Dafür wächst er fast das ganze Jahr über. Sammle nur junge Exemplare, deren Hut noch eng am Stiel anliegt. Wenn die Pilze wie eine Glocke aussehen, sind sie zu alt. Man kann aber auch alte Exemplare sammeln, sie in ein Glas geben und ihre Zersetzung beobachten. Nach ein paar Tagen verwandeln sie sich in Tusche! Aber Vorsicht: Der Schopftintling ist mit dem Faltentintling verwandt, der zu heftigen Vergiftungserscheinungen führen kann!

Morcheln
Es gibt verschiedene, sehr ähnliche Arten, die schwer zu unterscheiden sind. Ihr Hut erinnert an einen Schwamm; er ist ockergelb bis schwarzbraun. Morcheln wachsen von März bis Mai und sind gute Speisepilze, die sich auch zum Dörren eignen. Roh dürfen sie jedoch nicht gegessen werden.

Wiesenchampignon
Er ist die Wildform des bekannten Zuchtchampignons. Man findet diesen vorzüglichen Speisepilz vor allem im Sommer, wenn er in ganzen Gruppen aus dem Boden schießt. Man sollte jedoch nur junge Exemplare sammeln, deren Lamellen kräftig rosa sind – sind sie braun, ist der Pilz zu alt. Sammle auf keinen Fall Pilze, die ihm ähneln, deren Lamellen aber weiß oder grünlich sind!

Nelkenschwindling
Er wächst in so genannten Hexenringen auf Wiesen und Weiden. Sammle von jungen, gesund aussehenden Exemplaren nur die Hüte und auf keinen Fall ähnliche Pilze, die einzeln stehen, denn er ähnelt dem Ziegelroten Risspilz, der tödlich giftig ist. Kannst du jedoch den Stiel biegen, ohne dass er bricht, handelt es sich um einen Nelkenschwindling!

Tagfalter

Schmetterlinge oder Falter sind Insekten. Ihre großen Flügel sind von winzigen Schuppen bedeckt. Tagfalter halten ihre beiden Flügelpaare meist senkrecht, wenn sie nicht fliegen. Die meisten Tagfalter ernähren sich von Blütennektar, den sie sammeln und mit ihrem langen Saugrüssel aufsaugen.

Segelfalter
Er ist sehr auffällig, recht selten und steht wie viele unserer Falter unter Schutz. Die hellgelben Flügel haben schwarze Streifen. Die Hinterflügel weisen ein blaugelbes Band, einen roten Fleck und eine schwanzartige Verlängerung auf. Spannweite: 8 - 9 cm.

Himmelblauer Bläuling
Er ist vor allem in Südeuropa verbreitet und bei uns selten. Seine Flügeloberseiten sind leuchtend blau. Spannweite: 3 cm.

Distelfalter
Er ist ein weitverbreiteter Wanderfalter, kann aber nur in Südeuropa überwintern. Auf den orangebraunen Flügeln hat er braune, weiße und schwarze Flecken. Distelfalter und seine Raupen findest du überall dort, wo Disteln und Brennnesseln wachsen. Spannweite: 5 cm.

Großer Schillerfalter
Dieser Wärme liebende Falter ist bei uns stark gefährdet. Die Männchen erkennt man an den blauschillernden Flügeln mit weißer Fleckenzeichnung und je einem Auge auf den Hinterflügeln. Die Weibchen sind größer und schillern nicht. Spannweite: 7 - 8 cm.

Tagpfauenauge
Im Juli fehlt es in keinem Garten! Die Flügel sind rotbraun mit je einem großen blau, gelb und schwarz gezeichneten Augenfleck. Die Unterseite der Flügel ist schwärzlich. Es überwintert an geschützten Stellen, z. B. auf Dachböden. Die Raupen lieben Brennnesseln. Spannweite: 6 cm.

Aurorafalter
Er ist heute recht selten. Das Männchen hat weiße, grau geäderte Flügel mit orangefarbenen Flecken auf den Vorderflügeln. Das Weibchen zeigt keine Orangefärbung. Spannweite: 4 - 5 cm.

Trauermantel
Er ist bei uns recht selten geworden. Die Flügeloberseite ist braunschwarz mit gelbem Außenrand und einer Reihe aus blauen Punkten. Die Unterseite ist heller. Spannweite: 6 - 7 cm.

Kaisermantel
Von Juni bis August ist er zu finden. Oberseits ist er orangebraun mit schwarzem Muster. Die Raupen lieben Veilchen. Spannweite: 6 cm.

Kleiner Perlmutterfalter
Die Vorderflügel sind rötlich gelb mit schwarzen Punkten. Die Unterseite der Hinterflügel zeigt silbrige Flecken. Spannweite: 4 cm.

Großer Scheckenfalter
Von Mai bis September findet man ihn in Südeuropa. Die Flügeloberseite ist bräunlich gelb mit schwarzen Linien. Spannweite: 5 cm.

Zitronenfalter
Die Flügel des Männchens sind leuchtend gelb, die des Weibchens grünlich weiß. Sie haben auf jedem Flügel einen Punkt. Spannweite: 5 - 6 cm.

Dunkelbrauner Bläuling
Er steht bei uns unter Naturschutz. Er weist keinerlei Blaufärbung auf: Die Flügeloberseite ist dunkelbraun, die Unterseite ist oft hell- bis bräunlich grau mit vielen Punkten. Spannweite: 2,5 cm.

Gemeiner Scheckenfalter
Er ist in ganz Europa verbreitet und findet sich vor allem auf Blumenwiesen und an Waldrändern. Seine Flügel sind oberseits rötlich mit schwarzem Muster. Spannweite: 3,5 cm.

NA SO WAS!

Zauberer mit Licht und Farbe
Die Flügel der Schmetterlinge entfalten manchmal ein wahres Farbenfeuerwerk. Sie sind kunstvoll mit feinen Schuppen bedeckt. Diese Schuppen sind wie Dachziegel angeordnet und tragen die Farben. Gewöhnlich kommen sie in schwarz, rot, gelb oder braun vor. Manche Schuppen können aber auch das Licht reflektieren oder sogar brechen: Auf diese Weise entstehen blaue, grüne oder metallisch glänzende Farbtöne, wie du sie bei den Bläulingen oder den Schillerfaltern sehen kannst.

Der Große Schillerfalter und der Camembert
Die Großen Schillerfalter sind wunderschön, jedoch selten und schwierig zu beobachten, denn sie leben in lichten Wäldern und verstecken sich in den Bäumen. Willst du während eines Waldspaziergangs im Sommer wenigstens einen von ihnen anlocken, kannst du ein Stück Camembert auslegen – mit etwas Glück könnten sich einige Stunden später mehrere Falter um den Käse tummeln!

Kleiner Fuchs
Er ist weit verbreitet und umflattert oft die Blüten des Schmetterlingsstrauchs. Die rötlichen Flügel weisen am Außenrand der Vorder- und Hinterflügel eine Reihe von Flecken auf, die schwarz umrandet und blau gefüllt sind. Wie das Tagpfauenauge hält er Winterschlaf. Die Raupen leben auf Brennnesseln. Spannweite: 5 cm.

Schwalbenschwanz
Dieser große Falter ist selten geworden. Die auffälligen Flügel sind gelb mit schwarzen Zeichnungen. Der Rand der Hinterflügel ist bogig gezahnt, mit einer schwanzartigen Spitze, einer schwarzblauen Saumbinde und einem roten, blau umrandeten Augenfleck. Die Raupen leben auf Doldengewächsen. Spannweite: 7 - 8 cm.

Admiral
Man erkennt diesen Wanderfalter an dem leuchtend roten Band auf dunklem Untergrund und an den weißen Flecken in den Spitzen der Vorderflügel. Unterseits ist er bräunlich gefleckt. Die Raupen lieben Brennnesseln. Spannweite: 5 - 6 cm.

Hauhechelbläuling
In Gegenden, wo wenig Insektizide verwendet werden, findet man ihn von Frühling bis Herbst häufig. Beim Männchen sind die Flügel oberseits blau, beim Weibchen braun. Die Raupen fressen Hauhechel und Luzerne. Spannweite: 3 cm.

NA SO WAS!

Ein wahrer Vielfraß!
Die Entwicklung der Schmetterlinge ist in mehrere Phasen unterteilt: Ei, Raupe, Puppe und Falter. Die Raupe stellt die Fress- und Wachstumsphase dar. Schmetterlinge selbst sind eher genügsam und manche fressen sogar überhaupt nichts. Die Raupen hingegen sind wahre „Fressmaschinen" und manche Arten können beachtliche Schäden an Kulturpflanzen verursachen. Obwohl viele Raupen wunderschön sind, sollte man sie nicht anfassen: Ihre Haare können Hautreizungen hervorrufen!

Himmelblauer Steinkleebläuling
Er ist in Süd- und Mitteleuropa weit verbreitet. Die Flügel des Männchens sind oberseits blauviolett mit schwarzem Randstreifen, die des Weibchens sind braun. Unterseits zeigen die Vorderflügel eine gebogene Reihe aus fünf bis sieben schwarzen Flecken. Die Raupen leben an Schmetterlingsblütlern, meist an Luzernen. Spannweite: 3 cm.

Nachtfalter

Die meisten Nachtfalter fliegen in der Dämmerung oder nachts, nur wenige auch tagsüber. Der ruhende Falter hält die Flügel dachförmig oder legt sie flach an den Körper an. Natürlich braucht man sehr viel Geduld, um Nachtfalter beobachten zu können.

Rotes Ordensband
Es kommt relativ häufig vor, steht aber in Deutschland bereits unter Schutz. Die grauen Vorderflügel können die roten, schwarz gebänderten Hinterflügel überdecken – so ist er gut getarnt! Der Falter ernährt sich von Baumsäften. Spannweite: 8 cm.

Nagelfleck
Er steht unter Schutz. Die Flügel sind gelbbraun und weisen je einen blauen, schwarz eingefassten Augenfleck auf, der in der Mitte eine nagelförmige Zeichnung trägt. Die Männchen sieht man oft auf der Suche nach Weibchen umherschwirren. Spannweite: 6 – 8 cm.

Kleines Nachtpfauenauge
Er ist in Deutschland geschützt und kommt in lichten Wäldern, an Waldrändern oder auch auf Ödland vor. Die weiß und beige geränderten Flügel weisen je einen dunkel umringten Augenfleck auf.
Die Männchen fliegen auch am Tage, die helleren Weibchen fliegen nur nachts. Spannweite: 5 – 8 cm.

Totenkopfschwärmer
Die Vorderflügel sind dunkelbraun und hell marmoriert. Hinterflügel und Leib sind gelb mit schwarzen Bändern. Die Zeichnung auf der Brust erinnert an einen Totenkopf. Er liebt Süßes wie frischen Honig. Spannweite: 12 cm.

NA SO WAS!

Ein Riesen-Schmetterling
In Südamerika lebt Thysania agrippina, ein Schmetterling, der bis zu 40 cm groß werden kann! Zum Glück sind seine Raupen reine Pflanzenfresser!

Brauner Bär
Dieser Falter steht unter Schutz. Die Vorderflügel sind braun und cremeweiß gemustert. Die Hinterflügel sind zinnoberrot mit dunklen Flecken. Die Raupe ist z. B. auf Brennnesseln und Löwenzahn zu finden. Sie ist dicht behaart und erinnert an einen Bärenpelz. Spannweite: 6 cm.

Kiefernschwärmer
Die Vorderflügel sind aschgrau mit brauner Zeichnung. Tagsüber ruht er an Stämmen und ist aufgrund seiner Färbung fast nicht zu sehen. Er fliegt bereits ab der Dämmerung und liebt stark duftende Blüten. Die Raupen leben an Kiefern. Spannweite: 7 - 9 cm.

Weidenbohrer
Seine große Raupe ist oben purpurrot und seitlich gelbrot gefärbt. Sie lebt zwei Jahre lang im Inneren von Baumstämmen – oft Weiden und Pappeln – wo sie lange Gänge ausnagt und so die Bäume schädigt. Der große, graue Falter ähnelt einem Stück Rinde, wenn er sitzt. Spannweite: 8 cm.

Eichenprozessionsspinner
Die Raupen dieses unscheinbaren Falters können in warmen Eichenwäldern Mittel- und Südeuropas durch Kahlfraß erhebliche Schäden anrichten. Tagsüber halten sie sich in großen Nestern auf, die sie abends in einer langen „Prozession" verlassen, um nach Nahrung zu suchen. Vorsicht: Die Raupen können sich mit ihren langen Borsten, die heftige Hautreizungen verursachen, gegen Mensch und Tier zur Wehr setzen! Spannweite: 4 cm.

Großes Nachtpfauenauge
Er ist der größte Schmetterling Europas und steht in Deutschland unter Schutz. Das Weibchen ist größer als das Männchen. Die graubraunen Flügel haben einen hellbraunen, weiß abgesetzten Saum und tragen je einen Augenfleck. Flugzeit ist der Frühling. Die Raupen lieben Obstbäume. Spannweite: 12 - 16 cm.

Goldafter
Dieser Falter ist in ganz Europa weit verbreitet. Er hat weiße Flügel.
Die Spitze des Hinterleibs ist rostrot gefärbt und beim Weibchen wesentlich größer als beim Männchen.
Die Raupen leben in Gruppen und sind gefürchtete Schädlinge in Wäldern und Obstgärten. Spannweite: 3 - 4 cm.

Blaues Ordensband
Es ist in Deutschland geschützt! Die Vorderflügel sind aschgrau mit einer unregelmäßigen Zeichnung und dienen dem Falter als Tarnung. Die Hinterflügel sind schwärzlich mit einem breiten, blauen Band. Die Raupen findet man an Pappeln und Eschen, seltener an anderen Laubbäumen. Spannweite: 7,5 - 10 cm.

NA SO WAS!

Tarnfarbe oder Lockfarbe?
Die Grundfarbe des Birkenspanners ist weiß mit schwarzen Sprenkeln. Daneben treten aber auch Falter auf, in deren Grundfärbung nur sehr wenig Weiß enthalten ist. Es gibt auch einfarbig schwarze Exemplare. Tagsüber ruhen die nachtaktiven Falter an Birkenstämmen, wo die hellen Falter ausgezeichnet getarnt sind, die dunklen Falter aber schnell ins Auge fallen und so von Vögeln erbeutet werden. Infolge der Umweltverschmutzung ist heute aber die hellere Form teilweise im Rückgang begriffen, da sie zunehmend ihre tarnenden Ruheplätze verliert.

Eine unwiderstehliche Anziehungskraft
Das Weibchen des kleinen Nachtpfauenauges hält sich meist in der niederen Vegetation auf – man könnte fast meinen, dass es sich versteckt. Trotzdem ist es ihm möglich, die Männchen im Umkreis von bis zu 10 km anzulocken. Man nimmt an, dass ihm das durch das Aussenden von Duftstoffen gelingt.

Käfer

Käfer sind die größte Untergruppe der Insekten. Bisher sind über 300 000 Arten bekannt, davon allein 8000 in Mitteleuropa, und jährlich werden neue entdeckt! Käfer sind sozusagen gepanzerte Insekten: Die Vorderflügel sind zu verhärteten Deckflügeln umgewandelt. Sie bedecken und schützen den Hinterleib sowie das zweite Flügelpaar, das viel zarter ist und den Käfern das Fliegen ermöglicht.

Laufkäfer
Sie leben überirdisch. Da sie vorwiegend schädliche Insekten jagen, sind sie sehr nützlich. In Europa gibt es über 650 Arten von Laufkäfern. Viele sind nachtaktiv (oben: Goldlaufkäfer; unten: Laufkäfer, Goldleiste).

Großer Leuchtkäfer
Das Weibchen hat keine Flügel und ähnelt einer Larve! Bei dem in Mitteleuropa verbreiteten Glühwürmchen verfügt nur das Weibchen über Leuchtorgane am Ende des Hinterleibs. In Sommernächten kannst du es dabei beobachten, wie es Lichtsignale gibt, um die Männchen anzulocken.

NA SO WAS!

Kaltes Licht oder Biolumineszenz
Alle vom Menschen genutzten Lichtquellen erzeugen Wärme. Bei Leuchtkäfern hingegen begegnen wir der so genannten Biolumineszenz, das heißt der Erzeugung kalten Lichts! Es handelt sich dabei um einen komplizierten chemischen Vorgang, bei dem durch die Oxidation von Luciferin in Anwesenheit des Enzyms Luciferase Lichtenergie frei wird.

Kampf der Titanen
Zur Paarungszeit im Mai kannst du mit etwas Glück in einem Eichenwald zwei männliche Hirschkäfer bei der Werbung um ein Weibchen beobachten. Sie tragen dann Kämpfe aus, bei denen es darum geht, den Gegner von einem Ast oder einem Baum herabzustoßen. Zu Verletzungen kommt es jedoch meist nicht.

Maikäfer
Der erwachsene Käfer befällt gerne Laubbäume und kann bei starker Vermehrung Kahlfraß verursachen. Seine Larven, die Engerlinge, fallen meist über Getreide- und Gemüsewurzeln her. Bedingt durch ihre lange Entwicklungszeit sieht man Maikäfer meist nur alle drei bis vier Jahre. Manchmal treten sie jedoch in Massen auf und dann spricht man von Maikäferjahren.

Nashornkäfer
Der Nashornkäfer gehört zu den größten europäischen Käfern, ist aber kaum noch anzutreffen. Das Männchen trägt ein langes, zurückgebogenes Horn auf der Stirn. Am ehesten findet man ihn unter alten Haufen von Sägemehl.

Rosenkäfer
Die Färbung der Oberseite ist unterschiedlich – sie kann goldgrün, bronzefarben oder auch mal grünviolett sein. Im Sommer kann man die lebhaft umherfliegenden Käfer beobachten, die sich gerne auf Blüten niederlassen, um den Nektar aufzunehmen.

Hirschkäfer
Er ist der größte europäische Käfer: Die Männchen können bis zu 7,5 cm lang werden und fallen durch ihre vergrößerten, kräftigen Kiefer auf. Leider ist er selten geworden. Er liebt süßen Baumsaft, besonders den der Eichen.

NA SO WAS!

Eine lebende Lampe
In Mexiko gibt es Verwandte unseres Leuchtkäfers, die so helles Licht erzeugen, dass man mitten in der Nacht dabei lesen könnte. Man sperrt sie deshalb auch in Käfige und beleuchtet die Hütten!

Chemische Abwehr
Der Bombardierkäfer hat ein interessantes Abwehrsystem: Im Hinterleib befindet sich eine große Drüse, aus der, wenn er beunruhigt wird, explosionsartig eine beißende Flüssigkeit spritzt. Der Explosionsknall ist gut zu hören und es sind sogar kleine Wölkchen zu sehen. Schütze also unbedingt deine Augen!

Noch mehr Insekten

Unzählige Insekten bevölkern die Erde. Die ersten Insekten gab es schon vor etwa 300 Millionen Jahren! Ihre Entwicklung, Metamorphose genannt, umfasst mehrere Stadien: Ei – Larve – Puppe – ausgewachsenes Insekt (Imago).

Bremse
Nur die Weibchen ernähren sich von Blut, wobei Pferde und Rinder ihre beliebtesten Opfer sind. Aber auch der Mensch ist nicht vor den stark juckenden Stichen sicher.

Feuerwanze
Sie lebt in geselligen Gruppen vorwiegend am Fuße alter Linden, da sie aus deren Früchten gerne den Saft saugt.

Großes Grünes Heupferd
Es ernährt sich von kleinen Insekten und Pflanzen. Sein Zirpen entsteht durch das Aneinanderreiben der beiden Vorderflügel.

Hummel
Sie ist größer als eine Biene und hat einen behaarten Körper. Ihr Stachel hat keine Widerhaken; sie kann sich also mehrfach mit ihm wehren.

Hornisse
Sie ist viel größer als eine Wespe und ihre Brust ist braunrot gefärbt. Ärgere niemals eine Hornisse, denn der Stich ihres kräftigen Stachels ist äußerst schmerzhaft.

Feldgrille
Sie hat meist einen walzenförmigen Körper. Das Zirpen des Männchens lockt die Weibchen an.

Gottesanbeterin
Diese große Fangschrecke ist – obwohl gut getarnt – in Deutschland vom Aussterben bedroht und deshalb geschützt!

NA SO WAS!

Kopflos vor lauter Liebe!
Die Gottesanbeterin ist ein räuberisches Insekt, das sich vor allem von anderen Insekten ernährt. Wird die Gottesanbeterin in Gefangenschaft gehalten, kommt es manchmal vor, dass das Weibchen das Männchen beim Paarungsversuch köpft und auffrisst. Im Freiland kommt dies in der Regel nicht vor!

Kein reiner Springinsfeld
Das Weibchen des Großen Grünen Heupferds kann bis zu 4,2 cm groß werden und gehört somit zu den größten Heuschrecken Deutschlands. Dass sie wahre Meister im Springen sind, weiß jeder, aber sie können auch fliegen und auf diese Weise einige 100 Meter am Stück zurücklegen!

DIE VERSCHIEDENEN INSEKTEN

Damit ein Tier zu den Insekten gezählt wird, muss es drei Merkmale erfüllen:

1 - Es hat kein Innenskelett, sondern besitzt ein äußeres Skelett, die Kutikula, die im Wesentlichen aus Chitin besteht. Diese starre Hülle ist einerseits ganz leicht, gibt aber andererseits dem Körper Festigkeit und dient zugleich als Schutzschild. Wenn das Insekt größer wird, muss es die zu klein gewordene Körperhülle durch Häutung loswerden und eine neue, größere produzieren.
2 - Der Körper muss sich in drei Abschnitte gliedern: Kopf, Brust (Thorax) und Hinterleib (Abdomen).
3 - Es muss sechs Beine haben.

Die Insekten werden in über 30 Ordnungen unterteilt, von denen du hier die wichtigsten findest:

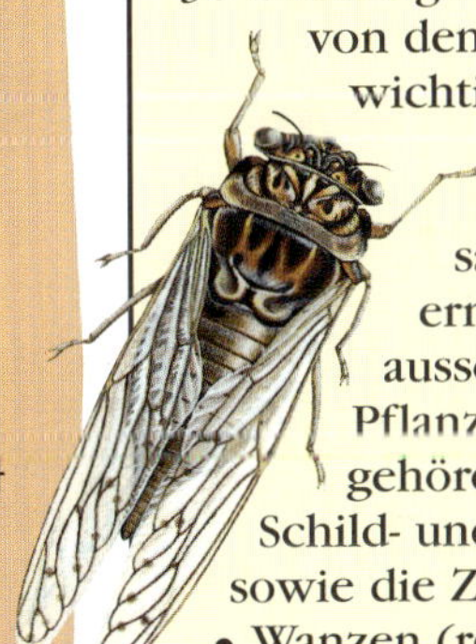

- Gleichflügler oder Pflanzensauger: Sie ernähren sich ausschließlich von Pflanzensäften. Hierzu gehören vor allem die Schild- und Blattläuse sowie die Zikaden (links).
- Wanzen (rechts): Das hintere Drittel der lederartigen Vorderflügel ist durchsichtig. Auch der Wasserläufer zählt zu den Wanzen.

- Tierläuse: Ihr Körper ist abgeplattet, die Augen sind zurückgebildet.
- Hautflügler: Mit gut 15 000 Arten bilden sie in Mitteleuropa die artenreichste Ordnung der Insekten. Zu ihnen zählen Bienen, Wespen und Ameisen (oben).

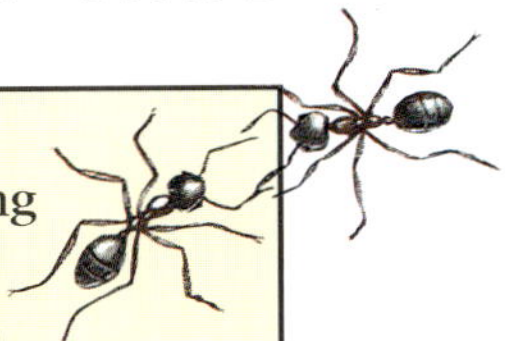

- Flöhe: Sie können nicht fliegen, aber weit springen und saugen.

- Zweiflügler: Sie haben nur ein flugtaugliches Flügelpaar. Zu ihnen zählen Fliegen (links), Bremsen und Stechmücken (rechts).

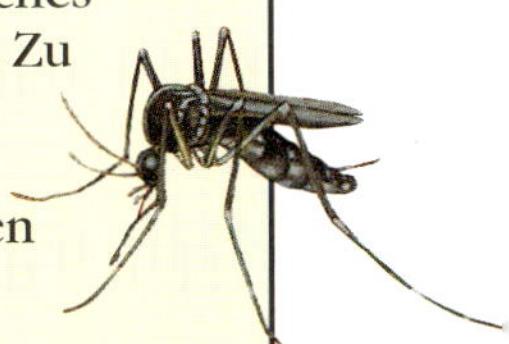

- Schmetterlinge: Die Flügel sind mit Schuppen bedeckt. Sie können den Saugrüssel einrollen.
- Käfer: Sie bilden die größte Insektengruppe und die größte Tiergruppe. Ihre Vorderflügel sind zu schützenden Deckflügeln umgewandelt. Zu dieser Ordnung zählen Glühwürmchen, Marienkäfer, Nashornkäfer, Laufkäfer usw.
- Ohrwürmer: Der Körper ist schlank. Am Hinterleibsende befinden sich zwei zangenartige Fortsätze.
- Springschrecken: „Musiker“ wie z. B. Laub- und Feldheuschrecken (rechts)
- Schaben
- Libellen

DAS SIND KEINE INSEKTEN!

- Tausend- bzw. Hundertfüßer bilden eine eigene Klasse.
- Skorpione und Spinnen bilden die Spinnentiere. Ihr Körper besteht aus nur zwei Abschnitten und sie haben acht Beine!
- Kellerasseln sind Krebstiere.

Spinnentiere

Zu ihnen zählen nicht nur die Spinnen, sondern auch Skorpione, Milben, Zecken und Weberknechte. Sie alle haben acht Beine, aber keine Flügel. Manche stechen, viele beißen, die meisten sind aber ganz harmlos! Spinnen erzeugen Seidenfäden, mit denen sie ihre Netze weben, ihre Beute einwickeln, eine Kinderstube für den Nachwuchs bauen und kommunizieren.

Krabbenspinne
Sie ist in den wärmeren Gebieten Süddeutschlands und im Mittelmeerraum zu finden. Sie läuft seitwärts wie ein Krebs und ihre Farbe ist meist den Blüten angepasst, auf denen sie auf Insektenfang geht!

NA SO WAS!

Verständigung mit Fäden
Zur Paarungszeit spinnen die Männchen einiger Radnetzspinnen geschickt und vorsichtig einen Werbungsfaden zum Netz der Weibchen. Durch besondere Zupfsignale geben sie sich als Partner zu erkennen. Das rettet ihm das Leben. Andernfalls würden sie von den Weibchen für Beute gehalten und verspeist!

Hausspinne
Sie ist groß und langbeinig. Ihre Netzteppiche gehen am Ende in eine Wohnröhre über.

Zecke, Holzbock
Die Weibchen werden nur etwa 3 - 4 mm groß und sind lästige Blutsauger, die gefährliche Krankheiten übertragen können. Versuche nicht, Zecken selber zu entfernen, sondern suche einen Arzt auf!

Listspinne
Wenn du in einem Gebüsch auf ein Gespinst mit vielen kleinen Spinnen darin stößt, schau genau hin. Du entdeckst bestimmt auch ihre Mutter! Sie sitzt in der Regel ganz in der Nähe der seidigen Kinderstube und bewacht ihre Jungen.

Weberknecht
Er hat sehr lange Beine und man sieht ihn oft gegen Ende des Sommers an sonnigen Wegrändern, in Gärten oder auf Wiesen. Da er harmlos ist, kannst du ihn sogar vorsichtig in die Hand nehmen. Allerdings könnte er auf der Flucht ein Bein verlieren.

NA SO WAS!

Fangmethoden wie im Wilden Westen
Ein Faden, der in einer klebrigen Kugel endet, und etwas Geduld sind die Waffen der australischen Bolaspinne. Sie legt sich auf einem Faden auf die Lauer und schleudert, fast wie ein Cowboy sein Lasso, ihr Fanggerät nun mit großer Treffsicherheit nach der Beute, die an der Kugel kleben bleibt. Dann kann die Bolaspinne die Beute in aller Ruhe verspeisen!

Winzige Plagegeister
In den warmen Sommermonaten halten sich Milben im Gebüsch und im feuchten Gras auf. Wenn du dich nun im Gras ausstreckst, werden die Winzlinge magisch angezogen und suchen unter deiner Haut nach Wärme und Nahrung, wobei sie einen unglaublichen Juckreiz auslösen. Normalerweise bleibst du verschont, wenn du dich auf eine Decke legst!

BEOBACHTUNG DER GARTENKREUZSPINNE

Die Gartenkreuzspinne ist eine der auffallendsten und häufigsten Spinnen. Das Weibchen kann bis zu 1,7 cm groß werden, das Männchen ist deutlich kleiner.
Die Färbung reicht von hellbraun bis schwarzbraun. Man erkennt sie an der weißen Kreuzzeichnung auf dem Rücken des Hinterleibes. Sie baut ein leichtes, regelmäßiges Radnetz.

- **Der Netzbau**
Beobachte gegen Ende des Sommers den Netzbau. Woher kommen die Spinnfäden? Welche Form bilden die Rahmenfäden? Wie werden die Radial- und Fangfäden eingewebt? Worin unterscheiden sich die verschiedenen Fäden? Auf welchen bewegt sie sich und warum?

- **Der Beutefang**
Wird die Spinne durch Schwingungen des Netzes auf Beute aufmerksam, stürzt sie hervor und spinnt sie mit Fäden aus ihrem Unterleib ein. Frisst sie die Beute gleich?

- **Die Paarung**
Sie findet oft im August statt. Beobachte die Vorsicht des Männchens. Wird es vom Weibchen gefressen? Wenn ja, wann?

- **Der Kokon**

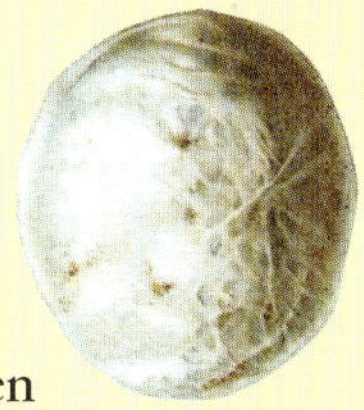

Die Eiablage findet im Frühherbst statt. Um die Eier zu schützen stellt das Weibchen Kokons aus gelblichem Faden her, die einen Durchmesser von etwa 4 cm haben und bis zu 600 Eiern enthalten. Im Frühling darauf schlüpfen die Jungspinnen.

Jahresvögel

Ob auf dem Land oder in der Stadt: Vögel erfreuen uns durch ihr Gezwitscher, ihr lebhaftes Wesen und ihr oft farbenfrohes Gefieder. Manche Vögel bezeichnen wir als so genannte Jahresvögel, das heißt, dass sie das ganze Jahr über in unserer Region bleiben. Zugvögel dagegen ziehen im Herbst in wärmere Länder und kommen erst im Frühling zurück.

Buchfink
Bei uns überwintern fast nur Männchen und schließen sich in dieser Zeit zu kleinen Schwärmen zusammen. Im Frühling hört man sie ohne Unterlass von jedem Baum ihr Lied schmettern, um das Eindringen anderer Männchen in ihr Revier zu vermeiden.

Schwanzmeise
Aufgrund ihres sehr langen Schwanzes, der über die Hälfte der Körperlänge ausmacht, sieht die kleine Schwanzmeise recht groß aus. Sie baut ihr Nest aus Moos, Flechten und Spinnweben! Das Innere des Nestes ist mit kleinen Federn und Daunen bequem gepolstert.

Grünling
Er ist recht verbreitet und an seiner olivgrünen Farbe zu erkennen. Flügel- und Schwanzränder sind goldgelb. Größe: 14 cm.

Distelfink
Er ist auffallend bunt und frisst am liebsten die Samen von Disteln.
Oft sieht man ihn in Gärten und baumreichen Landschaften. Größe: 13 cm.

Elster
Du hast sie bestimmt schon gesehen! Elstern leben paarweise und verteidigen eifrig ihr Revier.

Schwarzkehlchen
Dieser kleine Vogel ist in Mitteleuropa durch die Intensivierung der Landwirtschaft bedroht. Größe: 13 cm.

Türkentaube
Man erkennt sie an ihrer schwarzen, halskettenförmigen Federzeichnung im Nacken leicht wieder.
Sie ernährt sich von Samen, Beeren und Knospen.

NA SO WAS!

Finken-Dialekt
Wird ein einzelner junger Fink in Gefangenschaft aufgezogen, wird er nie wie ein wirklicher Fink singen können! Da der Gesang, der so genannte Finkenschlag also durch Nachahmung erlernt wird, verändert er sich auch im Laufe der Generationen, sodass sich von Wald zu Wald verschiedene „Dialekte" bilden.

Lernfähige Meisen
In England gelang es einigen Feinschmeckern unter den Meisen, die Verschlüsse der vom Milchmann vor der Tür abgestellten Milchflaschen zu durchbohren und sich am Rahm gütlich zu tun. Das hat sich unter den Meisen schnell herumgesprochen!

Freund oder Feind?
Für kleine Vögel ist die Gegenwart von Elstern beängstigend und beruhigend zugleich. Elstern sind nämlich sehr wachsam und schlagen sofort Alarm, wenn sich Greifvögel oder Katzen nähern. Sie sind aber auch Nesträuber, die Eier und Jungvögel fressen.

Grauammer
Sie baut ihr Nest am Boden in hohen Wiesen oder Kornfeldern. Zum Singen bevorzugt sie erhöhte Plätze. Sie ist die größte Ammer Europas.

Haubenlerche
Eigentlich bevorzugt sie brachliegende Felder und Ödland, sie ist aber auch in Städten zu finden, was für sie manchmal gefährlich werden kann.

Hänfling
Er liebt die offene Kulturlandschaft mit Gebüsch und Hecken. Während das Weibchen brütet, bleibt das Männchen in der Nähe und singt.

Grünspecht
Er kommt im Laubwald, aber auch in Gärten mit alten Laubbäumen vor. Als Nahrung dienen ihm vor allem Ameisen und deren Puppen. Im Frühjahr ist sein Reviergesang, der an lautes Gelächter erinnert, weithin zu hören. Größe: 30 cm.

Sommergäste: Zugvögel

Als Brutvögel oder Sommergäste bezeichnet man solche Vögel, die sich von Frühling bis Herbst bei uns aufhalten und brüten. Sie sind in dieser Zeit sehr beschäftigt, denn Balz, Nestbau und Aufzucht des Nachwuchses nehmen viel Zeit in Anspruch. Im Herbst verlassen sie uns wieder.

Neuntöter
Er brütet in der offenen Landschaft. Am liebsten frisst er große Insekten, deren harten Chitinpanzer er mit seinem kräftigen Schnabel knackt.

Ortolan
Er ist bei uns vom Aussterben bedroht: Seine bevorzugten Lebensräume, wie z. B. der Rand von Feuchtgebieten, werden zunehmend zerstört und er wird in vielen Ländern als Leckerbissen gejagt.

Dorngrasmücke
Sie bewohnt dichtes Gebüsch sowie Hecken und Waldränder. Schon ab August bereitet sie sich auf die Rückreise vor.

Gartenrotschwanz
Dieser schöne Vogel mit dem melodiösen Gesang frisst überwiegend Insekten. Er baut sein Nest in Baumhöhlen und Mauerspalten und nimmt auch gerne einen aufgestellten Nistkasten in Beschlag.

NA SO WAS!

Vorratskammer im Freien
Hat der Neuntöter ein übergroßes Nahrungsangebot, so legt er sich eine Speisekammer im Freien an: Er spießt seine Beutetiere auf Dornen oder Stacheldraht auf. Selbst große Tiere wie Frösche und Eidechsen verwahrt er so bis zur nächsten Mahlzeit.

Perfekte Arbeitsteilung
Die Eltern der kleinen Dorngrasmücken haben sich die Arbeit mit den Jungen perfekt aufgeteilt. Nachdem das Nest gebaut ist, brüten sie abwechselnd. Aber auch den riesigen Appetit der ausgeschlüpften Jungvögel versuchen beide Eltern zu stillen!

NA SO WAS!

Scharfsichtig!
Versuche einmal eine Hummel, die auf einer Kleeblüte sitzt, aus einigen Metern Entfernung zu erkennen. Gar nicht so einfach, oder?! Für das Schwarzkehlchen dagegen ist es bis zu einer Entfernung von 20 m ein Kinderspiel!

Wiedehopf
Er ist bei uns vom Aussterben bedroht und sehr selten. Allerdings ist er leicht zu erkennen: Er hat ein orangebraunes Gefieder, das schwarz-weiß gescheckt ist, einen langen, gebogenen Schnabel und einen aufrichtbaren Federfächer auf dem Kopf.

Feldschwirl
Er liebt feuchte Wiesen und Sumpfgebiete und singt in der Dämmerung und in der Nacht. Sein Gesang ist ein metallisches Schwirren, das an das Zirpen der Heuschrecken erinnert.

Schafstelze
Sobald die Schafstelzen im April aus dem Winterquartier zurückkommen, suchen sich die Männchen ihre Reviere auf Wiesen und Weiden und verteidigen sie in wilden Kämpfen gegen andere Männchen.

Braunkehlchen
Auch dieser kleine Vogel ist bei uns stark bedroht. Mit seiner rostroten Brust und dem weißen Streifen über dem Auge fällt er leicht auf. Er sitzt häufig auf hohen Bäumen oder Pfosten, um sein Revier überblicken zu können.

Rauchschwalbe
Man sagt, mit ihrer Ankunft hält auch der Frühling Einzug! Sie nistet gerne in der Nähe von Bauernhöfen, aber auch unter Brücken. Ihre Nahrung, fliegende Kleininsekten, fängt sie elegant im Flug!

Wintergäste

Im Herbst und Winter kann man Vögel entdecken, die in den anderen Jahreszeiten nicht so sehr auffallen oder sich gar nicht bei uns aufhalten. Sie treten oft in Schwärmen auf und sind leicht zu beobachten, zumal sie sich in der winterlichen Landschaft nicht so leicht verstecken können.

Kiebitz
Am häufigsten ist er an der Küste anzutreffen. Im Herbst tritt er oft in großen Schwärmen auf. Er ist leicht an seiner langen, zierlichen Haube zu erkennen.

NA SO WAS!

Fernreisende Vögel
Der asiatische Goldregenpfeifer muss den Ozean überqueren und somit 3300 km am Stück fliegen! Diese lange Reise legt er in nur anderthalb Tagen zurück. Seine durchschnittliche Fluggeschwindigkeit beträgt 90 km/h!

Einige Seeschwalben wandern vom Nordpol (Arktis) zum Südpol (Antarktis) und legen also noch größere Strecken zurück: fast 20 000 km!

Erlenzeisig
Im Herbst kommt er in großen Schwärmen aus Nordeuropa zu uns und lebt den Winter über in großen Schwärmen. Bei der Nahrungssuche turnt der gesellige Vogel geschickt auf Erlen und Birken.

Bergfink
Im Flug unterscheidet er sich leicht vom Buchfink durch seinen auffallenden weißen Bürzel. Er kommt oft in großen Schwärmen vor.

NA SO WAS!

Tödlicher Instinkt
Einzig der Instinkt zwingt manche Vogelarten zu ausgedehnten Wanderungen, sodass nichts sie von ihrem Vogelzug abhalten kann – auch Vögel, die nicht fliegen können! So erreichen z. B. die in der Antarktis heimischen Pinguine ihr Winterquartier schwimmend. Viele fallen dabei den Schwertwalen zum Opfer.
Da andere Tiere lange Wege über das Packeis auf sich nehmen, könnte man sich fragen, warum es die Pinguine ihnen nicht gleichtun!

Goldregenpfeifer
Auf abgeernteten Feldern an der Küste und im Binnenland mischt er sich gerne unauffällig unter einen Trupp Kiebitze. Im Winter ist sein Federkleid weniger kontrastreich.

Großer Brachvogel
Diese bei uns stark bedrohte Art fällt durch ihren stark abwärts gebogenen, fast 15 cm langen Schnabel auf. Der Große Brachvogel brütet in Mooren, Küstendünen und Feuchtwiesen und ist der größte Watvogel Europas.

NA SO WAS!

Unglaublich, aber wahr!
Gänse ziehen meist in Scharen und in keilförmig geordneten Formationen. Dabei haben sie eine Flughöhe von 8000 m! Es ist erstaunlich, wie sie in einer so sauerstoffarmen Höhe und bei Temperaturen von –50 °C genug Energie zum Fliegen aufbringen!

Ein Geschenk des Himmels
Die Bibel erzählt, dass die Hebräer auf ihrem Zug durch die Wüste durch einen Schwarm Wachteln, der vom Himmel fiel, vor dem Hungertod gerettet wurden. Tatsächlich kommt es vor, dass die kleinen Vögel während eines Sturms auf offener See abstürzen.

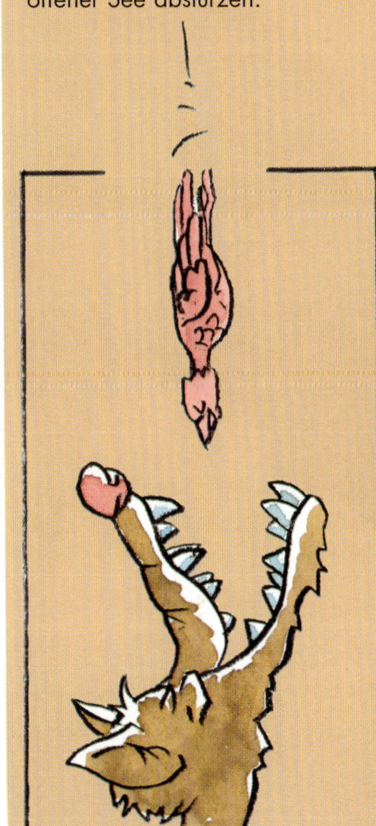

Das Geheimnis des Vogelzugs

Der Vogelzug ist eines der ungelösten Rätsel des Tierreichs. Warum ziehen Vögel? Und wie orientieren sie sich? Warum ziehen manche Vögel vom Norden in den Süden und andere vom Westen in den Osten? Warum kehren sie immer an denselben Ort zurück, obwohl sie unterwegs bessere Lebensbedingungen finden könnten? Warum unternehmen sie eine so gefährliche Reise, wenn noch genug Nahrung da und das Wetter noch schön ist? Die Suche nach besseren klimatischen Bedingungen erklärt dieses Phänomen nur teilweise.

Ein gut gehütetes Geheimnis!
Es ist ein spannendes Rätsel, wie sich die Vögel auf ihren langen Reisen orientieren. Eine Erklärung ist, dass sich Tagzieher an der Sonne orientieren, Nachtzieher dagegen vorwiegend an den Sternen. Was aber tun die Vögel, wenn eine dichte Wolkendecke die Gestirne verdeckt? Eine andere Erklärung besagt, dass sich die Vögel an landschaftlichen Besonderheiten orientieren. Wie kann aber ein Vogel 3000 km über den Ozean fliegen, ohne einen festen Orientierungspunkt zu haben? Man nimmt auch an, dass das Magnetfeld der Erde sowie ihre Drehung richtungsweisend sind. Vielleicht ist es aber auch eine angeborene Fähigkeit, den richtigen Weg zu finden. Leider ist keine dieser Erklärungen für sich betrachtet völlig befriedigend. Man nimmt an, dass Vögel über verschiedene „Navigationsinstrumente“ verfügen, die sie je nach den Gegebenheiten und den atmosphärischen Bedingungen einsetzen.

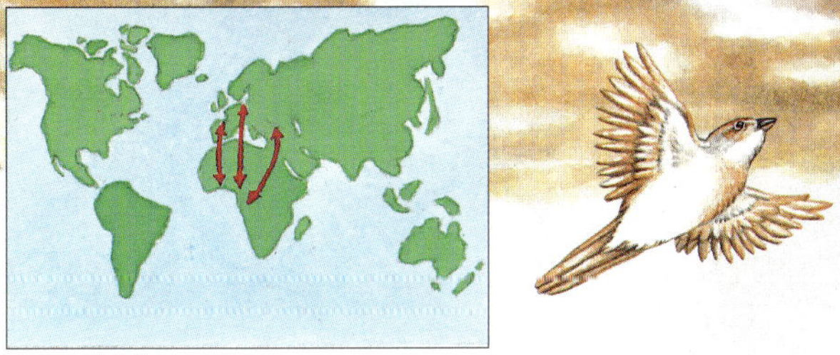

Dorngrasmücke
Sie verlässt Europa mit dem ersten Frost und zieht nach Afrika. Im folgenden Frühling kommt sie zurück.

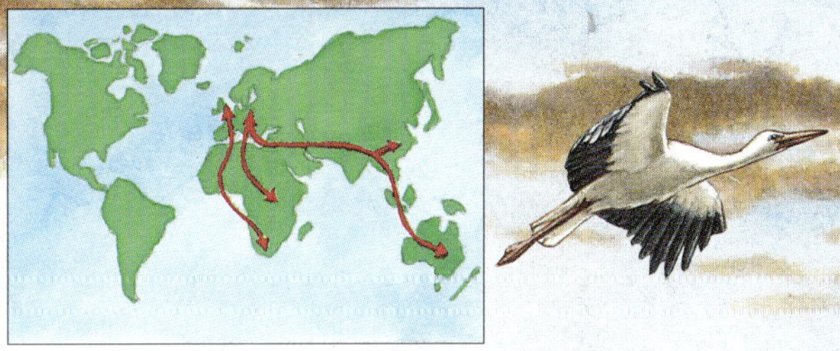

Storch
Er hat zwei Zugwege: über den Nahen Osten nach Ostasien und Australien oder über Gibraltar nach Afrika.

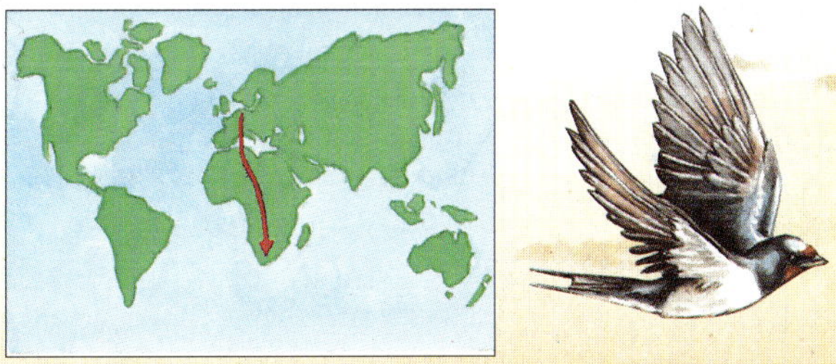

Schwalbe
Wie die Dorngrasmücke verlässt sie Europa, sobald es kalt wird und zieht nach Afrika.

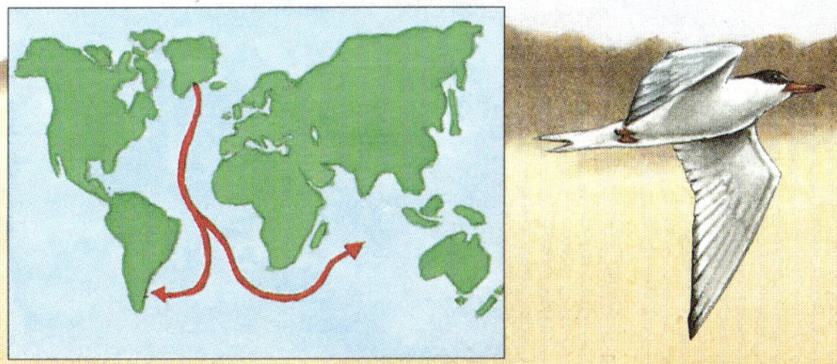

Seeschwalbe
Sie zieht von einem Pol zum anderen und umrundet die Erde auf diese Weise jährlich einmal.

Rabenvögel

Sie sind die größten Vertreter in der Ordnung der Sperlingsvögel. Sie sind Allesfresser und zeichnen sich durch eine hohe Lernfähigkeit aus.

Saatkrähe
Sie gilt als gefährdet, konnte sich aber dank des Artenschutzes wieder stärker vermehren. Den ausgewachsenen Vogel erkennt man an der unbefiederten, hellen Haut um den Schnabel. Dieser gesellige Vogel nistet gern in Kolonien.

Tannenhäher
Er ist etwas kleiner als der Eichelhäher (siehe S. 230) und ist im Gegensatz zu diesem dunkelbraun gefärbt mit weißen, tropfenförmigen Flecken. Das Nest wird von den Altvögeln gemeinsam und stets in Nadelbäumen errichtet.

Rabenkrähe
Sie ist weit verbreitet und hat ein glänzend schwarzes Federkleid wie der Kolkrabe, ist aber kleiner als dieser. Männchen und Weibchen bleiben oft das ganze Leben zusammen, zumindest aber einige Jahre.

Alpenkrähe
Sie ist leicht an ihrem roten, gekrümmten Schnabel und den roten Füßen zu erkennen. Man findet diesen Felsbewohner im Gebirge oder an steilen Klippen an der Küste vor allem in West- und Südeuropa.

Dohle
Auch sie gehört bei uns zu den gefährdeten Vogelarten. Trotzdem kann man sie noch beobachten: z. B. in Parks mit alten Bäumen, in einsamen Steinbrüchen oder in Ruinen und auf Kirchtürmen.

Kolkrabe
Er ist der größte unserer Rabenvögel. Sein Federkleid ist glänzend schwarz und er besitzt einen sehr kräftigen Schnabel. Heute findet man ihn vor allem noch in Gebirgsregionen und ausgedehnten Waldgebieten in ganz Europa.

NA SO WAS!

Unbeliebt und verfolgt!
Die Rabenkrähe ist bei Landwirten und Jägern äußerst unbeliebt und wird als Schädling verfolgt: Sie kann sich, wenn ihre natürlichen Feinde (z. B. Uhu) fehlen, stark vermehren und so Schäden in der Tierwelt und in der Landwirtschaft verursachen. Andererseits macht sie sich aber durch den Verzehr von Insekten nützlich und beseitigt als Aasfresser auch tote Tiere.

Ein sagenumwobener Vogel
Man erzählt, dass vor langer Zeit ein 14-jähriger Junge einen verwundeten Kolkraben gesund pflegte und dass der Rabe danach regelmäßig zu seinem Wohltäter zurückkehrte. Als dieser dann mit 73 Jahren starb, setzte sich der Rabe auf den Sarg und begleitete seinen Freund zur letzten Ruhe. Tatsächlich werden Raben aber nur in den seltensten Fällen über zehn Jahre alt!

VOGELFEDERN

Weltweit gibt es etwa 9000 Vogelarten, von denen die meisten fliegen können. Ausnahmen sind z. B. der Pinguin, der ein ausgezeichneter Schwimmer ist, oder der Strauß, der sehr schnell laufen kann. Eines haben aber alle Vögel gemeinsam: die Federn.

Federn verleihen den Vögeln aber nicht nur die Fähigkeit zu fliegen, sondern haben ebenso wie das Fell der Säugetiere die Aufgabe den Körper vor Sonne, Kälte, Wind und Regen zu schützen. Man kann drei Sorten Federn unterscheiden:
Die Schwungfedern, die zum Fliegen dienen, die Kontur- oder Deckfedern, die den Körper bedecken und die kleinen weichen Flaumfedern oder Daunen, die den Vogel vor Kälte schützen.

Die Zahl der Federn ist vor allem von der Größe des Vogels abhängig: Kleine Vögel, wie z. B. die Rauchschwalbe, besitzen etwa 1500 Federn, der Schwan dagegen ungefähr 25 000.

Natürlich haben nicht alle Vögel das gleiche Federkleid! Vogelfedern unterscheiden sich in Färbung, Form und Größe. Wenn du Lust hast, kannst du dir eine Federsammlung anlegen. Die Federn findest du z. B. im Park, beim Spaziergang im Wald, nach Stürmen am Meeresstrand oder auch in Zoos. Auf keinen Fall darfst du aber Vögeln die Federn ausreißen, nur weil sie in deine Sammlung passen würden!

Für die Federsammlung legst du dir am besten ein Heft an, in dem du die Federn mit Fotoecken oder durch Schlitze im Papier befestigen kannst. Notiere dir zu jeder Feder den Fundort, den Federtyp und – wenn möglich – die Vogelart.

NA SO WAS!

Die Mauser
Ein- bis zweimal im Jahr wechseln die Vögel ihr Federkleid. Dieser Vorgang wird Mauser genannt und durch die Veränderung der Jahreszeiten ausgelöst. Die Mauser der europäischen Vögel findet meist im Sommer oder Herbst statt, wenn Futter in Hülle und Fülle vorhanden ist. Deshalb kann man zu diesen Zeiten auch die meisten Federn für seine Sammlung finden.

Federgewicht
Eine einzelne Feder wiegt kaum etwas, weshalb ja auch die Redewendung, etwas sei „federleicht", gerne gebraucht wird. Trotzdem macht das Gefieder eines Vogels ungefähr 40 % seines Gesamtgewichtes aus!

Aufbau einer Vogelfeder

Hühnervögel

Diese Vögel sind keine Flugasse, dafür aber tüchtige Läufer. Sie verschmähen Bäume und nisten lieber auf dem Boden. Seit eh und je werden sie von den Menschen wegen ihres Fleisches gejagt. Heute können sie nur dank vernünftiger Jagdregelungen überleben.

Rebhuhn
Es lebt in der offenen Kulturlandschaft und an Waldrändern. Oft sieht man es erst im letzten Moment, wenn es aufgescheucht davonfliegt. Die meiste Zeit des Jahres leben Rebhühner im Familienverband.

Wachtel
Dieser gefährdete Zugvogel kommt im Mai bei uns an und baut sein Nest am Boden dichter Felder. Die Wachtel singt vor allem in der Abenddämmerung.

Fasan
Tagsüber sucht er Nahrung in Feldern und Gebüschen, nachts hält er sich manchmal in Bäumen auf. Das Männchen ist auffällig bunt und hat einen langen, spitz zulaufenden Schwanz.

NA SO WAS!

Eine Scheinparade
Um ein Weibchen anzulocken ahmt das Fasanenmännchen das Benehmen eines Weibchens nach, das seine Jungen zum Essen ruft: Es pickt auf dem Boden herum, auch wenn es da nichts zum Fressen gibt. Das Weibchen kommt näher und „sucht" ebenfalls nach Nahrung, lässt sich jedoch nicht wirklich täuschen. Auf diese Weise zeigt es dem Männchen seine Paarungswilligkeit.

NA SO WAS!

Jedem sein Nest
Manchmal legt das Weibchen des Rothuhns zweimal hintereinander Eier, jedoch in zwei verschiedene Nester. Um diese vielen Eier ausbrüten zu können braucht es Hilfe und die leistet das Männchen. Jeder bebrütet ein Nest.

Eine energische Frau!
Anders als beim Rothuhn wird bei den Wachteln nicht gemeinsam gebrütet. Nach der Eiablage verscheucht das Weibchen das Männchen.

Wilde Verwandtschaft
In Südasien leben unsere Haushühner noch in freier Wildbahn. Der Bankiva-Hahn sieht den Hähnen auf unseren Bauernhöfen täuschend ähnlich.

PASSIVE VERTEIDIGUNG

Manche Tiere haben richtig Pech: Ihr wohlschmeckendes Fleisch macht sie für alle Räuber zur begehrten Beute und sie verfügen über keinerlei Verteidigungsmittel! Wie soll man da bloß überleben? Das oberste Gebot lautet Wachsamkeit: Kaninchen oder Fasane sind ständig auf der Hut. Außerdem sind sie sehr fruchtbar und erhöhen, indem sie viel Nachwuchs zur Welt bringen, die Überlebenschancen ihrer Art. Schließlich haben sie auch noch besondere Strategien entwickelt, um ihren Jägern zu entkommen.

Die Tarnung

Sie ist eine sehr gute Überlebensstrategie! Die Vögel tragen ein Federkleid, das farblich perfekt an ihren Lebensraum angepasst ist. So ist es z. B. fast unmöglich, ein in einem Feld verstecktes Rebhuhn zu entdecken.
Tiere, die sich durch Tarnung schützen, fliehen nicht vor der Gefahr, sondern verhalten sich so still, dass man wenige Zentimeter entfernt an ihnen vorbeigehen kann, ohne sie zu entdecken. Diese beeindruckende Fähigkeit, mit der Umgebung eins zu werden, nennt man Mimese. Viele verschiedene Tiere besitzen diese Fähigkeit, darunter Fische wie die Seezunge und der Steinbutt oder Schmetterlinge wie der Birkenspanner.

Unterirdische Gänge

Bei dieser Strategie geht es darum, einen uneinnehmbaren Unterschlupf zu bauen. Die Tiere verlassen ihren Bau nur, um Nahrung zu suchen, bleiben aber immer in seiner Nähe. Beim geringsten Anzeichen einer Gefahr verschwinden sie unter der Erde, wie z. B. Kaninchen oder Murmeltiere.

Greifvögel

Diese majestätischen Vögel wären beinahe ausgestorben. Zuerst wurden sie gejagt, um Kleinwild und Brieftauben vor ihnen zu schützen. Dann wurden sie Opfer von Insektiziden und Pestiziden, die den Tod der Embryonen und auch den Bruch der zu dünnschaligen Eier verursachen.

Wanderfalke
Dieser Luftakrobat ist vom Aussterben bedroht. Er ernährt sich fast ausschließlich von Vögeln, vor allem von Tauben, Drosseln und Staren. Seine Beute fängt er im Flug, denn er ist ein Meister des Sturzfluges, bei dem die Flügel eng an den Körper angelegt werden. Schon seit vielen Jahrhunderten wird er für die Jagd dressiert.

Turmfalke
Er ist einer der am weitesten verbreiteten Greifvögel. In den Städten jagt er in den Parks kleine Vögel. Auf dem Land ernährt er sich hauptsächlich von kleinen Nagetieren, aber auch von Insekten und Reptilien.

Wiesenweihe
Dieser Zugvogel ist in Mitteleuropa äußerst selten geworden. Seine Flugkunst ist beeindruckend! Beutetiere wie Kleinsäuger oder Vögel werden im Tiefflug gefangen. Männchen und Weibchen tauschen die Beute im Flug aus!

Sperber
Dieser Jäger nistet in Wäldern und erbeutet kleinere Vögel im Flug. Dabei weicht er geschickt Ästen aus, fliegt tief über Hecken hinweg und kann sogar auf dem Rücken fliegen, um seine Beute von unten zu fangen!

Habicht
Er ist viel größer als der Sperber und jagt größere Vögel wie Tauben, Eichelhäher oder Drosseln, aber auch Kleinwild wie Kaninchen und Eichhörnchen.

Mäusebussard
Er ist der häufigste Greifvogel im offenen Land und einer der größten. Dieser Ansitzjäger lauert seiner Beute oft von einer erhöhten Warte aus auf.

WIE MAN GREIFVÖGEL UNTERSCHEIDET

Im Flug oder auf Ansitz sind Greifvögel einfach zu erkennen und doch sind die einzelnen Arten schwer auseinander zu halten. Am besten beobachtet man sie mit einem Fernglas. Aber auch dann erscheint ihre Silhouette vor dem Himmel oft gleichmäßig grau oder schwarz. Es gibt aber neben der Farbe verschiedene Merkmale, um einen Greifvogel mit Sicherheit bestimmen zu können.

WANDERFALKE
VORKOMMEN: vorwiegend in Gegenden mit steilen Felsen (Gebirge, Steilküsten).
AUF ANSITZ: regungslos auf höher gelegenen Stellen und Felsblöcken.
SPANNWEITE: 80 – 110 cm.
FLUG: kurze Gleitphasen, von kraftvollen Flügelschlägen unterbrochen, beeindruckende Sturzflüge.
NEST: auf steilen Felsen oder in Felsnischen.

TURMFALKE
VORKOMMEN: in offenen Landschaften mit Baumgruppen.
AUF ANSITZ: regungslos auf Pfosten, Stromleitungen und höheren Mauern.
SPANNWEITE: 70 – 80 cm.
FLUG: Gleitphasen in etwa 50 m Höhe, von kraftvollen Flügelschlägen unterbrochen, Sturzflug, typischer Rüttelflug.
NEST: baut keines, sondern übernimmt Krähen- oder Elsternnester oder brütet in Höhlungen von Felswänden.

MÄUSEBUSSARD
VORKOMMEN: sehr häufig, in Waldgebieten mit angrenzendem Kulturland.
AUF ANSITZ: auf einem Pfosten oder einem toten Baum.
SPANNWEITE: 110 – 140 cm.
FLUG: ausdauernder Segelflug in Kreisen, kann bis etwa 200 m hoch steigen.
NEST: in Baumkronen.

WIESENWEIHE
VORKOMMEN: in Moor- und Sumpfgebieten (Rohrweihe) oder in der Nähe feuchter Wiesen (Wiesenweihe).
AUF ANSITZ: überfliegt zur Jagd stets ihr Revier.
SPANNWEITE: 100 – 120 cm.
FLUG: gleitender Segelflug, Beuteflug niedrig über dem Boden, sehr schöner, hoher Balzflug.
NEST: am Boden, versteckt in höher wachsender Vegetation.

SPERBER
VORKOMMEN: in Nadelwäldern, die an offenes Gelände mit Hecken und Baumgruppen grenzen.
AUF ANSITZ: in der Luft, nutzt beim Anflug geschickt die Deckung aus und greift plötzlich an.
SPANNWEITE: 60 – 75 cm.
FLUG: rasche Flügelschläge, die mit kürzeren Gleitflügen abwechseln.
NEST: in Kronen von Nadelbäumen.

HABICHT
VORKOMMEN: abwechslungsreiche Waldlandschaften, die mit offenen Flächen abwechseln.
AUF ANSITZ: ähnlich wie beim Sperber.
SPANNWEITE: 100 – 120 cm.
FLUG: ähnlich wie beim Sperber.
NEST: ähnlich wie beim Sperber.

ROTMILAN
VORKOMMEN: in bewaldeten Ebenen und im Hügelland.
AUF ANSITZ: fast immer in der Luft, landet nur in der Nähe seines Nests.
SPANNWEITE: 150 – 160 cm.
FLUG: hoher, majestätischer Gleitflug, nützt Aufwinde aus.
NEST: in Baumkronen.

SCHWARZMILAN
VORKOMMEN: in Auwäldern nahe bei Flüssen und in waldreichen Seengebieten.
AUF ANSITZ: meist in der Luft.
SPANNWEITE: 140 – 150 cm.
FLUG: elegant und harmonisch, kreist mit horizontal gehaltenen Flügeln.
NEST: in Baumkronen.

Eulenvögel

Eulen sind, wie die Greifvögel, Beutegreifer. Da sie vor allem nachts oder in der Dämmerung aktiv werden und tagsüber meist gut versteckt schlafen, sind sie schwierig zu beobachten. Ihre Augen sind nahezu unbeweglich und nach vorn gerichtet. Das Gehör ist ausgezeichnet.

Steinkauz
Oft sitzt er am Tag auf Zaunpfählen oder geht vielleicht sogar auf die Jagd – deshalb ist er recht leicht zu beobachten. Er brütet in Baumhöhlen.

Uhu
Unter den Eulenvögeln ist er der größte Vertreter. Er ernährt sich von kleinen Säugetieren und Vögeln, schreckt aber auch vor 2 kg schweren Hasen nicht zurück. Er hat einen großen Kopf mit orangeroten Augen. Er ist sehr selten geworden.

Zwergohreule
Sie lebt vor allem in warmen Gegenden. Da sie klein und unauffällig ist, ist sie schwer zu beobachten. Sie ernährt sich von Insekten, erbeutet aber auch Spinnen und Asseln. Ihr Nest baut sie in Baumhöhlen und Mauerlöchern.

NA SO WAS!

Augenzwinkern
Eulen besitzen spezielle Muskeln, die es ihnen ermöglichen, die Federn um die Augen herum zu bewegen. Mit diesen Muskeln können sie ein einzelnes Auge verdecken, als ob sie zwinkern würden.

WIE MAN EULEN UNTERSCHEIDET

ZWERGOHREULE
TYPISCH: klein und schlank, rindenfarbenes Gefieder.
STIMME: andauernder, eintöniger Revierruf „tjuuk“.
MERKMALE: kleine Federohren, die jedoch nicht immer zu sehen sind, gelbe Augen.
GRÖSSE: 20 cm. GEWICHT: 100 g.

WALDOHREULE
TYPISCH: sitzt am Tage in aufrechter Haltung auf Bäumen, jagt nachts in offener Landschaft; durch ihr Tarngefieder schwer zu entdecken.
STIMME: wiederholtes, dumpfes „huh“. MERKMALE: lange Federohren, orangefarbene Augen. GRÖSSE: 35 cm.
GEWICHT: 300 g.

UHU
TYPISCH: tagsüber fast nicht zu sehen; wenn Nachtvögel unruhig und laut werden, ist ein Uhu in der Nähe; nachts an seinem Ruf zu orten; in Vollmondnächten sitzt er oft in Baumkronen oder auf Felsen.
STIMME: wiederholtes, tiefes

NA SO WAS!

Der angegriffene Räuber
Sperlingsvögel haben es nicht gern, wenn Eulen oder Greifvögel in ihrer Nähe sind. Eulen bekommen dies oft zu spüren: Mit beeindruckendem Mut stürzen sich die kleinen Vögel in Scharen auf die schlafende Eule, die sich bald gestört fühlt und einen ruhigeren Platz sucht!

Schleiereule
Sie hat eine weiße Unterseite und ein weißes, herzförmiges Gesicht. Auf der Suche nach Beutetieren, hauptsächlich Feldmäusen, fliegt sie geräuschlos durch die Nacht. Tagsüber hält sie sich in Scheunen, Kirchtürmen, ruhigen Dachstühlen und ähnlichen Schlupfwinkeln auf, die freien An- und Abflug gewähren.

Waldkauz
Er lebt vor allem in nicht allzu dichten Wäldern, aber auch in Parks, in Gärten mit alten Bäumen und sogar in Gebäuden. Er ernährt sich sehr vielseitig, vorwiegend von Mäusen und Ratten, aber auch von Vögeln, Amphibien und Käfern.

„buhhuh". MERKMALE: ausgeprägte Federohren, orange-rote Augen. GRÖSSE:70 cm (größte Eule!). GEWICHT: 2,5 kg.

STEINKAUZ
TYPISCH: am Tage häufig auf Zaunpfählen oder Leitungsmasten zu beobachten. STIMME: langgezogenes, nasales „guu-ah". MERKMALE: gelbe Augen, fliegt in Bögen. GRÖSSE: 20 cm. GEWICHT: 180 g.

SCHLEIEREULE
TYPISCH: ausschließlich Nachtjägerin in offener Landschaft. STIMME: lautes, lang gezogenes „chrühruhrüh" und Schnarchlaute am Nest. MERKMALE: auffallend helles, herzförmiges Gesicht, sehr helle Unterseite, schwarze Augen. GRÖSSE: 35 cm. GEWICHT: 300 g.

WALDKAUZ
TYPISCH: jagt vom Ansitz aus oder im Suchflug. STIMME: schauriges, tremolierendes „ huuu-huhuhuh". MERKMALE: grau oder rostbraun, dunkle Augen. GRÖSSE: 40 cm. GEWICHT: 500 g.

Schlangen

Echte Naturfreunde sollten unbedingt lernen die Angst zu überwinden, die einem Schlangen oft einjagen. Schlangengift kann zwar tödlich sein, doch nur etwa ein Viertel aller in Europa vorkommenden Schlangenarten ist wirklich giftig. Du solltest Schlangen trotzdem immer mit Respekt und Vorsicht begegnen!

Ringelnatter
Die Männchen sind etwa 70 cm, die Weibchen bis zu 90 cm lang. Am Hinterkopf hat die Ringelnatter zwei charakteristische weißliche bis gelbe Halbmonde. Sie liebt feuchte Lebensräume und schwimmt ausgezeichnet. Wenn man sie reizt, sondert sie eine stinkende Flüssigkeit ab.

Gelbgrüne Zornnatter
Sie ist in Südeuropa beheimatet und kann über 1,5 m lang werden. Sie lebt im Buschwerk, schlängelt sich aber auch Bäume hinauf, um sich in deren Krone zu sonnen. Wenn man sie stört, beißt sie heftig zu, ihr Biss ist jedoch ungiftig.

Schlingnatter, Glattnatter
Sie wird oft mit der Kreuzotter verwechselt. Größe und Färbung sind ähnlich und zudem bevorzugen beide die gleichen Aufenthaltsorte. Obwohl sie ungefährlich ist, haben Verwechslungen dazu geführt, dass sie heute vom Aussterben bedroht ist.

Aspisviper
Sie liebt sonnige, vegetationsreiche Hänge mit Büschen. Sie wird 60 – 70 cm lang und ist an ihrem breiten, dreieckigen Kopf und ihrer deutlich nach oben gebogenen Schnauze zu erkennen. Sie lebt zwischen Steinen und beißt zu, wenn sie gestört wird. Ihr Gift wirkt in der Regel zwar nicht tödlich, ist aber gefährlich.

Kreuzotter
Sie hat etwa die gleiche Größe wie die Aspisviper und ist ebenfalls giftig. Sie ist an dem dunklen Zickzackband auf dem Rücken leicht zu erkennen. Sie ist recht selten und scheu und ernährt sich von Mäusen, Eidechsen und Fröschen.

NA SO WAS!

Erste Hilfe bei Schlangenbissen:
– Ruhe bewahren, hektische Bewegungen vermeiden
– verletzte Extremität ruhig stellen
– Gifttier identifizieren
– sofort das nächste Krankenhaus aufsuchen
– ist das Krankenhaus zu weit entfernt, Notarzt anrufen

Was du nicht machen solltest:
– dich bewegen, laufen
– die Wunde aufschneiden
– einen Knebel oder festen Verband anlegen
– das Gift mit dem Mund aussaugen
– Alkohol trinken

NA SO WAS!

Eine schlaue Schlange!
Fressen und gefressen werden, ist das Gesetz des Tierreichs. Manche entkommen jedoch durch fantasievolle Tricks. Wenn die Ringelnatter sich bedroht fühlt, stellt sie sich tot, indem sie sich mit weit geöffnetem Maul und heraushängender Zunge auf den Rücken legt. Ist die Gefahr vorbei, erwacht sie zu „neuem Leben"!

Schlangengift
Anders als das Nervengift mancher Schlangen ruft das Gift von Ottern Störungen im Blutkreislauf hervor. Das Gift der Kreuzotter wirkt fast nie tödlich. Das der Aspisviper ist gefährlicher, führt jedoch nur sehr selten zum Tod. In jedem Fall sind Schlangenbisse sehr unangenehm und müssen möglichst schnell von einem Arzt behandelt werden.

Sportliche Nattern
Manche Nattern sind gute Kletterer. Andere erreichen eine Geschwindigkeit von 9 km/h im Dickicht: Eine beachtliche Leistung für jemanden, der keine Beine hat!

WIE MAN OTTERN VON NATTERN UNTERSCHEIDET

Es ist nicht leicht, Ottern und Nattern auseinander zu halten, es sei denn, du gehst gerade mit einem Schlangenexperten spazieren. Einige typische Merkmale können dir helfen sie zu identifizieren. Trotzdem musst du immer vorsichtig sein: Die Größe der Tiere ist auf die Entfernung kaum zu schätzen und Verwechslungen kommen schnell vor!

Erste Beobachtungen:
– Hat die Schlange einen schlanken und langen Körper, handelt es sich bestimmt um eine Natter (ist sie länger als 2,5 m, hast du es mit einer Boa zu tun, die aus dem Zoo entkommen ist!).
– Ist die Schlange eher dickleibig, handelt es sich um eine Otter.

Am besten beobachtest du Schlangen aber mit einem Fernglas und lernst, sie aus einiger Entfernung zu erkennen.

OTTERN, VIPERN

LÄNGE: selten über 80 cm.
AUSSEHEN: stämmiger Körper.
KOPF: oft dreieckig und vom Körper abgesetzt.
KOPFOBERSEITE: meist von zahlreichen kleineren und größeren Schuppen bedeckt.
AUGEN: senkrechte Pupille.

NATTERN

LÄNGE: oft über 80 cm.
AUSSEHEN: langer, schlanker Körper.
KOPF: oft lang gezogen und deutlich vom Körper abgesetzt.
KOPFOBERSEITE: von regelmäßig-symmetrisch angeordneten Schildern bedeckt.
AUGEN: runde Pupille.
SCHNAUZE: Vorsicht, die nach oben gebogene Schnauze ist kein sicheres Zeichen, um Ottern und Nattern auseinander zu halten: Die Aspisviper hat eine nach oben gebogene Schnauze, die Kreuzotter nicht.

Säugetiere der Felder und Wiesen

Viele wild lebende Säugetiere haben ihren Bau oder ihre Höhle in den Wäldern und suchen ihre Nahrung auf den Feldern. Die Chancen, sie bei einem Spaziergang zu treffen, sind jedoch gering, erstens weil sie sich verstecken, wenn sie dich kommen hören, und zweitens weil viele tagsüber schlafen und nur nachts unterwegs sind. Um sie beobachten zu können brauchst du also Glück und sehr viel Geduld!

Mauswiesel
Sein Fell ist oberseits braun und unterseits weiß. Es ist das kleinste Raubtier Europas und so schmal, dass es Wald- und Wühlmäuse bis in ihre unterirdischen Gänge verfolgt.

Wildkaninchen
Fast jeder kennt und erkennt es. Es ist sehr ängstlich und hat gute Gründe dafür, da es, ob jung oder alt, ein Festessen für viele Jäger darstellt: Fuchs, Wildkatze, Wiesel, Dachs, Hermelin, Ratte, Mäusebussard, Uhu, Adler, Hund und vor allem der Mensch schätzen und jagen diesen Leckerbissen!

1 - Waldmaus
Dieses kleine Nagetier hat sehr große Augen und Ohren und einen langen Schwanz. Es frisst vor allem Samen von Kräutern und Gräsern und hält sich daher besonders gern in Getreidefeldern auf.

Wildschwein
Es ist die Wildform unserer Hausschweine. Die Weibchen leben zusammen mit ihren Jungen in den Wäldern. Die erwachsenen Männchen sind eher Einzelgänger. Tagsüber ruhen sich Wildschweine in ihrer Suhle aus. Bei Sonnenuntergang gehen sie in den Feldern auf Nahrungssuche. In einer Nacht können sie bis zu 50 km zurücklegen!

Dachs
Er lebt gesellig in großen Dachsbauten und ist vor allem nachts unterwegs. Als Allesfresser ernährt er sich von Pflanzen und kleinen Tieren. Manchmal erbeutet er auch Jungvögel.

Rotfuchs
„Reineke" Fuchs ist uns allen wohl aus dem Märchen bekannt. Füchse leben meist als Einzelgänger in Wald- und Kulturlandschaften. Sie ernähren sich von Kaninchen, Hasen oder Vögeln, fressen aber auch Aas und Abfälle.

2 - Erdmaus
Sie verbringt die meiste Zeit damit, unterirdische Gänge zu graben. In einem Feld, in dem sich viele Erdmäuse aufhalten, kannst du nachts ziemlich sicher Fleisch fressende Säugetiere und Eulen beobachten.

Feldhase
Er sieht wie ein Wildkaninchen aus, aber seine Ohren mit der schwarzen Spitze sind viel länger und seine Hinterbeine sind so lang, dass man den Eindruck hat, er würde auf Stelzen gehen! Außerdem gräbt er im Gegensatz zum Kaninchen keinen Bau.

Tierspuren in Feld und Wiese

Tiere hinterlassen in aufgeweichtem oder lockerem Boden ihre Fußspuren. Aber auch ihr Kot, den man bei Säugetieren Losung nennt, sagt viel aus! Mithilfe der folgenden Abbildungen kannst du lernen ein guter Spurenleser zu werden und die Zeichen der Tiere zu entschlüsseln.

Wildschwein

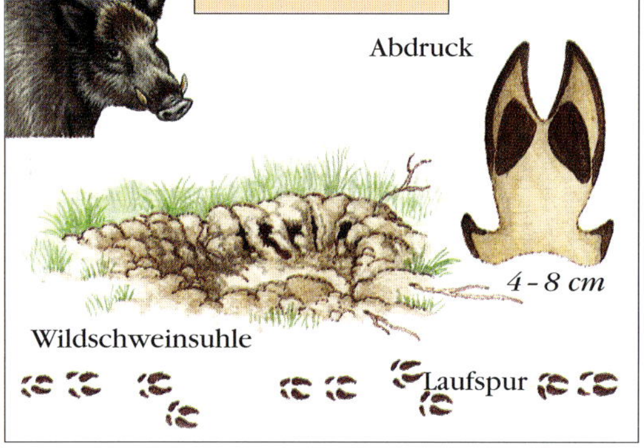

Dachs

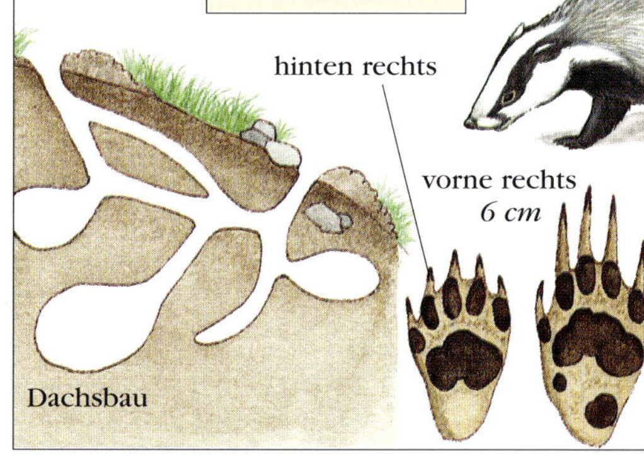

Hirsch

Erdmäuse

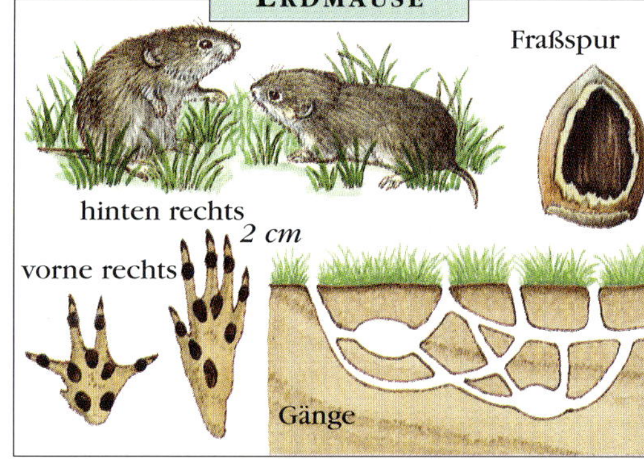

Mauswiesel

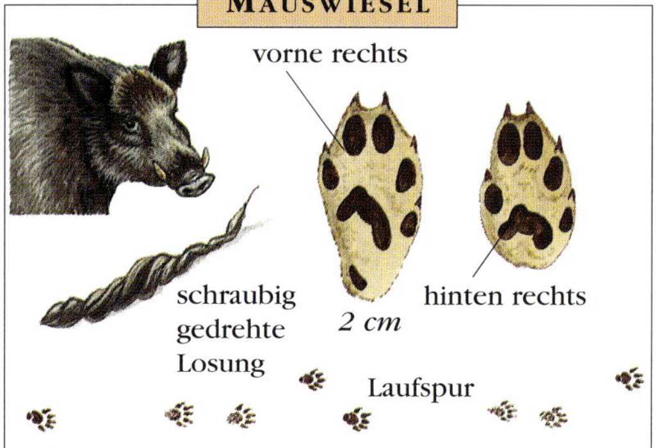

Reh

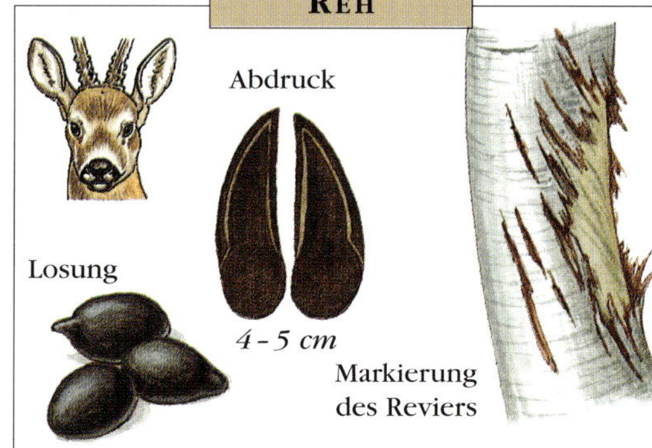

Feldhase

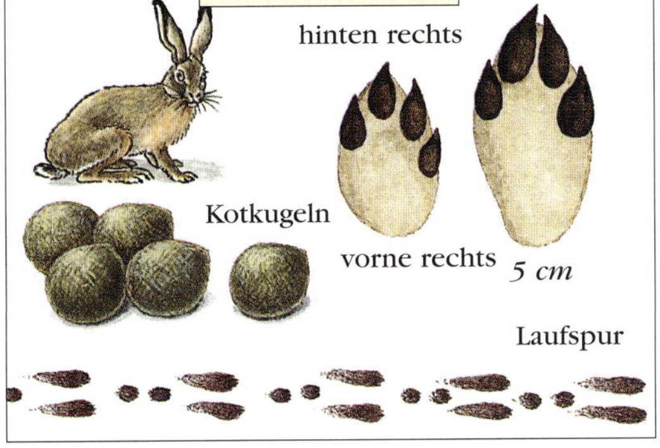

Bisamratte

Eichhörnchen

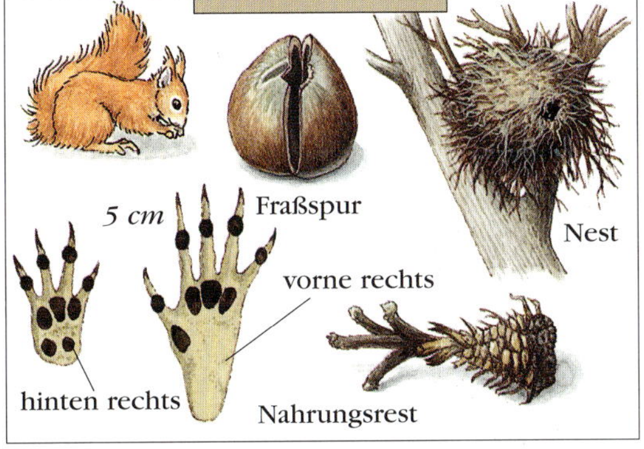

Rotfuchs

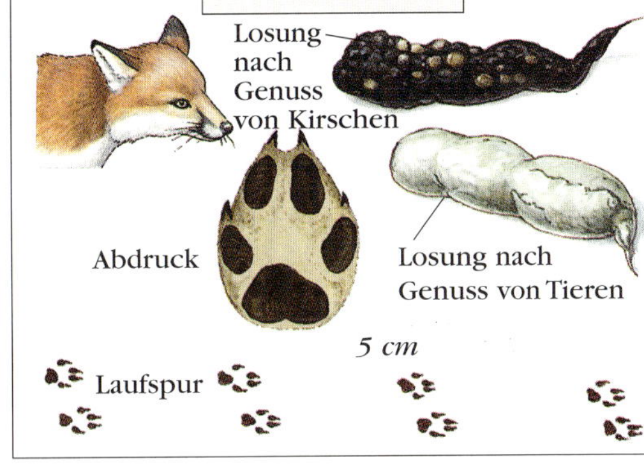

Igel

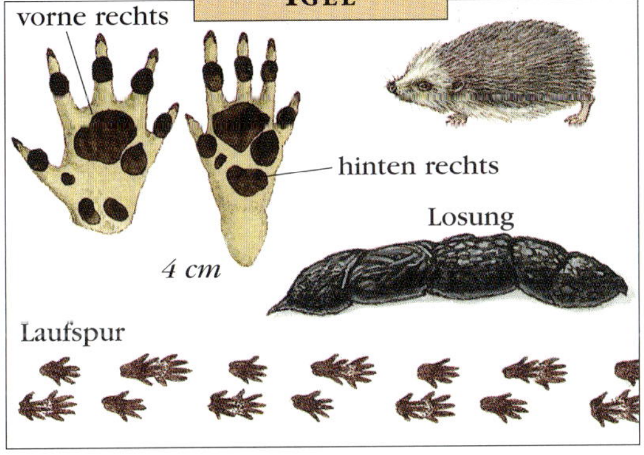

Kaninchen

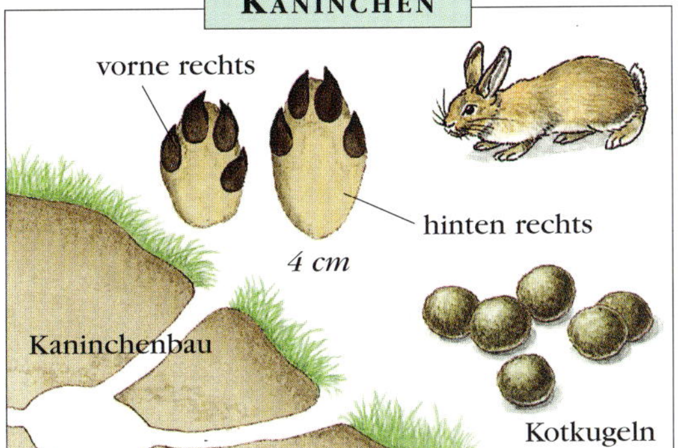

NA SO WAS!

Baby-Boom
Manchmal vermehren sich Erdmäuse so stark, dass 10 000 von ihnen auf 100 m² leben! Der Boden scheint dann zu leben und die Ernte wird rasend schnell vernichtet!

Vorsicht – Tollwut!
Berühre niemals einen toten Fuchs und hüte dich vor scheinbar zahmen Tieren! Füchse können nämlich die Tollwut haben!

Lebensgefahr
Achtung: Halte dich fern von Wildschweinen, auch wenn sie krank oder verletzt zu sein scheinen: Sogar Wölfe meiden ihre Hauer, diese tödlichen Waffen!

Achtung: Die Größenangaben beziehen sich auf die größte Länge der Abdrücke!

WIE MAN LAUFSPUREN VON TIEREN SAMMELT

Wie du jetzt schon weißt, sind die Säugetiere und Vögel, die Wiesen und Felder bewohnen, eher scheue Gesellen: Die meisten Tiere ziehen sich zurück, sobald sie Menschen in ihrer Nähe wittern. Noch dazu sind viele von ihnen nachtaktiv, wie der Dachs oder das Wildschwein, und deshalb schwer zu beobachten. Die Tatsache, dass du die Tiere nicht unbedingt siehst, heißt aber noch lange nicht, dass sie nicht da wären. Sie verraten sich z. B. durch ihre Spuren, die du wunderbar sammeln kannst! Anhand der Zeichnungen auf den zwei vorhergehenden Seiten kannst du sie dann bestimmen.

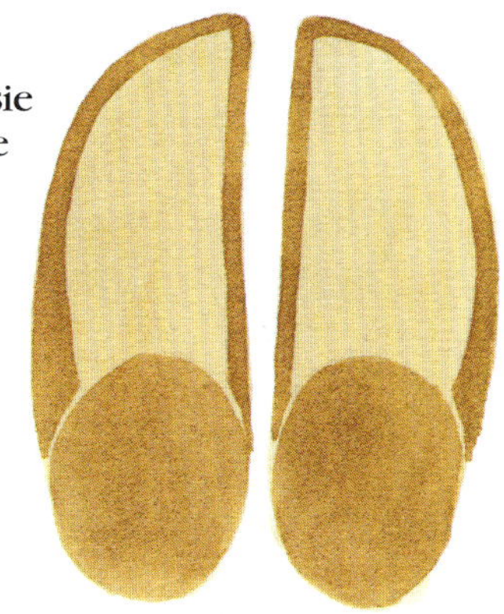

Es gibt verschiedene Möglichkeiten, wie man die Fußspuren von Tieren sammeln kann. Im Folgenden findest du zwei Möglichkeiten:

1. Gezeichnete Fußspuren

Was du brauchst:
- durchsichtige Folien im Format DIN A4 (21 x 29,7 cm) oder Klarsichthüllen
- einen wasserfesten Stift
- einen Ordner DIN A4

Wie es geht:
- Begib dich, mit Folien und Stift bewaffnet, auf Spurensuche. Am besten drücken sich die Laufspuren in weichem oder tonigem Boden ein – hier wirst du also am ehesten fündig!
- Lege eine Folie oder eine Klarsichthülle auf die Spur und zeichne sie so genau wie möglich nach.
- Verfahre so mit möglichst vielen verschiedenen Spuren!
- Die einzelnen Zeichnungen kannst du anschließend bestimmen und den Namen des jeweiligen Tieres auf der Folie vermerken.
- Hefte deine Spurensammlung in einen dafür bestimmten DIN A4 Ordner.

2. Gipsabdrücke

Was du brauchst:
- mehrere Streifen Karton von etwa 40 cm Länge und 5 cm Breite
- Büroklammern
- Gipspulver zum Anrühren mit Wasser (gibt es in jedem Bastelladen zu kaufen)
- eine Flasche Leitungswasser
- einen Messbecher aus Plastik
- einen Holzstab zum Umrühren der Gipsmasse
- einen Spachtel zum Glattstreichen des Gipses
- Wasserfarbe
- einen Pinsel

Wie es geht:
- Suche einen guten Fußabdruck auf weichem Boden (z. B. auf einem Waldweg).
- Entferne vorsichtig Pflanzenreste, Steinchen und dergleichen.
- Forme aus dem Kartonstreifen einen Ring, sodass sich die Enden überlappen, und fixiere ihn mit einer Büroklammer.
- Drücke den Ring behutsam in den Boden rund um den Abdruck.
- Rühre nach Anleitung etwas Gips im Messbecher an und gieße die Masse etwa 3 cm hoch in den Ring.
- Warte, bis der Gips hart geworden ist (beachte die Angaben auf der Gipspackung!) und entferne dann den Kartonstreifen.

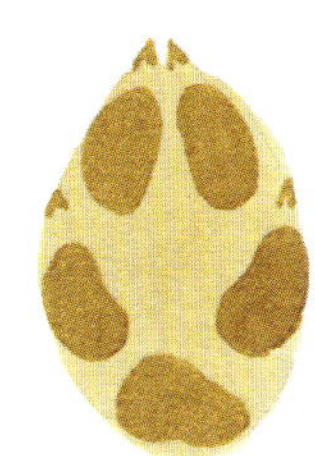

- Den Gipsabdruck solltest du noch eine Nacht trocknen lassen, um dann daran klebende Schlammspuren abwaschen zu können.
- Zur Hervorhebung des Abdruckes kannst du ihn mit Wasserfarbe anmalen.

Am Wasser

Im Gegensatz zum salzigen Meerwasser bestehen die Gewässer im Binnenland aus Süßwasser und können sehr unterschiedlich sein: Es gibt fließende Gewässer wie Bäche oder Flüsse und stehende Gewässer wie Seen, Teiche oder Tümpel. Mit Ausnahme von verschmutzten Gegenden ist das Leben hier oft unauffällig, aber spannend.

Das Leben in Bächen und Flüssen

Ob groß oder klein – Wasserläufe werden von Lebewesen aller Art und Größe bewohnt. Außer Fischen findet man hier Weichtiere und Krebstiere, Kriechtiere und Säugetiere. Ob sich Tiere am Wasser ansiedeln oder nicht, hängt meistens vom Sauberkeitsgrad des Wassers ab.

In sehr sauberen Bächen und Flüssen findet man Flusskrebse und etwas seltener auch Süßwassermuscheln, die früher wegen ihrer Perlen sehr gefragt waren. Aufgrund der Wasserverschmutzung sind sie fast überall ausgestorben. Dafür haben sich fremde Bewohner diesen verschmutzten Gewässern angepasst, wie der amerikanische Flusskrebs oder die Wollhandkrabbe mit ihren behaarten Scheren.
Fische leben dank ihrer Vielfalt fast überall. Einige leben das ganze Jahr über am gleichen Ort, solange die Wasserqualität sich nicht ändert. Um sich fortzupflanzen wandern andere von salzigen Gewässern in Süßgewässer (z. B. der Lachs) oder auch umgekehrt (z. B. der Aal).

Lachse sind in der Lage beachtliche Anstrengungen auf sich zu nehmen, um natürliche oder künstliche Hindernisse auf ihrem Weg flussaufwärts zu überwinden. Heute sind Talsperren und hydraulische Einrichtungen mit speziellen Leitern ausgestattet, die es den Lachsen ermöglichen, ihre Brutplätze stufenweise zu erreichen.

Da nicht mehr genug Fische in unseren Flüssen leben, um Fischer und ihre Familien zu ernähren, gibt es die Berufsfischerei an Flüssen heute fast nicht mehr. Sie wurde durch die Fischzucht ersetzt und Angeln wurde als Freizeitsport sehr beliebt. Das Freizeitangeln ist gesetzlich geregelt: Wann ist das Angeln erlaubt? Welche Arten sind geschützt? Oft muss der niedrige Bestand wild lebender Fische durch das Aussetzen von Zuchtfischen ausgeglichen werden. Diese verlassen ihre Zuchtbecken nur, um ein paar Tage später gefangen zu werden!

1 - Forelle **2** - Katzenwels
3 - Plötze, Rotauge **4** - Barsch
5 - Sonnenbarsch **6** - Gründling
7 - Flusskrebs **8** - Lachs

Das Leben in Seen und Teichen

Im Gegensatz zu Flüssen fließt das Wasser in Seen, Teichen und Tümpeln nicht. Es handelt sich zwar um stehende Gewässer, was aber nicht heißt, dass hier gar nichts passiert! Die Betriebsamkeit von Tieren und Pflanzen ist auf ihre Weise sehr intensiv, wenn auch unauffällig. Geduld und Aufmerksamkeit sind gefragt!

Das Leben in Seen und Teichen ist eng mit der Qualität ihres Wassers verbunden. Ihre natürliche Beschaffenheit hängt vom Boden und den tiefer liegenden Erdschichten ab, auf denen sie ruhen, aber auch von der Sonnenbestrahlung und vom Klima. Menschliche Einrichtungen in der Nähe von Seen haben meist negative Auswirkungen. Lange wurden Abwässer in die Seen geleitet. Heute weiß man, dass diese das nicht verkraften und das Leben weitgehend zerstört wird.

Unter natürlichen Bedingungen gedeiht in stehenden Gewässern eine besondere Flora: Das Tausendblatt bildet unter Wasser eine Art Teppich und somit ein Versteck für Fische. Die Binse und das Schilf stehen halb im Wasser. An der Oberfläche sieht man Teich- und Seerosen mit ihren Schwimmblättern und Blüten. Das Pfeilkraut entwickelt Blätter sowohl unter als auch über der Wasseroberfläche. Sie sind verschieden geformt. Auch die Fauna ist vielfältig: Frösche, Kröten, Salamander und Molche verbringen den ersten Teil ihres Lebens als Kaulquappen im Wasser.

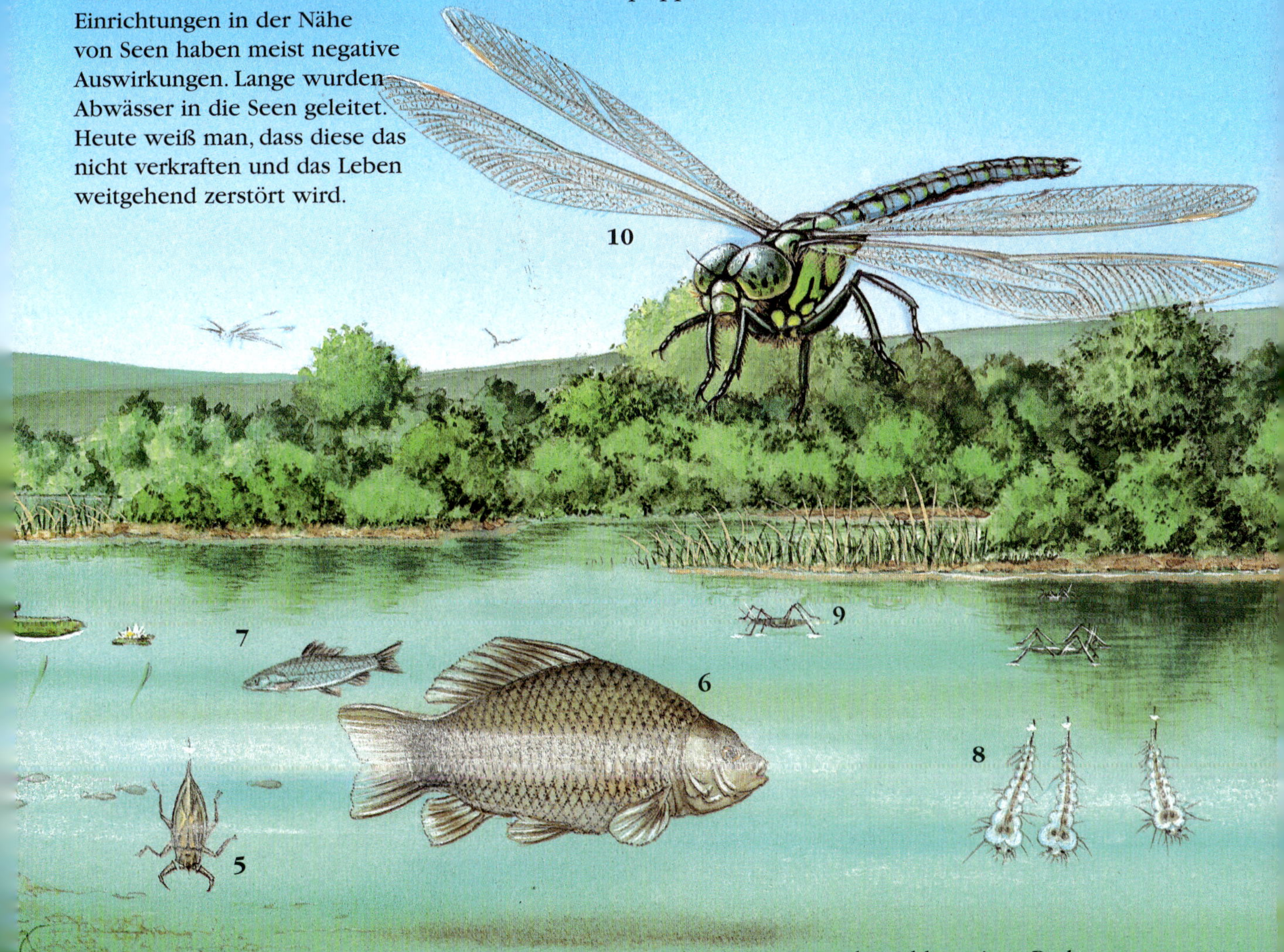

1 - Kaulquappe
2 - Kröte
3 - Bisamratte
4 - Molch
5 - Wasserskorpion
6 - Karpfen
7 - Schleie
8 - Mückenlarven
9 - Wasserläufer
10 - Libelle

Im und am Wasser gibt es zahlreiche Insekten, die man besonders häufig in ihrem Larvenstadium antrifft. Manche bleiben noch als ausgewachsene Tiere im Wasser, wie die Wasserwanzen, andere werden zu Fluginsekten, wie die Libellen. Viele Fische schätzen stehende Gewässer wegen des schlammigen Bodens, so z. B. Karpfen und Schleien, sodass sie sich besonders gut züchten lassen. Auch einige Säugetiere – egal ob Pflanzen- oder Fleischfresser – haben die Seen und deren Ufer zu ihrem Lebensraum erklärt, wie der Fischotter oder die Bisamratte.

Pflanzen am und im Wasser

Manche Pflanzen mögen feuchte Standorte. Einige haben, wenn das Grundwasser ansteigt, nur gelegentlich die „Füße" im Wasser. Andere stehen ständig im Nassen, während ihre Blätter aber in der Regel oberhalb des Wassers wachsen. Bei Wasserpflanzen schwimmen die Blätter entweder an der Oberfläche oder tauchen, wie alle Teile der Pflanze, völlig unter Wasser.

Ufersegge
Sie wächst im feuchten Uferbereich von Seen und Teichen. Ihre Blätter sind lang und schmal, die kleinen, unscheinbaren, kornfarbenen Blüten bilden Ähren. Sie blüht im Frühling und im Sommer.
Höhe: 40 – 120 cm.

Gelbe Wiesenraute
Sie wächst auf feuchten Wiesen. Die Blüten stehen in großen Trauben und haben weißliche Blütenblätter. Wegen der vielen langen, gelben Staubgefäße wirken die Blüten aber gelb. Blütezeit ist der Sommer.
Höhe: 50 – 120 cm.

Sumpfschachtelhalm
Er wächst auf feuchten Wiesen und im Uferbereich von Teichen. Blüten besitzt er keine. Er vermehrt sich im Sommer mithilfe von Sporen, die am Ende des Stängels eine Ähre bilden. Höhe: 30 – 60 cm.

Wiesenschaumkraut
Die weißen oder rosafarbenen Blüten haben vier Blütenblätter. Die Blätter im unteren Stängelbereich stehen in Rosetten, im oberen bilden sie Fiederblättchen. Blütezeit ist der Frühling.
Höhe: 20 – 50 cm.

Sumpfdotterblume
Diese buschige Pflanze wächst auf sehr feuchten Wiesen und am Wasser. Die leuchtend gelben Blüten erinnern an die des Scharfen Hahnenfußes, sind aber etwas größer. Die breitflächigen Blätter glänzen. Die Sumpfdotterblume blüht vom späten Frühjahr bis zum Sommeranfang.
Höhe: 15 – 60 cm.

Wasserschwertlilie
Sie wächst in feuchten Gebieten und steht sogar oft direkt im Wasser. Sie hat sehr lange, schwertförmige Blätter und trägt von Mai bis Juli große, gelbe Blüten und ist sehr verbreitet.
Höhe: 50 - 150 cm.

Brunnenkresse
Sie wächst in sauberen, seichten Fließgewässern. Ihre Blüten erscheinen im Sommer und setzen sich aus vier weißen Blütenblättern zusammen.
Die Blätter enthalten viel Vitamin C und schmecken im Salat vorzüglich.
Höhe: 20 - 100 cm.

Gemeiner Froschlöffel
Man findet ihn in seichtem Wasser, aber auch an feuchten Gräben und in Riedwiesen.
Über Wasser weist er einen kräftigen Stängel auf.
Die Blätter sind entfernt löffel- oder lanzettförmig.
Der pyramidenförmige Blütenstand ist quirlig verzweigt und besteht aus weißen oder hellrosafarbenen Blüten.
Blütezeit ist der Sommer.
Höhe: 30 - 100 cm.

Schwanenblume
Sie wächst an Ufern und an Wassergräben. Ihre langen, schmalen Blätter wachsen unmittelbar aus dem Wurzelstock und erinnern an die der Binse.
Die blattlosen Blütenschäfte krönt im Sommer eine Dolde aus rosafarbenen Blüten.
Höhe: 60 - 120 cm.

Breitblättriger Rohrkolben
Er wächst in feucht-nassen Gebieten. Die grasartigen Blätter sind 1 - 2 cm breit. Im Sommer bilden die weiblichen Blüten einen dicken Kolben, der samtig und schokoladenbraun ist. Die männlichen Blüten befinden sich an der helleren Spitze. Höhe: 100 - 200 cm.

Ästiger Igelkolben
Diese Uferpflanze hat lange, schmale Blätter.
Der Stängel ist im oberen Bereich verzweigt und die kleinen, grünlichen Blüten bilden runde Köpfchen.
Die weiblichen Blüten verwandeln sich in igelartige Früchte. Blütezeit ist der Sommer.
Höhe: 30 - 150 cm.

Schilf
Es wächst im Uferbereich von stehenden und fließenden Gewässern und steht oft im Wasser. Die Halme werden vielseitig verwendet, z. B. zum Dachdecken, zur Herstellung von Rohrmatten oder Mundstücken von Musikinstrumenten. Blütezeit ist der Sommer und der Herbst. Höhe: 100 - 300 cm.

Weiße Seerose
Sie wächst in stehendem oder langsam fließendem Wasser. Der Stängel reicht bis in fast drei Meter Tiefe. Die großen, runden Blätter und die weißen Blüten schwimmen auf der Wasseroberfläche. Sie blüht im Sommer, wie die gelbe Teichrose, deren Blätter länglicher und deren Blüten kleiner sind. Sie trägt die größten Blüten unserer Flora. Höhe (unter Wasser): 20 - 200 cm.

Gemeiner Wasserhahnenfuß
Diese Pflanze bevorzugt stehende Gewässer. Sie hat zwei Sorten von Blättern: Unter Wasser besitzt sie Fiederblättchen, auf der Wasseroberfläche schwimmen rundliche Blätter. Die obere Stängelhälfte ragt aus dem Wasser und trägt kleine weiße Blüten mit einem gelben Mittelpunkt. Blütezeit ist der Frühling und der Sommer. Höhe (mit Unterwasserstängel): 20 - 50 cm.

Knollenbinse
Es gibt viele Binsengewächse, die alle in feuchten Gebieten wachsen. Die Knollenbinse steht manchmal direkt im Wasser und lässt ihre langen Stängel und ihre Blätter auf der Oberfläche treiben. Im Sommer zeigen sich die Blütenstände, die aus kleinen, bräunlich grünen Blüten bestehen. Höhe: 20 - 100 cm.

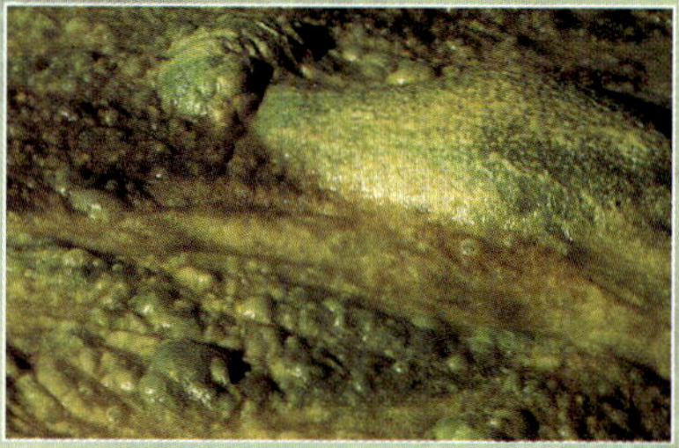

Astalgen
Diese büschelig verzweigten Grünalgen sind oft an Steinen festgewachsen, treiben aber auch frei im Wasser. In Seen und fließenden Gewässern kommen mehrere Arten vor, die teilweise sogar noch in einer Tiefe von 10 m wachsen. Sie sind weit verbreitet und treten oft in großen Mengen auf. Länge: bis zu mehreren Metern.

NA SO WAS!

Sauerstoffmangel
In einige Gewässer werden immer noch Exkremente der Menschen eingeleitet.
Sie bieten Nahrung für Algen und Bakterien. Wenn die Temperaturen steigen, beginnen manche Algen und Bakterien sich stark zu vermehren und färben das Wasser grün, braun oder sogar rot. Nachdem sie abgestorben sind, sinken sie auf den Grund des Gewässers. Ihre Zersetzung ist mit einem hohen Sauerstoffverbrauch verbunden. Viele Fische, wie z. B. Forellen, können in solch sauerstoffarmen Gewässern nicht mehr leben!

Unerlässliche Vorsicht
Beim Spaziergang am Wasser solltest du gut aufpassen!
1 – Lasse dich von einem Erwachsenen begleiten, wenn du ans Wasser gehst.
2 – Halte dich von unbefestigten Uferböschungen, von tiefem Wasser und reißenden Strömungen fern.
3 – Trinke das Wasser niemals, es könnte verschmutzt sein!
4 – Gehe respektvoll mit Pflanzen und Tieren um!

Wasserfeder
Man findet sie in stehenden Gewässern. Ihre Fiederblätter sind ganz unter Wasser getaucht. Im Frühling, wenn sich außerhalb des Wassers hohe Dolden aus weißen oder rosafarbenen Blüten mit gelbem Herzstück zeigen, ist sie ein Blickfang. Höhe: 20 - 70 cm.

Raues Hornblatt
Diese wurzellose Unterwasserpflanze kommt in stehenden Gewässern vor. Die Blättchen sind quirlig um den Stängel angeordnet, fast so wie Fichtennadeln. Im Sommer blüht es unter Wasser. Länge: bis 100 cm.

Armleuchteralge
Sie sieht wie eine Blütenpflanze aus und wächst sowohl an Seeufern als auch am Grund langsam fließender Gewässer. Man findet sie in einer Tiefe von bis zu 10 m. Höhe: 5 - 50 cm.

Kleine Wasserlinse
Ihre auf dem Wasser schwimmenden Blättchen bilden grüne Teppiche auf Seen und Tümpeln. Die kurzen Wurzeln treiben im Wasser. Sie blüht im Sommer. Höhe: kleiner als 1 cm.

NA SO WAS!

Drinnen und draußen
Die Wasserschraube ist meistens ganz unter Wasser getaucht. Zur Blütezeit entrollen sich die spiralförmigen Blütenstängel, sodass sich die weibliche Blüte über Wasser befindet. Zur gleichen Zeit lösen sich die kleinen männlichen Blüten und treiben an der Wasseroberfläche. Nachdem eine männliche Blüte eine weibliche bestäuben konnte, rollt sich diese wieder zusammen und die Frucht mit neuen Blüten reift unter Wasser.

Blutrot
In den Alpen sieht das Wasser mancher Seen blutrot aus. Der Grund dafür sind Mikroorganismen, deren Zellen rote Farbpigmente enthalten und so dem Wasser die rote Färbung verleihen.

Riesengroß und winzig klein
In Südamerika wächst eine Seerosenart, die zu den Pflanzen mit den größten Blättern zählt. Ihre Blätter sehen wie eine riesige Kuchenform aus und erreichen einen Durchmesser von zwei Metern. Eine Wasserlinsenart dagegen, die zu den kleinsten blühenden Pflanzen der Welt gehört, ist kleiner als 1 mm.

Wasserinsekten

Viele Insekten leben im Wasser, manche nur in ihrer Larvenzeit. Als geflügelte Insekten kommen sie zur Eiablage aber ans Wasser zurück. Andere verbringen ihr ganzes Leben im Wasser. Um Luft zu holen müssen sie regelmäßig auftauchen. Alle Wasserinsekten sind Fleischfresser.

Gelbrandkäfer
Dieser große Schwimmkäfer ist ein Räuber von Insekten und Kaulquappen sowie kleinen Fischen. Ein Luftvorrat unter den Deckflügeln ermöglicht ihm das Atmen unter Wasser.

Wasserspinne
Sie ist die einzige ausschließlich im Wasser lebende Spinne und spinnt deshalb ein Netz, das sie zwischen Wasserpflanzen befestigt und mit Luft von der Oberfläche füllt!

Wasserskorpion
Diese Wasserwanze fängt mit ihren scherenförmigen Vorderbeinen Insektenlarven sowie Kaulquappen und kleine Fische. Der Fortsatz an seinem Hinterleib ist ein harmloses Atemrohr.

Wasserläufer
(Oben) Er gehört zur Ordnung der Wanzen. Zur Fortbewegung auf dem Wasser nutzt er seine Hinterbeine als Steuer und die mittleren Beine als „Ruder". Mit den Vorderbeinen ergreift er die Beute.

Prachtlibellen
Diese Kleinlibellen unterscheiden sich von den Großlibellen dadurch, dass ihre Augen nicht in der Mitte aufeinandertreffen. Oben: Gebänderte Prachtlibelle; unten: Frühe Adonislibelle; unten links: Blauflügel-Prachtlibelle.

NA SO WAS!

Eine Larve mit Düsenantrieb
Wenn eine Libellenlarve schnell einem Räuber entwischen will, pumpt sie sich voll Wasser und stößt es durch den Hinterleib wieder aus, sodass sie wie mit Düsenantrieb aus dem Wasser geschleudert wird!

Eine Fangmaske
Libellenlarven verfügen über eine einzigartige Waffe. Sie können ihre Mundwerkzeuge, die so genannte Fangmaske, blitzschnell entfalten und so ihren Körper um die Hälfte verlängern. Mit einer solchen Beweglichkeit rechnet einfach kein Beutetier!

Libellenlarven
Oben: Große Königslibelle; unten: ihre Larve. Libellen machen mehrere Larvenstadien durch, bevor sie erwachsen sind. Aus dem im Wasser abgelegten Ei schlüpft die Larve, die sich im Laufe ihres Wachstums etwa zehnmal häutet. Sie wird dem erwachsenen Insekt immer ähnlicher. Die Larven leben auf dem Grund von Gewässern und sind bei der Nahrungssuche äußerst aktiv.

Libellen
Es gibt weltweit rund 5000 verschiedene Arten. Oben: Braune Mosaikjungfer; unten: Kleiner Blaupfeil. Diese großen, kraftvollen Flieger erreichen 30 km/h und sind berüchtigte Räuber. Sie ernähren sich von anderen Insekten, vor allem von Mücken.

SO BAUT MAN EINEN GARTENTEICH

Willst du Wasserpflanzen und Insekten in ihrer natürlichen Umgebung beobachten, so ist ein Gartenteich ideal. Er muss nicht groß sein, aber der Standort will sorgfältig gewählt werden: Der Boden muss eben sein und die Sonne sollte den Teich täglich 6 bis 8 Stunden bescheinen. Außerdem sollte der Teich möglichst nicht unter Bäumen angelegt werden, da im Herbst das herabfallende Laub die Wasserqualität verschlechtern kann.

Was du brauchst:

- eine Schnur zum Festlegen der Teichform
- einen Spaten zum Ausheben der Grube
- Sand für den Teichgrund
- Gartenteichfolie in der Stärke 0,8 bis 1,0 mm (bis zu 6 m breites Polyethylen gibt es preiswert in Gartencentern zu kaufen)
- Steine für die Teichränder und zum Befestigen der Folie
- Wasserpflanzen in Töpfen (siehe Illustration). Du bekommst sie im Gartencenter. Für die Randbereiche eignen sich je nach Teichgröße z. B. Sumpfdotterblumen, Igelkolben und Blutweiderich – in die Teichmitte kannst du Gelbe Teichrosen, Wasserfedern und Wasserhahnenfuß setzen.

Wie es geht:
• Nachdem du einen geeigneten Ort für deinen Teich gefunden hast, legst du mit der Schnur die Form fest.
• Mit dem Spaten hebst du nun die Teichgrube aus: Schaffe eine etwa 20–30 cm tiefe Zone am Rand; die Teichmitte sollte ca. 60 cm tief sein, damit der Teich im Winter nicht ganz gefriert. Achte darauf, dass die Ränder nicht steil abfallen und dass der Teich stufenförmig angelegt wird (siehe Zeichnung).
• Die ausgehobene Erde kannst du dazu verwenden, die Ufer des Teiches zu formen.
• Wenn die Teichränder waagerecht sind und du alle Lebensbereiche modelliert hast, füllst du eine Schicht Sand auf den Boden.
• Nun wird die Folie ausgelegt, geglättet und Wasser eingefüllt.
• Die Folie muss danach an den Rändern befestigt werden, z. B. mit großen Steinen, die auch Tieren und Pflanzen Unterschlupf und Halt gewähren.
Wichtig: Die Folienenden müssen nach oben zeigen!
• Jetzt kannst du deinen Teich bepflanzen. Insekten und vielleicht auch andere Kleintiere werden sich ganz von selbst in deinem Teich ansiedeln.

Folienbedarf ausmessen:
Nachdem die Teichgrube ausgehoben ist, kannst du berechnen, wieviel m^2 Teichfolie du brauchst: Lege dazu eine Schnur an der längsten Stelle in die Grube und miss die Länge. Rechne 1 m für den Rand dazu. Für die breiteste Stelle des Teiches verfährst du genauso.

Tipp!
Solltest du deinen Teich nicht mit Regenwasser füllen können, so kannst du auch gewöhnliches Leitungswasser nehmen. Allerdings solltest du es dann mindestens eine Woche stehen lassen, bevor du Pflanzen hineinsetzt.

Amphibien

Die Bezeichnung Amphibien kommt aus dem Griechischen und bedeutet „doppellebig". Die meisten Amphibien beginnen ihr Leben im Wasser und setzen es nach einigen Metamorphosen an Land fort. Sie kehren nur zur Fortpflanzung ins Wasser zurück, sind aber meistens an feuchte Lebensräume gebunden, um nicht auszutrocknen. Molche bleiben ihr Leben lang im Wasser, Salamander werden zu Landtieren.

Grasfrosch
Er ist weit verbreitet, bevorzugt feuchte Wiesen und Gräben, kommt aber auch in Gärten vor. Größe: bis 10 cm.

Geburtshelferkröte
Sie verdankt ihren Namen dem Männchen, das die Eischnüre ein bis zwei Monate an den Hinterbeinen herumträgt und so vor Freßfeinden schützt. Größe: bis 6 cm.

Spanischer Rippenmolch
Er ist einer der größten Molche Europas und kommt nur in Spanien und Portugal vor. Größe: 10 – 20 cm.

Erdkröte
Diese Kröte schläft tagsüber unter Blättern versteckt und geht nachts auf Nahrungssuche. Sie kommt nur zur Fortpflanzung ins Wasser. Größe: bis 13 cm.

Teichfrosch
Er lebt in Gewässern unterschiedlichster Größe, wo er mit seinen großen, aus dem Wasser herausragenden Augen auf Insekten lauert, die er mit seiner klebrigen Zunge fängt. Größe: bis 12 cm.

Marmormolch
Molche leben im Gegensatz zu den anderen Amphibien stets im Wasser. Im Frühling tragen die Männchen bunte Farben und entwickeln einen auffälligen Rückenkamm. Der Marmormolch kommt im Süden Europas vor. Größe: 10 – 16 cm.

Feuersalamander
Dieser auffällige Salamander ist regen- und nachtaktiv und geht nur ins Wasser, um seine Eier abzulegen. Er bevorzugt schattige, feuchte Laubwälder der Mittelgebirge und Alpen. Hautdrüsen auf Rücken und Schwanz sondern ein schwach giftiges Sekret ab. Größe: bis 18 cm.

Europäischer Laubfrosch
Bei trockenem Wetter lebt er im Wasser, bei feuchtem in den Bäumen. Die Haftscheiben an seinen Zehen machen aus ihm einen ausgezeichneten Kletterer. Größe: bis 5 cm.

WIE MAN DAS LEBEN IN EINEM WASSERTROPFEN ENTDECKT

Vor etwa 3 Milliarden Jahren entstanden die ersten Lebewesen in den Meeren. Sie bestanden nur aus einer Zelle, konnten sich aber vermehren und sind also der Ursprung des Lebens auf der Erde.
Auch heute noch stellen Mikroorganismen in allen Gewässern den Hauptteil der Bewohner und das sowohl nach der Artenzahl als auch nach dem Gesamtgewicht! Jedes Gewässer hat seine eigene, ganz besondere Mikrofauna und -flora. Sie sind ein wichtiger Bestandteil der Nahrungskette. Obwohl man diese Kleinstlebewesen mit dem bloßen Auge nicht entdecken kann und obwohl ein Tropfen Wasser aus deinem Gartenteich oder aus einem See klar wirkt, verbirgt sich hier eine erstaunliche Welt!

Mit einem Mikroskop kannst du auf Entdeckungsreise gehen, da es diese winzigen Lebewesen vergrößert. Wenn du kein Mikroskop zu Hause hast, kannst du diesen Versuch ja vielleicht in der Schule anregen!

Was du brauchst:
- ein Mikroskop
- Objektträger (das sind die Glasplättchen, auf die du deine Proben aufträgst)
- Deckgläser
- Behälter für deine Wasserproben, z. B. saubere Gläser mit Schraubdeckel
- selbstklebende Etiketten zur Kennzeichnung deiner Proben
- eine Pipette
- ein Heft zum Notieren und Skizzieren deiner Beobachtungen

Wie es geht:
- Nimm eine Wasserprobe aus deinem Gartenteich, aus einem See oder aus einem kleinen Weiher und fülle sie in ein gut schließendes Glas.
- Wenn du Proben aus verschiedenen Gewässern nimmst, klebe ein Etikett auf jedes Glas und notiere Herkunft und Jahreszeit der Proben.
- Zur Beobachtung bringst du mit der Pipette einen kleinen Tropfen des Wassers auf einen Objektträger.
- Nun wird das Deckglas darüber gelegt: Setze zunächst eine Kante in den Tropfen und senke es dann vorsichtig mithilfe einer Nadel ab – so vermeidest du störende Luftblasen!
- Beschreibe und skizziere deine Beobachtungen in einem Heft. Im Folgenden findest du einige der Kleinstlebewesen, die du in einem Wassertropfen entdecken kannst (Maßeinheit: 1 Mikrometer = 1 µm = 1/1000 Millimeter).

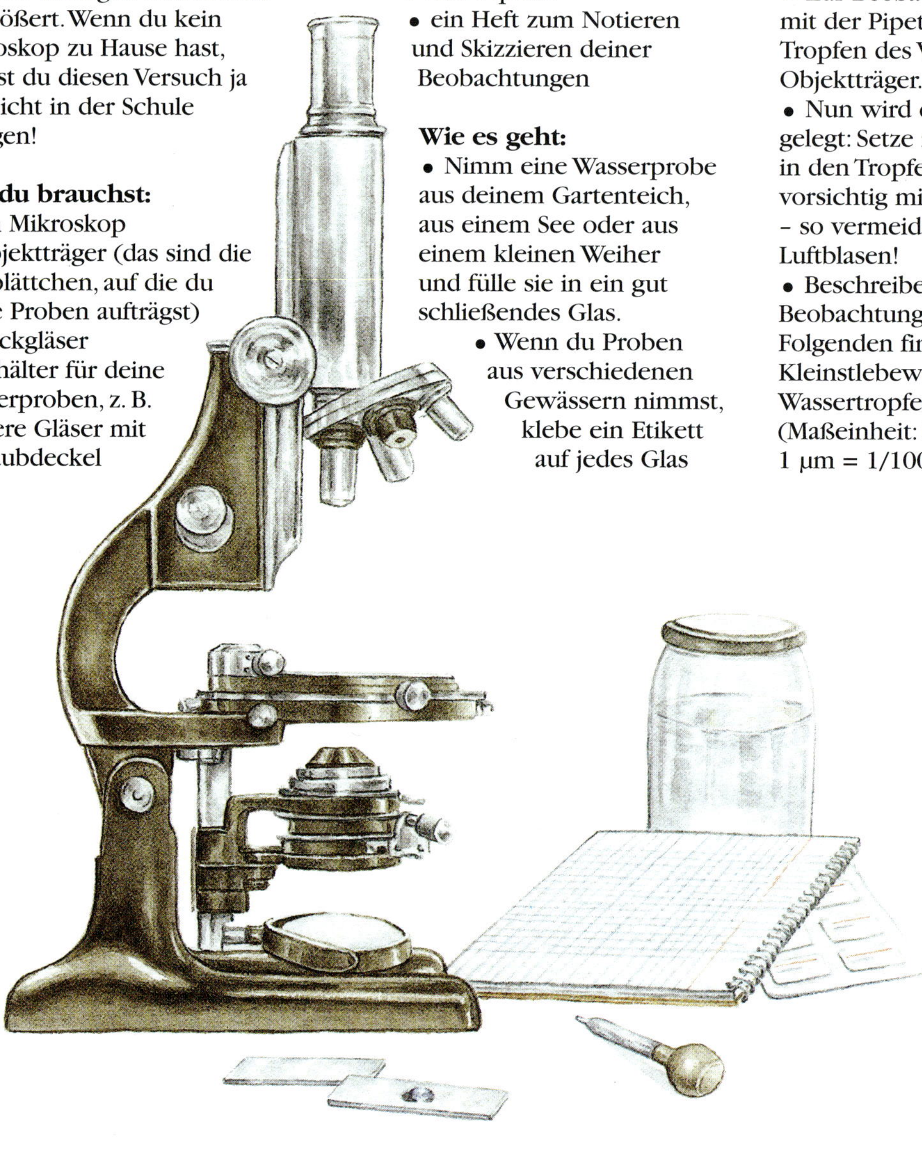

Gemeiner Hüpferling
Der Hüpferling ist ein Ruderfußkrebs. Der Name „Hüpferling" bezieht sich auf die Art seiner Fortbewegung: Durch das Vor- und Zurückschlagen seiner Beinpaare macht er einen ruckartigen Sprung im Wasser.

Glockentierchen
Glockentiere gehören zu den Wimpertieren (Ciliaten), den am höchsten organisierten Einzellern. Die Wimpern an der Körperoberfläche dienen u. a. der Fortbewegung und dem Herbeistrudeln von Nahrung. Es gibt frei schwimmende Arten und festsitzende Formen, wie etwa das abgebildete Glockentierchen. Es frisst Bakterien und ist in sauberen Gewässern zu finden, wo es sich an Wasserpflanzen und Tieren festheftet.

Gemeiner Wasserfloh
In den Binnengewässern Mitteleuropas kommen etwa 90 Wasserfloharten vor. Sie leben in Pfützen ebenso wie in flachen Seen in Ufernähe – nur in schnell fließenden Gewässern können sie sich nicht halten. Wasserflöhe passen sich in ihrer Färbung der Umgebung an: Die Arten, die man in Teichen findet, sind oft rötlich, diejenigen in Moorseen grünlich braun oder schwärzlich gefärbt. Im freien Wasser tiefer Seen sind sie durchscheinend wie Glas. Da viele Arten oft massenhaft auftreten, spielen sie eine wichtige Rolle als Fischnahrung.

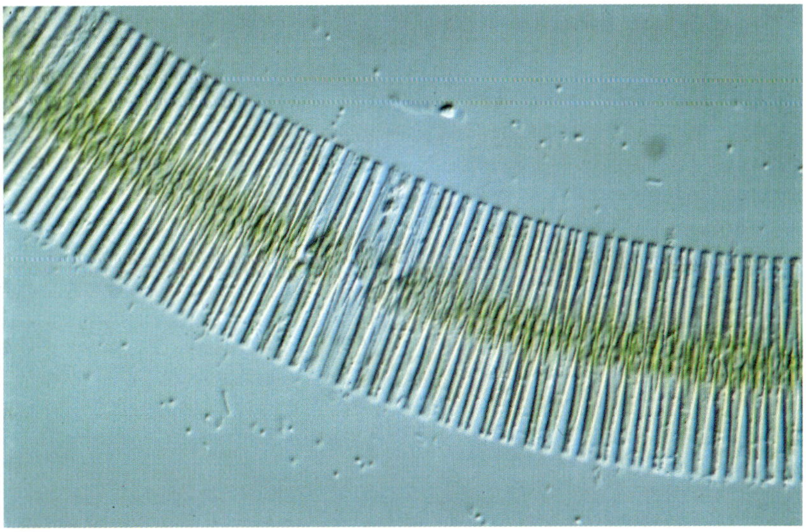

Kamm-Kieselalge
Kieselalgen (Diatomeen) sind seit Beginn der Kreidezeit bekannt (etwa 135 Millionen Jahre). Die in den Zellwänden eingelagerte Kieselsäure macht sie hart und widerstandsfähig. Kieselalgen sind stets einzellig. Manche Arten bilden Kolonien, wie etwa die abgebildete Kamm-Kieselalge, die in Seen und Teichen vorkommt. Diese Algen sind sehr hübsch anzusehen, weil ihre Schalen verschiedenartig gemustert sind: Vergleiche einmal Sieb-, Rippen-, Warzen-, Linien- oder Löchermuster!

Süßwasserfische

Süßwasserfische sehen oft weniger prächtig aus als Meeresfische und sind auch nicht so vielfältig. Es ist aber trotzdem interessant, sie zu beobachten und Feinschmecker wissen das Fleisch so mancher Arten zu schätzen. Außerdem geben Süßwasserfische Auskunft über den Verschmutzungsgrad der Gewässer. Bachforellen sind am empfindlichsten und in sehr belasteten Gewässern können nur Katzenwelse überleben .

Flusswels
Er ist unser größter Süßwasserfisch und hat schon so manchen Angler zu Übertreibungen veranlasst. Doch der Wels frisst weder Schwäne noch kleine Kinder. Er lebt am Grund großer Flüsse, wo er sich hauptsächlich von Schleien und Karpfen ernährt. Die größten bekannten Exemplare waren über 4 m lang und 250 kg schwer! Gewöhnliche Länge: 1 - 2 m. Gewicht: 50 - 100 kg.

Ukelei
Dieser kleine, silberne Schwarmfisch lebt in Teichen und Flüssen mit geringer Strömung. An schönen Sommertagen kann man ihn in Scharen an der Wasseroberfläche bei der Insektenjagd beobachten und auch fangen. Kleinfische sind ein wichtiges Glied in der Nahrungskette unserer Gewässer. Länge: 10 - 20 cm. Gewicht: 20 - 50 g.

Gründling
Aufgrund der Wasserverschmutzung ist er heute selten geworden. Er bevorzugt Flüsse mit klarem Wasser, lebt aber auch in Seen. Er wühlt im Boden nach Würmern, Insekten und anderen kleinen Wassertieren. Länge: bis 15 cm. Gewicht: 10 - 20 g.

Hecht
Sein Körper ist lang gestreckt und seine schnabelartig abgeflachte Schnauze enthält viele große und kleine Zähne. Er frisst vor allem kranke und schwache Fische, aber auch Amphibien, Wasservögel und Kleinsäuger. Seine einzigen natürlichen Feinde sind die anderen Hechte und die Menschen. Länge: bis 1,2 m. Gewicht: 0,3 - 20 kg.

ANGELN IN DEUTSCHLAND

In vielen Ländern, beispielsweise in Österreich oder Frankreich, muss man zum Fischen lediglich eine Lizenz kaufen und für einige Gewässer eine Angelerlaubnis vom Eigentümer oder Pächter einholen. In Deutschland musst du aber erst einige formale Hürden überwinden, wenn du Angler werden möchtest! Der staatliche Fischereischein, der auch Jahresfischereischein genannt wird, ist Voraussetzung, um in Deutschland überhaupt angeln zu dürfen. In einigen Bundesländern kann man den Jugendfischereischein erst ab dem vollendeten 12. Lebensjahr erwerben, so z. B. in Hessen. In anderen Bundesländern, wie etwa in Bayern oder Nordrhein-Westfalen, ist der Erwerb des Jugendfischereischeines aber auch schon ab dem vollendeten 10. Lebensjahr möglich. Allerdings darfst du auch dann noch nicht alleine angeln. Bis zur Vollendung deines 14. Lebensjahres musst du stets in Begleitung eines erwachsenen Anglers sein, der einen Fischereischein besitzt. Der Fischereischein kann erst dann beantragt werden, wenn du eine Fischerprüfung bestanden hast. Zweck der Prüfung ist es, Kenntnisse über die verschiedenen Fischarten zu erwerben, aber auch zu lernen, wie man Fischbestände unterhält, Fischgewässer pflegt, die Fanggeräte richtig gebraucht und wie man die gefangenen Fische behandelt. Das scheint auf den ersten Blick sehr viel Lernstoff zu sein, wo Angeln doch als Erholung und Spaß angesehen wird. Aber du lernst so die fischereirechtlichen, tierschutzrechtlichen und naturschutzrechtlichen Vorschriften, die eine wichtige Grundlage fürs faire Angeln sind!

Neben dem Fischereischein benötigt man für die meisten Angelgewässer eine Angelerlaubnis vom Pächter oder Eigentümer des Gewässers.

Anglerknoten

Angler nutzen verschiedene Techniken, um die Angelhaken an die Schnur zu binden. Hier zwei davon:

Einfacher Klammerknoten

Dies ist die gleiche Technik wie beim Blutknoten. Er wird benutzt, um den Wirbel an das Ende der Angel zu binden.

Blutknoten

Er wird häufig angewendet, um die Nylonfäden am Ende der Angelschnur zusammenzubinden. Wickle die beiden Fäden mehrere Male umeinander, stecke die Enden in die Mitte der Schlaufe und ziehe sie gut fest.

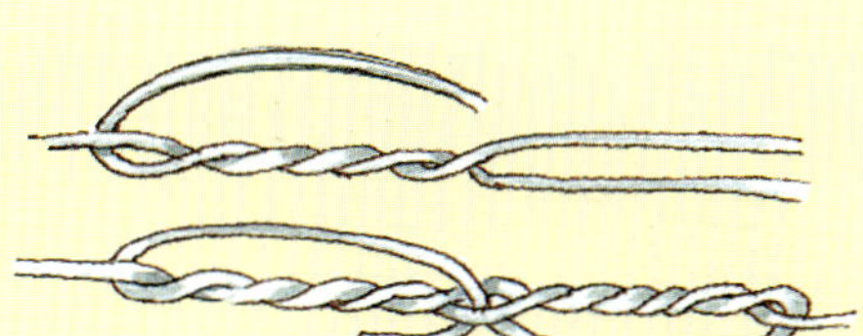

NA SO WAS!

Die Fischereiprüfung

Möchtest du die Fischereiprüfung ablegen? Hier ein paar typische Prüfungsfragen:

1. Welches Schonmaß hat ein Hecht?
2. Welchen Zweck erfüllt ein Schwimmer?
3. Welche Funktion hat die Schwimmblase?

Lebende Kabelschneider

In afrikanischen Flüssen lebt ein Fisch, der an einen anderthalb Meter langen Lachs erinnert. Die Zähne dieses gefürchteten Fleischfressers sollen sogar ein Stahlkabel durchtrennen können! Außerdem wird berichtet, dass er schon badende Kinder angefallen haben soll.

Rotauge, Plötze
Dieser schöne Fisch hat silbrige, blau oder gelb schillernde Schuppen. In Flüssen und Teichen mit klarem Wasser kommt er recht häufig vor. Seine Nahrung sucht er auf sandigen Böden und in dichten Krautbetten. Eine erfolgreiche Fangmethode ist das Grundangeln. Maden und Würmer sind gute Köder. Sein Fleisch schmeckt besonders gut. Länge: 10 - 50 cm. Gewicht: 0,1 - 2 kg.

Karpfen
Je nach ihrer Beschuppung unterscheidet man beim Karpfen vier Formen: Schuppenkarpfen, Spiegelkarpfen, Zeilkarpfen und Leder- oder Nacktkarpfen. Sie alle lieben warme, stehende oder langsam fließende Gewässer mit schlammigem Untergrund. Sie ernähren sich von Kleintieren und pflanzlichen Stoffen, die sie vom Boden aufnehmen. Karpfen können bis zu 30 Jahren alt werden, hundertjährige Karpfen gehören hingegen zum Anglerlatein. Um Karpfen zu fangen braucht man eine lange, mittelstarke Rute, eine kräftige Angelschnur und einen Haken der Größe 1 - 4. Die besten Köder in Fließgewässern sind Maden oder Tauwürmer, in Seen verwendet man am besten Kartoffeln oder Teige.
Länge: 0,3 - 1,2 m.
Gewicht: 0,3 - 40 kg!

Barbe
Sie hat einen schlanken Körper, mit silber- bis goldfarbenen Schuppen. Barben bewohnen in Gruppen schnell fließende Flüsse mit Kiesgrund. Sie ernähren sich vorwiegend von den Eiern anderer Fische. Sie sind misstrauisch und daher schwer zu fangen. Die beste Fangzeit ist am Ende des Tages nach einem Gewitterregen, wenn das Wasser schlammig ist. Eine Grundangel mit einem starkdrahtigen Haken ist ideal. Scheut man sich nicht vor Gräten, schmeckt ihr Fleisch hervorragend. Länge: 0,2 - 1 m. Gewicht: 0,3 - 8 kg.

Brassen, Brachsen
Dieser weit verbreitete Fisch hat einen flachen Körper und einen tief gegabelten Schwanz. Er ernährt sich von Kleintieren, die er mit seinem Rüsselmaul aus dem Bodenschlamm filtert. Brassen leben in Schwärmen, die mehrere Tausend Fische zählen können, in Seen und langsam fließenden Gewässern. Obwohl Brassen zu den Speisefischen gehören, schmeckt ihr Fleisch ziemlich fad und ist sehr grätenreich. Länge: 10 - 60 cm. Gewicht: 0,2 - 6 kg.

Angeln in stehenden Gewässern

In Teichen kannst du z. B. Karpfen, Schleien oder Barsche fangen. Um deine Chancen zu erhöhen solltest du zwei Ruten mit unterschiedlichen Ködern verwenden.

Fanggeräte

- Zwei einfache Ruten aus Nussholz oder Bambus sind gut geeignet.
- Kaufe zwei Nylonangelschnüre. Die eine Schnurstärke sollte 0,14 mm betragen. Dazu brauchst du einen Schwimmer aus Kork, einige Senkbleie und einen Haken der Größe 16 - 20. Die andere Schnur sollte 0,20 mm stark sein, einen Schwimmer haben, einige Senkbleie und einen Haken der Größe 10 - 12.

Günstige Momente

- abends
- bei schwülem, gewittrigem Wetter
- bei windigem Wetter

Ungünstige Momente

- nach plötzlichen Wetterwechseln
- vor und nach Vollmond

Das Angeln

- Befestige einen Regenwurm an dem größeren Haken und ein oder zwei Maden an dem kleineren.
- Wirf nun die erste Angel so weit wie möglich aus. Achte darauf, dass sie sich nicht in den Zweigen umstehender Bäume verfängt. Wirf dann an einem anderen Platz, z. B. in der Nähe eines Krautbettes, die zweite Angel aus.
- Beobachte die Wasseroberfläche. Aufsteigende Luftblasen und sich bewegende Pflanzen sind ein Zeichen für Karpfen und Schleien. Siehst du kleine Fische fächerartig an der Wasseroberfläche auseinander schnellen, so ist der Barsch auf Jagd.
- Denke daran, dass Karpfen und Schleien ausdauernde Kämpfer sind. Es ist ratsam, sie erst zu ermüden, bevor man sie an Land zieht, sonst reißt vielleicht deine Schnur.

Na so was!

Der richtige Köder

Neben lebenden Ködern gibt es noch eine ganze Reihe anderer, einfach zu beschaffender Köder, die Fische mögen! Bestücke deinen Haken doch einmal mit Mais (aus der Dose), mit gewürfeltem Schnittkäse oder Weißbrot!

Im Namen des Gesetzes

Zum Schutz der Fischbestände sind einige Fanggeräte oder -methoden verboten. Dazu zählt der Fischfang mit künstlichem Licht und der Einsatz giftiger, explodierender oder betäubender Mittel. Haken sind erlaubt, sie sollten aber weder verbogen noch verrostet sein!

Madenzucht

Maden selber zu züchten ist ganz leicht. Lasse eine Schachtel mit sehr reifem Camembert offen liegen. Bald wird eine Fliege ihre Eier darauf ablegen. Zwei Tage später ist der Käse dann voller Larven. Bohre einige Luftlöcher in den Deckel der Schachtel und schließe sie. Achtung: Nach drei Tagen werden die Larven zu Fliegen.

Katzenwels
Der aus Nordamerika stammende Katzenwels hat einen breiten Kopf mit vier langen Bartelpaaren. Seine Rückenflosse ist sehr scharf. Er ernährt sich von den Eiern anderer Fische und ist essbar. Länge: 10 - 50 cm.

Flussbarsch
Er lebt als Standfisch in nahezu allen fließenden und stehenden Gewässern. Jungfische und kleinere Exemplare leben in Gruppen, während größere Exemplare als Einzelgänger auf die Jagd gehen. Sie ernähren sich von Larven, Würmern und kleinen Fischen. Barsche sollten sofort nach dem Fang abgeschuppt werden. Ihr Fleisch schmeckt hervorragend. Länge: 20 - 50 cm. Gewicht: 0,2 - 3 kg.

Zander, Hechtbarsch
Auch er ist, wie der Hecht, ein Räuber. Anstatt seine Beute aber überraschend anzugreifen, verfolgt er sie lange. Er bewohnt saubere Fließgewässer und Seen und ist einer der schmackhaftesten Süßwasserfische. Länge: 0,3 - 1,2 m. Gewicht: 0,5 - 10 kg.

Schleie
Sie ist lichtscheu und bewohnt ruhige, pflanzenreiche Gewässer mit schlammigem Boden, in dem sie gerne nach Nahrung wühlt. Sie ernährt sich von Kleintieren und Pflanzenteilen. Vor der Zubereitung sollte man sie etwa eine Stunde in Essigwasser ziehen lassen, damit ihr leicht modriger Geschmack verschwindet. Danach schmeckt sie sehr gut. Länge: 20 - 60 cm. Gewicht: 0,5 - 4 kg.

Sonnenbarsch
Dieser farbenprächtige, kleine Fisch stammt ursprünglich aus Nordamerika. Mit etwas Geduld kann man ihn am Rande von klaren Gewässern beobachten. Locke ihn mit Brot an. Vorsicht: Seine Rückenflosse ist sehr stachelig. Länge: bis 15 cm.

Stichling
Dieser kleine schuppenlose Fisch frisst so ziemlich alles, was er finden kann. Vorsicht: Vor der Rückenflosse hat er Stacheln. Länge: bis 11 cm. Gewicht: 10 - 15 g.

So angelt man Bachforellen und Regenbogenforellen

Forellen kommen häufig in sauberen, schnell fließenden Flüssen vor. Die größeren Exemplare verstecken sich gerne in der Nähe von Brücken, in Uferbuchten oder unter umgestürzten Baumstämmen, die im Wasser liegen. Um sie zu fangen musst du den Köder vor ihnen hin und her bewegen. Forellen werden schon seit Urzeiten gefangen und gehören zu den am stärksten verbreiteten und beliebtesten Angelfischen.

Fanggerät

- Eine leichte Angel mit Spule. Die Schnur sollte 25 m lang und 0,2 mm dick sein. Du brauchst einen Haken der Größe 1 - 4, aber weder Blei noch Schwimmer.

Köder

- Alle Arten von Würmern.

Kleidung

- Da Forellen sehr wachsam sind, solltest du grüne oder kakifarbene Kleidung tragen und dich unauffällig und leise verhalten.

Das Angeln

- Wenn du einen Platz gefunden hast, an dem eine Forelle jagen könnte, beziehst du etwa 10 m weiter flussaufwärts Stellung. Wirf vorsichtig den Köder aus und lasse die Spule laufen, sodass er mit der Strömung zieht.
- Wenn sich etwa die Hälfte der Schnur abgerollt hat, beginnt die Arbeit mit dem Köder: Ziehe den Köder mit einer weiten und regelmäßigen Bewegung zurück und lasse ihn dann wieder mit der Strömung ziehen. Dein Ziel ist es, den Köder vor der Forelle hin und her zu bewegen.
- Wenn eine Forelle anbeißt, musst du sie mit einem Ruck anreißen und dann gleichmäßig zurückkurbeln.
- Wenn nach fünf bis zehn Minuten noch keine Forelle angebissen hat, kannst du den Köder wieder einholen, um ihn zu überprüfen. Wechsle ihn aus, wenn nötig, oder versuche es an einem anderen Platz.
- An kleinen, niedrigen Brücken ist diese Technik besonders erfolgreich, da sich die scheuen Forellen gerne im schattigen Uferbereich aufhalten.

Na so was!

Vaterliebe

Bei den Stichlingen kümmert sich das Männchen um die Brut. Es baut ein Nest am Grund und beschützt die Jungfische vor Feinden, indem es sie ins Maul nimmt, bis die Gefahr vorbei ist.

Totengräber

Gründlinge zählen zu den so genannten Kleinfischen und werden nur 10–20 cm lang. Aufgrund ihrer geringen Größe spielen sie keine große Rolle als Angelfische, sie werden aber gerne in Aquarien gehalten. Dort gehen sie am liebsten dicht am Boden in Deckung und sind eher unscheinbar. Dabei übernehmen sie allerdings den Reinigungsdienst im Aquarium. Sie fressen neben übrig gebliebenem Futter oder toten Maden auch Würmer, Dung, Pilze und anderes verschiedenes Aas. Dieses Fressverhalten führte dazu, dass den Gründlingen im Volksmund der Name „Totengräber" gegeben wurde. In der Natur bevorzugen sie schnell fließende Bäche und Tieflandflüsse, leben aber auch in Seen und sogar in salzarmen Gegenden der Ostsee.

Vögel am Wasser

Viele Vögel zieht es in die Nähe von Gewässern. Flüsse, Bäche, Seen oder Teiche sind ideale Orte, um z. B. Grasmücken und Meisen zu beobachten, denn hier finden sie Insekten und andere Kleintiere in Hülle und Fülle. Der Eisvogel lauert den Fischen von über dem Wasser hängenden Zweigen auf. Schilf und Büsche bieten außer Nahrungsvorräten auch gut geschützte Verstecke für den Nestbau.

Sumpfmeise
Sie lebt in lichten Laubwäldern oder buschreichem Sumpfgelände und ernährt sich von Insekten und kleinen Samen. Größe: 11 cm.

Teichrohrsänger
Er brütet im Schilf, wo er sich auch gerne versteckt und ausdauernd mit knarrenden Lauten singt. Er ist sehr verbreitet. Größe: 12 cm.

Beutelmeise
Diese kleine Meise baut ihr beutelförmiges Nest in dünne, über dem Wasser hängende Zweige. Größe: 11 cm.

Drosselrohrsänger
Der größte Rohrsänger lebt nicht so versteckt wie der Teichrohrsänger. Er hält sich aber auch gerne im Schilf auf. Man erkennt ihn an seinem Gesang, z. B. „karre-karre-karre-kiet-kiet-kiet". Größe: 20 cm.

Flussuferläufer
Diesen gefährdeten Vogel sieht man zur Zugzeit (April/Mai und August/September) oft an Binnengewässern. Er ernährt sich von kleinen Insekten. Größe: 20 cm.

Eisvogel
Man erkennt diesen schönen Vogel leicht an seinem türkisblauen Rücken und seinem rostroten Bauch. Um ihn zu beobachten musst du ihn auf Zweigen suchen, die über dem Wasser hängen. Er ernährt sich von kleinen Fischen, die er im Sturzflug fängt. Größe: 16 cm.

Schilfrohrsänger
Er kommt vor allem im Süden vor und lebt an schilfreichen Ufern. Sein Gesang ist sehr melodiös. Größe: 13 cm.

Rohrammer
Im Frühling sieht man sie oft singend auf einem Schilfrohr sitzen. Sie ernährt sich von Insekten, Schnecken und Samen in Sümpfen und Feldern. Größe: 15 cm.

Blaukehlchen
Diesen bedrohten Vogel erkennst du an seinem blauen Kehllatz mit dem weißen Fleck. Die blaue Kehle wird noch von einer schwarzen und einer rostroten Linie unterstrichen. Er brütet in verschilftem Weidengebüsch an Seen und Flüssen. Größe: 14 cm.

Flussregenpfeifer
Er lebt an kiesigen oder sandigen Ufern großer Flüsse. Heute weicht er zunehmend auf künstliche Sand- und Kiesgruben aus. Größe: 15 cm.

NA SO WAS!

Flaumenweiche Schuhe
Das Männchen der Beutelmeise baut ein Nest aus Lehm und Gräsern, das das Weibchen dann mit Daunen auspolstert. Aus diesen äußerst solide gebauten Nestern machte man früher Hausschuhe für Babys und Kleinkinder.

Bis zum bitteren Ende
Wenn ihre Jungen in Gefahr sind, verteidigt die Rohrammer sie sehr mutig und nimmt eher den Tod in Kauf als die Flucht zu ergreifen.

Auf ein Neues
Falls Hochwasser das Nest der Rohrsänger überschwemmt, bauen sie ein wenig höher einfach ein neues. Wie praktisch wäre es, könnten sie das Hochwasser vorausahnen!

Entenvögel und andere Schwimmvögel

Enten, Taucher und Säger sind auf dem Wasser zu Hause, egal ob es sich dabei um Seen, Teiche, Tümpel oder Flüsse handelt. Manche der Vögel sieht man nur im Winter. Sie ernähren sich von Wasserpflanzen, Insekten, Samen und Larven, die sie mit ihrem Schnabel aus dem Wasser filtern. Zu diesem Zweck ist er innen mit Hornlamellen oder -zähnen ausgestattet. Einige Enten gründeln, andere können bis auf den Grund tauchen. Um die einzelnen Arten auseinander zu halten musst du auf das auffällige Federkleid der Männchen achten.

Graugans
Sie unterscheidet sich von den Hausgänsen durch den kräftigen, orangegelb bis rosarot gefärbten Schnabel. Obwohl sie sehr gut schwimmen kann, sieht man sie öfter am Rande von stillen Gewässern, wo sie nach Pflanzennahrung sucht. Größe: bis 90 cm.

Teichhuhn
Es baut sein Nest an bewachsenen Ufern stehender und langsam fließender Gewässer. Wenn man es stört, flüchtet es so schnell wie möglich auf das Wasser. Seine Nahrung besteht vorwiegend aus Wasserpflanzen und Insekten. Größe: bis 35 cm.

Höckerschwan
Als ganzjähriger Bewohner von Parkteichen mitten in der Stadt ist er vielen von uns vertraut. In freier Natur lebt er auf großen Seen und offenen Flussläufen. Seine Nahrung besteht zum Großteil aus Wasserpflanzen, manchmal auch aus Gras und junger Saat. Größe: 1,5 m.

Zwergtaucher
Der kleinste Taucher Europas ist am kastanienbraunen Hals und den gelben Schnabelwinkeln zu erkennen. Größe: 25 cm.

Schwarzhalstaucher
Diesen seltenen, stark gefährdeten Vogel zeichnen die goldgelben Ohrbüschel am Kopf aus. Im Winter wird sein Hals grau. Größe: 35 cm.

Haubentaucher
Während der Brutzeit trägt er einen zweigeteilten Schopf und eine spreizbare Federkrause.
Größe: 50 cm.

Schnatterente
Man erkennt sie am weißen Flügelspiegel. Größe: 50 cm.

Stockente
Man erkennt sie am grünen Kopf und dem gelben Schnabel. Größe: 55 cm.

Tafelente
Sie ist schwarz und silbergrau, ihr Kopf rostrot. Größe: 45 cm.

Krickente
Sie hat einen rostroten Kopf mit zwei grünen Streifen. Größe: 35 cm.

Reiherente
Sie ist schwarz-weiß und trägt einen Schopf am Hinterkopf. Größe: 45 cm.

Eiderente
Das Männchen ist schwarz und weiß gefiedert. Größe: 60 cm.

Blässhuhn
Es wird oft mit dem Teichhuhn (s. S. 190) verwechselt, ist aber etwas größer, ganz schwarz und hat einen weißen Schnabel. Es ist weit weniger furchtsam als das Teichhuhn und lässt sich im Winter gerne füttern. Es ist weit verbreitet und man kann es oft auf Seen und Parkteichen beobachten. Größe: 35 cm.

Kolbenente
Mit ihrem karminroten Schnabel und ihrem goldbraunen Kopf ist sie unverkennbar. Größe: 50 cm.

NA SO WAS!

Bis dass der Tod euch scheidet?
In der Vogelwelt gibt es ganz unterschiedliche Verbindungen: Manche Paare bleiben sich ein Leben lang treu, andere nur für eine Brutperiode. Allerdings ist das „Fremdgehen" keineswegs unbekannt – manche Männchen haben einen ganzen Harem von Weibchen. Allerdings pflegen auch manche Weibchen der verschiedenen Vogelarten einen ganzen Schwarm von Männchen um sich zu scharen!

Daunenlieferant
Die Eiderente mag es bequem und baut ihr Nest aus Pflanzenmaterial und vielen Daunen, die sie sich am Bauch aus dem Federkleid zupft. Die Eiderdaunen werden auch als edle Füllung für Kopfkissen und Federbetten und vor allem als wärmende Füllung für Schlafsäcke und Anoraks geschätzt. Die gesellige Eiderente lässt es sogar zu, dass man die Daunen aus ihrem Nest entnimmt: Sie zupft sich einfach eine neue warme Matratze zurecht!

Spießente
Diese große Gründelente erkennt man an ihrem langen, spitzen Schwanz. Größe: 55 – 70 cm.

Gänsesäger
Er hat einen langen, schmalen, roten Schnabel mit Haken an der Spitze. Größe: 65 cm.

Knäkente
Die Männchen erkennt man an den weißen Augenstreifen. Größe: 40 cm.

NA SO WAS!

Wie ein Fisch
Der gefährdete Gänsesäger kann etwa 5 m tief und zwei Minuten lang tauchen. Außerdem schwimmt er so schnell, dass er sogar Fische – von denen ernährt er sich – einholt!

Löffelente
Ihr großer, löffelförmiger Schnabel ist unverkennbar. Größe: 50 cm.

MIT KASSETTENREKORDER UND FOTOAPPARAT AUF VOGELPIRSCH

Bestimmt gibt es bei dir in der Nähe einen Baggersee, einen Teich oder Tümpel, an dem sich viele Wasservögel aufhalten. Gerade Bagger- oder Badeseen sind recht gut dazu geeignet, die Vögel in ihrem natürlichen Lebensraum zu beobachten, da sie hier oft an die Gegenwart der Menschen gewöhnt sind. Wenn du mit Kassettenrekorder, Fotoapparat oder Videokamera auf Vogelpirsch gehen willst, solltest du immer genug Abstand zu den Vögeln wahren und dich unbedingt von den Nestern fern halten! Die Eltern der Jungvögel kehren sonst vielleicht nicht an das Nest zurück und die Jungen bleiben ohne Schutz und Nahrung. Oft gibt es auch Uferstreifen, die dicht bewachsen sind und den Vögeln Schutz bieten sollen. Betrete solche abgesperrten Gebiete niemals, du würdest nur die Tiere aufschrecken. Denke außerdem daran, dass Schwäne oder Graugänse auf deine Störung äußerst aggressiv reagieren könnten! Respektiere also die Wasservögel in ihrem Revier.

Was du brauchst:
- einen Fotoapparat (am besten mit Teleobjektiv) und Filme
- einen Kassettenrekorder oder ein anderes Aufnahmegerät
- Kassetten
- ein gutes Fernglas
- eine Videokamera und Kassetten
- ein Heft für Notizen und Schreibzeug
- viel Ruhe und Geduld!

Was es zu beobachten gibt:
- Präge dir zunächst die Umgebung gut ein – dies wird dir dabei helfen, auch ganz unauffällige Wasservögel schnell zu bemerken.
- Beobachte die Vögel möglichst über ein ganzes Jahr hinweg.
- Welche Vögel kommen im Frühjahr an?
- Welche kommen im Herbst an?
- Bleiben die Neuankömmlinge für längere Zeit oder sind sie nur auf der Durchreise?
- Wovon ernähren sich die verschiedenen Vögel?
- Wie suchen sie ihre Nahrung? „Durchschnattern" sie die Wasseroberfläche, gründeln sie oder tauchen sie bei der Nahrungssuche tiefer ins Wasser ein?
- Achte auf die Füße! Bei fast allen Wasservögeln sind die Zehen durch Schwimmhäute verbunden. So können die Füße beim Schwimmen wie Paddel eingesetzt werden. Bei den Blesshühnern hingegen sind die Zehen nicht durch Schwimmhäute verbunden: Jede einzelne Zehe besitzt einen Flossensaum, der auch Schwimmlappen genannt wird.
- Achte genau auf alle Geräusche! Die Rufe der einzelnen Vögel können dir dabei helfen herauszufinden, wo sie sich aufhalten. Außerdem kannst du die Rufe aufnehmen.
- Vergiss nicht, ab und zu den Himmel zu beobachten, damit du rechtzeitig feststellen kannst, ob neue Vögel ankommen und wo sie sich niederlassen.
- Beobachte im Winter, wie die Wasservögel eine Fläche des zufrierenden Sees durch Schwimmen eisfrei halten.
- Wenn du einen Videofilm drehen möchtest, musst du mit mindestens vier Stunden Beobachtungszeit rechnen! Wenn du dich schon vor Sonnenaufgang auf deinen Beobachtungsposten begeben kannst, wirst du besonders schöne Bilder machen können.
- Filme oder fotografiere alle Aktivitäten, die dir interessant erscheinen: Futtersuche, Gefiederpflege, Schwimmunterricht für den Nachwuchs, Start und Landung auf Land oder Wasser, Flug, Fortbewegung auf dem Land, Schwimmverhalten usw.
- Wichtig beim Filmen ist es vor allem, nicht nur mit dem Zoom aufzunehmen: Auf diese Weise verlierst du die Vögel schnell aus dem Blick, wenn sie sich bewegen!
- Notiere dir zu den einzelnen Aufnahmen das Datum, die Uhrzeit, die Wetterlage usw. oder sprich dir diese Informationen leise auf Band oder Video.

Schreit- und Watvögel

Diese Vögel haben meist lange Beine, einen langen Hals und einen langen Schnabel. Sie lauern in seichtem Wasser auf ihre Beute.

Kranich
Dieser sehr scheue Zugvogel verbringt den Winter in den Sumpfgebieten warmer Länder. Im Herbst kannst du die großen, V-förmigen Kranichzüge und ihre Trompeten-Rufe wahrnehmen. Größe: 1,3 m.

Uferschnepfe
Mit ihrem langen, spitzen Schnabel wühlt sie im Schlamm nach Würmern. Im Winter ist sie an Seen und an der Küste zu finden. Größe: 40 cm.

Graureiher
Wegen der Zerstörung natürlicher Gewässer fangen immer mehr Graureiher ihre Beutetiere in Fischzuchten. Sie bauen ihre Nester auf hohen Bäumen. Größe: 1 m.

NA SO WAS!

Harpunenfischer
Nach kleinen Beutetieren schnappt der Reiher direkt mit dem Schnabel, größere spießt er mit dem Schnabel auf. Dann wirft er sie geschickt in die Luft und fängt sie beim Herunterfallen so auf, dass er sie mit dem Kopf voran verschlingen kann.

Stramme Haltung
Wenn sich die Rohrdommel bedroht fühlt, nimmt sie die „Pfahlstellung“ ein: Kopf und Hals sind nach oben gereckt, der Schnabel ragt steil in den Himmel. Sie kann bis zu einem halben Tag regungslos so verharren!

Nachtreiher
Sein Körper erinnert an den des Graureihers, aber seine Beine und sein Schnabel sind viel kürzer. Du kannst ihn in der Dämmerung beobachten, wenn er auf Nahrungssuche geht. Größe: 60 cm.

Bekassine
Sie ist eher klein und hat einen sehr langen, geraden Schnabel. Aufgescheucht fliegt sie im tiefen Zickzackflug. Größe: 25 cm.

SPUREN

Am Rand von Teichen und Flüssen hinterlassen Tiere oft tiefe Spuren im weichen Boden. Ist der Abdruck noch mit aufgewühltem Wasser gefüllt, ist er weniger als eine Stunde alt.

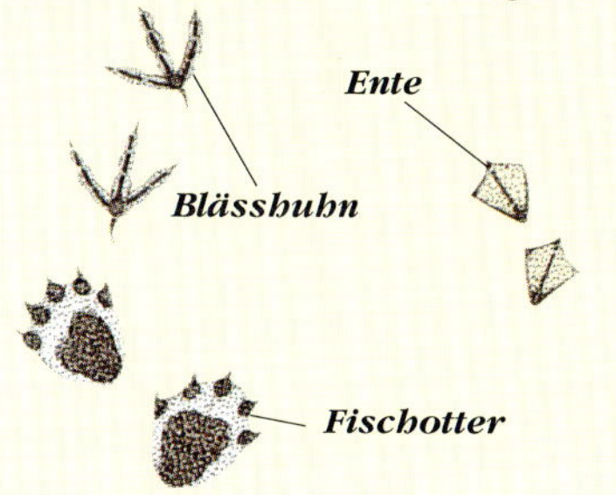

Rohrdommel
Wenn es mitten im Schilf muht, handelt es sich nicht um eine badende Kuh, sondern um das Männchen der Rohrdommel, das sein Weibchen ruft! Sein gestreiftes Federkleid ist so gut an seine Umgebung angepasst, dass es schwer zu entdecken ist. Größe: 70 – 80 cm.

Seidenreiher
Er ist schneeweiß mit einem schwarzen Schnabel und trägt während der Brutzeit lange Schmuckfedern an Hinterkopf und Schultern. Er ernährt sich von kleinen Fischen und lebt auf Flüssen und Seen Südeuropas. Größe: 60 cm.

Zwergdommel
Sie ist der kleinste Reiher Europas und lebt versteckt im Schilf. Sie frisst Frösche und kleine Fische. Größe: 30 – 40 cm.

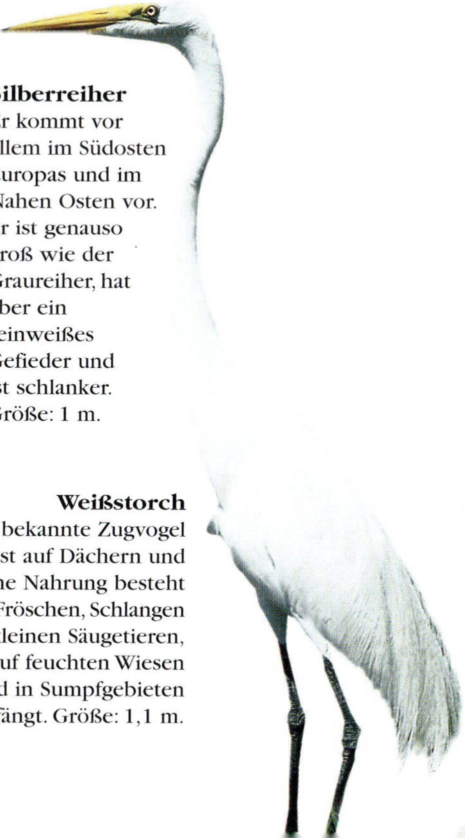

Silberreiher
Er kommt vor allem im Südosten Europas und im Nahen Osten vor. Er ist genauso groß wie der Graureiher, hat aber ein reinweißes Gefieder und ist schlanker. Größe: 1 m.

Weißstorch
Dieser bekannte Zugvogel baut sein Nest auf Dächern und Kaminen. Seine Nahrung besteht vor allem aus Fröschen, Schlangen und kleinen Säugetieren, die er auf feuchten Wiesen und in Sumpfgebieten fängt. Größe: 1,1 m.

Säugetiere

Mehrere Säugetierarten finden am Wasser Schutz und Nahrung. Zwei von ihnen sind heimische Nagetiere: Die Westschermaus, eine sehr gute Taucherin, und der Biber. Zwei andere Nagetiere, der Sumpfbiber und die Bisamratte, wurden aus Amerika eingeführt. Dazu kommt noch der Fischotter, ein Fleischfresser, der nur an sehr reinen Gewässern lebt.

Westschermaus
Diese kleinen Tiere leben in großen Familienverbänden und kommen vorwiegend in Spanien und Frankreich vor. An Steilufern bauen sie beachtliche Gangsysteme mit Nest- und Vorratskammer. Da sie vorwiegend tagaktiv und nicht sehr scheu sind, kann man sie einfach beobachten.
Länge: 20 - 30 cm.
Gewicht: 200 - 300 g.

Sumpfbiber, Nutria
Er gehört zur Familie der Baumratten, stammt ursprünglich aus Südamerika und wurde zur Pelzgewinnung importiert.
Länge: 45 - 60 cm.
Gewicht: 2,5 - 10 kg.

Fischotter
Da er wegen seines Pelzes gejagt wurde und nur an sehr sauberen Gewässern überleben kann, ist er heute vom Aussterben bedroht und streng geschützt. Er ist ein ausgezeichneter Schwimmer, der nachts auf Nahrungssuche geht und sich tagsüber in seinem Bau ausruht. Die spielfreudigen Tiere wurden früher zum Fischfang dressiert.
Länge: 0,7 - 1,5 m.
Gewicht: 5 - 15 kg.

Biber
Er wurde durch die Pelzjagd fast ausgerottet und musste unter Schutz gestellt und wieder angesiedelt werden. Du erkennst diesen Pflanzenfresser an seinem abgeflachten Schwanz, seinem Steuer. Die beeindruckenden Zähne dienen ihm als Werkzeuge.
Länge: 1 - 1,3 m. Gewicht: 20 - 40 kg.

Bisamratte
Sie wurde Anfang des Jahrhunderts für die Pelzzucht aus Nordamerika zu uns gebracht und ist inzwischen hier so gut wie heimisch. Sie ernährt sich vorwiegend von Wasserpflanzen. Ihre riesigen Gangsysteme im Uferbereich können große Schäden verursachen.
Länge: 60 - 80 cm. Gewicht: 1 - 1,5 kg.

BIBERBAUTEN

Die Biberburg
Biber haben den wohlverdienten Ruf geschickte Baumeister zu sein. Betrachte nur einmal ihre Wohnburgen: Zunächst bauen die Biber eine Höhle am Ufer. Der Zugang liegt unter Wasser, aber die Burg verfügt über einen Luftschacht. Die Gänge steigen leicht an und münden im Wohnkessel, der über dem Wasserspiegel liegt.
Wenn das Wasser steigt und Überschwemmungsgefahr besteht, stocken die Biber die Burg mit Zweigen, Schlamm und Ton auf und graben einen neuen Wohnkessel. Biberburgen werden oft über mehrere Generationen bewohnt.

Die Dämme
Biber bauen Staudämme, um das Absinken des Wasserspiegels zu verhindern. Sonst würden nämlich die Eingänge ihrer Burgen sichtbar werden und Fressfeinde hätten freien Zutritt. Mithilfe ihrer kräftigen Zähne fällen Biber junge Bäume und bauen aus den Stämmen einen Damm, den sie mit Ästen, Schlamm und Schilf verstärken. An einem Biberfluss gibt es oft mehrere Dämme hintereinander. Jeder dieser Dämme dient dem Schutz einer oder mehrerer Burgen. Außerdem legen Biber oft in der Nähe ihrer Burgen einen unter Wasser gelegenen Nahrungsvorrat an Junghölzern für den Winter an.

Wo kann man Biber sehen?
In Nordamerika, wo es noch sehr viele Biber gibt, können die Dämme beachtliche Ausmaße erreichen: bis zu 100 m lang, 1 m hoch und 80 cm breit! In Europa, wo Biber leider sehr lange gejagt wurden, konnte man bis vor kurzem nur selten die Spuren dieser Baumeister entdecken. Jetzt, da sie unter Schutz stehen und in Ruhe bauen dürfen, erscheinen Burgen und Dämme wieder häufiger. Die Gegenwart von Bibern erkennt man aufgrund ihrer Bauten zwar leicht, die Biber selbst sieht man aber eher selten, da sie vor allem dämmerungs- und nachtaktiv sind.

Im Schlamm

Der Bodenschlamm stiller Gewässer ist ein günstiger Lebensraum für viele unauffällige Wasserbewohner wie Weichtiere, Insekten oder Würmer. Sie alle finden im Schlamm ein reiches Nahrungsangebot an Pflanzen und kleinen Beutetieren.

Spitzschlammschnecke
Ursprünglich eine Landschnecke, lebt sie zwar im Wasser, atmet aber mithilfe von Lungen. Deshalb muss sie oft an die Wasseroberfläche kommen, um Luft zu holen.

Sumpfdeckelschnecke
Diese lebend gebärende Schnecke ist an das Leben im Wasser perfekt angepasst: Mit den Kiemen nimmt sie den Sauerstoff aus dem Wasser auf. Typisch ist ihre grünlich braune Färbung.

Strudelwürmer (Planarien)
Diese Würmer sind nachtaktiv und ernähren sich räuberisch von Schnecken- und Fischeiern.

Schlammröhrenwürmer (Tubifex)
Diese dünnen Ringelwürmer leben in Schlammröhren und bilden Kolonien.

Blutegel
Diese Ringelwürmer ernähren sich wie Vampire vom Blut anderer Tiere, von dem sie bis zu 15 cm^3 mit ihrem Saugmund aufnehmen können! Sie heften sich im Wasser auch an Menschen.

Tellerschnecke
Du erkennst sie an ihrem flachen, spiralig gewundenen Gehäuse. Sie ernährt sich von Wasserpflanzen und muss zum Atmen regelmäßig auftauchen. Wenn die Nahrung knapp wird, wagt sie sich auch ans Ufer.

Süßwassermuscheln
Durch Gewässerverschmutzung sind viele Süßwassermuscheln vom Aussterben bedroht. Alle Arten stehen unter Schutz. Sie ernähren sich von Plankton und sind 6 – 12 cm groß. Ihre Schale ist oft dünn, da im Süßwasser nur wenig Mineralstoffe vorhanden sind.

VOM EI ZUM FROSCH

In Europa gibt es etwa 25 Froschlurcharten, von denen Frösche und Kröten zu den bekanntesten zählen. Die ältesten fossilen Funde von Froschlurchen stammen aus der Zeit des Jura und sind ungefähr 150 Millionen Jahre alt. Erwachsene Froschlurche sind schwanzlos und haben einen gedrungenen Körper. Die Hinterbeine sind länger als die Vorderbeine und werden als Sprungbeine genutzt. Frösche haben eine schuppenlose, glatte, meist feuchte Haut. Krötenhaut hingegen ist trocken und oft warzig.

Die Entwicklung der Froschlurche vom Ei zum ausgewachsenen Frosch oder zur Kröte nennt man Metamorphose. Fast alle Froschlurche beginnen ihr Leben im Wasser: Die Ende Mai oder Anfang Juni als Laich abgelegten Eier sind meist in eine gallertartige Schutzhülle eingeschlossen und werden von den Männchen im Wasser besamt. Je nach Art unterscheiden sich die Eier in Größe, Form und Farbe sowie in der Art ihrer Ablage: Frösche legen ihre Eier meistens einzeln oder als Klumpen ab. Kröteneier haben in der Regel die Form langer Schnüre. Einige Arten geben die Eier frei ins Wasser ab, andere befestigen sie sehr sorgfältig an Wasserpflanzen oder Steinen. Aus den befruchteten Eiern schlüpfen Larven, die man Kaulquappen nennt.

Von der Kaulquappe zum Frosch

- Im Alter von einer Woche besitzt die Kaulquappe gefiederte äußere Kiemen. Sie hat kein Maul und kann keine Nahrung aufnehmen. Der Schwanz wird länger und die Augen und das Maul bilden sich heraus.
- Im Alter von zwei Wochen hat die Kaulquappe keine äußeren Kiemen mehr und atmet nun mit inneren Kiemen. Sie ernährt sich von Pflanzen.
- Im Alter von sechs Wochen sind die Hinterbeine ausgebildet.
- Im Alter von acht Wochen sind auch die Vorderbeine ausgebildet und der Schwanz beginnt zu schrumpfen. Die inneren Kiemen werden durch Lungen ersetzt. Die Kaulquappe muss nun zum Atmen an die Wasseroberfläche kommen.
- Nach 12 bis 16 Wochen ist aus der Kaulquappe ein kleiner Frosch geworden, der sich nicht mehr nur im Wasser, sondern auch an Land aufhält. Er ernährt sich jetzt ausschließlich von Insekten.
- Nach drei Jahren ist der Frosch geschlechtsreif und kann nun seinerseits für Nachwuchs sorgen.

Laichschnüre einer Kröte

NA SO WAS!

Urige Überlebende
In Kohlebergwerken werden immer wieder Fossilien von Panzerlurchen entdeckt, die vor etwa 300 Millionen Jahren in den Sümpfen Europas lebten. Sie waren die Urahnen unserer Froschlurche. Einige wenige Arten haben überlebt, wie ein japanischer Lurch, der bis zu 1,8 m lang werden kann und 50 kg wiegt. Eine amerikanische Art wird immerhin beeindruckende 80 cm lang.

Fleisch fressende Riesen
In Westafrika leben die weltweit größten Frösche: die Goliathfrösche. Sie werden bis zu 60 cm groß und wiegen 4 kg. Sie fressen kleine Nager und Krebse.

WEIDENKÖRBE FLECHTEN LEICHT GEMACHT

Die Kunst des Flechtens ist schon sehr alt.
Unsere frühesten Vorfahren stellten bereits Körbe her, bevor sie gelernt hatten, Werkzeuge anzufertigen oder Ackerbau und Viehzucht zu betreiben. Die ersten primitiven Körbe waren aus Blättern und Gräsern geflochten und wurden zum Sammeln von Früchten verwendet. Später wurden Körbe dann zu alltäglichen Gebrauchsgegenständen und dienten zur Beförderung von Nahrungsmitteln und persönlichen Dingen oder zur Vorratshaltung. Diese Kunst hat sich bis heute erhalten und ist bei allen Völkern vertreten. Auch du kannst einen Korb flechten. Im Fachhandel sind die verschiedenen Weidensorten erhältlich.

Was du brauchst:
- ein Messer mit scharfer, feststehender Klinge
- einen Lochstecher
- eine Baumschere
- dicke Ruten
- mittlere Ruten
- dünne Ruten
- sehr dünne Ruten

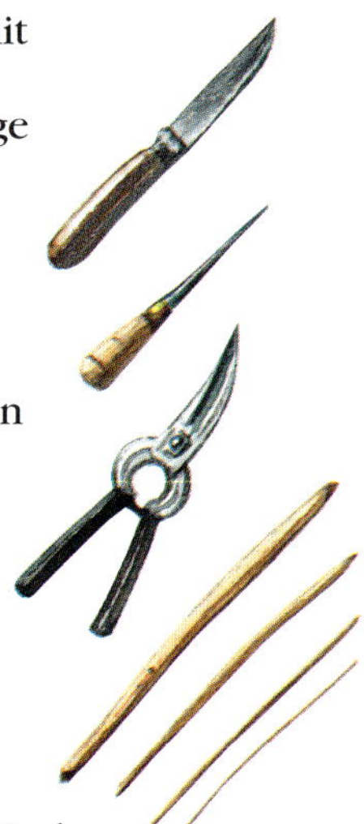

Vorsichtsmaßnahmen
- Ziehe Handschuhe an, um Verletzungen mit den scharfen Geräten zu vermeiden.
- Sei geduldig und verteile die Arbeit auf mehrere Tage.

Flechttechniken
- Das einfache Geflecht: Es wird mit nur einer Rute geflochten.

- Das Zäunergeflecht: Zwei Ruten kreuzen sich beim Flechten.

Das Bodenkreuz
- Schneide sechs 25 cm lange Bodenstützen aus einer dicken Rute.
- Spalte mit dem Messer drei der Stützen in der Mitte etwa 5 cm auf.
- Erweitere den Spalt mit dem Lochstecher und stecke die übrigen drei Stützen nebeneinander durch die gespaltenen, sodass sich die Form eines Kreuzes ergibt. Jeder Arm des Kreuzes besteht aus drei dicht aneinander liegenden Bodenstützen.

Die Stabilisierung des Bodenkreuzes
- Schneide zwei 20 cm lange Stücke aus einer dünnen Rute.
- Stecke das Ende der Ruten nebeneinander durch die drei gespaltenen Stützen hindurch. Die eine Rute biegst du über drei Bodenstützen, die zweite Rute unter dieselben Stützen. Kreuze dann die beiden Ruten und flicht genauso weiter, zweimal rundherum. Flicht dann eine letzte Runde, diesmal aber über jede einzelne Bodenstütze. Schneide die beiden Ruten so ab, dass sich die Enden im Faltz verstecken lassen.
- Am Ende müssen die sechs Bodenstützen regelmäßig auseinander stehen, sodass eine Sternfigur entsteht.

Das Flechten des Bodens
- Nimm mehrere mittlere, 25 cm lange Ruten.
- Für den Boden benutzt man das Zäunergeflecht, also zwei Ruten auf einmal, die man über den jeweiligen Bodenstützen kreuzt.

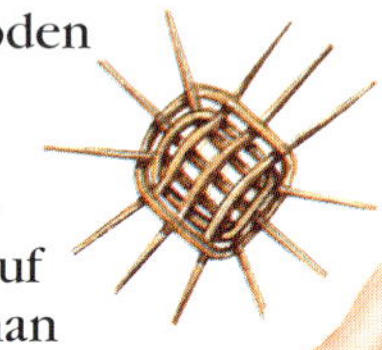

- Kommst du ans Ende der Ruten, nimmst du zwei neue, die du neben den Enden der verflochtenen Ruten einlegst.
- Wenn der Boden einen Durchmesser von etwa 20 cm erreicht hat, steckst du die Enden der Ruten in das Geflecht ein. Schneide dann die herausragenden Bodenstützen mit der Baumschere ab.

Die Steller für die Korbwand
- Nimm 24 dünne, etwa 50 cm lange Ruten.
- Spitze jede Rute an einem Ende flach zu.
- Schiebe dann rechts und links von jeder Bodenstütze eine dieser Weiden möglichst tief in das Bodengeflecht.

Das Aufbiegen der eingesteckten Steller

- Vorsichtig wird jeder einzelne Steller mit dem Messerrücken knapp am Ende des Bodengeflechts niedergedrückt und mit dem Messerrücken langsam nach oben gebogen.
- Nachdem du diese Operation bei jedem Steller durchgeführt

hast, bindest du die aufgebogenen Steller am oberen Ende mithilfe einer ca. 40 cm langen Schnur oder einem Stück Draht zusammen, sodass sie aufrecht stehen bleiben.

Der untere Abschluss

- Flicht nun zwei dicke Ruten mit dem Zäunergeflecht einmal um die Steller.
- Die Enden der Ruten schiebst du in das Bodengeflecht.
- Ist die Runde geflochten, hämmerst du die Ruten dicht an das Bodengeflecht, um einen festen Rand zu haben.

Das Flechten des Körpers

- Nun flichtst du mit ungefähr 50 cm langen Ruten den Körper des Korbes mit dem einfachen Geflecht (also jeweils nur mit einer Rute). Schwierig ist nur, die Anfänge und Enden der Ruten gut zu verstecken.
- Hämmere nach jeder Runde die Reihen fest.

Der obere Rand

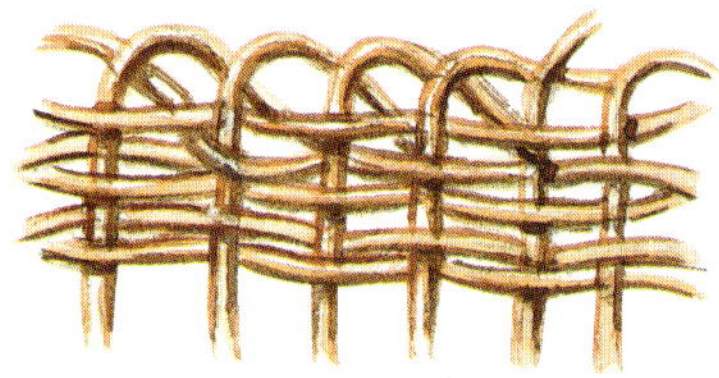

- Erreicht dein Korb eine Höhe von etwa 25 cm, nimmst du mittlere Ruten und flichtst drei Runden mit dem Zäunergeflecht (also mit zwei Weiden gleichzeitig). Anfänge und Enden der Ruten müssen gut versteckt werden. Hämmere nach jeder Runde die Reihen fest.
- Sind die drei Runden geflochten, müssen die 24 Steller zugespitzt werden. Biege sie dann mithilfe des Messerrückens rechtwinklig nach rechts.
- Stecke schließlich jeden Steller so tief wie möglich neben dem jeweiligen rechten Steller ein. Benutze, wenn nötig, den Lochstecher.
- Hast du alle Steller gebogen und eingesteckt, überprüfe, ob sie alle gleichmäßig stecken. Wenn nicht, musst du einige vielleicht weiter einschieben und andere eventuell weiter herausziehen.

Der letzte Schliff

- Schneide mit der Gartenschere die Rutenenden ab, die zu weit herausstehen.

Im Wald

Wälder sind mehr als nur eine Ansammlung von Bäumen und anderen Pflanzen. Sie liefern Holz und Sauerstoff und binden den Staub in der Luft. Naturnahe Wälder sind „grüne Lungen“, die Regenwasser speichern und unzähligen Tieren und Pflanzen Lebensraum bieten. Wer mit offenen Augen durch den Wald geht, kann wahre Wunder entdecken!

Wir machen einen Ausflug in den Wald

Damit eine Wanderung interessant wird, solltest du sie gut vorbereiten: Informiere dich über den Wanderweg, die örtlichen Verhältnisse und über sehenswerte Besonderheiten der Strecke.

Auf welchen Wegen?

In allen öffentlichen Wäldern darf man spazieren gehen, egal ob es sich um Stadt- oder Kommunalwald handelt. Privatwald aber darf nur dann betreten werden, wenn er nicht eingezäunt ist und auch kein Schild den Zutritt verbietet.

Mit wem?

Gehe niemals alleine in den Wald. Es ist einfach zu gefährlich, auch wenn du sehr mutig bist. Am besten ziehst du mit deinen Freunden los und ihr ladet einen Erwachsenen ein. Zusammen könnt ihr die Geheimnisse des Waldes entdecken!

Was kann man machen?

Ein Ausflug in den Wald ist in erster Linie ein Spaziergang, auf dem ihr die Natur genießen und betrachten könnt. Je nach Waldtyp, Klima und Jahreszeit könnt ihr Bäume und Blumen bestimmen, Tierbauten und Tierspuren näher untersuchen oder essbare Beeren, wie Brombeeren, Walderdbeeren, Heidelbeeren, Himbeeren, oder Pilze sammeln. Wählt ein oder zwei Themen aus und bereitet sie gut vor, dann wird euer Ausflug bestimmt ein Erfolg.

Was kann man sammeln?

Das Naturschutzgesetz verbietet es zwar, irgendetwas aus der Natur zu entnehmen, aber das Sammeln von Pilzen und Beeren in kleinen Mengen für den persönlichen Gebrauch wird toleriert. Sammelt aber stets nur so viel, wie ihr wirklich braucht. Einige Pflanzen, z. B. Orchideen, sind geschützt und dürfen auf keinen Fall gepflückt werden. In manchen Gegenden ist es sogar ganz verboten, Blumen zu pflücken. Informiert euch deshalb vorher! Achtung Vergiftungsgefahr: Esst niemals Beeren, die ihr nicht ganz genau kennt, steckt keine Grashalme, Blätter oder Blumen in den Mund und bereitet vor allem niemals selbst gesammelte Pilze zu, ohne sie vorher einem Fachmann gezeigt zu haben!

Die Vorbereitung

Natürlich hat es seinen Reiz, unvorbereitet loszumaschieren, aber es besteht die Gefahr, sich zu verlaufen oder nur uninteressante Orte zu sehen. Legt den Weg also auf einer Karte im Maßstab 1 : 25 000 fest. Stattet euch mit einer solchen Karte und einem Notizheft aus und befragt die Leute, die sich im Wald auskennen, wie Forsthüter, Jäger oder Bauern. Fragt auch beim Rathaus oder Forstamt nach. Bestimmt bekommt ihr viele gute Tipps. Nach der Befragung legt ihr den Weg fest; die Länge könnt ihr mithilfe eines Kurvenmessers berechnen: Hin- und Rückweg sollten insgesamt nicht länger als 10 km sein – beim ersten Mal am besten nicht länger als 3 km. Zeichnet den Weg mit einem Leuchtstift auf der Karte ein. Markiert die wichtigsten Orientierungspunkte mit Pfeilen: Forsthaus, große Weggabelung, Orientierungstafel, Felsen usw. Diese Orientierungshilfen zeigen euch bei eurem Ausflug an, dass ihr auf dem richtigen Weg seid.

Die Ausrüstung

- Die richtige Kleidung ist sehr wichtig. Ihr solltet Kniestrümpfe, knöchelhohe Wanderschuhe, eine bequeme Hose (auf keinen Fall eine enge Jeans!), eine atmungsaktive, wasserdichte Jacke mit großen Taschen und eine Kopfbedeckung tragen. Je nach Jahreszeit und Klima solltet ihr auch dicke Wollpullover, Schals und Handschuhe dabei haben.

- In einem Rucksack nehmt ihr eine leichte Regenjacke, einige Kleinigkeiten für den Hunger zwischendurch, ein komplettes Picknick, eine Flasche Wasser und eine Plastiktüte für die Abfälle (Papier, Plastik, Flaschen, Jogurtbecher usw.) mit.

- Je nachdem, was ihr tun wollt, braucht ihr noch eine Lupe, ein Fernglas, einen Korb oder Ähnliches.

Die richtige Zeit

Die Vielfalt des Waldes entdeckt man am besten kurz vor und nach Sonnenaufgang: tag- und nachtaktive Tiere sind unterwegs, die Blumen duften und ein leichter Morgennebel verhüllt gehcimnisvoll die Bäume. Ihr müsst aber früh aufstehen, um spätestens eine halbe Stunde vor Sonnenaufgang im Wald zu sein! In diesem Fall solltet ihr nach etwa einer Wegstunde einen kleinen Imbiss zu euch nehmen und gegen Mittag picknicken.

Einige Ratschläge

- Informiert immer einen Erwachsenen: Wann und wohin wollt ihr losmarschieren und wann seid ihr zurück?

- Nehmt euch vor Ottern und Zecken in Acht, sie können eure Gesundheit beeinträchtigen.

- Verschiebt eure Wanderung, wenn es stürmt oder wenn es nach Gewitter aussieht. Herabfallende Äste oder Blitze könnten euch verletzen.

- Ruht euch niemals unter einem toten Baum aus.

- Klettert nicht auf Stapeln mit gefällten Stämmen herum, sie könnten zusammenbrechen.

- Klettert nicht auf Bäume, denn viele Arten haben recht instabile Äste.

- Hunde müssen stets an der Leine gehalten werden. Sie verlaufen sich leicht im Wald und können euch auch nicht helfen, wenn ihr die Orientierung verloren habt!

Wie orientiert man sich?

Da man sich im Wald schnell verlaufen kann, solltet ihr euch stets an folgende Regeln halten:

- Geht den gleichen Weg zurück, den ihr auch gekommen seid, dann ist die Gefahr kleiner, dass ihr euch im Weg und in der benötigten Zeit täuscht.

- Am einfachsten ist es, immer auf dem gleichen Waldweg zu bleiben.

- Wenn ihr von einem Weg abbiegen wollt, solltet ihr die Abzweigung mit einem großen Pfeil aus Ästen oder Steinen markieren, wobei der Pfeil in die Richtung zeigt, in die ihr auf dem Rückweg gehen wollt.

- Kennzeichnet etwa viertelstündlich euren Weg durch kleine Steinhaufen oder gut sichtbare Markierungen am Boden.

- Wenn ihr euch verlaufen habt, solltet ihr auf einem großen Waldweg bleiben, auf dem man euch leicht finden kann.

WEGMARKIERUNGEN

Ein ausgeklügeltes System von Wegmarkierungen kennzeichnet alle (Fern-) Wanderwege. Die wichtigsten Zeichen sind hier abgebildet:

1 2 3 4

1 - Fernwanderweg
2 - Richtungswechsel des Fernwanderweges
3 - Falsche Richtung
4 - Spazier- oder Wanderweg mit Parzellennummerierung

Das Leben im Wald

Ein Wald ist die natürliche Lebensgemeinschaft von dicht stehenden Bäumen und einer besonderen Tier- und Pflanzenwelt. Einige Tiere sind typische Waldtiere, andere leben auf dem Feld, schlafen aber im Wald.

Natürlich sind Bäume die am meisten vertretenen Pflanzen in einem Wald. Je nach Boden, Region und Waldtyp gibt es aber sehr unterschiedliche Bäume und auch andere Pflanzen. Unter Laubbäumen wächst eine reichhaltige Strauch- und Krautvegetation. Auf jedem freien Fleckchen keimen Samen, die mit der Zeit zu neuen Bäumen, Büschen oder anderen Pflanzen heranwachsen. Unter Nadelbäumen findet man vor allem Moose und verschiedene Pilze, da ihr dunkler Schatten kaum andere Pflanzen wachsen lässt und sich die herabfallenden Nadeln nur langsam zersetzen. Wahrscheinlich standen die tiefen Schatten der vielen, dicht stehenden Nadelbäume Pate, als man dem Schwarzwald seinen Namen gab.

Die meisten Tiere kann man am Waldrand beobachten. Allerdings sind viel Geduld und absolute Stille notwendig, um sie zu entdecken. Vielleicht sieht man auch nur noch den Schwanz eines Eichhörnchens oder den Schatten eines flüchtenden Rehs. Auf jeden Fall begegnet man vielen Insekten, fleißigen Ameisen und Schmetterlingen. Wenn ihr einmal ein regungsloses Rehkitz entdeckt, solltet ihr euch nicht nähern und es unter gar keinen Umständen anfassen. Seine Mutter ist mit Sicherheit in der Nähe und beschützt ihr Junges energisch, wenn sie Feinde und Gefahr wittert!

Giftpilze

Es macht Spaß, im Wald Pilze zu sammeln. Aber man muss stets vorsichtig sein, denn viele Pilze können tödlich sein! Halte dich stets an die folgenden Regeln, damit du deine Ausbeute ruhigen Gewissens genießen kannst: Präge dir Aussehen und Merkmale der Giftpilze genau ein! Sammle nur die Pilze, die du sicher bestimmen kannst! Iss niemals einen Pilz, ohne deine gesamte Ausbeute einem Fachmann gezeigt zu haben! Verlasse dich niemals auf den Geruch eines Pilzes, denn einige Giftpilze riechen sehr angenehm! Bedenke immer, dass manche Giftpilze Speisepilzen zum Verwechseln ähnlich sehen!

Satansröhrling
Diesen giftigen Röhrling erkennt man an seinem ekelhaften Geruch und dem unten roten Stiel. Sein Gift führt zu heftigen Magenverstimmungen.

Nadelholzhäubling
Dieser kleine, gelbe, manchmal durchscheinende Pilz wächst im Nadelwald auf totem Holz (Baumstümpfe, gefällte Stämme). Von November bis Juli kann man ihn finden. Er riecht charakteristisch nach Mehl und ist tödlich giftig.

Ölbaumtrichterling
Er steht in Büscheln an Baumstümpfen sowie am Fuß vieler Bäume und wächst vor allem in Südeuropa. Er ist orangefarben und sein Fleisch ist weiß. Seine Lamellen leuchten in der Dunkelheit! Der Verzehr dieses Pilzes führt zu schlimmen Vergiftungen.

Wolliger Milchling
Er wächst im Sommer und Herbst in Laub- und Nadelwäldern und führt zu Brechdurchfall.

Frühjahrslorchel
Sie wird leicht mit der Speisemorchel verwechselt, enthält aber – roh wie gekocht – ein tödliches Gift.

Grüner Knollenblätterpilz
(vgl. S. 126)
Er wirkt immer tödlich! Meide Pilze mit einer Scheide und weißen Lamellen.

Aufbau eines Lamellenpilzes

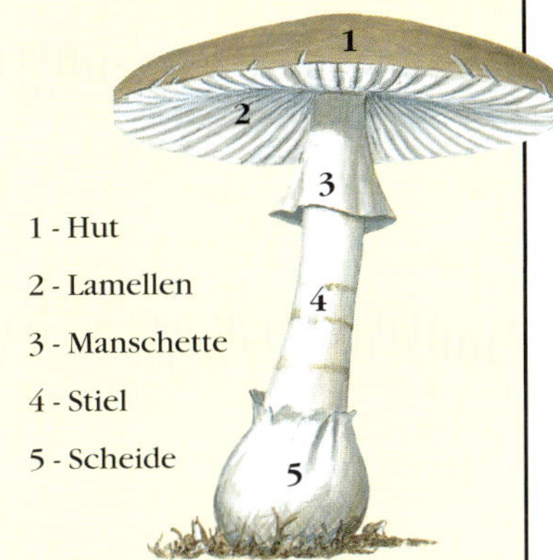

Fliegenpilz
Im Herbst erkennt man ihn leicht an seinem roten Hut mit den weißen Schuppen. Er kann aber auch orangefarben und ohne Schuppen sein. Der Stiel ist weiß, die Lamellen sind weiß oder cremefarben. Er führt zu starken Vergiftungen.

Schöngelber Klumpfuß
Der junge Pilz ist schwefelgelb, kann aber später braun werden. Manche Arten sind auch eher rötlich. Er ist fast immer tödlich! Pilze aus der Familie der Klumpfüße sollte man niemals sammeln.

Riesenrötling
Dieser oft riesige und verlockende Pilz wächst im Herbst unter Laubbäumen. Sein Stiel ist weiß und sein Hut cremefarben oder grau. Die Lamellen sind zunächst gelb und werden dann dunkelrosa. Er riecht nach Mehl und kann tödlich sein. Pilze aus der Familie der Rötlinge sollte man niemals sammeln.

Grünblättriger Schwefelkopf
Er wächst das ganze Jahr über auf Baumstümpfen und gefällten Bäumen. Er ist schwefelgelb und seine Lamellen liegen sehr dicht beieinander. Er ist sehr giftig, aber man würde ihn aufgrund seiner Bitterkeit sowieso nicht schlucken können.

Kahler Krempling
Dieser große Pilz wächst von Juli bis November. Seine Lamellen sind sehr zerbrechlich und lösen sich leicht. Trotz seiner schmutzig braunen Farbe sieht er recht verführerisch aus, ist aber giftig und kann tödlich sein.

Speisepilze

Sammle erst dann Pilze, wenn du die giftigsten Arten erkennen kannst. Schneide die Pilze vorsichtig mit einem scharfen Messer etwa 1–2 cm über der Erde ab und reiße sie auf keinen Fall einfach aus! Transportiere sie in einem Korb und nicht in Plastiktüten, damit sie nicht zerdrückt werden und frisch bleiben. Nimm nur schöne junge Exemplare. Zeige deine Ausbeute immer einem Fachmann und verzehre die Pilze am Tag des Sammelns.

Frostschneckling
Spät im Herbst nach den ersten Frösten erscheint dieser Pilz in der Nähe von Kiefern. Er ist von Kopf bis Fuß klebrig überzogen und sieht deshalb nicht so appetitlich aus, aber ist essbar. Sein Stiel ist weiß gefleckt, die Lamellen sind gelb und der Hut ist hell- oder dunkelbraun.

Violetter Lacktrichterling
Er wächst im Sommer und Herbst und ist vom Hut über die Lamellen bis zum Stiel hin violett. Die Lamellen sind fleischig und stehen weit auseinander. Obwohl er nicht so aussieht, ist er essbar! Achtung: Man kann ältere, blasse Exemplare leicht mit dem giftigen Rettichhelmling verwechseln, der stark nach Radieschen riecht und dessen Lamellen fein und dicht sind.

Hallimasch
Diesen Pilz findet man von August bis November an den Stümpfen von Laub- und Nadelbäumen. Die Farbe des Hutes reicht von honiggelb bis dunkelbraun. Junge Exemplare weisen viele Schüppchen auf dem Hut auf, die im Alter verschwinden können. Esse nur junge, abgekochte Pilze und schütte das Kochwasser weg!

Großer Waldegerling
Er ist mit dem Zuchtchampignon verwandt und wächst im Sommer und Herbst im Nadelwald. Hut und Stiel sind weiß, die Lamellen sind rosa und werden später braun. Der junge Pilz schmeckt hervorragend.
Aber sei vorsichtig. Verwechsle ihn nicht mit den tödlichen Knollenblätterpilzen, deren Lamellen weiß sind, oder mit dem gefährlichen Karbolegerling, dessen Hut gelb wird, wenn man ihn reibt.

Butterpilz
Er ist im feuchten Zustand klebrig und wächst von Juni bis Oktober in Kiefernwäldern. Sein Stiel ist hell, der Hut dunkelbraun, seltener gelbbraun. Die Huthaut sollte vor der Zubereitung abgezogen werden.

Edelreizker
Er ist groß, fleischig und schmeckt gut. Im Sommer und Herbst wächst er unter Kiefern. Wenn man den orangebraunen Pilz verletzt, tritt karottenroter Milchsaft aus. Es besteht Verwechslungsgefahr mit anderen Reizkern, die aufgrund ihres schärferen Milchsaftes nicht genießbar sind.

Morcheln
Es gibt verschiedene Arten (z. B. Maimorcheln, Spitzmorcheln), die im Frühling in Wäldern, auf Holzplätzen oder an Bachauen wachsen. Der Stiel ist stets weiß, der bräunliche bis schwarze Hut ist wabenartig. Sie zählen zu den besten Speisepilzen, dürfen aber nicht roh verzehrt werden, da sie erst durch große Hitze giftige Inhaltsstoffe verlieren und genießbar werden. Achte auch darauf, sie nicht mit der im rohen Zustand tödlich giftigen Frühjahrslorchel (s. S. 212) zu verwechseln. Ihr Hut zeigt weniger deutliche Waben, ist weich, unregelmäßig hirnartig gewunden und hat ein feuchtes Aussehen.

Steinpilz
Dieser Pilz ist von Juli bis November in Nadel- und Laubwäldern, oft auf Lichtungen, zu finden. Sein Stiel und der Rand des Hutes sind hellbraun, der restliche Hut ist dunkelbraun. Die Huthaut ist feucht. Er kann bis zu 20 cm groß werden! Aufgrund seines vorzüglichen Geschmacks und seines prallen, runden Aussehens gilt er als der „König der Pilze"!

Austernseitling
Er wächst vom Sommer bis in den Herbst in dichten Büscheln auf Baumstümpfen und abgestorbenem Holz. Er ist cremefarben bis hellbraun, riecht sehr stark und schmeckt vorzüglich.

Schwefelporling
Dieser leuchtend orangefarbene Pilz kann sehr groß werden. Er wächst an lebenden Laub-, seltener Nadelbäumen. Junge Exemplare, deren Hut kleiner als 15 cm ist, schmecken vorzüglich.

Grünling
Er wächst im Herbst in Nadel- und Laubwäldern. Der Hut ist gelblich grün, die Lamellen sind gelb. Verwechsle ihn nicht mit dem tödlichen Schöngelben Klumpfuß (s. S. 213), dessen Fleisch gelb oder rot ist.

Südlicher Schüppling
Er wächst in Südeuropa ganzjährig auf den Stümpfen von Pappeln und Weiden. Der junge Pilz ist braun und wird dann immer heller. Er weist am oberen Stielende einen Ring auf.

Stockschwämmchen
Es wächst, außer im Winter, in Büscheln auf Baumstümpfen und toten Stämmen. Zunächst ist es gelbbraun und wird dann immer dunkler.
Es sollten nur die Hüte verwendet werden. Verwechsle es nicht mit dem tödlichen Nadelholzhäubling (s. S. 212), der nicht in Büscheln wächst und nach Mehl riecht, oder mit dem Grünblättrigen Schwefelkopf (s. S. 213), der schwefelgelb ist.

Pfifferling
Er wächst von Sommer bis Herbst und ist an seinem trichterförmigen, eierschalenfarbenen bis orangegelben Hut zu erkennen. Der Stiel ist kurz, die Leisten stehen nicht allzu dicht. Er zählt zu den besten Speisepilzen, darf aber südlich der Alpen nicht mit dem sehr giftigen Ölbaumtrichterling verwechselt werden. Dieser leuchtet im Dunkeln, hat einen längeren Stiel, dichte Lamellen und wächst buschig.

Stinkmorchel
Dieser große Pilz verströmt, wenn er ausgewachsen ist, einen scheußlichen Aasgeruch. Der junge Pilz, das so genannte Hexenei, ist von einer Schutzhülle umgeben und stinkt nicht. Er ist sogar essbar.

Judasohr
Dieser eigenartige Pilz wächst von August bis März hauptsächlich an alten, abgestorbenen Holunderstämmen. Die Form ähnelt der eines Ohres. Er ist rot- bis olivbraun. Das Fleisch ist gallertig zäh und elastisch. In China und Japan wird er mit Erfolg gezüchtet und in der chinesischen Küche häufig verwendet.

Eichhase
Er wächst in dichten Büscheln z. B. auf Baumstümpfen und erinnert an einen Kohlkopf. Die Hüte sind oberseits braun, unten weiß. Der Eichhase ist nur jung essbar.

Rotfußröhrling
Im Herbst ist er sehr häufig in fast allen Wäldern zu finden. Er tritt in vielen Farbvarianten auf. Sein Fleisch wird blau, wenn man ihn durch Schneiden oder Pressen verletzt. Er ist ein begehrter Speisepilz.

Trompetenpfifferling
Man findet diese Art häufiger als den echten Pfifferling. Der Hut ist braun, der Stiel orangegelb. Er schmeckt hervorragend, wenn seine Beschaffenheit auch etwas gummiartig ist.

Mairitterling
Er wächst im Frühling und ist vor allem am Waldrand, auf Lichtungen und auf Wiesen zu finden. Sein kräftiger Stiel ist weiß, der Hut kann schmutzig weiß oder ockerfarben sein. Er verströmt einen stark mehlartigen Geruch. Der fleischige Pilz ist sehr schmackhaft, kann aber leicht mit dem hochgiftigen Ziegelroten Risspilz verwechselt werden. Dieser riecht nach Früchten und bekommt an Druck- und Schnittstellen rote Flecken. Auch ist sein Stiel weniger kräftig als der des Mairitterlings. Also Vorsicht!

Ochsenzunge
Dieser Pilz wächst häufig in Südeuropa an Baumstümpfen und totem Holz. Seine dunkelrote Färbung ist charakteristisch. Junge Exemplare schmecken in Scheiben geschnitten und in Olivenöl gebraten sehr gut!

Speisetäubling
Von Frühling bis Herbst ist er in allen Wäldern häufig zu finden. Sein Stiel und die Lamellen sind weiß, der Hut variiert von bräunlich violett bis schwärzlich und ist manchmal sogar grünlich. Er ist ein guter Speisepilz und schmeckt mild und nussartig. Er wird leicht mit dem absolut tödlichen Grünen Knollenblätterpilz verwechselt und sollte deshalb nur gesammelt werden, wenn ein Pilzfachmann mit auf der Suche ist und ihn eindeutig identifiziert.

Falscher Pfifferling
Man findet ihn im Herbst auf dem Boden oder auf sehr morschem Nadelholz. Auf den ersten Blick sieht er dem echten Pfifferling täuschend ähnlich, ist aber leider nicht so wohlschmeckend. Empfindliche Personen reagieren mit Brechdurchfall.

Herbsttrompete
Man erkennt sie leicht an ihrem trompetenförmigen, schwärzlich gefärbten Hut. Sie ist zwar leicht gummiartig und sieht etwas unappetitlich aus, aber ist ein guter Speisepilz mit feinem Aroma.

Kaiserling
Dieser schöne Pilz kann sehr groß werden und wächst in Eichen- und Kastanienwäldern südlich der Alpen. Stiel und Lamellen sind gelb. Der Hut leuchtet in sattem Orange. Er weist eine große Scheide und einen Ring auf und ist der „Kaiser“ der Speisepilze! Allerdings darf man ihn nicht mit dem giftigen Fliegenpilz (s. S. 213) verwechseln, der einen weißen Stiel mit gelben Flecken hat. Außerdem sind seine Lamellen weiß oder cremefarben, aber niemals gelb. Der Kaiserling sollte nur gesammelt werden, wenn ein Pilzkenner dabei ist.

Die Blumen des Waldes

Waldblumen wirken wie ein heiterer Farbklecks in einer oft lichtarmen Umgebung. Sie erfreuen uns mit bunter Vielfalt, obwohl sie ein hartes Leben haben: Der Boden ist mit Laub bedeckt, die Wurzeln der Bäume brauchen viel Platz und das Licht wird die meiste Zeit des Jahres durch das dichte Laubdach gefiltert. Oft sind die Blumen hier klein, bilden aber wahre Blütenteppiche. Auf den Lichtungen ist es heller. Hier wachsen die gleichen Blumen wie außerhalb des Waldes. Achte sorgsam darauf, die zarten Blüten nicht zu zertreten.

Frühblüher im Wald

Schon ab Ende Februar, wenn die Knospen der Bäume noch fest geschlossen sind, beginnt es im Wald zu blühen. Der Gemeine Seidelbast eröffnet den Reigen, gefolgt von der Waldschlüsselblume, dem Buschwindröschen, dem Kleinen Immergrün und dem Veilchen.

Kleines Immergrün
Es vermehrt sich durch Ausläufer und bedeckt oft große Bodenflächen. Die blauvioletten oder weißlichen Blüten leuchten inmitten der glänzenden grünen Blätter. Höhe: 10 – 30 cm.

Wohlriechendes Veilchen
Seine kleinen dunkelvioletten Blüten verströmen einen bezaubernden Duft. Die Blätter haben einen zarten Flaum. Höhe: bis 10 cm.

Gemeiner Seidelbast
Bereits Ende Februar, noch bevor seine Blätter erscheinen, entspringen am holzigen Stamm rosafarbene Blüten, die sehr stark duften. Der Seidelbast kann zu einem regelrechten Busch heranwachsen. Er ist sehr giftig und seine roten Beeren sind schon in geringen Mengen tödlich. Dennoch ist er ein schöner Zierstrauch. Höhe: 30 – 150 cm.

Scharbockskraut
Es hat acht bis zwölf längliche, leuchtend gelbe Blütenblätter. Die jungen Blätter enthalten viel Vitamin C, nach der Blüte allerdings auch das Gift Protoanemonin. Höhe: 5 - 15 cm.

Waldschlüsselblume
Sie erinnert an die Gartenprimel und steht in lichten Laubwäldern. Ihre Blüten wachsen in einer lang gestielten Dolde, sind schwefelgelb und duften nicht. Die Blätter bilden eine Rosette am Stielansatz. Höhe: 10 - 30 cm.

Echtes Lungenkraut
Die Blüten sind zunächst rot und werden dann blauviolett. Die Pflanze ist rau behaart. Die ovalen, spitz zulaufenden Blätter sind oft weiß gefleckt. Es wird als Teeaufguss gegen Husten verwendet. Höhe: 15 - 30 cm.

Hohler Lerchensporn
Die vielen, dichtgedrängten weißen oder lilafarbenen Blüten sind gespornt, bilden eine Traube und duften schwach. Vorsicht: Alle Teile dieser Pflanze sind giftig!
Höhe: 15 - 30 cm.

Dreilappiges Leberblümchen
Die blauvioletten, rosa oder weißen Blüten erscheinen vor den Blättern und erreichen bis zu 4 cm Durchmesser. Gegen Ende des Winters bildet es prächtige Blütenteppiche. Höhe: 10 - 25 cm.

Frühlings-blumen

Wenn die Blütenteppiche, die vom Ende des Winters künden, langsam verblassen, machen sie Platz für weitere Frühlingsboten. Diese breiten sich meist weniger stark aus, sind dafür aber in der Regel über Jahre hinweg immer an den gleichen Stellen zu finden.

Waldmeister
Die weißen Blüten verströmen einen intensiven Duft. Den Geschmack von Waldmeister kennst du bestimmt, wenn du gerne Eis oder Pudding isst. Höhe: 10 - 30 cm.

Walderdbeere
Sie wächst vor allem an Wegrändern und auf Lichtungen. Die kleinen Früchte schmecken unvergleichlich gut. Aber Achtung: In Regionen, in denen der Fuchsbandwurm (verursacht schwere Krankheit!) vorkommt, sollte man die Früchte nicht essen. Höhe: 10 - 20 cm.

Echte Sternmiere
Ihre weißen Blüten haben ein gelbes Mittelstück und fünf Blütenblätter, die bis etwa zur Mitte eingeschnitten sind. Die gegenständigen Blätter sind gerade und laufen spitz zu. Höhe: 15 - 30 cm.

Zweiblättrige Schattenblume
Ihr Stiel trägt zwei, seltener drei, herzförmige Blätter und endet in einem Blütenstand aus kleinen, weißen Blüten. Ihre großen, roten Beeren sind giftig. Höhe: 5 - 15 cm.

Maiglöckchen
Jeder kennt diese Blume mit ihren kleinen, weißen, glockenförmigen Blüten, die so wundervoll duften. Aber Achtung: Die ganze Pflanze ist giftig. Höhe: 15 - 25 cm.

NA SO WAS!

Bitte nicht stören
Der Waldsauerklee verträgt nur wenig Licht und wächst daher an sehr schattigen Stellen im Unterholz. Bei starker Sonneneinstrahlung oder nach wiederholter Berührung senkt er seine drei Teilblättchen ab. Sie hängen dann fast senkrecht nach unten und sehen wie ein geschlossener Sonnenschirm aus. In dieser Ruheposition verbringt der Waldsauerklee in der Regel auch die Nacht.

Sklaven für die Fortpflanzung
Der Gefleckte Aronstab verströmt einen sehr starken Aasgeruch, der einige Insekten anlockt. Wenn diese sich jedoch auf dem glatten Hüllblatt, das den kolbenartigen Blütenstand umgibt, niederlassen wollen, rutschen sie ab und fallen in den Kessel. Ein Haarkranz verhindert, dass sie zurückklettern können. Sie müssen warten bis die Haare und das Hüllblatt verwelken. Erst dann können sie – ganz mit Pollen eingestaubt – den Weg ins Freie antreten. So gelingt es dem Gefleckten Aronstab sich zu vermehren.

Großblütiges Waldvögelein
Diese Waldorchidee ist geschützt. Wenn sich die ersten Blätter zeigen, hat die Pflanze eine 8-jährige unterirdische Entwicklung hinter sich. Am Ende des kantigen Stängels trägt sie im Juni elfenbeinfarbene Blüten, die meist geschlossen sind. Die ovalen Blätter laufen spitz zu. Höhe: 20 – 50 cm.

Vierblättrige Einbeere
Ihre grüngelbe Blüte am Ende des Stiels ist sehr unauffällig. Dafür erkennt man sie an den vier breiten, quirlförmig angeordneten Blättern. Die Planze und insbesondere ihre schwarzblaue Beere sind giftig. Sie ist in Laub- und Mischwäldern zu finden. Höhe: 15 – 30 cm.

Frühlings-Platterbse
Beim Aufblühen sind die Blüten rot, dann werden sie violett und schließlich schmutzig blau. Das hilft Insekten sich zu orientieren. Die gefiederten Blätter besitzen keine Ranken. Höhe: 20 – 60 cm.

Bärenlauch
Er ist sehr häufig und bildet oft ausgedehnte Bestände. Am Ende des dreikantigen Stiels stehen die weißen Blüten in einer Scheindolde. Er riecht sehr stark nach Knoblauch und wird im Volksmund auch „wilder Knoblauch“ genannt. Die gehackten Blätter schmecken im Salat sehr gut. Höhe: 15 – 30 cm.

Sommerblumen

Sommerblumen trifft man dort an, wo genügend Licht durch das dichte Laubwerk der Bäume fällt: auf Lichtungen sowie an Wald- und Wegrändern. Aber Vorsicht, denn zu ihnen gehören einige der giftigsten Pflanzen. Deshalb gilt: Ansehen, aber nie Berühren oder Pflücken!

Gefleckter Aronstab
Er besitzt einen kolbenförmigen Blütenstand, der von einem oft rot eingefärbten, spitzzipfeligen Hüllblatt umgeben ist, das eine Art Kessel bildet. Er ist unverkennbar. Er wächst in feuchten Laubmischwäldern. Alle Teile dieser Pflanze sind giftig und ganz besonders seine orangeroten Beeren (unten). Höhe: 20 - 50 cm.

Vielblütige Weißwurz
Sie erinnert an das Maiglöckchen, doch ihre gelblich weißen, glockenförmigen Blüten sind länglicher und hängen zwischen den Blättern. Alle Pflanzenteile sind giftig. Die roten, später schwarzblauen Beeren können tödlich sein. Höhe: 30 - 60 cm.

Goldtaubnessel
Sie ähnelt der Brennnessel, brennt aber nicht. Unter der Lupe erkennt man die Behaarung der goldgelben Blütenblätter und braunrote Linien, die die Insekten zum Nektar führen. Höhe: 15 - 50 cm.

Türkenbundlilie
Sie ist eine der schönsten, aber auch seltensten Waldblumen und steht unter Schutz. Am Ende des langen Stiels bilden sich turbanartige, hellpurpurne, nickende Blüten mit dunkleren Flecken. Höhe: 50 - 120 cm.

Nesselblättrige Glockenblume
Am Ende des behaarten Stängels stehen die glockenförmigen, blauvioletten Blüten in einer Traube. Höhe: 50 – 100 cm.

Bräunliche Nestwurz
Kein einziger Teil dieser interessanten Pflanze ist grün! Sie ist ganz und gar gelbbraun und besteht nur aus dem Stängel, der vielblütigen Ähre und einigen Blattschuppen.
Höhe: 10 – 60 cm.

NA SO WAS!

Sonnenhungrig
Die meisten Pflanzen, die im Unterholz wachsen, drehen ihre Blätter und Blüten der Sonne zu. Morgens zeigen sie nach Osten und abends nach Westen.

Kein Leben ohne Pilz
Durch Photosynthese stellen Pflanzen mit dem grünen Chlorophyll und Sonnenlicht Zucker her, von dem sie sich ernähren. Aber nicht alle Pflanzen besitzen diese Fähigkeit! Die Nestwurz, eine Orchidee, die kein Chlorophyll enthält, braucht gar kein Licht! Sie bildet eine Lebensgemeinschaft (Symbiose) mit einem Pilz, der für sie den Zucker liefert! Er zersetzt die unterschiedlichsten im Boden befindlichen organischen Stoffe. Die Wurzeln dieser Orchidee und das Pilzgeflecht sind stark ineinander verschlungen und sehen wie ein Vogelnest aus. Daher stammt der Name Nestwurz oder Vogelnest-Orchidee.

NA SO WAS!

Rühr-mich-nicht-an
Diesen Spitznamen verdankt das Echte Springkraut seinen eigenartigen Früchten. Schon eine Erschütterung oder die Berührung der reifen Früchte führt dazu, dass sich die Fruchtblätter trennen, einrollen und die Samen explosionsartig bis zu 2 m weit weg schleudern.

Echtes Springkraut
Man findet es in feuchten Laubwäldern an schattigen Stellen. Die großen gelben Blüten weisen einen gekrümmten Sporn auf. Mit der Lupe kann man die reizvoll rot gepunkteten Blütenblätter gut betrachten. Der Stängel hat ein glasiges Aussehen.
Höhe: 30 – 60 cm.

Bäume bestimmen

In unseren Wäldern gibt es über 30 verschiedene Laubbaumarten. Von jeder Art gibt es noch mindestens drei wichtige Unterarten. Sie alle bestimmen zu können ist die Aufgabe von Fachleuten, aber du kannst dich mit den verbreitetsten Arten vertraut machen, indem du sie aufmerksam betrachtest.

Die Zeichnungen auf der folgenden Seite zeigen die zwölf Arten, die 70 % des Bestandes unserer Laubwälder ausmachen. Einige Bäume, die oft in Parks und Gärten stehen (s. S. 58), kommen auch im Wald vor: Rosskastanie, Linde, Falsche Akazie und Birke. Andere Arten, wie Erlen oder Weiden, findet man in feuchten Wäldern. Die Nadelbäume werden im Kapitel „In den Bergen" beschrieben, da dies ihr bevorzugter Lebensraum ist.

Der Hochwald: Sein Baumbestand wird durch Anpflanzen oder Saat erneuert. Die Bäume sind gerade und hoch aufgeschossen. Die Schlagzeit unterscheidet sich je nach Baumart: Pappeln werden nach 25 Jahren gefällt, Eichen erst nach 100 Jahren. Etwa alle zehn Jahre wird der Wald gelichtet.

Der Niederwald: Er erneuert sich aus Stümpfen und Wurzeln der gefällten Bäume. Die neuen Bäume treiben so mehrere Stämme aus und werden alle 20 Jahre gefällt, um Feuerholz zu liefern.

Stieleiche
Sie kann über 45 m hoch und 1000 Jahre alt werden, erreicht aber meist nur eine Höhe von 35 m und ein Alter von 600 Jahren. Das Holz ist robust.

Rotbuche
Im Herbst ist sie mit ihrem goldgelb leuchtenden Laub der schönste Baum. Sie kann bis zu 40 m hoch und 500 Jahre alt werden. Der häufigste Baum Europas!

Esche
Sie kann über 40 m hoch werden. Sie blüht erst nach 40 Jahren! Aus dem biegsamen, robusten Holz werden Werkzeuggriffe hergestellt.

Spitzahorn
Im Herbst verfärbt sich das Laub dieses mittelgroßen Baumes rot und golden. Er wird selten über 200 Jahre alt. Tischler verarbeiten gerne sein Holz.

Bergahorn
Er kann bis zu 35 m hoch und bis zu 400 Jahren alt werden. Seine Samen fliegen wie kleine Hubschrauber. Sein Holz ist sehr hell. Er ist sehr verbreitet!

Hainbuche
Sie kann 30 m hoch und 400 Jahre alt werden. Ihr Stamm ist knotig. Junge Bäume verlieren das braune Laub im Winter nicht. Ihr Holz eignet sich gut für Drechslerarbeiten!

Feldulme
Dieser majestätische Baum ist aufgrund einer schlimmen Pilzkrankheit beinahe ausgestorben. Er kann bis zu 30 m hoch werden.

Mehlbeere
In alten Wäldern findet man sie häufig. Ihr Holz wird nicht genutzt, aber aus ihren Früchten gewinnt man einen hervorragenden Schnaps.

Gemeine Rosskastanie
Sie wächst sehr schnell und kann bis zu 25 m hoch werden. Dafür wird sie nur etwa 200 Jahre alt. Das Holz ist weich und brüchig. Ihre Früchte sind für den Menschen giftig.

Esskastanie
Im Niederwald bildet sie nur kleine Früchte. Unter guten Bedingungen kann sie bis zu 30 m hoch und über 500 Jahre alt werden. Dann sind die Maronen groß und köstlich. Ihr Holz verfault nicht!

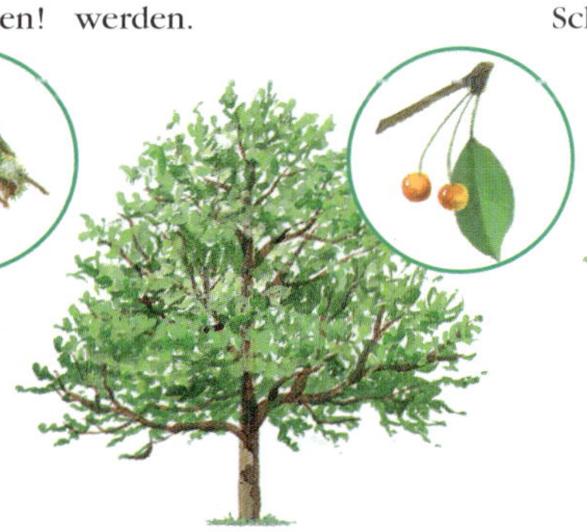

Vogelkirsche
Wilde Kirschen werden schnell bis zu 30 m hoch. Ihre Früchte sind essbar, aber nicht sehr fleischig. Als wertvolles Edellaubgehölz spielt es eine wichtige Rolle in der Möbelherstellung.

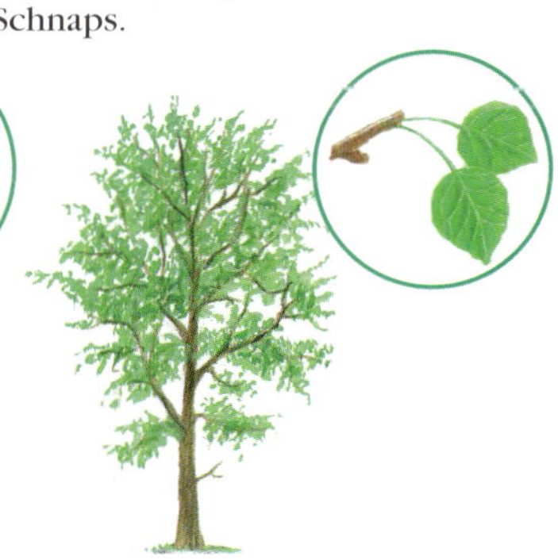

Zitterpappel
Ihre Blätter sind in ständiger Bewegung. Sie wächst am allerschnellsten und kann in weniger als 20 Jahren 20 m hoch werden. Ihr weiches, biegsames Holz wird gerne genutzt.

Rund um den Baum

Ein Baum entsteht, lebt, wächst und stirbt entsprechend der Bedingungen seines Lebensraumes und dessen Bewohner. Pflanzen, Tiere und nicht zuletzt der Mensch greifen in seine Entwicklung ein. Man kann seine Entwicklungsstadien verfolgen und sein Alter schätzen. Manche Insekten, Vögel und Pilze könnten ohne ihn nicht existieren. Entdecke die Geheimnisse der Bäume!

SCHICKSAL EINES ABGESTORBENEN BAUMES

Kranke oder alte Bäume sterben ab. Sofort machen sich mikroskopisch kleine Pilze über das Holz her. Schnecken und Asseln nisten sich ein und ziehen Spinnen und Tausendfüßer an.

Nach einem Jahr löst sich teilweise die Rinde ab, das Holz wird von Insekten durchlöchert und von ihren Larven angenagt. Pilze, wie Seitlinge und Schwämme, siedeln sich auf den Stämmen an.

In den folgenden Jahren setzen Insekten und Pilze ihr zerstörerisches Werk fort. Viele Käfer, z. B. der Hirschkäfer, legen ihre Eier in das tote Holz. Spechte lassen sich die Larven dann gerne schmecken. Im Frühling und Herbst ist der Stamm von Pilzen überzogen.

Nach drei bis fünf Jahren ist keine Rinde mehr vorhanden. In dem aufgesprungenen Holz wachsen Gräser und Blütenpflanzen wie der Waldsauerklee. Efeu überwuchert Teile des Stammes. Nach und nach ziehen sich Schnecken, Larven, Asseln und ihre Jäger zurück, bevor das Holz zu Staub zerfällt.

NA SO WAS!

Wie alt ist ein Baum?
Wenn ein Baum gefällt wurde, musst du nur die Jahresringe des Stumpfes zählen. Was aber, wenn der Baum noch steht? In diesem Fall misst du den Umfang des Stammes in 1,5 m Höhe. Du erhältst so einen Annäherungswert, dessen Auswertung von Faktoren wie Baumart, Standort usw. abhängt. Bei schnell wachsenden Bäumen, wie Pappeln, Linden und Rosskastanien, kannst du für 20 cm Umfang zehn Jahre rechnen. Bei mittelschnell wachsenden Bäumen, wie dem Ahorn, rechnest du für 15 cm zehn Jahre. Bei langsam wachsenden Bäumen rechnest du für 10 cm zehn Jahre. Eine Eiche mit einem Umfang von 1 m ist also etwa 100 Jahre alt.

WIE HOCH IST EIN BAUM?

Stelle aus zwei etwa 20 cm langen Stöcken ein rechtwinkliges Kreuz her. Schätze die Höhe des Baumes und entferne dich dann so weit, wie du Höhenmeter schätzt. Richte den horizontalen Stock des Kreuzes auf den Fuß des Baumes und verändere deinen Abstand so lange, bis die Baumwipfel mit dem oberen Ende des vertikalen Stocks übereinstimmen. Miss nun die Entfernung zwischen dir und dem Baum. Sie entspricht etwa der Höhe des Baumes.

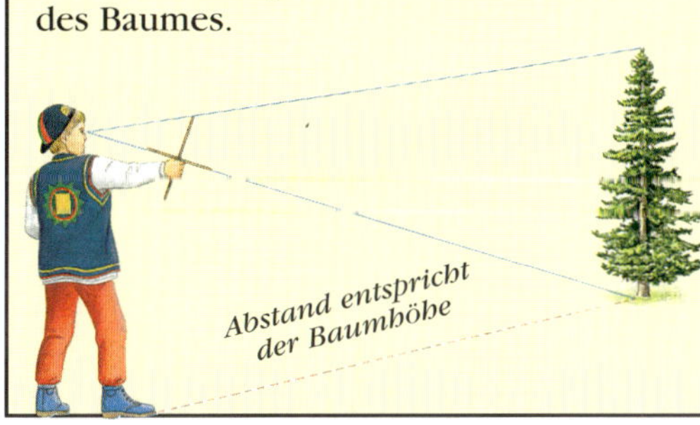

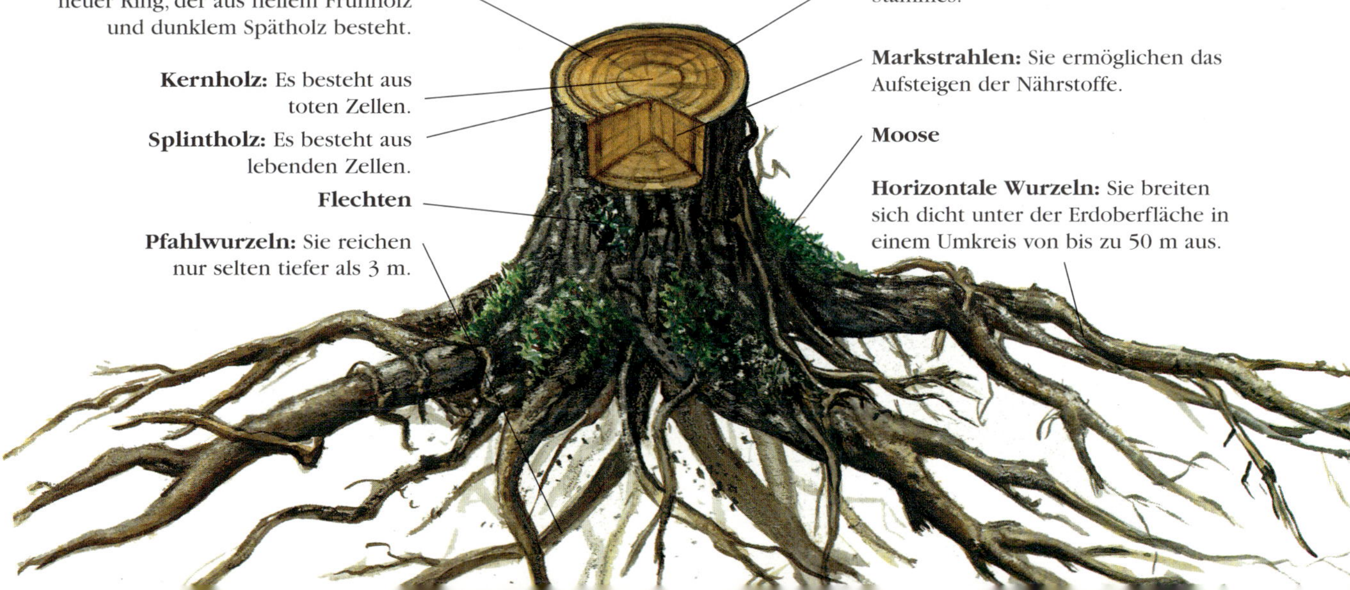

DIE BAUMGALERIE

Bäume lassen sich anhand vieler verschiedener Merkmale bestimmen. So geben z. B. die Wuchsform oder die Form der Blätter, Blüten oder Früchte leicht Auskunft. Aber selbst im Winter ist es möglich, einen Baum zu bestimmen, nämlich an seiner Rinde. Jeder Baum hat in Muster und Farbe eine ganz charakteristische Rinde. Je älter der Baum ist, desto dicker ist die Rinde. Sie kann während des Wachstums hier und da aufgesprungen sein, ist rissig und bildet je nach Baumart ganz bestimmte Muster. Die abgestorbene äußere Schicht der Rinde ist die so genannte Borke. Die Borke von Bäumen abzulösen ist keine gute Idee: Es schädigt die Bäume und sie könnten sogar absterben! Dafür kannst du aber sehr dekorative Rindenabdrücke herstellen:

Was du brauchst:
- starke, möglichst große Papierbögen
- Paketschnur
- dicke Wachsmalstifte
- ein Heft für Notizen und Beobachtungen

Wie es geht:
- Suche dir im Wald einen Baum, dessen Borke nicht von Moos bewachsen ist, und die eine schöne Musterung aufweist.
- Nimm nun einen Bogen Papier und wickle ihn um den Baumstamm.
- Binde den Papierbogen mit der Paketschnur oben und unten fest.
- Nun fährst du mit einem Wachsmalstift vorsichtig über das Papier, sodass sich das Borkenmuster überträgt: Erhebungen zeichnen sich dunkel ab, Spalten dagegen nur heller oder ganz farblos.
- Vermerke den Namen des Baumes, den Standort und das Datum auf dem fertigen Abdruck.
- Mache dir in einem Heft eine Skizze von dem Baum und notiere weitere Merkmale: Höhe des Baumes, Form der Krone und Angaben zur genauen Stelle, an der du den Abdruck genommen hast.

Den fertigen Abdruck kannst du an die Wand hängen oder als Geschenkpapier verwenden. Du kannst dir aber rund um die Rindenabdrücke auch eine Baumgalerie fertigen.
- Zeichnungen oder Fotos zeigen deinen Baum im Wandel der vier Jahreszeiten.
- Gepresste Blätter und Blüten, die du auf Papierbögen klebst (vgl. S.124/125), zeigen, wie verschieden die Blätter von ein und demselben Baum aussehen können.
- Schmücke deine Galerie mit den getrockneten Früchten des jeweiligen Baumes!

Natürlich lässt sich auch allein mit buntem Herbstlaub schon eine ganze Menge anfangen! Du kannst originelle Geschenke daraus herstellen, sie zu Sträußen binden oder sie als Schablonen benutzen. Sammle viele verschiedene Blätter und presse sie gemäß voriger Anleitung. Die getrockneten und gepressten Blätter kannst du nun z. B. zu Bildern zusammenkleben, die du einrahmst und an die Wand hängst, oder du klebst die Blätter auf Papier und verwendest dieses dann als Briefpapier oder als Geschenkpapier. Du kannst aber auch mit Blättern drucken: Bestreiche die Unterseite eines Blattes mit Wasserfarbe und drücke sie dann fest auf ein Blatt Papier oder lege den Papierbogen über das mit ganz wenig Farbe eingestrichene Blatt und fahre vorsichtig mit einer Gummirolle darüber: Es werden sich vor allem die Blattnerven abzeichnen. Mit ein bisschen Übung findest du ganz schnell heraus, wie viel Farbe du brauchst und wie viel Druck du ausüben musst. Wenn du die Blätter als Schablonen verwenden willst, gehst du so vor: Lege ein oder mehrere gepresste Blätter auf einen Papierbogen und bemale den Bogen mit Wasserfarbe oder Buntstiften. Nur die Umrisse der Blätter bleiben ausgespart.

Die Vögel des Waldes

Bei Sonnenaufgang geben die Vögel ihr Morgenkonzert. Während der Balzzeit übertrumpfen sie sich gegenseitig mit ihren unterschiedlichen Gesängen. Allerdings sind sie im Dickicht der Zweige und Blätter viel schwieriger zu beobachten als im Garten oder auf dem Land. Wenn du dich aber sehr still verhältst und ein gut getarntes Versteck gefunden hast, kannst du mithilfe eines Fernglases vielleicht doch den einen oder anderen entdecken.

Eichelhäher
Er gehört zu den Rabenvögeln, ist aber viel bunter als seine Verwandten. Sein Nest baut er in Astgabeln hoher Bäume. Er hat den Ruf ein Nesträuber zu sein, frisst aber vor allem Eicheln, Bucheckern, Haselnüsse, Beeren und Früchte. Da er sehr scheu ist, wirst du ihn kaum über längere Zeit beobachten können. Er ist allerdings sehr lernfähig! Größe: 35 cm.

Fichtenkreuzschnabel
Er baut sein Nest hoch oben auf Fichten und frisst vor allem Fichtensamen. Den Jungen serviert er einen Samenbrei, den er zunächst in seinem Kropf einweicht, um ihn dann wieder hervorzuwürgen. Solange die Jungen noch nicht über den gekreuzten Schnabel der Altvögel verfügen, können sie nicht an die Samen in den Zapfen gelangen. Größe: 17 cm.

Haselhuhn
Dieses Wildhuhn ist geschützt. Es lebt im Unterholz und baut sein Nest in Bodenmulden. Es ernährt sich fast ausschließlich von Knospen, Trieben, Blättern und Früchten. Trotz seines massigen Aussehens kann es in Gefahrensituationen erstaunlich gut fliegen. Es hat eine sehr hohe und feine Stimme. Größe: 36 cm.

Gimpel, Dompfaff
Er baut sein Nest im dichten Gebüsch des Unterholzes oder auf niedrigen Zweigen von Bäumen und ernährt sich vor allem von Samen. Findet er keine mehr, fällt er in großen Schwärmen über die Knospen von Obstbäumen her. Sein Gesang ist wehmütig, weich und melodiös. Größe: 17 cm.

NA SO WAS!

Enorme Todesrate
Da sie Opfer von Räubern, Krankheiten und Klimaschwankungen sind, werden 90 % der kleinen Waldvögel nicht einmal ein Jahr alt. Die Hälfte der Überlebenden erreicht nur ein Alter von zwei Jahren! Zum Glück sind sie sehr fruchtbar und können so die hohe Todesrate ausgleichen.

Fragen über Fragen
Obwohl ihre Eltern schon im Juli nach Südafrika aufbrechen, ziehen die jungen Kuckucke erst im September los. Erst nach 10 000 Flugkilometern sind sie wieder mit ihren Eltern zusammen. Wie schaffen sie es nur, ohne Führung einer Flugroute zu folgen, die sie gar nicht kennen? Noch gibt uns das Rätsel auf…

Auerhuhn
Es ist geschützt, lebt in naturnahen Nadelwäldern und ernährt sich rein vegetarisch von Heidelbeeren, Himbeeren und Knospen der Nadelbäume. Wird es beunruhigt, verlässt es sofort sein Bodennest. Aufgrund der häufigen Störungen durch den Menschen findet man es nur noch in den höheren Lagen einiger Mittelgebirge und in den Alpen. Größe: 86 cm.

Kuckuck
Sobald er im Frühling aus Afrika zurückkehrt, hört man den „Kuckucksruf" des Männchens von morgens bis abends. Der Kuckuck baut kein eigenes Nest, sondern legt seine Eier einzeln in die Nester anderer Vögel. Der Jungkuckuck wirft seine Nestgeschwister oder die anderen Eier der Reihe nach aus dem Nest. Endlich allein, wird er von seinen Pflegeeltern bestens versorgt. Größe: 32 cm.

Kleiber
Er baut sein Nest in Baumhöhlen und verkleinert das Einflugloch mit feuchtem Lehm auf seine Körpergröße. Auf der Suche nach Insekten und Larven klettert er meist kopfunter an Baumstämmen und Ästen.
Größe: 14 cm.

Orpheusspötter
(oben) Dieser kleine Vogel ersetzt im Südwesten Europas den Gelbspötter und ähnelt ihm sehr. Er baut sein Nest im Gestrüpp und ernährt sich von Insekten.
Er versteht es, den Gesang anderer Vögel meisterlich nachzuahmen!
Größe: 13 cm.

Kernbeißer
Da er nur selten die Wipfel hoher Bäume verlässt, in denen er auch sein Nest baut, ist er recht schwierig zu beobachten. Er frisst überwiegend Baumsamen, Knospen und Insekten, kann aber mit seinem kräftigen Schnabel auch Kerne von Steinobst knacken. Größe: 19 cm.

NA SO WAS!

Ein Schnabel wie ein Schraubstock
Der Kernbeißer frisst gern den Samen von Obstkernen. Er entfernt erst sorgfältig das Fruchtfleisch und knackt dann den Kern mit seinem kräftigen Schnabel auf. Dabei übt er auf einen Kirschkern einen Druck von 50 kg aus und auf einen Olivenkern sogar einen Druck von 100 kg!

„Taubenmilch"
So unglaublich es auch klingen mag: Tauben ernähren ihre Jungen mit einer milchartigen Masse. Während der Brutzeit bildet sich unter dem Einfluss des Hormons Prolaktin, das bei Säugetieren die Milchproduktion auslöst, an der Innenwand des Kropfes eine Nährflüssigkeit, die Kropfmilch. Allerdings können die Jungen nicht saugen. Zur Nahrungsaufnahme stecken sie den Kopf in den Schlund der Eltern, die durch Zusammenziehen des Kropfes die „Milch" zu Tage fördern. Später werden Sämereien im Kopf aufgeweicht.

Ringeltaube
Sie baut ihr Nest meist hoch in den Bäumen, manchmal aber auch in niedrigen Büschen. Sie ernährt sich von allen möglichen Früchten und Samen und richtet manchmal große Schäden in der Landwirtschaft an. Die Straßentaube ist eng mit ihr verwandt. Größe: 41 cm.

Waldlaubsänger
Dieser kleine Vogel baut sein Nest direkt am Boden und ernährt sich von Insekten, die er entweder auf dem Boden hüpfend oder von Zweig zu Zweig flatternd verfolgt. Er singt schwermütig. Seinen Cousin, den Zilpzalp, erkennt man an seinem typischen Gesang, der wie „zilp zalp zilp zalp" klingt. Größe: 12 cm.

Buntspecht
Er zimmert jedes Jahr eine neue Bruthöhle in meist kranke Bäume und trommelt regelmäßig mit dem Schnabel auf abgestorbenen Ästen. Im Frühling und Sommer frisst er Insekten und Larven, die er unter der Rinde aufspürt. Im Herbst und Winter ernährt er sich vorwiegend von Samen und Nüssen. Er kommt auch ans Futterhaus! Größe: 23 cm.

Halsbandschnäpper
Dieser gefährdete Vogel verbringt Herbst und Winter in Afrika und kehrt erst im April oder Mai zurück. Er baut sein Nest in Baumhöhlen und jagt im Familienverband fliegende Insekten. Größe: 14 cm.

Insekten des Waldes

Neben Blumen, die oft klein und wenig nektarreich sind, finden die Insekten in den verschiedenen Wäldern Früchte, Blätter, Holz und tierische Beute aller Art. Zwar findet man hier weniger Insekten als in den Wiesen mit ihren Kräutern und Büschen, dafür sind sie häufig auf die Baumarten spezialisiert, aus denen der Wald besteht. Viele Insekten entwickeln sich nur langsam: Die Larven verbringen mehrere Jahre im Holz bevor sie ausgewachsen sind und dann nur noch kurze Zeit zu leben haben.

Hummelschwebfliege
Dieses große, rötlich schwarze Insekt ernährt sich von Blütennektar. Obwohl es der Hummel sehr ähnlich sieht, handelt es sich um eine ungefährliche Fliegenart, die sich durch dieses Aussehen vor Räubern schützt. Größe: 1,5 cm.

Puppenräuber
Bei diesem Käfer liegt ein metallischer Schimmer auf dem grünroten Panzer. Der Puppenräuber ist sehr aktiv und ein guter Flieger. Er macht vor allem auf behaarte und giftige Raupen Jagd, die von anderen Fleischfressern verschmäht werden, wie etwa die Raupen des Fichtenprozessionsspinners. Größe: 2,5 - 3 cm.

Baumwanze
Die Familie der Baumwanzen umfasst etwa 3000 Arten unterschiedlichster Färbung. Bei der abgebildeten Art sind die Fühler, genau wie die Körperumrandung, schwarz-weiß geringelt. Sie lebt im Wald auf Büschen, Blumen und Früchten. Dort hinterlässt sie ihren Geruch. Größe: 1 - 1,5 cm.

Waldsandlaufkäfer
Er ist sehr flink und hat eine dunkelbraune Färbung mit Purpurschimmer und weißlicher Zeichnung. Auf sandigen Waldwegen jagt er seine Beute. Dabei ist er stets auf der Hut, fliegt schnell auf und nimmt ein Stück weiter die Jagd von neuem auf. Größe: 1,5 – 2 cm.

Großer Pappelbock
Dieser grüngelbe, schwarz gepunktete Käfer ist eher unauffällig, verrät sich aber oft durch seine langen, schwarz geringelten Fühler. Seine Larven leben im Holz von Pappeln, Espen und Weiden. Die erwachsenen Tiere ernähren sich von den Blättern. Größe: 2 – 3 cm.

Rote Waldameise
Sie ist nur eine von zahlreichen Ameisenarten. Sie bildet Staaten, die einige Tausend Individuen zählen, und lebt in Nestern aus Pflanzenmaterial, die bis zu 1 m hoch sein können. Die Ameisen und ihre Nester stehen unter Schutz!

Buchdrucker
Dieser Borkenkäfer ist ein Forstschädling. Er selbst ist eher unauffällig, aber die Fraßspuren seiner Larven sind sehr kennzeichnend. Das Weibchen frisst Muttergänge unter der Rinde, in die es die Eier legt. Die Larven bohren vom Muttergang wegführende, geschwungene Gänge. Das regelmäßige Fraßbild kann man an gefällten und entrindeten Bäumen entdecken. Größe: 0,5 cm.

Säugetiere des Waldes

Viele Säugetiere, wie der Fuchs, das Wildschwein oder der Marder, verbringen zwar die Nacht im Wald, suchen ihre Nahrung aber auf Wiesen und Feldern, wo du sie recht gut beobachten kannst. Andere verlassen den Wald dagegen nur selten. Die meisten Säugetiere des Waldes treten erst in der Abenddämmerung in Erscheinung und begeben sich dann auf Futtersuche.

Rothirsch
Dieser majestätische Waldbewohner weidet in der Dämmerung auf Lichtungen. Er ist scheu, vorsichtig und misstrauisch.
In der Brunftzeit wird er sehr kühn, ja sogar gefährlich: Sein tiefes Röhren ist weithin zu hören und bei dem Versuch, die Hirschkühe in einem Harem zu sammeln, liefert er sich wilde Kämpfe mit seinen Konkurrenten. Die Hirschkälber sind sehr niedlich, aber du solltest niemals ein Kalb streicheln, das sich verirrt zu haben scheint, da es danach nach Mensch riechen und von seiner Mutter verlassen werden würde.
Größe: 2 - 2,5 m.
Gewicht: 120 - 200 kg.

Wildkatze
Sie ist größer und kräftiger als die Hauskatze und lässt sich an den schwarzen Ringeln erkennen, die ihren buschigen Schwanz schmücken.
In einer Fels- oder Erdhöhle ruht sie sich tagsüber aus und macht erst in der Dämmerung Jagd auf Nagetiere, Frösche und Vögel. Wird sie angegriffen, wehrt sie sich ausdauernd und energisch.
Größe: 50 cm.
Gewicht: 2 - 3 kg.

NA SO WAS!

Begabte Hochspringer
Eichhörnchen, die sich bedroht fühlen, können vom Boden aus auf einen etwa mannshohen Ast springen und von dort aus in kurzen Rucken weiter nach oben. Wenn sie bis in den Baum verfolgt werden, bewegen sie sich blitzschnell schraubenartig um den Stamm herum. Sollte diese List nicht klappen, springen sie aus großer Höhe auf den Boden und verstecken sich im Dickicht.

Eichhörnchen
Es bewegt sich flink und springt behände von Baum zu Baum. Zum Fressen begibt es sich meist auf den Boden, wo es sich von Beeren und Pilzen, Samen und Früchten ernährt. Es legt gar nicht so viele Futtervorräte an, wie man immer glaubt. Solltest du in einer Erdhöhle auf einen Nussvorrat stoßen, so gehört er bestimmt einer Waldmaus. Eichhörnchennester (Kobel) sind kugelig und bestehen aus abgenagten Zweigen und Moos. Habicht und Baummarder zählen zu seinen Hauptfeinden. Größe: 50 cm mit Schwanz. Gewicht: bis 0,5 kg.

NA SO WAS!

Cäsars Leckereien
Die alten Römer füllten große Tongefäße bis zur Hälfte mit Körnern und setzten dann Siebenschläfer hinein. Nachdem diese alles aufgefressen hatten und schön fett geworden waren, wurden sie am Spieß geröstet und als besondere Delikatesse zu festlichen Anlässen serviert.

Winterschlaf
Sobald die Temperatur unter 15 °C fällt, versteckt sich der Siebenschläfer in einer Baum- oder Bodenhöhle und rollt sich fest zusammen, sodass der Schwanz den Kopf bedeckt. Dann fällt er in Winterschlaf, wobei die Körpertemperatur von 36 °C auf 3 °C sinkt!

Geweihabwurf
Das Geweih der Hirsche ist eine Stirnwaffe. Es handelt sich um eine Hautknochenbildung, die zunächst von einer plüschartigen Haut, Bast genannt, überzogen ist.
Das Geweih wird jedes Jahr nach der Brunft abgeworfen und es bildet sich ein neues, das etwa im September ausgewachsen ist. Das Alter eines Hirsches lässt sich anhand seines Geweihs schätzen: Jede Spitze bedeutet ein Jahr.

Luchs
Er ist größer als seine Verwandten, die Haus- und Wildkatzen, hat im Vergleich zu diesen einen kurzen Stummelschwanz, relativ lange Beine und Haarpinsel an den Ohren. Früher war er in Europa weit verbreitet. Heute hat man ihn wieder ausgesetzt, obwohl Jäger und Züchter protestierten: Sie werfen dem Luchs vor Wild und Schafe zu reißen. Berechtigt scheint der Protest nicht, da der Luchs selten ist. Meist sind streunende Hunde die wahren Schuldigen!

Siebenschläfer
Der Siebenschläfer hält von Oktober bis April festen Winterschlaf in selbst gegrabenen Erdhöhlen, aber auch in Dachstühlen von Gebäuden. Im Frühling und Sommer frisst er vor allem Samen, Früchte und Beeren, macht sich aber auch über Eier und Jungvögel her. Den Tag verdöst er in Schlupfwinkeln. Er ist dämmerungs- und nachtaktiv.
Größe: 25 – 45 cm mit Schwanz. Gewicht: 150 g.

Reh
Tagsüber versteckt es sich im dichten Unterholz, das es erst nachts verlässt. Es ernährt sich von jungen Trieben, Beeren und Pilzen. Es ist sehr scheu und flüchtet bei Störungen sofort. Gleichzeitig bewegt es sich so lautlos, dass es in einem Meter Entfernung an dir vorbeigehen kann, ohne dass du es bemerkst! Das weibliche Tier heißt Ricke und bringt nicht selten zwei Rehkitze auf einmal zur Welt, die sie gegen Feinde wie den Fuchs schützen muss.
Größe: 1 – 1,2 m. Gewicht: 20 – 35 kg.

WIE MAN MIT PFLANZEN FÄRBT

Das Farbenspiel der Natur ist so prächtig, dass der Mensch es schon immer bewundert hat. Sich mit diesen Farben zu schmücken und seine Umwelt bunter zu gestalten war deshalb sein Ziel. Dies belegen z. B. Funde aus ägyptischen Mumiengräbern. In einem Grab aus der Zeit um 2500 v. Chr. fanden Forscher gewebte Bänder, auf denen man gelbliche und rötliche Pflanzenfarbstoffe nachweisen konnte. Diese Farben stammten von der Färberdistel. Erst seit der Mitte des 19. Jahrhunderts ist es möglich, Farben chemisch, also künstlich herzustellen. Keine Frage: Das Färben mit den fertigen Chemiefarben ist viel einfacher als mit Naturfarben. Aber: Das natürliche Färben ist sehr viel spannender!

Welche Materialien eignen sich zum Färben?

Eier lassen sich mit Naturfarbstoffen ganz leicht einfärben! Schon mit schwarzem Tee oder mit Zwiebelschalen erreichst du hier sehr schöne Ergebnisse. Bei Textilien ist das Färben etwas schwieriger, da sich nicht alle Stoffe dazu eignen. Kräftige Farbtöne wirst du fast nur auf unbehandelter Wolle oder Seide erzielen. Baumwolle (z. B. T-Shirts oder Taschentücher) bringt eher zarte Pastelltöne hervor.

Die Färberpflanzen

Traditionell genutzte Färberpflanzen sind z. B. Färber-Ginster, Färber-Kamille oder Färber-Wau, aber viele andere Pflanzen oder Pflanzenteile, wie Stechginster, Walnussschalen, Blaubeeren, Kastanien oder junge Birkenblätter eignen sich ebenfalls. In Naturläden oder Drogerien kann man getrocknete und zerkleinerte Färberpflanzen kaufen. Viel interessanter ist es aber, diese Pflanzen selber zu sammeln oder einen Färbergarten anzulegen! Wenn du die Pflanzen sammeln willst, gelten einige Grundregeln, die du unbedingt beachten solltest:

- Sammle nie Pflanzen, die unter Naturschutz stehen!
- Sammle nicht mehr Pflanzen, als du wirklich benötigst.
- Schneide nicht alle Pflanzen am gleichen Fundort: Du könntest dadurch den Fortbestand gefährden, da es oft recht lange dauert, bis neue Triebe nachwachsen!

Im Folgenden findest du zwei einfache Färberezepte.

Rezept 1: Rot

Was du brauchst:
- Gummihandschuhe (sonst färbst du dich selber ein!)
- einen großen Topf
- etwa 8 l Wasser
- 1 kg frische Rote Beete
- 100 g Salz
- höchstens 500 g Färbegut (z. B. feuchte Wolle, Taschentuch o. ä.)

Wie es geht:
- Zunächst musst du die Rote Beete reinigen und zerkleinern.
- Gib das Salz dazu und bedecke das Ganze mit Wasser.
- Erhitze diese Mischung nun auf 70 °C (nicht kochen!).
- Wenn ein Brei entstanden ist, füllst du so viel Wasser dazu, dass du etwa 8 l erhältst. Diese Flüssigkeit nennt man nun Färbeflotte oder Färbesud.
- Lege das Färbegut ein, drücke es gut unter und lasse es möglichst lange in der heißen Flotte ziehen. Je länger die Einwirkzeit ist, desto intensiver wird die Farbe.

Rezept 2: Hellgelb

Was du brauchst:
- Gummihandschuhe
- einen großen Topf
- Wasser
- 2 kg frische oder 1 kg getrocknete Birkenblätter
- höchstens 500 g Färbegut
- 65 g Alaun aus der Drogerie, es festigt die Farben und lässt sie stärker leuchten.

Wie es geht:
- Weiche das Birkenlaub einige Stunden lang in Wasser ein und koche es dann 1 Stunde lang im Einweichwasser.
- Lasse das Laub über Nacht in der Flotte abkühlen, seihe am nächsten Morgen die Blätter ab und drücke sie gut aus.
- Gib das Alaun zu der Färbeflotte dazu und erhitze sie auf 40 °C.
- Lege das Färbegut hinein und bringe das Ganze langsam zum Kochen.
- Sanft kochend lässt du nun das Färbegut etwa eine Stunde im Topf.
- Zum Abschluss die Wolle oder das Taschentuch gut ausspülen.

Am Meer

Das Meer ist eine Welt für sich, zu der es verschiedene Zugangswege gibt: Die Schifffahrt, den Sport, die Beobachtung oder Nutzbarmachung ihrer Schätze. Verschiedenste tierische und pflanzliche Lebensformen haben sich hier entwickelt: Fische aller Art, Krebstiere, Weichtiere und eine ganze Reihe von recht unbekannten, aber interessanten Tieren. Die vorherrschende Pflanzengruppe sind Algen.

Die verschiedenen Küstenformen

Die Küste ist der Übergang zwischen Land und Meer, der durch den niedrigsten und den höchsten Gezeitenstand begrenzt wird. Manche Teile werden regelmäßig überschwemmt, andere nur in Ausnahmefällen. Je nach Form, Bodenbeschaffenheit und angrenzendem Meer entstehen unterschiedliche Küsten. In Europa sind sie besonders vielfältig.

Bei den europäischen Küsten können vier Formen unterschieden werden: Die erste umfasst die oft steilen und steinigen Küsten, die drei anderen sind die eintönigeren Flachküsten. Sie können fast waagerechte Flächen bilden, auf denen sich feinste Partikel, die von den Wellen angeschwemmt werden, als Schlamm ablagern. Oder sie bilden sanft abfallende Flächen: Sandstrände mit mehr oder weniger feinem, dunkelgrauem bis schwarzem Sand oder Kieselstrände mit vom Meer glatt gewaschenen Steinen. Die einzelnen Küsten weisen jeweils eine unterschiedliche Tier- und Pflanzenwelt auf. Am reichsten ist sie an steinigen Steilküsten, wo sich bei Ebbe Gezeitentümpel bilden, die von Tieren nur so wimmeln. Je nach Beschaffenheit, Härte, Farbe und Verwitterungsgrad der Steine können sich Steilküsten stark unterscheiden. Sie sind sehr beeindruckend. Die Flora und Fauna der Kieselstrände ist meist am ärmsten: Nur wenige Lebewesen halten die ständige und zerstörerische Bewegung der Kiesel bei Ebbe und Flut aus! Schlammige Küstenstreifen beherbergen viele Tiere und Pflanzen. Allerdings kann es anstrengend und auch gefährlich sein, sie zu betreten – auch wenn es

sehr spannend ist, dort auf Muschelsuche zu gehen. Sandstrände sind ein günstiger Lebensraum, da die feinen Sandkörner sogar bei Ebbe Meerwasser zurückhalten. Hier fühlen sich nicht nur viele Tiere wohl, sondern auch die Badegäste im Sommer.

Das Küstenprofil

Je nach Neigung der Küste und nach Stärke der Gezeiten wird täglich ein unterschiedlich großer Strandstreifen vom Wasser für eine bestimmte Zeit überflutet. An Steilküsten ist der überflutete Teil eher klein, an schlammigen und sandigen Stränden ist er dafür recht groß. Tiere und Pflanzen, die hier zu finden sind, unterscheiden sich in ihrer Fähigkeit abwechselnd im und außerhalb des Wassers zu leben.

Das Supralitoral – die Spritzwasserzone – liegt am höchsten. Sie ist fast außerhalb der Reichweite des Wassers, wird aber gelegentlich von Gischt benetzt. Pflanzen und Tiere, die hier leben, müssen sich an die Feuchtigkeit und an den Salzgehalt der Luft anpassen. Das Eulitoral wird auch Gezeitenzone genannt.

Bei Flut wird diese Zone überschwemmt – meist alle zwölf Stunden –, bei Ebbe zieht sich das Wasser zurück. Der Mensch hält sich hier besonders gerne zum Sonnen, Baden, Spielen und Muschelsuchen auf. Die hier auftretenden Tiere sind in der Lage außerhalb des Wassers zu überleben. Muscheln schließen ihre Schalen und Anemonen ziehen ihre Fangarme ein, nur Krabben flitzen nach wie vor über die Felsen. Das Sublitoral ist am niedrigsten gelegen und ständig von Wasser bedeckt. Es entspricht der Tiefwasserzone, die die Kontinente umgibt, und eignet sich zum Segeln, Fischen oder Wasserskifahren. Fische und Krebstiere sind hier zu Hause. Zur Zeit der Tagundnachtgleiche sind die Gezeiten sehr ausgeprägt. Es kann vorkommen, dass das Sublitoral bei Ebbe trockengelegt wird. Fischer verpassen diese Gelegenheiten nie, da man dann besonders viele Muscheln, Krebse und große Krabben fangen kann.

Pflanzen auf Dünen und im Watt

Dünen bestehen aus beweglichem Sand, sodass sich hier nur wenige Pflanzen wohl fühlen. Das Watt erscheint gleichförmig und leblos – aber nur auf den ersten Blick.

Meersenf
Wo er in großen Beständen vorkommt, kannst du ihn - ohne Wurzeln - pflücken und einen köstlichen Salat daraus zubereiten! Höhe: 30 cm.

Stranddistel
Diese geschützte Pflanze ist für die Stabilisierung der Dünen enorm wichtig. Im Herbst leistet ihr manchmal ein köstlicher Pilz Gesellschaft. Höhe: 50 cm.

Strandroggen
Dieses blaugrüne Gras bildet unterirdische Ausläufer und wächst in Horsten. Höhe: bis 100 cm.

Gemeiner Queller
Nur wenige Blütenpflanzen wagen sich so weit ins Watt hinaus. Er ist lecker im Salat. Größe: 30 cm.

Salzmiere
Diese niederliegende Pflanze vermehrt sich durch lange Ausläufer. Im Salat oder in der Suppe schmecken ihre fleischigen Blättchen vorzüglich.

Hasenschwanzgras
Es verdankt seinen Namen den weißen Blüten, die an einen Hasenschwanz erinnern. Höhe: 20 cm.

Kali-Salzkraut
Es gehört zu den wenigen Landpflanzen, denen regelmäßige Meerwasserbäder nichts ausmachen. Höhe: 30 cm.

Strandhafer
Dieses Gras erobert als erste Pflanze Wanderdünen, die es nach und nach festigt, sodass sich andere Pflanzen niederlassen können. Höhe: 100 cm.

Strandflieder
Er bildet meist dichte Bestände. Seine Blüten sind violett bis blassblau. Er wird oft in Trockensträuße gebunden! Höhe: 30 - 50 cm.

Strandwinde
Diese Pflanze mit niederliegendem Stängel trägt auffallende rosafarbene Blüten mit weißlichem Mittelstreifen. Länge: 10 - 50 m.

Strand-Grasnelke
Sie bildet grundständige Rosetten oder Polster, über die sich lange Stängel mit weißlichen bis rosafarbenen Blüten erheben. Höhe: 5 - 30 cm.

Sandstrohblume
Sie bildet dichte, hohe Polster. Ihre gelben Blüten riechen nach Curry. Sogar getrocknet sieht sie sehr schön aus und erscheint deshalb oft in Trockensträußen. Höhe: 50 - 80 cm.

NA SO WAS!

Eine Wanderdüne
Die Düne von Pyla ist mit 105 m Höhe die größte Düne Europas und befindet sich in Frankreich, in der Nähe von Arcachon. Sie ist 3 km lang und besteht aus etwa einer Milliarde Tonnen Sand. Sie bewegt sich jährlich um 20 m.

Eigenartige Wende
Früher wurden Dünen immer größer und begruben auf ihrer Wanderung alles andere unter sich. Heute scheint das Meer beschlossen zu haben sich den Sand wieder einzuverleiben, den es jahrhundertelang an Land geworfen hat. Weist dieses Phänomen auf eine Erwärmung der Erde hin, die ein Ansteigen des Meeresspiegels zur Folge hat? – In 100 Jahren wissen wir mehr!

Bitte kein Salz
Ein Queller-Salat braucht im Dressing kein Salz, da die Pflanze schon sehr salzig ist. Die meisten Pflanzen sterben im Salzwasser, weil das in ihnen gespeicherte Wasser durch das Salz aufgesogen wird. Dieses Phänomen nennt man Osmose. Der Queller hat dieses Phänomen ins Gegenteil verkehrt, um überleben zu können: Sein Pflanzensaft enthält so viel Salz, dass er Wasser anzieht!

Pflanzen auf Felsen und Klippen

Diese Pflanzen schmücken die unberührten Steilküsten und sind selten: Bewundere sie nur mit den Augen! Wenn du Blüten oder Früchte pflückst, achte darauf, niemals die Wurzeln herauszureißen. Aufgrund ihres oft unzugänglichen Standortes musst du aber immer sehr vorsichtig sein.

Mittagsblume
Auf hohen Klippen fühlt sich diese niederliegende Pflanze besonders wohl. Sie wurde zur Befestigung von Böschungen eingeführt.
Länge: bis 2 m.

Echtes Löffelkraut
Es wächst an Klippen, aber man findet es auch auf feuchten, salzhaltigen Wiesen in der Nähe des Meeres.
Höhe: 30 cm.

Meerkohl
Vor allem an Geröllstränden ist er sehr verbreitet. Seine weißen Dolden duften angenehm. Er ist essbar, jedoch schützenswert!
Höhe: 25 – 40 cm.

NA SO WAS!

Vitaminkur
Das Echte Löffelkraut ist reich an Vitamin C und wurde noch vor wenigen Hundert Jahren gegen die Krankheit Skorbut eingesetzt, die infolge von Vitamin-C-Mangel auftritt. Ein Salat aus dieser Pflanze hilft auch bei Erkältungen!

Festschmaus für Feinschmecker
Der Meerkohl gilt als Delikatesse. Wenn du ihn auch einmal kosten möchtest, musst du im April/Mai die jungen Triebe sammeln. Lege sie fünf Minuten in kochendes Wasser und hole sie dann mit dem Schaumlöffel wieder heraus. Richte den Meerkohl mit Butterflöckchen auf einem Teller an.

Strand-Salzmelde
Dieser kräftige, graugrüne Halbstrauch wächst an Küsten und Meeresstränden. Die unauffälligen Blüten stehen in Trauben. Höhe: 30 – 100 cm.

Salz-Schuppenmiere
Sie trägt kleine, malvenfarbene Blüten und ist in der Lage auch im schmalsten Spalt für ihre Wurzeln Halt zu finden. Höhe: 20 cm.

Roter Baldrian
Er wächst an Klippen, am Rand steiniger Strände und an Mauern. Er ist sehr widerstandsfähig, hat dicke Blätter und weiße, rosafarbene oder rote Blüten. Höhe: 50 cm.

Ausdauernder Strandstern
Er bildet von weitem schon leuchtende, dichte Polster und hat goldgelbe Blüten. Höhe: 20 cm.

Meerfenchel
Im Sommer bilden seine grünlichen Blüten dichte Dolden. Wenn du seine Blätter in Essig einlegst, schmecken sie noch besser als Gewürzgurken! Höhe: 30 cm.

Runzelrose
Sie stammt ursprünglich aus Ostasien und wurde als Zierstrauch eingeführt. Heute findet man sie in den Dünen Nordeuropas. Die Blätter sind dunkelgrün, die Blüten rosa und die Früchte orange. Höhe: 50 – 200 cm.

Versteinerungen

Viele Klippen bestehen aus Kalkstein, einem Sedimentgestein. Sie entstanden durch Ablagerung kleinster Kalkteilchen auf dem Boden der Meere. Manchmal wurden Pflanzen und Tiere in den Kalkschichten eingeschlossen und hinterließen ihre Abdrücke, die zu Fossilien wurden. Die schönsten finden sich im Geröll der Klippen.

NA SO WAS!

Ein friedlicher Riese
Der Brachiosaurus war das größte Tier, das jemals auf der Erde lebte: Dieser Dinosaurier wog 60 Tonnen und war 25 m lang. Früher glaubte man, dass er aufgrund seines Gewichtes einen großen Teil seines Lebens in Sümpfen verbrachte, und nur sein Kopf zu sehen war. Heute wissen wir, dass er wohl eher wie die heutigen Giraffen lebte.

Eine sehr alte Geschichte
Im Westaustralischen Schild gibt es Felsformationen, die 3,5 Milliarden Jahre alt sind. Man kann hier Kalkausscheidungen von primitiven Algen und Bakterien finden, die zu den ältesten Lebensspuren der Erde zählen. Mithilfe dieser Kalkausscheidungen, die man Stromatolithen nennt, schützten sich die Algen und Bakterien vor dem Sonnenlicht.

Belemniten
Dies sind versteinerte Innenskelette urzeitlicher Tintenfische. Sie werden auch Donnerkeile genannt, da man sie früher für Geschosse hielt: Die eine Seite ist zugespitzt, die andere ausgehöhlt. Sie können zwischen 5 und 25 cm groß sein.

Fische
Versteinerte Fische oder Meeresreptilien sind recht selten. Wenn du dennoch einmal ein solches Fossil findest, solltest du auf jeden Fall Fachleute hinzuziehen.

Ammoniten
Dies sind fossile Kopffüßer, deren Kalkgehäuse spiralförmig aufgerollt ist. Sie hatten einen Durchmesser zwischen 1 cm und 2 m.

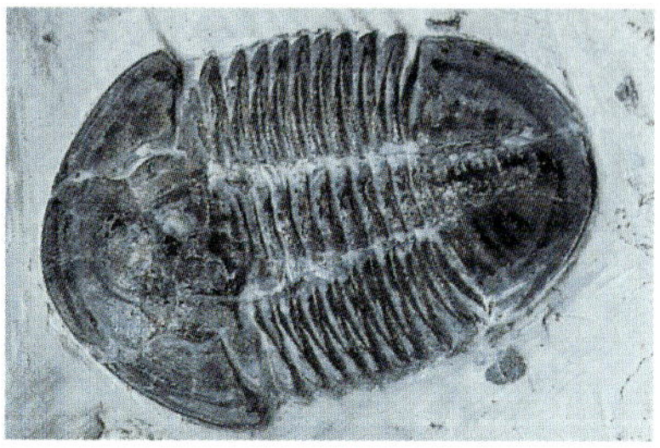

Trilobiten
An ihrem dreiteiligen Körper sind sie leicht zu erkennen. Ihre Größe liegt zwischen 2 und 10 cm.

Seeigel
Es gibt sehr viele versteinerte Seeigelarten. Sie sind sehr schön, wenn sie gut erhalten sind. Größe: 3 – 15 cm.

Nautiliden
Dies sind Schalen urzeitlicher Tintenfische, die sehr unterschiedlich groß sein können.

Korallen
Sie sehen oft wie Stücke einer Bienenwabe aus und können sehr unterschiedliche Größen haben.

Seesterne
Sie sind oft prächtig und häufig zu finden.

FREILEGEN UND PRÄPARIEREN VON FOSSILIEN

Um Fossilien zu finden brauchst du viel Glück und musst sehr vorsichtig zu Werke gehen!

Für deine Sicherheit brauchst du:
- einen Helm
- eine Brille

Das richtige Werkzeug:
- einen Geologenhammer zum Zerkleinern der Steinbrocken
- einen Meißel zum Abhämmern von Steinen
- eine Maurerkelle zum Durchgraben der Erde
- eine harte Zahnbürste zum Säubern der Fossilien
- ein Vergrößerungsglas

Die Vorarbeit
Frage beim Fremdenverkehrsamt an, wo man Fossilien finden kann und ob man dir einen Fachmann empfehlen kann, den du begleiten darfst.

Vor Ort
- Mache niemals Ausgrabungen in einem instabilen oder gefährlichen Gebiet.
- Suche niemals in einem Steinbruch oder einer Grotte nach Fossilien, wenn dich kein Fachmann begleitet.
- Lasse dich nicht von der Flut überraschen!
- Löse die Fossilien vorsichtig aus: Man zertrümmert sie leicht beim Zurechthauen eines Gesteinsbrockens.

Zu Hause
- Reinige die Versteinerungen mit einer Zahnbürste.
- Feine Konturen legst du mit kleinen Meißeln oder Präpariernadeln unter der Lupe frei.
- Wasche die Fossilien mit heißem Wasser ab.
- Bewahre sie in Schachteln auf, in denen sie vor Staub und Feuchtigkeit geschützt sind.

EIN OBSTKORB AUS KIESELSTEINEN

Kieselstrände sind die reinste Fundgrube. Jeder Stein hat seine ganz eigene Form, zurechtgeschliffen durch das Meer. Kieselsteine sind ideale Werkstoffe, um ein Kunstwerk daraus zu basteln. Dieser Obstkorb wird eine Zierde für dein Zimmer sein.

Das Sammeln der „Früchte"
Suche am Strand nach Kieseln, die in Form und Größe deinem Vorhaben entsprechen.

• *Kirschen:* Viele Formen sind geeignet; wichtig ist ein kleines Loch im Stein, damit du einen Stiel anbringen kannst.

• *Erdbeeren:* Auch hier eignen sich viele Formen. Ein Loch ist nicht nötig.

• *Pflaumen, Äpfel, Birnen und Bananen:* Suche Steine in der Form der jeweiligen Frucht. Ein kleines Loch ist ideal.

• *Orangen, Mandarinen und Zitronen:* Suche Steine mit unebener Oberfläche, sodass sie der Schale dieser Früchte ähnelt, oder sammle weiche Kreidesteine.

• *Weintraube:* Für eine Traube brauchst du 30 bis 50 kleine Kiesel. Sie können rund oder oval sein.

Für einen Obstkorb brauchst du:
6 Kirschen, 3 Erdbeeren, 4 Pflaumen, 1 Birne, 1 Apfel, 1 Banane, 2 Mandarinen, 1 Orange, 1 Zitrone und eine Weintraube. Natürlich kannst du alle Steine an einem Tag sammeln, aber das kann auch etwas langweilig werden. Verteile deine Suche also lieber auf mehrere Tage.

Die Vorbereitung der Kiesel
• Bürste die Steine unter lauwarmem Wasser, dem du etwas Geschirrspülmittel beigibst, ab.
• Spüle sie danach mit klarem Wasser nach und lasse sie trocknen.

Was du brauchst:
• eine Tube Sekundenkleber; Achtung: Verwende Handschuhe und eine Schutzbrille bei der Arbeit!
• eine spitze Zange
• Aluminiumfolie
• Draht für die Stiele der Kirschen
• verschiedene Zweige für die Stiele der Birnen und für die Traube
• etwa fünf Pinsel
• glänzenden wasserverdünnbaren Acryllack in verschiedenen Farben
• einige Tuben Deckfarbe
• glänzenden Klarlack

Wie es geht:
• Klebe zunächst die Stiele an, sodass du hinterher die gesamte Frucht anmalen kannst.
• Sekundenkleber reagiert sehr schnell: Lies die Packungsbeilage aufmerksam und halte dich genau an die Gebrauchsanweisung.
• Weintraube: Suche dir einen T-förmigen Zweig, der etwa so lang ist wie die Traube, die du basteln möchtest. Klebe die Steinchen rundherum fest und lasse nur das obere Ende frei. Dann klebst du weitere Kiesel fest, bis du die Form einer Traube erhältst. Am einfachsten geht das, wenn du dir vorher eine echte Traube kaufst, die du dann als Modell benutzen kannst!
• Kirschen: Forme aus Draht die typischen,

paarweisen Kirschenstiele und stecke sie dann in die Löcher der Steine.

- Birne: Hier dient ein Holzstückchen als Stiel, das du an der schmalen Seite des Steines festklebst.

Die erste Farbschicht

- Kaufe vor dem Bemalen der Steine echte Früchte, die dir als Muster dienen.
- Breite die Steine auf der Aluminiumfolie aus.
- Ordne die Kiesel nun nach den Farben der Früchte, die sie darstellen sollen (rot, gelb, grün, violett).
- Nun bringst du vorsichtig die erste Farbschicht auf: Bemale jeden Stein in der jeweiligen Grundfarbe.
- Nach dem Trocknen drehst du die Steine um und bemalst die Seite, mit der sie vorher auf der Aluminiumfolie lagen.
- Trocknen lassen.

Die zweite Farbschicht

- Wenn du die zweite Farbschicht aufträgst, musst du versuchen alle Schattierungen genau wiederzugeben. Du brauchst nun für jede Farbe einen Pinsel.
- Für die letzten Feinheiten verwendest du Deckfarbe; sie ist leichter zu verarbeiten.
- Die Steine müssen vor dem Lackieren mindestens 48 Stunden trocknen.

Die Lackierung

- Denke daran, dass du nach dem Lackieren, wie nach dem Malen, die Pinsel reinigen musst.
- Lackiere deine Steinfrüchte ein erstes Mal und lasse sie dann einen Tag, mindestens aber drei Stunden, trocknen. Lackiere sie dann ein zweites Mal.
- Bevor der Lack hart ist, kannst du ihn mit dem Pinsel glätten.

Ab in den Korb

- Deine verschiedenen Steinfrüchte kannst du nun in einem Weidenkorb anrichten. Lege zuvor eine Papierserviette oder ein Tuch hinein, dann sieht es noch hübscher aus.
- Wenn du an dieser Bastelarbeit Spaß gefunden hast, kannst du ja auch einmal ein anderes Modell ausprobieren. Wie wäre es beispielsweise mit einer Fischplatte?!
- Dieser attraktive Obstkorb oder auch die Fischplatte eignen sich hervorragend als originelle Geschenke.

Gemüse aus dem Meer

In Asien kommen Algen regelmäßig auf den Tisch und es gibt viele leckere Rezepte. Es lohnt sich, ihren feinen Geschmack kennen zu lernen. Allerdings solltest du dich immer erkundigen wie stark die Küste, an der du die Algen sammeln willst, verschmutzt ist, bevor du dieses Meeresgemüse zubereitest. Denn nur Gemüse aus unverschmutzten, intakten Gewässern ist gesund, da es sehr vitaminreich und mineralstoffhaltig ist.

NA SO WAS!

Nudeln mit Algen

Frische Nudeln mit Fingertang vermischt sind eine wahre Gaumenfreude!

- Schneide einen Fingertang in lange Streifen und weiche diese eine Stunde lang in Leitungswasser ein.
- Koche die Streifen dann eine Stunde lang.
- Stelle die gekochten Algen beiseite.
- Gib die Nudeln und die Algen in einen großen Topf kochendes Wasser.
- Koche alles zusammen etwa 10 Minuten. Die Nudeln sind dann „al dente" (sie haben noch Biss).
- Gib die Algennudeln in eine Schüssel und füge etwas Butter hinzu.

Meersalat
Er ist grün, durchscheinend und sehr appetitlich. Gewaschen und 10 Minuten lang gekocht schmeckt er zu Fisch oder Sauerkraut ausgezeichnet.

Irisch Moos
Dieser Tang wird nur 5 - 20 cm groß und wechselt je nach Licht die Farbe von rot zu grün. Er ist häufig in Gezeitentümpeln vertreten und eignet sich zur Herstellung von Gelees sowie zum Eindicken von Suppen und Soßen. Er wird eine Stunde lang gekocht.

Zuckertang
Seine Form ist so charakteristisch, dass du ihn nicht verwechseln kannst.
Er wird bis zu 4 m lang und schmeckt feiner als der Fingertang.

Fingertang
Man findet ihn oft auf Felsen, an wurzelartigen Haftkrallen wachsend. Er wird über sieben Meter lang und gehört zu den besten Algen!

NA SO WAS!

Verschlüsselt

Wenn du auf einer Eiscremeverpackung nach den Inhaltsstoffen suchst, wirst du über unterschiedliche Codes stolpern. Hinter den Codes E400 bis E407 verstecken sich Meeresalgen.

Flügeltang
Er gedeiht an Felsen in Küstennähe und wird etwa 50 - 200 cm lang. Sein Geschmack ist unvergleichlich! Man isst nur die klein geschnittenen seitlichen Blatthälften roh im Salat oder gekocht (3 Min.) zu Fisch.

Flacher Darmtang
Man findet den 10 - 30 cm langen Tang in Gezeitentümpeln. Er schmeckt hervorragend, wenn man ihn fein schneidet und Salaten und Gemüsen zufügt.

Riementang
Er wächst auf Felsen und bildet an der becherförmigen Basis gut 2 m lange Riemen. Koche ihn 15 Minuten lang und mische ihn dann unter Spagettis!

Hauttang
Dieser Tang überwuchert Felsen und andere Tangarten. Er wächst aus einer Haftscheibe heraus und erweitert sich zu einem flachen Fächer. Er wächst an seichten Stellen des Atlantiks und des Ärmelkanals.

Besentang
Er wird etwa 30 cm lang, liebt Felsen und kiesigen Grund und dient zur Herstellung von Gelees.

Kleiner Darmtang
Er bildet einen grünen Rasen auf Felsen und an Pfählen und wächst oft in verschmutzten Gegenden. Zerhackt ist er ein leckeres Würzmittel.

Darmtang
Er ist hellgrün und kann 5 - 150 cm lang werden. Fein gehackt verleiht er Salaten, Gemüsen und Suppen einen vorzüglich würzigen Geschmack.

Purpurtang
Er sieht gelatineartig aus. Seine Farbe liegt zwischen rot, grün und purpurn. Er schmeckt sehr gut, wenn man ihn unter Gemüse mischt.

Horntang
Er versteckt sich gerne unter anderen Tangarten in Gezeitentümpeln und kann 20 - 40 cm lang werden. Er dient zur Herstellung von Gelees.

NA SO WAS!

Frittierte Algen
– Stelle nach dem Rezept auf Seite 60 einen Frittierteig her.
– Schneide den Zuckertang in etwa 10 x 10 cm große Stücke und weiche sie eine Stunde in Leitungswasser ein. Lasse sie dann abtropfen und trockne sie mit Küchenkrepp ab.
– Bedecke den Boden einer tiefen Pfanne 3 – 4 cm hoch mit Olivenöl.
– Ziehe die Tangstücke durch den Frittierteig und backe sie dann 3 Minuten im heißen Öl aus.
– Hebe die frittierten Algen mit dem Schaumlöffel aus dem Öl und richte sie auf einem Teller an.

Eisen und Kalzium
Braunalgen, die häufig auf Felsen zu finden sind, enthalten fünfmal mehr Eisen als Spinat und sogar zehnmal mehr Kalzium als Milch!

Erlaubtes Doping
Doping stellt im Sport ein großes Problem dar. Sportler, die so ihre Leistung verbessern wollen, ruinieren dabei ihre Gesundheit. Wenn du an einem Wettkampf teilnimmst oder eine Prüfung bevorsteht, kannst du dich auf ungefährliche Weise fit machen, indem du Algen isst! Sie sind vitaminreich und enthalten viele Spurenelemente wie z. B. Eisen, Magnesium, Kalium, Phosphor, Brom und Zink.

NEPTUNS LECKEREIEN

Aus Algen kannst du eine köstliche Süßigkeit herstellen! Im Folgenden wird dir erklärt, wie du Algen haltbar machst, sodass du sie etwa ein Jahr lang verwenden kannst. Natürlich kannst du auch frische Algen nehmen, die du dazu erst wäschst und dann blanchierst, also kurz mit heißem Wasser überbrühst.

Was du brauchst:

- 1 Liter Mineralwasser ohne Kohlensäure
- 1 Liter Fruchtsirup

Die Algenernte

Sammle folgende Algen: Irisch Moos, Gefiederten Tang, Horntang und Besentang. Mit den vier Arten wird es abwechslungsreicher, aber frisches Irisch Moos allein reicht auch.

Die Herstellung der Gelatine

- Reinige die Algen unter Leitungswasser.
- Gib sie in einen Topf, bedecke sie mit Wasser und weiche sie eine Stunde ein. Koche das Ganze dann eine halbe Stunde lang auf.
- Stelle ein großes Sieb in eine flache Glasschüssel und lege das Sieb mit einem sauberen Küchenhandtuch aus. Gieße den Inhalt des Topfes in das Sieb und filtriere ihn durch das Handtuch. Entferne dann Sieb und Handtuch.
- Abkühlen lassen und die Glasschüssel über Nacht oder länger in den Kühlschrank stellen. Danach lässt du die Masse fünf Tage an der Luft trocknen.
- Schneide die Gelatine in fünf Zentimeter lange und einen Zentimeter breite Streifen. Trockne sie weitere fünf Tage an einem kühlen, luftigen Ort. Wickle sie dann in Aluminiumfolie und verwahre sie an einem kühlen Platz in einer Metalldose. Du kannst sie über ein Jahr lang verwenden.

Wie es geht:

- Nimm 20 g Gelatinestreifen und spüle sie kurz ab.
- Gib einen Liter Mineralwasser in einen Topf.
- Füge die Gelatinestreifen hinzu und drücke sie gut aus, etwa wie einen Schwamm.
- Lasse die Mischung 10 Minuten kochen.
- Schalte den Herd aus und mische zwei bis drei Gläser Fruchtsirup gleichmäßig unter die Gelatine.
- Filtriere die Masse nun in eine flache, eckige Schüssel.
- Nachdem die Gelatine ganz ausgekühlt ist, stellst du die Schüssel für eine halbe Stunde in den Kühlschrank.
- Danach kannst du Neptuns Leckerei stürzen und in Würfel schneiden.

Wie es mit frischen Algen geht:

- Wasche die frischen Algen gründlich und blanchiere sie eine Minute in kochendem Wasser. Gehe dann genauso vor wie im vorhergehenden Rezept; anstelle der Gelatinestreifen gibst du aber die frischen Algen in den Topf.
- Lasse das Ganze nun eine Stunde kochen und nicht nur 10 Minuten. Den Sirup fügst du erst ganz am Schluss hinzu.

Noch mehr Algen

Noch viele andere Algenarten kommen häufig vor. Von jeder Art gibt es zahlreiche Unterarten, die sich trotz ihrer Verschiedenheit alle ähneln. Alle Algen sind essbar, sodass du zahlreiche kulinarische Köstlichkeiten daraus zaubern kannst. Solange das Wasser nicht verschmutzt ist, sind sie niemals giftig. Im schlimmsten Fall stößt du auf bittere oder gummiartige Exemplare.

Pinseltang
Auf Felsen und in Tümpeln bildet er Büschel (5 cm) aus dunkelgrünen Fäden. Er kommt in Nord- und Ostsee, im Mittelmeer und im Nordatlantik vor.

Borstenhaar
Es bildet einen Teppich aus 20 bis 30 cm langen „Haaren" und wächst vorwiegend auf Sand.

Stacheltang
Er erinnert an einen stacheligen Busch. Kleine Exemplare mit einer Länge von 20 - 50 cm sind grün, große, die zwischen 1 - 2 m lang sind, sind braun.

NA SO WAS!

Riesentang
An den Straßen stehen alle hundert Meter Begrenzungssteine. Ein Riesentang der Gattung Macrocystis, der im Pazifik wächst, wird so groß, dass er von einem Stein bis fast zum übernächsten reichen würde. Das größte je gefundene Exemplar war unglaubliche 168 m lang!

Meerball
Auf Felsen bildet er in geringer Tiefe Kugeln aus miteinander verklebten Fäden. Er fühlt sich wie ein Schwamm an.

Spiraltang
Er wird nicht größer als 50 cm und ist gabelartig verzweigt. Die Enden sind spiralförmig gedreht.

Gemeines Seegras
Es ist keine Alge! Seine grasartigen Blätter können bis zu 50 cm lang werden.

Körniger Blasenschlauch
Er erinnert mit seinen 10 – 30 cm Größe an eine Gurke und wächst auf Felsen und anderen, größeren Algen.

Geschnürter Schlauchtang
Er ähnelt einer Kette aus kleinen grüngelben Würstchen und kann 40 cm lang werden.

NA SO WAS!

Was ist ein Thallus?
Algen unterscheiden sich von den Blütenpflanzen an Land: Sie besitzen weder Wurzeln noch Stängel, haben keine Blätter und auch keine Blüten. Ihr Körper heißt Thallus. Wie auch die höheren Pflanzen betreiben Algen Photosynthese: Sie entnehmen der Luft Kohlendioxid, verwerten den Kohlenstoff und geben Sauerstoff ab. Ihre Vermehrung erfolgt wie bei Pilzen durch Sporen.

Bandblatt
Das grüne, glänzende Blatt wird bis zu 30 cm lang. Vom Mittelmeer bis zum Nordatlantik wächst es auf Felsen und in Gezeitentümpeln.

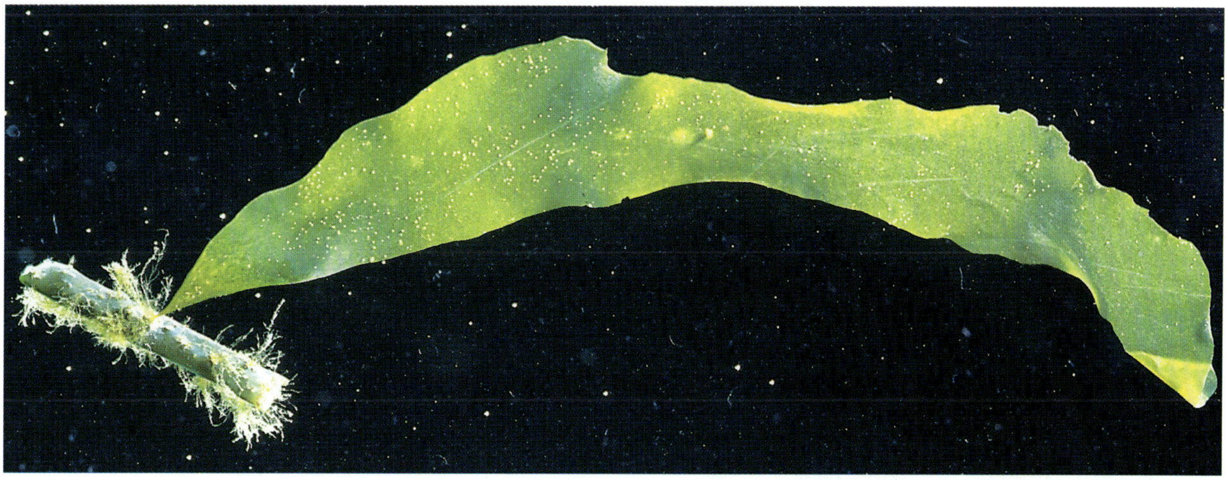

Meerohr
Es tritt vom Mittelmeer bis zum Ärmelkanal auf und bildet kleine, 10 – 15 cm hohe Fächer, die innen hellgrün und außen bräunlich grün gestreift sind.

Fleischige Dilsea
Man begegnet dieser dunkelroten Alge vom Atlantik bis zur Nordsee. Sie wirkt unbeweglich mit gelatineartiger Oberfläche und wird 10 – 30 cm lang.

Lappiges Rotblatt
Es sieht wie rosaroter Eichblattsalat aus und ist am Atlantik und an der Nordsee häufig in Gezeitentümpeln zu finden. Länge: etwa 8 cm.

Pfefferalge
Sie wird 2 – 30 cm lang und hat einen pfefferartigen Geschmack. Die Farben variieren je nach Standort an der Küste zwischen Braun, Gelb und Grün.

Roter Eichentang
Er wächst auf anderen Algen oder auf Steinen. Er hat die Form von Eichenblättern – allerdings in Zartrosa.

Schotentang
Seine Schwimmkörper erinnern an kleine Bohnen- oder Erbsenschoten. Vom Atlantik bis zur Nordsee kommt er im tiefen Wasser vor und kann über 1 m lang werden.

Wurmblatt
In Gezeitentümpeln und auf Steinen wächst es oft in großen Mengen. Seine Farbe variiert zwischen Rot, Braun und Dunkelgrün. Länge: 2 – 50 cm.

Strandschätze

Im Sommer werden die meisten Strände sauber gehalten. Wenn du aber das Glück hast, an einem „wilden“ Strand spazieren zu gehen, kannst du erstaunliches Strandgut entdecken! Besonders nach Sturmtagen lohnt es sich, an den Strand zu gehen. Das Meer hat seine Schatztruhe geöffnet – nur schade, dass sich hier auch oft der Abfall der Menschen findet.

1 Seeigelgehäuse
2 Eikapsel des Katzenhais
3 Schulp eines Tintenfisches
4 Eiballen der Wellhornschnecke
5 Wirbel eines Fisches
6 Seeball (aus Blättern des Neptungrases)
7 angeschwemmter Ast
8 poliertes Glas
9 Vogelfeder
10 Panzer eines Krebses
11 Seehaseneier
12 „Nixentasche“ (leere Rocheneihülle)

NA SO WAS!

Todesqualen
Lasse niemals Plastiktüten am Strand liegen! Vom Meer fortgetragen schweben sie wie Quallen durch das Wasser. Wenn Meeresschildkröten und Wale diese vermeintliche Leckerei schlucken, müssen sie qualvoll ersticken.

Bälle aus dem Meer
Das Neptungras bildet mit seinen langen, schmalen Blättern unter Wasser einen Teppich. Abgerissene Blätter werden von den Wellen, mit Sandkörnern vermengt, zu braunen, weichen Bällen, Seebällen, gerollt.

Zum Schutz der Meere
Eine biologisch abbaubare Plastiktüte, die am Strand vergessen wurde, braucht 3 Monate, bis sie sich zersetzt hat. Eine Getränkedose 200 Jahre und eine normale Plastiktüte oder -flasche 300 Jahre!

Lebensraum Sand

Sand besteht aus unzähligen Steinkörnchen, häufig aus Quarz. Vollgesogen mit Wasser bildet er eine recht kompakte Masse, sodass das Hin und Her der Wellen die einzelnen Körnchen nicht durcheinander wirbeln kann. Da tiefere Bodenschichten kaum durch Ebbe und Flut beeinflusst werden, können im Sand Tiere leben.

Viele Tiere leben in und auf dem Sand; es sind zwar weniger Arten als an den steinigen Küsten, aber von jeder Art sind viele Unterarten vertreten. Manche Sandbewohner sind sehr schmackhaft und deshalb als Speisen begehrt, wie z. B. Muscheln, die auf diese Art selten werden oder gar aussterben können. Mit dem Fuß kannst du prüfen wie feucht der Sand ist: Recht trockener Sand sieht dort, wo du ihn betreten hast, noch trockener aus. Sehr feuchter Sand verwandelt sich unter deinen Fußabdrücken zu fast flüssigem Schlamm. Tiefer Treibsand ist der gefährlichste Sand überhaupt: Unachtsame Spaziergänger kann er gnadenlos in die Tiefe ziehen.

Leben unter Schritt und Tritt

Wenn du bei Ebbe über sandiges Watt gehst, ahnst du gar nicht wie viele Tiere im Sand versteckt sind. Einige haben sich tief in den Sand eingegraben, andere befinden sich dicht unter der Oberfläche. Sie alle warten auf die Flut, die neue Nahrung mit sich bringt.

Scheidenmuschel
Sie ist lang und gerade, die ähnliche Schwertmuschel leicht gebogen. Sie können sich tief in den Sand bohren und schmecken gegrillt und gebraten. Größe: 10 - 15 cm.

Geldmuschel
Sie ist groß und kommt fast nur als Zuchtmuschel vor. Sie gräbt sich in Sand und Kiesböden ein und schmeckt roh oder gegrillt. Länge: 7 - 12 cm.

Teppichmuschel
Man findet sie in großen Mengen im Schlamm zwischen den Felsen. Sie wird wie die Herzmuschel zubereitet. Größe: 4 - 9 cm.

NA SO WAS!

Beobachtung mit dem Periskop
Herzmuscheln besitzen, wie auch andere Muscheln, zu Röhren verlängerte Ein- und Ausströmöffnungen, durch die sie das Wasser filtern. Diese werden Siphon genannt. Am Ende dieser Röhren kann sich ein Augenkranz befinden; so können sie den Strand beobachten.

Gewöhnliche Herzmuschel
Sie lebt in großen Kolonien und gräbt sich kaum ein. Kleine Exemplare kannst du roh essen, größere legst du auf den Grill und isst sie sobald sich die Schalen öffnen. Länge: 3 - 7 cm.

Trogmuschel
Konzentrische braune Linien schmücken ihre Schale. Sie ähnelt der Teppichmuschel und lebt im Sand oder im Kies. Sie schmeckt vom Grill und in der Suppe. Größe: 5 cm.

MUSCHELSUCHE IM SAND

Teppichmuschel

• Schlammiger Sand in Felsennähe ist ihr Lieblingsort. Achte auf zwei kleine Löcher, die etwa 1 cm weit auseinander liegen; wenn der Sand trocknet, bilden sie ein einziges Loch in Form einer Acht.

• Mit einem Löffel kannst du die Teppichmuschel ausgraben. Sie bleibt dicht an der Oberfläche.

Scheidenmuschel

• Suche nach den Löchern, die sie im Sand hinterlässt; es dürfen aber keine Auswürfe vorhanden sein, Löcher mit Auswürfen gehören Würmern.

• Streue Salz in das Loch: Die Muschel glaubt, die Flut wäre da und kommt an die Oberfläche.

• Nachdem sie das Wasser aus dem Loch verdrängt hat, kannst du ihre „Nasenspitze" sehen: Nimm sie zwischen Daumen und Zeigefinger, ohne sie herauszuziehen, da sie bestimmt versucht nach unten zu flüchten.

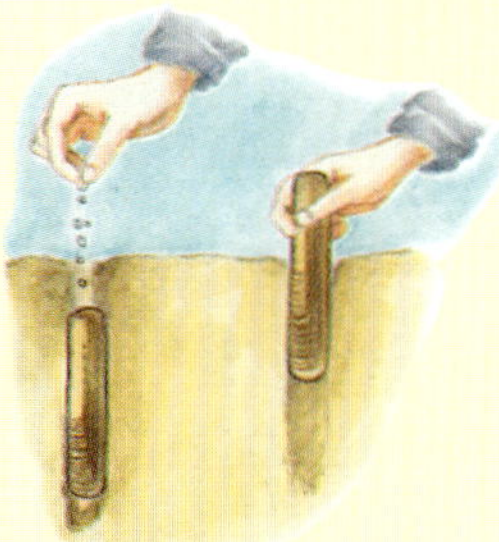

• Sobald sie sich nicht mehr wehrt, kannst du sie herausziehen.

Herzmuschel

• Du findest sie, wenn du mit einem Rechen den Sand durchsuchst.

Klaffmuschel

• Besorge dir einen Spaten.

• Suche dir einen schlammigen Muschelstrand und stecke das Blatt des Spatens alle paar Meter in den Sand. Nun heißt es aufgepasst!

Wenn Wasser aufspritzt, befindet sich an dieser Stelle eine Klaffmuschel.

• Grabe nun schnell und tief an der angezeigten Stelle: Die Muschel versteckt sich in 20 bis 60 cm Tiefe. Vielleicht findest du auch eine Venusmuschel oder eine Trogmuschel.

Kleine Pilgermuschel
Sie wird nur bei sehr starker Flut angeschwemmt. Mit ihr verwandt ist die Jakobs-Pilgermuschel, die in sehr großer Tiefe lebt: 50 m sind das Mindeste! Beide sind geschätzte Köstlichkeiten! Die kleine Pilgermuschel schmeckt am besten in Butter gebraten. Größe: 8 – 10 cm.

Bunte Kamm-Muschel
Sie ist mit der Kleinen Pilgermuschel verwandt, wird aber nur 5 bis 6 cm groß.

Sägezähnchen
Es gräbt sich dicht unter der Sandoberfläche ein. Schmeckt roh hervorragend zum Aperitif. Größe: 3 cm.

Warzige Venusmuschel
Die Suche nach der Venusmuschel ist äußerst anstrengend, da sie sich sehr tief in den Sand eingräbt. Sie schmeckt roh oder gegrillt. Größe: 3 – 7 cm.

NA SO WAS!

Bohrende Räuber
Nabelschnecken sehen sehr friedfertig aus, sind aber gefährliche Räuber, die am liebsten Muscheln fressen. Um an sie heranzukommen heften sie sich an die Muschelschale und beginnen mit ihrer scharfen, an einem Rüssel sitzenden Raspelzunge sie zu durchbohren. Nach etwa sechs Stunden ist die Schale der Muschel durchbohrt und die Nabelschnecke kann sie mit ihrem Rüssel aussaugen.

Ein komplettes Gedeck
Früher trugen Christen auf ihren Pilgerreisen ins Heilige Land oder nach Santiago de Compostela stets zwei Schalen der Jakobs-Pilgermuschel bei sich. Um möglichst einfach und bescheiden zu leben, diente ihnen eine kleine Schale als Löffel, eine große als Teller oder Trinkschale. Aus diesem Grund wurde die Jakobs-Pilgermuschel zum Wahrzeichen der Pilger und trägt auch den Namen ihres Schutzpatrons, des heiligen Jakobs.

WIR BESTIMMEN SCHALENWEICHTIERE

Schalenweichtiere werden in fünf Molluskenklassen zusammengefasst:
- Die meisten sind **Schnecken** (Gastropoda) und **Muscheln** (Bivalvia). Muscheln setzen sich aus einem Paar Schalenklappen zusammen, die mit einer Art Scharnier verbunden sind. Man kann Schnecken und Muscheln anhand ihrer Form bestimmen und sich dazu einige Eselsbrücken bauen (siehe unten).

Andere sind leicht zu erkennen:
- Elefantenzahnschnecken,
- Käferschnecken,
- Kopffüßer.

Noch mehr Schnecken und Muscheln im Sand

Oft jagen sich Schalenweichtiere untereinander. In der Regel haben die Räuber sehr schöne Schalen, sind aber nicht essbar. Manche Schalenweichtiere kann man zwar in Küstennähe nicht fangen, dafür findet man ihre leeren Schalen am Strand.

Islandmuschel
Seltenes und schönes Sammelobjekt. Größe: 13 cm.

Pelikanfuß
Dieser Jäger fängt seine Beute im Schlamm und im Sand. Größe: 4 cm.

Mittelmeer-Kegelschnecke
Diese Schnecke kommt aus dem Pazifik, aber auch im Mittelmeer gibt es Kegelschnecken. Sie sind jedoch nicht ganz so schön.

NA SO WAS!

Aufgeblasene Meeresbewohner
Die Veilchen- oder Floßschnecke lebt im Atlantik und ernährt sich von Flügelschnecken und Staatsquallen. Mithilfe eines Schaumfloßes treibt sie knapp unterhalb der Wasseroberfläche, wo sie ihre Beutetiere fängt. Sie ist violett gefärbt und etwa 1,5 cm hoch.

Turmschnecke
Ihr langes, gerades Gehäuse ist entweder rot, gelb oder braun und ein beliebtes Sammelobjekt. Größe: 4 – 6 cm.

Stachelige Herzmuschel
Sie ist gelblich und an den Rändern gezähnt. Sie ist essbar und häufig anzutreffen. Größe: 7,5 cm.

Drechselschnecke
Diese kleine Schnecke hat ein glänzendes Haus mit grauen und gelben Streifen. Größe: 2 cm.

Plattmuschel
Ihre leeren Schalen erinnern an Schmetterlingsflügel. Größe: 2 cm.

Nadelschnecke
Ihr kunstvoll gewundenes Haus lohnt einen näheren Blick mit der Lupe. Größe: bis 1,5 cm.

Meermandel
Die Zeichnung ihrer Schale kann wunderschöne Muster annehmen. Größe: 6 cm.

Steckmuschel
Sie ist die größte Muschel, die man im Sand an Küsten finden kann. Größe: bis 45 cm.

Gemeiner Elefantenzahn
Er erinnert an einen winzigen Elefantenstoßzahn. Er kann grünlich weiß, braun oder rosafarben sein.

Bohrmuschel
Sie wächst im Sand, in Holz oder weichem Gestein. Die schöne Schale der essbaren Bohrmuschel ist grauweiß und glatt. Größe: 10 – 15 cm.

Brandhorn
Es erinnert an einen Felsbrocken mit Stacheln und kommt im Mittelmeer vor. Größe: 8 – 10 cm.

Spindelschnecke
Diese hübsche, braune bis rötliche Schnecke lebt im Mittelmeer. Größe: 4 cm.

NA SO WAS!

Geschlechterwechsel
Pantoffelschnecken werden nur etwa 2 cm groß; trotzdem sind sie gefürchtete Jäger, die sich mit Vorliebe über Austernbänke hermachen. Sie bilden nach der Geschlechtsreife Ketten von bis zu zwölf Tieren, wobei die älteren Exemplare an der Kettenbasis sitzen und Weibchen sind. Die jungen Tiere befinden sich an der Kettenspitze und sind männlich. Mit zunehmendem Alter verwandeln sie sich in Weibchen!

Magenspülung
Die Ungarische Hutschnecke ähnelt der Mütze eines Zwerges. Sie heftet sich an Jakobs-Pilgermuscheln und führt, nachdem diese Nahrung aufgenommen haben, ihren langen Rüssel in den Magen der Jakobs-Pilgermuschel ein, um ihn auszusaugen.

Schalenweichtiere auf Felsen und Algen

Die meisten Schnecken und Muscheln sitzen an Felsen und filtern das Wasser auf der Suche nach Mikroorganismen, andere sind Vegetarier und fressen Algen und schließlich gibt es natürlich noch die gefürchteten Fleischfresser.

NA SO WAS!

Die 300-Kilo-Muschel
Die größte Muschel lebt im Indischen Ozean und heißt Mördermuschel. Sie kann bis zu 1,5 m groß und 300 kg schwer werden. Wenn ein Taucher seine Hand zwischen die geöffneten Schalen steckt, schließt sie sich wie ein Schraubstock, aus dem sich der Taucher ohne Hilfe nicht wieder befreien kann und ertrinken muss.

Seeohr
Die Schaleninnenseiten (oben) zeigen einen herrlichen Perlmutterglanz in vielen schönen Farben. Auch von

außen (unten) sind Seeohren hübsch. Das im Pazifik vorkommende Große Meerohr kann über 20 cm groß werden!

Miesmuschel
Sie schmeckt hervorragend, kann aber durch die Wasserverschmutzung ungenießbar werden. Größe: 5 – 10 cm.

Napfschnecke
Wenn sie sich mit ihrem Fuß an einem Felsen festgesaugt hat, können sie die Wellen nicht ablösen. Sie ist essbar, aber etwas gummiartig. Größe: 3 – 8 cm.

Austernbohrer
Er ernährt sich von Austern, indem er deren Schale anbohrt. Er ist gelblich, sein Haus dickschalig und bucklig. Größe: 5 cm.

ABC DES SAMMLERS

Sammeln
Lebende Muscheln und Schnecken findest du im Sand oder an Felsen. Du kannst dich natürlich auch mit Taucherbrille und Schnorchel ausrüsten und im flachen Wasser mit einem Messer auf Jagd gehen. Leere Muschelschalen sammelst du am besten nach einem Sturm, dann findest du am Strand viele Exemplare, die oft in gutem Zustand sind. Nimm einige verschließbare, möglichst durchsichtige Gefäße als Sammelbehälter mit auf deinen Strandspaziergang.

Säubern
Zu Hause schrubbst du die Schalen deiner Fundstücke mit Wasser und einer alten Zahnbürste, um sie von Algen zu befreien. Setze dem Wasser etwas Chlorreiniger zu, wenn deine Fundstücke nicht gut riechen. Säubere die Schalen dann mithilfe einer Präpariernadel. Arbeite geduldig und sorgfältig – es lohnt sich! Zum Schluss wäschst du sie mit warmem Seifenwasser ab. Spüle mit klarem Wasser nach und tupfe die Schalen trocken.

Muschel

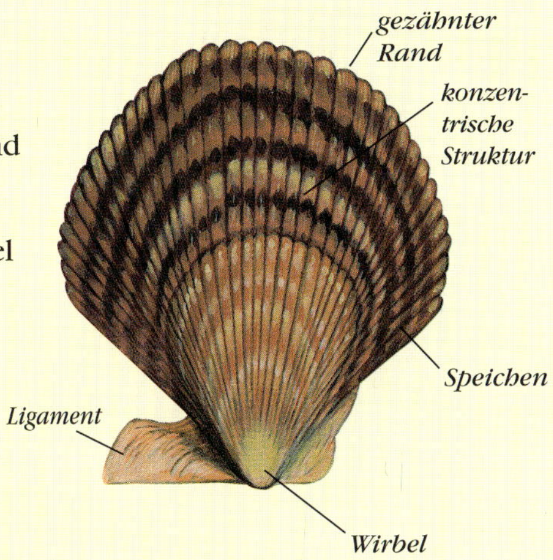

Bestimmen
Auch häufig vorkommende Arten lassen sich nicht immer leicht bestimmen, da selbst innerhalb einer Art jedes Exemplar anders aussehen kann. Dieses Buch soll dir beim Bestimmen helfen.

Aufbewahren
Schön sehen die Fundstücke in einer Vitrine aus. Du kannst sie aber auch in durchsichtigen Plastikdosen oder Marmeladengläsern aufbewahren. Wenn du deine Muscheln und Schnecken nicht gerade anschaust, solltest du sie an einem lichtgeschützten Ort aufbewahren, denn sie können sonst trübe und matt werden.

Untersuchen
Schau dir jedes deiner Fundstücke mit einer Lupe genau an und beschreibe es in einem Heft. Hier die wichtigsten Fachwörter:

Schnecke

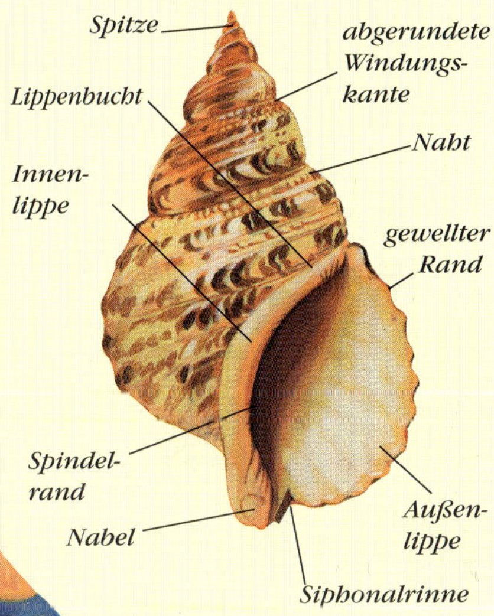

Seehase
Er ist eine Meeresschnecke mit stark zurückgebildeter Schale. Bei Gefahr kann er rote Farbwolken ausstoßen. Größe: bis 14 cm.

Nordische Purpurschnecke
Diese Räuberin bohrt Muscheln und Seepocken an und saugt sie vollständig aus.
Größe: 3 cm.

Breitwarzige Fadenschnecke
Sie hat keine Schale, dafür ist ihr Körper von breiten Fasern bedeckt.
Größe: 5 - 8 cm.

Meerdattel
Sie hat eine walzenförmige, bräunlich gelbe Schale und bohrt sich in Kalkgestein. Größe: 8 cm.

Wellhornschnecke
Sie kommt überall in Europa vor. Einsiedlerkrebse bewohnen gerne ihre Schalen. Größe: 3 - 10 cm.

Europäische Kauri
Ihre glänzende Schale ist gerippt, rosafarben oder braun mit dunkleren Flecken. Größe: 1 cm.

Klaffende Feilenmuschel (links)
Sie hat einen dichten Kranz orangeroter Tentakel am Mantelrand. Ihre Schale ist weiß mit Stacheln. Größe: bis 2,5 cm.

Bunte Kreiselschnecke
Sie wird so lang wie breit. Die Schale ist mit feinen Spirallinien überzogen. Größe: 3 cm.

Roter Runzelstern
Die dicke, bucklige Schale hat Stacheln und ist rötlich braun gefärbt. Sie kommt sowohl im Mittelmeer als auch im Atlantik vor. Größe: 5 cm.

NA SO WAS!

Lebende Kläranlagen
Muscheln und Schnecken filtrieren das Wasser und halten es auf diese Weise sauber. Allerdings nehmen sie dabei Giftstoffe auf und können für den Menschen ungenießbar werden. Bevor du also selbst gesammelte Schalentiere zu dir nimmst, musst du dich informieren, ob sie essbar sind.

Hier bin ich – hier bleibe ich
Napfschnecken verbringen ihr ganzes Leben an dem Ort, an dem sie geboren wurden. Wenn sie größer werden, passt sich ihre Schale genau der Form des Felsens an, an dem sie sich anfangs festgesaugt haben. Fressfeinde haben so keine Chance! Auf der Suche nach Algen verlassen sie bei Flut ihren angestammten Platz, kehren aber bei Ebbe immer wieder an ihn zurück.

Europäische Auster
Sie wird auf so genannten Austernbänken gezüchtet und schmeckt vorzüglich. Größe: 5 - 10 cm.

Strandschnecke
Sie lebt in großen Kolonien und schmeckt zum Aperitif – besonders die schwarzen. Größe: 1 - 3 cm.

Portugiesische Auster
Sie ist köstlich und wird häufig gezüchtet. Ihre Farbe ist Braun-Grün, die Formen können sehr verschieden sein. Größe: 10 - 15 cm.

Das Leben zwischen Felsen und Gezeitentümpeln

Das Hin und Her der Gezeiten kennzeichnet unsere Weltmeere und ist nicht immer gleich stark ausgeprägt. So sind Ebbe und Flut an manchen Orten kaum wahrnehmbar wie etwa am Mittelmeer. An den Atlantikküsten hingegen werden täglich weite Flächen vom Meer überschwemmt und wieder freigelegt.

An felsigen und unebenen Küsten hinterlässt das Meer bei Ebbe Salzwassertümpel, in denen sich allerlei große und kleine Tiere versammeln. Wenig wanderfreudige Muscheln und Schnecken finden hier ebenso wie Pflanzen, die auf dem Grund oder zwischen den Felsen wachsen, ausreichend Nahrung.

Gezeitentümpel fassen wenig Wasser, haben eine begrenzte Oberfläche und bieten gute Sicht, sodass sich ihre Bewohner gut von oben beobachten lassen. Du siehst kleine Muscheln, Strandschnecken, an Felsen sitzende Napfschnecken, kleine Krebse, die sich zu verstecken suchen, Seeanemonen und Fische wie Grundeln, Schleimfische und Ährenfische. Die verschiedenen Algen bilden die Vegetation der Tümpel. Willst du einen Gezeitentümpel durchqueren, musst du vorsichtig sein, da die Wassertiefe wegen der Lichtreflexe schwer zu schätzen ist: Prüfe sie zunächst mit einem Stock, jedoch ohne den Grund aufzuwühlen, da sonst die Sicht in diesem natürlichen Aquarium getrübt wird.

Krebse

Die meisten Krebse sind Aasfresser und ernähren sich von toten Tieren. Einige fressen aber auch Algen oder sogar ihre eigenen Artgenossen. Eier tragende Weibchen sollten stets wieder ins Wasser gesetzt werden, denn sie sind ungenießbar und sichern den Fortbestand dieser Krebsart.

Steinkrabbe
Sie ist gelbbraun gefärbt mit roten Flecken und lebt im Mittelmeer. Größe: bis 2,5 cm.

Muschelwächter
Der Panzer dieser kleinen Krabbe ist durchsichtig und fast rund. Sie lebt als Parasit zwischen den Kiemen großer Muscheln. Größe: bis 1,5 cm.

Schwimmkrabbe
Sie lebt auf Sand und zwischen Felsen. Das hinterste Beinpaar hat paddelförmige Endglieder. Sie schmeckt sehr gut.

Borstenkrabbe
Rötliche Borsten bedecken ihren Panzer. Die Scherenfüße sind groß und massig. Größe: bis 2,5 cm.

Taschenkrebs
Er kommt an der gesamten Nordseeküste vor und lebt auf Felsböden und in Gezeitentümpeln. Er ist die größte einheimische Krabbe und sein Fleisch ist sehr begehrt. Größe: 15 – 30 cm.

Strandkrabbe
Sie gehört zu den am häufigsten vorkommenden Krabben und ist nicht essbar. Länge: bis 6 cm, Breite: bis 8 cm.

WIE MAN KREBSE FÄNGT

Taschenkrebse und Schwimmkrabben schmecken sehr gut. Erstere findet man häufig unter Steinen sitzend. Schwimmkrabben lassen sich nicht so leicht entdecken. Dazu musst du dich bei Ebbe ziemlich weit hinaus wagen. Am besten kommst du schon eine Stunde vor Ebbe und beobachtest erst einmal die Fischer bei der Arbeit. Schwimmkrabben sind oft da, wo sandiger Boden in felsigen übergeht.

Mit dem Haken
Mit einem Metallhaken drehst du Steine um oder hebst sie an. Stochere auch in Spalten. Wenn du eine Schwimmkrabbe entdeckst, musst du ihr den Haken vor die Scheren halten. Wenn sie ihn ergriffen hat, lege sie rasch in deinen Korb. Vielleicht findest du auch Furchenkrebse, Taschenkrebse, kleine Hummer oder einen Krake. Lausche auf das Geräusch von Scheren, wenn du mit dem Haken in einer Spalte stocherst.

Mit dem Krebskorb
Du brauchst mindestens drei Krebskörbe. Bestücke sie mit Ködern – die Köpfe von Makrelen eignen sich z.B. hervorragend – und binde sie mit einer Schnur fest. Wirf dann die Körbe am Fuß von Felsen aus, dort wo Algen wachsen und der Grund sandig ist. Wenn du sie an verschiedenen Stellen auswirfst, kannst du die beste schnell herausfinden. Nach fünf Minuten überprüfst du die Körbe und entfernst die Algen. Neben Schwimmkrabben fängst du bestimmt noch Seegarnelen und andere kleine Krebse.

NA SO WAS!

Lebende Uhren
Wenn du die genauen Zeiten von Ebbe und Flut wissen willst, fange eine Strandkrabbe und setze sie in einen kleinen Gezeitentümpel. Selbst weit entfernt vom Meer lässt sie die einsetzende Flut unruhig werden. Wenn die Flut da ist, rennt sie ruhelos umher, sobald wieder Ebbe ist, sucht sie sich einen ruhigen Schlafplatz unter einem Felsen.

Geheimnisvolle Geiger
Die männliche Winkerkrabbe besitzt eine Schere, die größer ist als ihr Körper. Es wurde lange gerätselt, wozu diese Schere dient, da sie weder zum Beutefang noch zur Verteidigung eingesetzt wird. Tatsächlich klopfen die Männchen mit der Winkschere auf den Boden, um durch die Bodenvibration die Weibchen anzulocken.

Andere Krebstiere

Viele von ihnen sind Delikatessen, darunter ist der Hummer der unbestrittene König. Das Fleisch kleiner blauer Exemplare ist unvergleichlich. Die Languste ist die Königin und die Seegarnele die schmackhafte Prinzessin! Den Prinzen dieses Hofes, den Kaisergranat, wirst du allerdings nicht finden, da er nur in einer Tiefe von mindestens 50 m leben kann.

Einsiedlerkrebs
In Gezeitentümpeln ist er einfach zu beobachten. Sein Panzer ist so klein, dass er in leeren Schneckengehäusen, meist in denen von Wellhornschnecken, Zuflucht sucht. Große Exemplare schmecken köstlich. Größe: 10 cm.

Nordseegarnele
Sie lebt vorwiegend auf Weichböden und ist ein nachtaktiver Beutegreifer. Man bereitet sie in kochendem Wasser zu. Sobald das Wasser kocht, nimmt man sie heraus. Größe der Männchen: 4,5 cm, der Weibchen: 8 cm.

Bunter Furchenkrebs
Zusammen mit seinen grünen, roten oder gelben Verwandten lebt er unter Steinen. Vorsicht: Er ist zwar klein, wehrt sich aber heftig! Man kocht ihn etwa 8 Minuten. Größe: 10 cm.

Hummer
Er gilt als vornehme Speise. Allerdings sind durch den intensiven Fang die Hummerbestände schon beträchtlich zurückgegangen. In vielen Ländern wurden deshalb Schutzmaßnahmen und Schonzeiten eingeführt. Größe: 20 - 60 cm.

Seespinne
Sie hält sich am liebsten auf Sand oder Felsen auf. Verstecken muss sie sich nicht, da sie sich mit Algen, Schwämmen usw. maskiert. Als erwachsenes Tier verzichtet sie auf jegliche Verkleidung. Sie wird etwa 11 cm lang.

Flohkrebs
Man findet ihn in Massen unter Steinen.
Größe: 1 - 2 cm.

Entenmuscheln
Hierbei handelt es sich nicht um Muscheln, sondern um Krebse. Sie heften sich gerne an Treibholz oder Schiffswände. Größe: 5 - 10 cm.

Languste
Sie lebt in seichtem Wasser unter Steinen. Da sie keine Scheren zur Verteidigung hat, schützt sie sich durch ihr Stachelkleid. Größe: 20 - 50 cm.

SO FÄNGST DU GARNELEN & CO.

Mit dem kleinen Netz
Suche dir bei Ebbe einen großen Felsen, der mit Algen bewachsen ist, die ins Wasser hängen. Bringe dein Netz so tief wie möglich ins Wasser, bis an den Fuß des Felsens. Ziehe es dann vorsichtig wieder nach oben und fahre dabei durch die Algen. Du musst die Bewegung langsam und gleichmäßig ausführen, um Erfolg zu haben. Und vor allem musst du unbedingt darauf achten, dass die Flut dich nicht überrascht.

Mit dem großen Netz
Mit dem großen Netz kannst du über sandigen Boden rechen und Nordseegarnelen, Sandaale und sogar Pfeilkalmare fangen. Allerdings brauchst du für einen guten Fang etwas Übung:
- Du darfst das Netz niemals still halten, da sonst deine Beute wieder entwischt.
- Kontrolliere etwa alle 50 Schritte das Netz.
- Die Holzlatte muss über den Sand streifen wie ein Rechen. Führe die Bewegung regelmäßig aus, so erhöhst du auch dabei deinen Erfolg. Tipp: Beobachte einen Fischer bei der Arbeit und ahme ihn nach. Suche dir einen Platz in seiner Nähe, von wo aus du genau sehen kannst, was er macht, ohne ihm im Weg zu stehen oder bitte ihn dir zu helfen.

Fangschreckenkrebs
Er lebt meist auf sandigem oder schlammigem Grund und erinnert an eine Gottesanbeterin. Größe: 10 - 25 cm.

Großer Bärenkrebs
Er kommt vor allem im Mittelmeer vor und lebt an felsigen Küsten. Seine Antennen dienen ihm als Abwehrwaffe. Größe: 20 - 50 cm.

Große Felsgarnele
Sie lebt sowohl zwischen algenbewachsenen Felsen als auch auf sandigen Böden und in Fluttümpeln. Größe: 5 cm.

Seeanemonen

Sie sind keine Pflanzen, sondern Fleisch fressende Tiere mit giftigen Tentakeln. Seeanemonen sind mit den Quallen verwandt, verbringen aber ihr ganzes Leben festsitzend an einem Stein oder einer Muschelschale. Bei Ebbe ziehen sich die meisten zusammen, sodass sie eine gelatineartige Kugel bilden. Beobachte sie also am besten unter Wasser – mit Taucherbrille und Schnorchel!

Grünliche Warzenrose
Sie bildet eine graugrüne Säule und kommt häufig in Gezeitentümpeln vor, da sie dort viel Licht erhält. Sie ist selten. Größe: 4 cm.

Tangrose
Sie tritt in unterschiedlichen Farben auf und schleudert, wenn sie gestört wird, zur Abwehr weiße Fäden von sich. Größe: 6 – 8 cm.

Schmarotzerrose
Sie lebt in Gemeinschaft mit dem Einsiedlerkrebs und schützt ihn vor seinen Feinden. Zum Ausgleich teilt er seine Nahrung mit ihr.
Größe: 6 – 8 cm.

Siebanemone
Diese große Seeanemone lebt im Mittelmeer in Spalten der Felsenküste. Größe: 20 cm.

Pferdeaktinie
Sie kommt in verschiedenen Farben vor. Zusammengezogen erkennt man sie an den 24 blau gefärbten Flecken um die Mundöffnung.
Größe: 5 – 7 cm.

NA SO WAS!

Über 100 Jahre alt
Es ist nicht bekannt wie lange Seeanemonen leben. Sicher ist nur, dass sie mehrere Hundert Jahre alt werden können. Genau wird man es wissen, wenn die Anemonen sterben, die man im 19. Jahrhundert in Aquarien gesetzt hat. Bisher geht es ihnen prächtig!

Jungbrunnen
Junge Quallen sind eigentlich Anemonen. Eines Tages aber lösen sie sich ab, verwandeln sich und machen sich selbstständig. Es stellt sich nun die Frage, ob die Seeanemonen etwa Quallen sind, die sich aus ungeklärtem Grund nicht weiter entwickeln. In diesem Fall blieben sie also ewig jung.

Seedahlie
Sie ist zur Tarnung mit Steinchen und Teilen von Muschelschalen bedeckt und kommt in Rot, Gelb, Grün, Braun und vielen anderen Farben vor.
Größe: 15 cm.

Sonnenrose
Sie lebt in Gezeitentümpeln und entfaltet sich nur im Dunkeln.
Sie ist gesprenkelt. Größe: 6 cm.

Seenelke
Diese schöne Art lebt auf Steinen, Schalen oder Strandgut und kann gelb, rosa oder weiß sein. Größe: 10 cm.

Mantelaktinie
Diese kleine Seeanemone lebt in Gemeinschaft mit dem Einsiedlerkrebs. Hüte dich beim Fangen des Krebses vor ihren giftigen Tentakeln!

Edelsteinrose
Sie ist dämmerungsaktiv und häufig in Gezeitentümpeln und Felsspalten des seichten Wassers anzutreffen.
Größe: 3 – 4 cm.

NA SO WAS!

Jedem sein Plätzchen
Jede Seeanemone hat ihren eigenen Standort. Wenn sich doch einmal ein Eindringling vorwagt, kommt es zu heftigen Kämpfen. Oft stirbt einer der Streitenden dabei und wird dann vom Sieger gefressen.

Tiefen-Rekord
Das in der größten Tiefe lebende Tier scheint eine Seeanemone zu sein:
Sie lebt in 7000 m Tiefe!

Quallen und Stachelhäuter

Quallen

Viele Menschen ekeln sich wegen des wabbeligen Aussehens vor ihnen, andere fürchten sie, weil es schmerzhaft sein kann, sie zu berühren. Mit Taucherbrille und Schnorchel kannst du beobachten wie sie von der Strömung getragen werden. Ihr durchscheinender Körper weist Tentakel und Nesselzellen auf.

Leuchtqualle
Diese kleine Qualle kannst du sogar nachts beobachten, da sie in der Lage ist zu leuchten. Schirmgröße: 5 - 10 cm.

Ohrenqualle
Diese bekannte Qualle mit dem tellerförmigen Schirm kommt auch in Strandnähe vor. Schirmgröße: bis 25 cm.

Blaue Nesselqualle
Vorsicht vor den Nesseln dieser Nordseebewohnerin! Schirmgröße: 10 - 15 cm.

Portugiesische Galeere
Sie lebt im Mittelmeer. Dabei handelt es sich eigentlich um eine ganze Kolonie von Quallen. Diese bilden einen riesigen, sackförmigen Schwimmkörper mit Segel an der Wasseroberfläche. Darunter sitzen die Tiere mit ihren Fangfäden. Eine gestrandete Kolonie solltest du nie anfassen: Sie verursacht gefährlichen Hautausschlag! Größe: 20 - 40 cm.

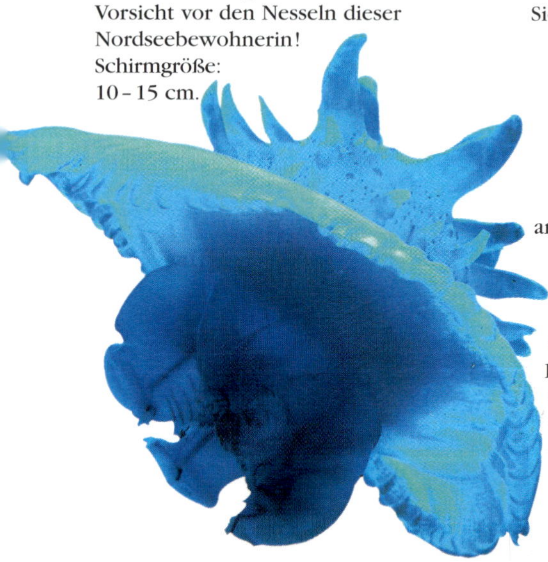

Gelbe Lungenqualle
Diese großen und ungefährlichen Quallen kann man manchmal am Strand finden. Schirmgröße: 60 - 80 cm.

NA SO WAS!

Begegnung mit Quallen
Wenn dich eine Qualle beim Schwimmen berührt, solltest du vor allem ruhig bleiben. Kehre an den Strand zurück und desinfiziere die Wunde. Wenn es am Strand keinen Rettungsposten gibt, suche einen Arzt auf. Rufe bei starken Schmerzen oder wenn dir schwindelig wird sofort um Hilfe.

Wo bleibt die Zärtlichkeit?
Quallen pflanzen sich fort, ohne dass Männchen und Weibchen zusammenkommen. Das Männchen gibt sein Sperma ins Wasser ab. Das Weibchen, das außer den Eierstöcken keine weiteren Geschlechtsorgane hat, nimmt das Sperma wie Nahrung durch den Mund auf. Die Befruchtung findet im Verdauungstrakt statt.

Stachelhäuter

Seeigel, Seesterne und Seegurken gehören zur Familie der Stachelhäuter.

Ihr Skelett besteht aus Kalk. Wenn du tote Tiere findest, deren Skelett du aufbewahren möchtest, kannst du sie Ameisen anvertrauen, die schnell alle Weichteile verzehren.

Kammseestern
Er ernährt sich von Schalenweichtieren. Größe: 10 – 60 cm.

Gewöhnlicher Sonnenstern
Er ist sehr schön, aber auch sehr gefürchtet, da er sich gerne über Artgenossen hermacht. Du findest ihn in der Nähe von Austern- oder Miesmuschelbänken. Größe: 10 – 25 cm.

NA SO WAS!

Todbringende Quallen

Im Norden Australiens sollte man nicht schwimmen gehen! Selbst wenn man den Leistenkrokodilen, die über 7 m lang werden können, und den Menschenhaien entwischt, riskiert man immer noch das Zusammentreffen mit den nur 1 – 5 cm großen Würfelquallen. Die Berührung mit ihnen kann tödlich sein. Der Todeskampf dauert in der Regel eine halbe Stunde und es gibt kein Gegengift.

Überlebenskünstler
Seesterne haben die erstaunliche Fähigkeit, verloren gegangene Körperteile wieder nachwachsen zu lassen. Würde man einen Seestern in zehn Teile schneiden, die man wieder ins Meer setzte, so entstünde aus jedem Teil ein neuer Seestern!

Federstern
Seine sich sanft in der Strömung wiegenden Arme erinnern an Algen. Oft sitzt er an Steinen fest. Er kann sich aber auch schnell bewegen. Größe: 10 – 30 cm.

Essbarer Seeigel
Auf den Felsen im seichten Wasser leben Seeigel in ganzen Kolonien. Sie können roh gegessen werden. Von April bis September haben Seeigel Schonzeit! Die Stacheln einiger Arten sind giftig. Größe: 5 – 8 cm.

Brauner Schlangenstern
Er hat ganz dünne Arme und gräbt sich in den Sand ein oder lebt unter Felsen. Oft wird er mit einem kleinen Wurm verwechselt. Größe: 1 – 3 cm.

Gemeiner Seestern
Er lebt zwischen den Felsen und ist ein gefürchteter Muschelräuber: Die Schalen öffnet er mit seinen kräftigen Armen! Größe: 5 – 20 cm.

Braune Seegurke
Versuche lieber nicht sie zu fangen! Bei Belästigung stößt sie nämlich weiße, klebrige Fäden aus. Größe: bis 20 cm.

Andere Küstenbewohner

Nicht nur leicht erkennbare Tiere wie Muscheln, Schnecken oder Krebse bewohnen die steinigen, schlammigen oder sandigen Küsten. Auch Kopffüßer wie der Gemeine Krake und seine Verwandten leben hier. Sie ernähren sich von Abfällen, die bei Flut angespült werden, oder Beutetieren. Man könnte sie als „Chamäleons des Meeres" bezeichnen, denn sie passen ihre Farbe der jeweiligen Umgebung an. Auch Würmer, die sich in den Sand eingraben, findest du hier.

NA SO WAS!

Monster der Tiefsee
Pottwale können bis in eine Tiefe von 2000 m tauchen. Dort machen sie Jagd auf Riesenkalmare. Wenn sich die Kalmare verteidigen, hinterlassen ihre Saugnäpfe deutliche Spuren auf der Haut ihrer Angreifer. Aufgrund dieser Spuren konnte errechnet werden, dass einige Kalmare über 50 m lang waren. Das größte jemals an einen Strand gespülte Exemplar war 17 m lang!

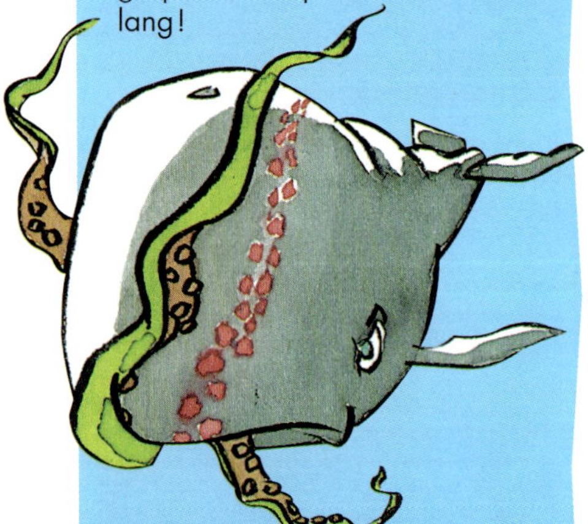

Wer ist länger?
Der Schnurwurm und eine arktische Qualle streiten sich um den Rekord das längste Tier der Welt zu sein. Von beiden fand man 75 m lange Exemplare!

Pfauenwurm
Dieser Wurm sieht aus wie ein im Sand steckender Palmwedel. Die feinen Fädchen sind seine Tentakel.
Länge: bis 25 cm.

Sandwurm
Dieser ausgezeichnete Köderwurm gräbt sich 10 bis 40 cm tief in den Sand oder Schlamm ein, verrät sich aber durch seine Exkremente. So kannst du ihn leicht aufstöbern. Wenn du ihn ausgraben willst, brauchst du eine Schaufel.
Länge je nach Art: 10 - 30 cm.

Schnurwurm
Du findest ihn als großes Knäuel unter Steinen.
Länge: 5 - 10 m.

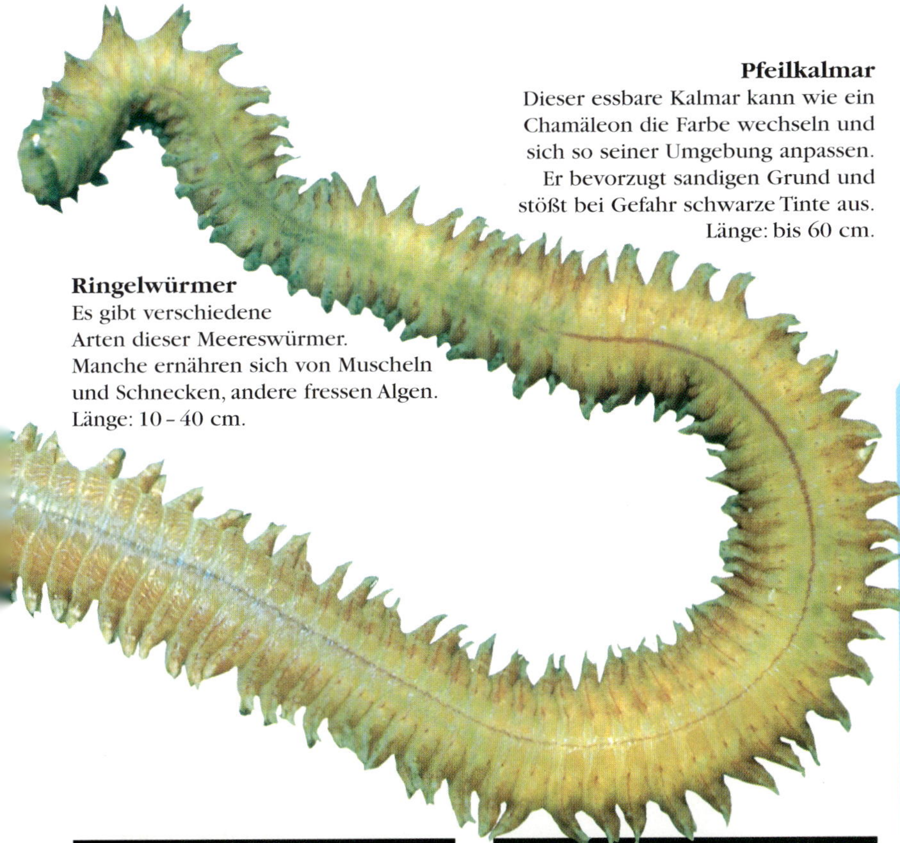

Pfeilkalmar
Dieser essbare Kalmar kann wie ein Chamäleon die Farbe wechseln und sich so seiner Umgebung anpassen. Er bevorzugt sandigen Grund und stößt bei Gefahr schwarze Tinte aus. Länge: bis 60 cm.

Ringelwürmer
Es gibt verschiedene Arten dieser Meereswürmer. Manche ernähren sich von Muscheln und Schnecken, andere fressen Algen. Länge: 10 – 40 cm.

NA SO WAS!

Riesenkraken
In den Grotten des Pazifiks, ganz in der Nähe des Strandes, leben Kraken, die eine Spannweite von bis zu 15 m erreichen. Die Tiere sind so friedlich, dass Taucher mit ihnen spielen können – harpuniert man sie aber, ziehen sie den Angreifer in ihre Höhle und fressen ihn.

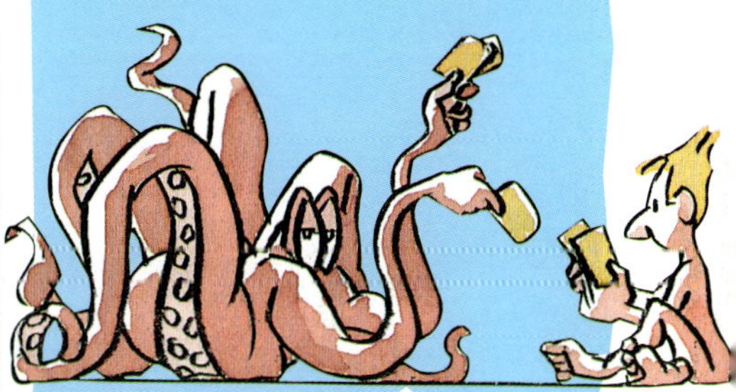

Röhren-„Sandkoralle“
Sie lebt in Kolonien und baut Wohnröhren aus groben Sandkörnern, die so genannten Sandkorallenriffe. Länge: bis 4 cm.

Kalmare
Ihre Körper sind oft durchscheinend, sodass sie im Wasser kaum zu sehen sind. Kleine Exemplare schmecken frittiert am besten. Länge: 5 – 50 cm.

Gemeiner Krake
Er versteckt sich in Felsspalten oder unter Steinen und passt seine Farbe der Umgebung an. Er frisst Fische, Krebse und Muscheln. Gesamtlänge: bis 60, in Ausnahmefällen bis 100 cm.

Lederascidie
Sie lebt ähnlich wie Schwämme auf Steinen. Obwohl sie sehr jodhaltig ist, kann man sie essen. Länge: 5 – 10 cm.

Fische zwischen Sandböden und Seegraswiesen

Die meisten Fische, die den sandigen Meeresboden besiedeln, sind ganz flach. Rochen ruhen sich auf dem Bauch liegend aus, Seezungen hingegen auf der Seite. Sie alle sind Meister der Tarnung und graben sich ganz oder teilweise in den Sand ein, sodass sie schwer zu entdecken sind.

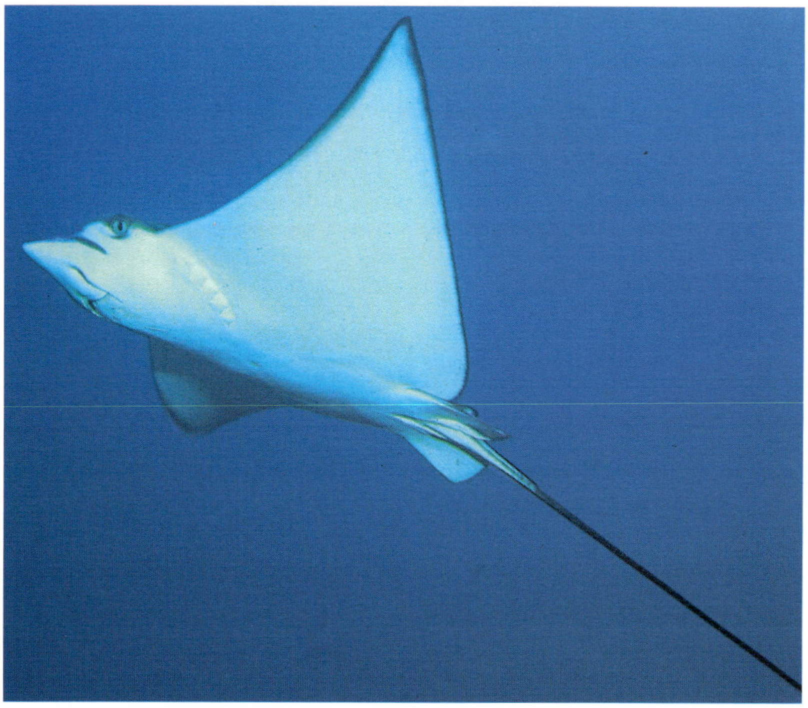

Adlerrochen (oben)
Er wird bis zu 2 m lang und trägt einen Stachel am Schwanz. Mit eleganten „Flügelschlägen" schwimmt er oft nahe an der Wasseroberfläche, wo man ihn gut beobachten kann.

Stör (unten)
Er wird 1,5 - 2 m lang; ältere Exemplare können sogar 4 m überbieten! Er wandert die Flüsse hinauf, um seine Eier abzulegen, aus denen man köstlichen Kaviar gewinnt.

NA SO WAS!

Teufel auch!
Der mit dem Mantarochen verwandte Teufelsrochen lebt im Atlantik und im Mittelmeer. Er ernährt sich vor allem von Krebsen und Kalmaren und jagt manchmal in der Nähe des Strandes. Eine Begegnung mit ihm bleibt unvergessen, da dieser Teufel bis zu 5 m groß und 1 t schwer werden kann.

Angriff aus der Tiefe
Der lange schmale Schwanz des Stechrochens trägt einen auffälligen Wehrstachel. Trittst du aus Versehen auf ein eingegrabenes Tier, rollt es seinen Schwanz um deinen Knöchel und sticht zu. Der Stich ist zwar nicht tödlich, aber sehr schmerzhaft, da der Stachel mit einer Giftdrüse versehen ist.

NA SO WAS!

Angriff mit der Säge
Sägefische werden in der Regel nicht größer als 5 m. Einige Arten können eine Länge von 12 m und ein Gewicht von 4 t erreichen. Diese großen Exemplare haben eine ganz besondere Jagdmethode: Wenn sie auf einen Fischschwarm treffen, schlagen sie wild mit ihrer Säge um sich und hacken die Fische in Stücke, die sie dann fressen.

Fischfang bei Ebbe
Schollen oder Seezungen fängst du am besten mit einem Dreizack. Du kannst dir selbst aus einem Besenstiel und drei Spitzen einen basteln. An großen Sandstränden kannst du dann bei Ebbe vorsichtig durchs etwa kniehohe Wasser waten und bei jedem Schritt mit dem Dreizack in den Sand vor dir stechen. Wenn du viel Glück und Geduld hast, harpunierst du einen Fisch. Falls du einen Rochen erwischst, musst du ihn so weit wie möglich von dir weg halten, da sein Schwanzstachel sehr gefährlich ist und dir schmerzhafte Wunden zufügen kann!

Zitterrochen
Wenn man ihn berührt, kann er mit seinen elektrischen Organen heftige elektrische Schläge austeilen.
Länge: bis 60 cm.

Nagelrochen
Auf seiner Oberseite befinden sich zahlreiche spitze Dornen.
Länge: bis 80 cm.

Gemeiner Meerengel
Er lebt auf sandigem Grund und kann 2 m groß werden. Er frisst Schnecken und Muscheln, deren Schalen er mit seinen kräftigen Kiefern knackt.

Sägefisch
Obwohl man ihn fast für einen Hai halten könnte, gehört er zur Ordnung der Rochenartigen. Mit seinem langen „Schnabel“, der einer Säge gleicht, durchwühlt er den Boden nach Krebsen und Weichtieren.

Gemeiner Stechrochen
Den Tag verbringt er meist halb in den Sand eingegraben; nur seine Augen und sein gefährlicher Schwanzstachel schauen heraus.
Länge: 1 - 2,5 m.

NA SO WAS!

Vorsicht Stromschlag!
Die zwei elektrischen Organe des Zitterrochens sind als Beulen auf seinem Rücken zu sehen und bestehen aus 150 000 übereinander liegenden Scheiben. Mithilfe dieser Organe können Stromschläge bis zu einer Stärke von 220 Volt erzeugt werden. Die Berührung eines Zitterrochens ist tödlich, vor allem wenn du im Wasser stehst!

Pinkeln erlaubt!
Selbst wenn es dir etwas unappetitlich scheint, zögere nicht, sofort auf die Wunde zu pinkeln, wenn du von einem Petermännchen oder einem Rochen gestochen wirst! Der Urin schwächt die schmerzhafte Wirkung des Giftes ab. Suche möglichst schnell einen Arzt auf.

Scholle
Du erkennst sie leicht an den orangefarbenen Flecken. Sie ist essbar. Länge: bis 55 cm.

Seeteufel, Angler
Der erste Flossenstrahl am Oberkiefer weist an der Spitze einen fleischigen Hautlappen auf. Mit diesem Köder holt sich der imposante Angler kleine Fische in die Nähe des Mauls.
Länge: bis 200 cm.

Glattbutt
In der Regel ist er oval, dünner und kleiner als der fast kreisrunde Steinbutt. Er kann bis zu 50 cm lang und 7 kg schwer werden.

Seezunge
Sie hat einen länglich ovalen Körper und kann über 20 Jahre alt werden.
Länge: bis 30 cm.

Kliesche oder Scharbe
Von der Gestalt her ähnelt sie der Flunder, jedoch ist ihr Fleisch weniger schmackhaft. Länge: etwa 40 cm.

Steinbutt
Er gehört zu den größten Plattfischen der europäischen Küsten und wird bis zu 60 cm lang. Sein Fleisch wird von Feinschmeckern sehr geschätzt.

Flunder
Im Sommer zieht sie auf der Suche nach Krebsen und Fischen bis in den Mittellauf von Flüssen.
Länge: 30 - 50 cm.

NA SO WAS!

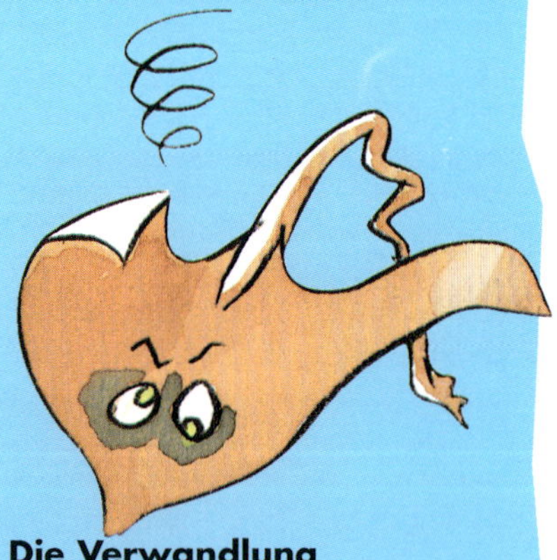

Die Verwandlung
Junge Seezungen und andere junge Plattfische sind zunächst symmetrisch gebaut, d. h. sie haben ein Auge auf jeder Seite des Kopfes. Dann wandeln sie sich zu Plattfischen: Eine Seite, in der Regel die linke, wird zur Unterseite. Das linke Auge wandert auf die Seite des rechten Auges, die zur Oberseite wird.

Großes Petermännchen
Dieser Drachenfisch ist eine Gefahr für Badende. Er gräbt sich in den Sand ein und lässt nur seinen Giftstachel herausschauen, mit dem er dem Unglücklichen, der hineintritt, schmerzhaft Gift injiziert.
Länge: 15 - 40 cm.

Fünfbärtelige Seequappe
Sie trägt vier Barteln am Oberkiefer und eine am Unterkiefer. Eine schwarze Unterart findet man häufig in Gezeitentümpeln.
Länge: 10 - 20 cm.

Sandaal
Schnell wie ein Blitz durchschneidet er das Wasser. Meerbarben verfolgen ihn oft bis in die Nähe des Strandes. Frittiert schmeckt er ausgezeichnet.

Seepferdchen
Es ist tatsächlich ein Fisch. Es siedelt sich an seichten Küstengebieten mit Seegraswiesen an. Das Männchen brütet in seiner Bruttasche die Eier aus.
Länge: 10 - 15 cm.

Große Seenadel
Sie hält sich gerne in Seegraswiesen auf, wo sie gut getarnt ist.
Länge: 15 - 50 cm.

Sterngucker
Oft liegt er eingegraben und gut getarnt im Sand. Er trägt auf jeder Schulter einen spitzen Stachel.
Länge: bis 25 cm.

Wittling
In seltenen Fällen kann er bis zu 70 cm lang werden, normalerweise aber nur 40 cm.

Seeskorpion
Seine Farbe ist je nach Jahreszeit und Erregungszustand verschieden.
Länge: bis 20 cm.

Fische zwischen Felsen und Geröll

In oft lichtdurchflutetem Wasser kann sich hier eine reiche Vielfalt an Pflanzen und Tieren entwickeln. Vor allem die Fische haben oft ungewöhnliche Formen und leuchtende Farben.

Meerjunker
Dieser farbenfrohe Fisch wechselt im Alter das Geschlecht! Die jungen Tiere sind Weibchen, die alten Männchen. Länge: 10 - 20 cm.

Goldstrieme
Sie lebt in Schwärmen und ist graublau mit mehreren goldfarbenen horizontalen Streifen. Länge: 20 - 30 cm.

Kleiner Sägebarsch
Er lebt an Fels-, Sand- und Schlickküsten. Länge: 20 cm.

Grüner Schleimfisch
Häufig lebt er in Gezeitentümpeln. Zur Laichzeit wird das Männchen olivgrün. Länge: 15 cm.

Seestichling
Er bevorzugt seichte Küstenbereiche und Gezeitentümpel. Länge: 20 cm.

Rote Meerbarbe
Sie lebt vorzugsweise auf Schlickgrund und wechselt je nach Laune die Farbe. Sein Fleisch hat einen außergewöhnlich guten Geschmack. Vor allem die kleinen Exemplare sind sehr geschätzt.
Länge: 20 - 30 cm.

Leng
Er wird bis zu 1 m lang. Der Unterkiefer trägt eine einfache Bartel.

Mittelmeer-Muräne
Wenn man sie angreift, verteidigt sie sich mit Bissen. Gelangt dabei Hautschleim in die Wunde, kann er allergische Reaktionen hervorrufen. Giftdrüsen hat dieser Fisch aber keine.
Länge: 50 - 150 cm.

Großer Roter Drachenkopf
Er ist ein Meister der Tarnung und lauert am Grund des Mittelmeeres. Unachtsame Taucher, die zu dicht über dem Grund schwimmen, können sich an seinen giftigen Stacheln verletzen.
Länge: 20 - 50 cm.

Heringskönig
Er trägt in der Mitte des Körpers einen schwarzen Fleck. Länge: bis 40 cm.

Köhler, Seelachs
Er besiedelt in Schwärmen den felsigen Meeresgrund. Länge: bis 120 cm.

NA SO WAS!

Römische Sitten
Die Alten Römer aßen leidenschaftlich gerne Muränenfleisch, sodass sie diese Fische in großen Meerwasserbecken züchteten. Sklaven, die zu flüchten versucht hatten, wurden den Muränen bei lebendigem Leib zum Fraß vorgeworfen.

Gefährliche Liebesspiele
Das Weibchen des Meeraals ist dreimal länger als das Männchen und es kommt vor, dass es nach der Befruchtung das Männchen auffrisst – vielleicht um zu neuen Kräften zu kommen.

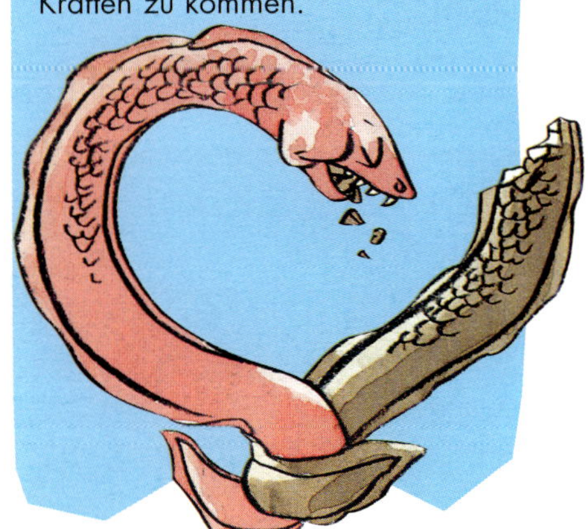

Seehase
Er heftet sich gerne mit seiner Saugscheibe an Steinen oder Felsen fest. Länge: 20 - 60 cm.

Meerbarbenkönig
Er ist ein Maulbrüter: Das Männchen verwahrt die Eier bis zum Schlüpfen im Maul. Er ist eine Delikatesse! Länge: bis 15 cm.

Steinköhler
Dieser Schwarm bildende Fisch lebt nahe dem felsigen Grund. Länge: 50 – 100 cm.

Drückerfisch
Wie ein Chamäleon passt er sich farblich der Umgebung an und wechselt dabei von Grün über Braun zu Blau. Länge: 10 – 30 cm.

Schild-, Saugfisch
Er kommt in Gezeitentümpeln vor und heftet sich mit seiner Saugscheibe an Steinen fest.
Länge: 5 cm.

Papageienfisch
Nein, sprechen kann er nicht, auch wenn seine Färbung und sein Maul an einen Papagei erinnern. Länge: bis 30 cm.

Meeraal
Dieser Räuber lebt in Felsspalten und ernährt sich von Hummern und Langusten. Vor seinen kräftigen Kiefern sollte man sich in Acht nehmen. Länge: bis 200 cm.

Goldbrasse
Dieser ausgezeichnete Speisefisch kommt vor allem in wärmeren Meeren vor. Länge: 30 – 70 cm.

Brauner Zackenbarsch
Dieser ruhige Fisch lässt sich leicht zähmen. Zu seinem Pech ist sein Fleisch sehr schmackhaft, sodass er viel gejagt wird.
Länge: 70 – 150 cm.

Lodde
Dieser Fisch liebt Dämme und Felsböden. Länge: 50 cm.

Butterfisch
Er besiedelt Gezeitentümpel und ernährt sich von Kleinkrebsen und Fischlaich. Länge: 10 – 20 cm.

Meerbrasse
Sie lebt zwischen den Felsen im Mittelmeer. Länge: 20 – 30 cm.

NA SO WAS!

Die unglaubliche Odyssee der Aale

In der Sargassosee, in der Nähe der Bermudainseln, befindet sich in etwa 500 m Tiefe das Laichgebiet der Aale. Aus dem Laich entwickeln sich Larven, die mit dem Golfstrom treiben. Nach etwa drei Jahren haben sie 4000 km zurückgelegt und erreichen die europäischen Küsten, wo sie sich zu Glasaalen umwandeln. Sie befinden sich jetzt in einem Stadium zwischen Larve und Aal. Als Steigaale ziehen sie dann Flüsse und Bäche hinauf. Nach etwa zwei Jahren im Süßwasser sind sie 20 cm lang. Erst nach weiteren 15 Jahren sind sie mit einer Länge zwischen 50 cm und 1 m ausgewachsen. Wenn die Aale geschlechtsreif werden, nennt man sie Blankaale. Zum Laichen wandern sie wieder in den Atlantik, wobei sie, wenn nötig, sogar durch Wiesen kriechen! Im Atlantik machen sie sich auf die 4000 km lange Reise zurück an den Ort ihrer Geburt, den sie nach vier Monaten erreichen. Hier legen sie erst ihre Eier ab und sterben dann. Aale, die man nicht in die Sargassosee zurückkehren lässt, können 100 Jahre alt werden!

Aal
Man findet ihn im freien Wasser, in Höhlen in Ufernähe, in Binnengewässern oder im weichen Grund eingegraben. Länge: 10 – 100 cm.

Streifenlippfisch
Dieser Fisch ändert Aussehen und Geschlecht! Weibchen sind gelb bis rötlich orange, Männchen sind leuchtend blau. Länge: 20 – 30 cm.

Goldmaid
Die Männchen sind braun, rötlich oder grün. Sie sind gefleckt und haben hellblaue Linien am Kopf. Die Weibchen sind vollständig dunkelbraun. Länge: bis 20 cm.

Franzosendorsch
Er lebt sowohl auf Sandböden als auch auf Felsböden und trägt eine Bartel am Unterkiefer. Länge: 25 cm.

Meergrundeln
Es gibt verschiedene Arten von Grundeln; viele trifft man in Gezeitentümpeln an.
Länge: 7 - 30 cm.

Zahnbrasse
Die meist blaugraue Zahnbrasse verdankt ihren Namen den langen Vorderzähnen. In Ausnahmefällen kann sie über einen Meter lang werden.
Länge: 50 - 150 cm.

NA SO WAS!

Eine lebende Legende
Wenn Seeleute früher von riesigen Wasserschlangen erzählten, die aus den Tiefen der Meere auftauchten, so packte die Zuhörer das Entsetzen. Dieser Mythos hat aber einen realen Ursprung: den Königsfisch. Er gehört zu den Bandfischen und sieht wie eine farbenprächtige, etwa 10 m lange Schlange aus!

Brauner Lippfisch
Du erkennst ihn leicht an seinen blau gesäumten Flossen wieder.
Länge: 20 - 45 cm.

Klippenbarsch
Man findet ihn an algenbewachsenen Felsen vor.
Länge: 15 cm.

Gestreifter Schleimfisch
Er trägt je einen großen, geweihartig verzweigten Tentakel über den Augen. Vorsicht vor seinen Stacheln!
Länge: 10 - 25 cm.

Meerrabe
Er lebt in Schwärmen zwischen Felsblöcken und über Seegraswiesen.
Länge: 20 - 50 cm.

Hochseefische

Fische, die nicht am Meeresgrund leben, sondern frei im Wasser schwimmen, nennt man pelagisch. Viele von ihnen kommen zu bestimmten Zeiten in die Nähe der Küsten, um Nahrung zu finden oder sich fortzupflanzen. Andere pendeln regelmäßig zwischen dem Küstenbereich und der Hochsee und wieder andere haben an den vom Menschen gebauten Molen einen günstigen Lebensraum gefunden. Sie alle sind ausgezeichnete und schnelle Schwimmer. Viele von ihnen sind als Speisefische sehr bekannt und beliebt!

Sardine
Sie lebt in Schwärmen und hält sich im Frühling in Küstennähe auf.
Länge: 10 - 25 cm.

Hering
Heringe bilden riesige Schwärme und kommen im Winter in die Nähe der Küsten.
Länge: 20 - 50 cm.

Dorsch, Kabeljau
In Schwärmen besiedelt er die Freiwasserzonen, aber einzelne Exemplare nähern sich auch der Küste. Länge: 40 - 100 cm.

Dicklippige Meeräsche
Sie bewohnt küstennahe Gewässer und hält sich gerne nahe der Wasseroberfläche auf. Man findet sie aber auch zwischen Felsen.
Länge: 40 - 60 cm.

Grauer Knurrhahn
Er ist ein begehrter Speisefisch, der seine Schwimmblase in Schwingungen versetzen und so Geräusche zur Kommunikation erzeugen kann.
Länge: bis 30 cm.

ANGELN VON DER MOLE AUS

Von einer Mole oder einem Pier aus hast du die besten Chancen einen schönen Fisch zu fangen. Tagsüber lohnt es sich aber kaum. Versuche es eine Stunde vor Sonnenuntergang bis etwa zwei Stunden nach Sonnenuntergang und wähle einen Tag, an dem zu dieser Zeit gerade Flut ist. Sei vorsichtig und lasse dich auf jeden Fall von einem Erwachsenen begleiten! Hier stellen wir dir eine Erfolg versprechende Angelmethode vor:

Sandwichfischen

- Du brauchst 7 Dreifachhaken, die an unterschiedlich langen Schnüren zwischen 3 und 12 cm befestigt sind.
- Befestige sie alle an einer 20 - 30 m langen Angelschnur im Wirbel.
- Schneide dann ein Brötchen oder ein Stück Baguette (ca. 20 cm) wie für ein Sandwich auf und befestige die Haken an den Innenseiten, sodass du eine möglichst große Fläche des Brotes mit deinen Haken abdeckst.
- Schließe das Sandwich mit zwei Gummibändern.
- Wirf das Sandwich an der Angelschnur weit aus und lasse es treiben. Wenn das Meer relativ ruhig ist, wirst du damit vor allem Meeräschen fangen! Natürlich kannst du zur gleichen Zeit noch einen anderen Köder auswerfen. Dazu brauchst du einen Korken als Schwimmer und frischen Fisch als Köder, der zwei Haken verdeckt.

NA SO WAS!

Wir wollen Namen!
Fischer kennen natürlich die begehrtesten Speisefische und deren Namen. Allerdings können diese Bezeichnungen je nach Region verschieden sein – wundere dich nicht darüber! Schreibe dir die Namen auf und suche dann nach den wissenschaftlichen Namen. Ein Beispiel: Frisch oder tiefgefroren

nennt man den Kabeljau zwar Kabeljau, getrocknet, gesalzen und ohne Kopf heißt er aber Stockfisch und der noch nicht geschlechtsreife Kabeljau wird Dorsch genannt!

Haben oder nicht haben
Fische verfügen in der Regel über ein besonderes Organ: die Schwimmblase. Sie ist mit einem Gasgemisch gefüllt und ermöglicht es den Fischen sich in verschiedenen Wassertiefen anzupassen. Die mit dem Tunfisch verwandte Makrele hat keine Schwimmblase. Sie leidet aber nicht darunter, ganz im Gegenteil: Da sie sich gewöhnlich in der Nähe der Oberfläche aufhält, kann sie bei drohender Gefahr sehr schnell ab- und auch ebenso schnell wieder auftauchen, um sich zu schützen.

NA SO WAS!

Forelle ist nicht gleich Forelle
Die europäischen Forellen gehören alle der gleichen Art an. Aufgrund ihres Lebensraumes kann man aber verschiedene Formen unterscheiden: die Bach- und Seeforellen, die nur sehr reines Wasser vertragen, und die Meerforellen, die sich im Mündungsbereich von Flüssen aufhalten.

Eier im Überfluss
Eine Sardine legt im Durchschnitt etwa 60 000 Eier pro Jahr. Der Stör übertrumpft sie bei weitem: Er legt 3 Millionen Eier, die als Kaviar geschätzt werden.

Lachs
Sie ziehen die Flüsse hinauf, um zu laichen. Sie sind stark vom Aussterben bedroht und werden deshalb meist gezüchtet. Länge: 100 – 150 cm.

Hornhecht (unten)
Er lebt in Schwärmen und frisst kleine Fische. Länge: 70 cm.

Makrele
Sie bildet riesige Schwärme und nähert sich im Sommer der Küste. Frisch gegrillt schmeckt sie hervorragend. Länge: 20 – 50 cm.

Seebarsch
Dieser geschickte Jäger ist eine Delikatesse! Länge: 0,5 – 1 m.

Kleiner Ährenfisch
Dieser kleine silbrige Fisch lebt im Mittelmeer und spielt als Speisefisch keine Rolle. Länge: 10 – 15 cm.

Wrackbarsch
Er ist ein gefürchteter Fleischfresser und versetzt Makrelenschwärme in helle Aufregung. Länge: 2 m.

Bastardmakrele
Sie lebt in großen Schwärmen im Freiwasser, kommt aber auch in die Nähe von Sandstränden. Länge: 20 – 30 cm.

Gelbstrieme
Sie ähnelt der Sardine und lebt in den warmen Meeren Südeuropas. Länge: 10 – 20 cm.

NA SO WAS!

Kraftvolle Gegner
Makrelen halten sich gerne nahe der Wasseroberfläche auf, sind sehr schnell und kräftig. Tunfische und Schwertfische sind mit ihnen verwandt und haben diese Eigenschaften noch perfektioniert: Wenn du sie am Haken hast, werden sie zu verbissenen Kämpfern, sodass du alle deine Kräfte aufbringen musst!

Hochseefischen in Strandnähe
Der Fang von Hochseefischen, wie des Dorsches, findet streng geregelt und organisiert auf industriellem Weg statt. Auf riesigen Fabrikschiffen werden die gefangenen Fische gleich ausgenommen und verpackt. Auch du kannst, natürlich in viel bescheideneren Ausmaßen, vom Boot aus, nicht weit vom Strand entfernt, ein paar dieser Fische fangen. Lasse dich von einem erfahrenen Erwachsenen begleiten und bringe Geduld mit.
Freue dich nicht zu früh, wenn etwas Schweres an deiner Angel zieht: So manch vermeintlicher „dicker Fisch" an der Angel ist nur ein Algenbündel!

Haie

Einige dieser gefürchteten Raubfische nähern sich auf Nahrungssuche tatsächlich den Stränden. An den europäischen Küsten sind angreifende Haie aber äußerst selten. Solltest du doch einmal eine Rückenflosse entdecken, die das Wasser durchschneidet, gehe nicht ins Wasser und informiere die Strandaufsicht.

Hammerhai
Im Sommer, wenn er Makrelenschwärme jagt, nähert er sich der Mittelmeerküste. Er greift alles an, was sich bewegt.

Spitzschnauzenhai, Mako
Er kann bis zu 4 m lang werden und ist ein gefährlicher Angreifer, kommt aber nur selten im Küstenbereich vor.

Blauhai
(links) Er nähert sich nur selten unseren Küsten. In der Regel wird er 4 m lang, in Ausnahmefällen kann er aber auch 6 - 8 m lang werden.

Glatthai
Dieser kleine Hai wird höchstens 1,5 m lang. Er jagt über sandigem Grund und nähert sich oft der Küste. Sein Fleisch schmeckt recht gut.

Walhai
Er ist selten an der Küste und frisst Plankton, Sardinen, kleine Makrelen und Tintenfische. Länge: über 15 m!

Großgefleckter Katzenhai
Er bevorzugt felsigen Grund an der Küste. Seine Augen ähneln denen einer Katze. Länge: bis zu 130 cm.

Kleingefleckter Katzenhai
Er ähnelt dem Großgefleckten Katzenhai, ist aber kleiner und hat ein etwas spitzeres Maul. Sein Fleisch ist essbar, aber fad. Länge: 60 – 80 cm.

Interessante Ortung
Haie spüren ihre Beute mithilfe des Geruchssinns oder mit Elektrorezeptoren auf, die die geringsten elektrischen Reize wahrnehmen können. Viele Plattfische können diese elektrische Wahrnehmung stören, sodass die gefährlichen Jäger sie nicht aufspüren können.

NA SO WAS!

Erschreckend, aber schmackhaft
Dornhaie sind recht langsame und inaktive Schwimmer. Vor jeder der beiden Rückenflossen steht ein kräftiger Stachel! Der Mensch verzehrt gerne ihre Bauchlappen, die geräuchert als Schillerlocken im Handel angeboten werden.

Schrecken der Meere
Der Weiße Hai gilt mit bis zu 8 m Länge und 3 t Gewicht als der für den Menschen gefährlichste Hai. Es ist aber äußerst selten, dass er Menschen oder Boote angreift. Er frisst alles, was sich bewegt, am liebsten Robben und Seehunde. Auch kleinere Fische und Aas schmecken ihm.

Rasiermesserscharf
Die Eingeborenen der Pazifischen Inseln benutzten früher die Zähne des Weißen Hais, um sich zu rasieren.

Meeressäugetiere: Wale und Robben

Der Lebensraum von Walen und Delfinen ist das Wasser. Hingegen ruhen sich Robben, wie alle anderen Flossenfüßer, gerne an Land aus und vermehren sich auch dort. Früher gab es auch an unseren Küsten viele Robben – heute sind sie aber durch Jagd und Tourismus fast ganz verschwunden. Wale und Delfine nähern sich nur selten den Küsten. Bei einer Bootsfahrt kannst du aber vielleicht Delfine beobachten, die das Boot begleiten. Ein Fernglas mitzunehmen lohnt sich unbedingt!

NA SO WAS!

Ein scheußlicher Tod
Schwertwale werden auch Killerwale genannt, denn manche von ihnen greifen in Gruppen Blauwale an. Zwei der „Killer" schnappen nach der Schwanzflosse, damit der Blauwal sie nicht damit erschlagen kann. Zwei andere verbeißen sich in die Lippen des Wals, während die restlichen seine Flanken attackieren.
Wenn der Blauwal erschöpft ist und sich nicht mehr

wehren kann, ist das das Zeichen für die Schwertwale: Während der arme Blauwal mit dem Tode kämpft, reißen sie große Fleischfetzen aus seinem Körper.

Schwertwal, Orca
Er ist weltweit in allen Meeren verbreitet. Durch seine kontrastreiche Schwarz-Weiß-Zeichnung ist er leicht zu erkennen. Es kommt vor, dass er Robben bis an die Küste verfolgt.
Länge: 5–8 m,
Gewicht: 7–10 t.

Kegelrobbe
Diese ausgezeichnete Schwimmerin fürchtet sich nicht vor der offenen See. Sie kann bis in eine Tiefe von 200 m tauchen und etwa 30 Minuten unter Wasser bleiben. Länge: 2 m, Gewicht zwischen 100 und 300 kg.

Mittelmeer-Mönchsrobbe
Sie ähnelt einem Mönch. Früher war sie im Mittelmeer häufig anzutreffen, heute ist sie aufgrund der Wasserverschmutzung und der vielen Motorboote selten geworden. Länge: 2,5 m, Gewicht: 260 kg.

Seehund
Er ist die bei uns bekannteste und häufigste Robbe. Der Seehund entfernt sich niemals sehr weit von der Küste. Länge: 1,8 m, Gewicht: 60 – 150 kg.

NA SO WAS!

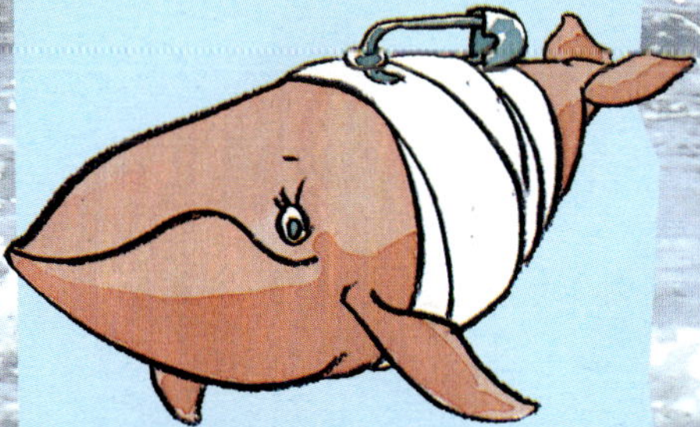

Riesenbaby
Neugeborene Blauwale sind etwa 7 m lang und wiegen 2,5 t! Wenn ihre Mutter sie säugt, nehmen sie gut 100 l Milch zu sich! Dabei sollte man wissen, dass die Mutter etwa 25 m lang ist und um die 140 t wiegt.

DER DELFIN VON HIPPO REGIUS

Um das Jahr 500 v. Chr. war Hippo Regius, das heutige Annaba in Algerien, ein berühmter nordafrikanischer Hafen. Alljährlich fand ein Wettkampf unter den jungen Männern statt: Derjenige, der am weitesten auf das Meer hinausschwimmen konnte, war der Sieger. Seine Familie wurde geadelt und mit Gold überschüttet. Der Letzte aber wurde dem Gott Baal geopfert. Nun geschah es, dass einer der jungen Männer, die sich dem Kampf stellen sollten, verkümmerte Beine hatte. Um nicht geopfert zu werden und auch seiner Familie die Schmach zu ersparen trainierte er allein durch die Kraft seiner Arme zu schwimmen. Früh morgens rieb er sich mit Olivenöl ein und kam erst abends, nach einem ganzen Tag im Wasser, wieder zurück. Eines Tages bemerkte er einen Delfin, der ihn beobachtete. In den folgenden Tagen kam er immer näher und sie wurden Freunde. Der Delfin spielte mit dem Jungen, verschwand und kehrte am nächsten Morgen zurück. Am Tag des Wettkampfes stürzte sich der Junge mutig ins Meer, konnte aber nicht mit seinen Rivalen mithalten, da er ja nur seine Arme einsetzen konnte. Nach einer Stunde war er am Ende seiner Kräfte und sah sich schon im feurigen Schlund des Gottes Baal ... Doch plötzlich nahm ihn sein Freund, der Delfin, auf den Rücken und brachte ihn an die Spitze der Schwimmer! Lange Zeit glaubte man, diese von Plinius dem Jüngeren erzählte Geschichte sei nur eine Legende. Aber noch heute kommt es vor, dass sich Delfine den Stränden nähern und mit Schwimmern Freundschaft schließen.

Delfine
Sie leben in Gruppen, so genannten Schulen, in den Ozeanen und sind selten in Küstennähe zu sehen. Mit 26 bisher bekannten Arten bilden sie die größte Walfamilie.

Zwergwal
Wie der Delfin begleitet auch er gerne Boote. Allerdings ist er viel seltener, da er noch bis vor kurzem viel gejagt wurde. Länge: 8 m, Gewicht: 7 t.

Vögel am Meer

An den Küsten Europas halten sich fast 500 Vogelarten auf. Einige verbringen hier ihr ganzes Leben, andere sind nur für eine bestimmte Zeit zu Gast und ziehen dann weiter in andere Gegenden und wieder andere sind Hochseevögel. Beobachte sie mit dem Fernglas und lerne sie kennen. Die folgende Übersicht hilft dir sie zu bestimmen.

Sturmschwalbe
Sie ist bis auf den leuchtend weißen Bürzel ganz schwarz. In Schwärmen begleitet sie Boote und bei der Nahrungssuche flattert sie dicht an der Wasseroberfläche. Größe: 15 cm.

Papageitaucher
Durch seinen papageienähnlichen Schnabel ist er unverkennbar. Oft sieht man ihn in der Dünung segeln. Größe: 30 cm, Spannweite: 50 – 60 cm.

Seeschwalbe
Es gibt viele verschiedene Seeschwalbenarten. Einige sind so groß wie Schwalben und fliegen auch ähnlich, andere sind so groß wie Tauben. Sie alle tauchen beim Fischen ins Wasser ein. Man erkennt sie an der schwarzen Kopfplatte und dem gegabelten Schwanz. Größe: 30 cm, Spannweite: 80 – 90 cm.

Kormoran
Diesen stark gefährdeten Vogel erkennst du an seiner schwarzen Silhouette. Schwimmend macht er Jagd auf Fische und kann auf seinen Reisen ganze Flüsse plündern. Größe: 75 cm.

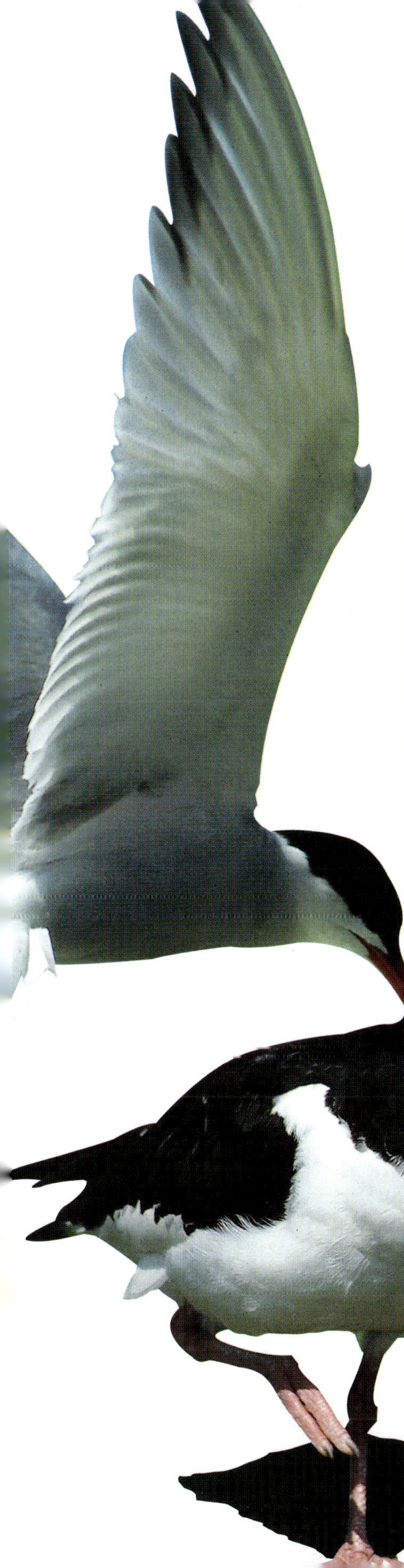

Basstölpel
Er ist ein so genannter Stoßtaucher: Bei der Jagd stürzt er sich aus bis zu 40 m Höhe senkrecht ins Wasser und kann gut 30 Sekunden unter Wasser bleiben!
Größe: 90 cm, Spannweite: 170 cm.

Tordalk
Dieser bedrohte Vogel nistet in großen Kolonien an steilen Felsen. In Mitteleuropa ist er nur auf Helgoland Brutvogel. Er ernährt sich von kleinen Fischen und Krebsen.
Größe: 40 cm.

Austernfischer
Man kann ihn an Stränden und steinigen Küsten bei der Suche nach Würmern, Schnecken und kleinen Krebsen beobachten.

NA SO WAS!

Tieftaucher
Der Basstölpel kann bei der Nahrungssuche bis in 15 m Tiefe tauchen. Aber einige Pinguine am Südpol tauchen sogar über 300 m tief, um ihren Hunger zu stillen!

Muschelregen

Ein Helm kann bei der Beobachtung einiger Möwen sehr nützlich sein. Die Vögel haben nämlich die Angewohnheit Muscheln, die sie nicht öffnen können, aus großer Höhe auf Felsen fallen zu lassen, damit die Schalen zerbrechen.

Bruthöhlen im Boden
Papageitaucher brüten oft in riesigen Kolonien. Dazu graben sie mit dem Schnabel und den kräftigen Flügeln Röhren in den lockeren Boden felsiger Küstenhügel, fast wie die Kaninchen! Dort legen die Weibchen jeweils ihr einziges Ei.

Lachmöwe
Der Kopf dieser verbreiteten Möwenart ist zur Brutzeit im Frühling dunkelbraun gefärbt, sonst weiß mit einem dunklen Fleck hinter dem Ohr. Häufig kann man sie auch im Binnenland beobachten, wie sie den Pflügen auf den Äckern folgt. Ihre Brutkolonien findet man an vegetationsreichen Gewässern.
Größe: 40 cm, Spannweite: 100 cm.

Silbermöwe
Diese Großmöwe ist häufig an der Küste und in Häfen oder auf Müllkippen anzutreffen.
Größe: 60 cm,
Spannweite: 130 cm.

Dreizehenmöwe
Sie ist ein typischer Hochseevogel, der sich nur zur Brutzeit an den steilen Klippen der Küste aufhält.
Größe: 40 cm,
Spannweite:
100 cm.

Sturmmöwe
Sie sieht wie eine kleine Silbermöwe aus und brütet teilweise im Binnenland. Sonst hält sie sich an der Küste auf. Ihre Nahrung jagt sie gerne anderen Möwen ab. Größe: 40 cm, Spannweite: 100 cm.

Zwergmöwe
Sie ist die kleinste Möwe Europas und nistet kolonieweise in Sumpfgebieten an Binnenseen. Außerhalb der Brutzeiten lebt sie auf hoher See.
Größe: 30 cm, Spannweite: 70 cm.

Mantelmöwe
Sie ist bei uns die größte Möwe und das ganze Jahr über zu beobachten. Die Flügeloberseite ist schwarz.
Größe: 80 cm, Spannweite: 170 cm.

SO BESTIMMT MAN MEERESVÖGEL

VÖGEL	BEINE	SCHNABEL	FLUG	FISCHFANG
Lachmöwe	rot	rot	in großer Höhe, Flügel weit ausgebreitet, gleiten gerne	an der Wasseroberfläche
Dreizehenmöwe	schwarz	gelb		
Zwergmöwe	rot	schwarz		
Silbermöwe	rosa			
Mantelmöwe	rosa	gelb mit rotem Fleck		
Heringsmöwe	gelb			
Sturmmöwe	grünlich	gelb		
Seeschwalbe	rot	rot	majestätischer Flug in etwa 20 m Höhe	Stoßtaucher 
Basstölpel	braun mit Schwimmhäuten	grau	langsamer Flug in etwa 10 m Höhe	
Kormoran	schwarz mit Schwimmhäuten	gelb	langsamer Flug, dicht an der Wasseroberfläche	schwimmt unter Wasser 
Papageitaucher	orange mit Schwimmhäuten	gelb	schneller Flug, dicht an der Wasseroberfläche 	
Sturmschwalbe	grau	gelb		an der Wasseroberfläche

In den Bergen

Im Winter eignen sich die Berge weniger gut für Beobachtungen: Die Pflanzen sind unter einer dicken Schneedecke begraben und die meisten Tiere halten Winterschlaf oder verstecken sich in den Wäldern. Im Sommer dagegen blühen viele Blumen auf den Almen und in den Wäldern herrscht reges Treiben, während majestätische Greifvögel am Himmel ihre Kreise ziehen.

Eine Welt der Extreme

An einem schönen Sommertag mögen die Berge ganz friedlich wirken – traue diesem schönen Schein aber nicht! In der Höhe ist die Natur unberechenbar und du gerätst schneller außer Atem. In einem Moment sticht die Sonne, in anderen kann es empfindlich kalt werden und zu plötzlichen Wetteränderungen kommen.

Die Auswirkungen der Höhe

In den Bergen ist der Luftdruck viel niedriger als in den Tälern. Dieser Luftmangel ist dafür verantwortlich, dass das Atmen schwerer fällt und man nach einer Anstrengung schneller erschöpft ist. Durch die dünne Atmosphäre werden die Sonnenstrahlen schlechter gefiltert und sind gefährlich: Man bekommt schnell einen Sonnenbrand oder gar einen Sonnenstich! Außerdem wird die Sonnenwärme schlechter zurückgehalten. Wenn man aus der Sonne in den Schatten geht, kann die Temperatur in wenigen Minuten um 40 °C fallen!

Die Auswirkungen der Oberflächengestalt

Im Sommer, wenn der Wind aus den Tälern aufsteigt und feuchtere Luft mit sich bringt, bilden sich riesige Kumulonimbuswolken, in denen gewaltige Gewitter entstehen. Dieses Phänomen kann täglich auftreten und lässt sich vor allem am Nachmittag beobachten. Solche Gewitter sind sehr beeindruckend, da der Donner zwischen den Bergen widerhallt. Gewitter in den Bergen sind gefährlicher als anderswo, da Felsen und Bäume in dieser Höhe den Blitz direkt anziehen. Man muss sich auch sehr vor steil abfallenden Hängen und tiefen Spalten in Acht nehmen und niemals die vorgegebenen Wege verlassen. Bei Ausflügen kann man die Berge nach und nach kennen lernen.

Südhang und Nordhang im Sommer

Mit zunehmender Höhe wird es immer kälter. Der Schnee bleibt länger liegen, sodass die Vegetationsperiode immer kürzer wird. Man kann Berge also in verschiedene Höhenstufen unterteilen. Auf jeder dieser Stufen wachsen bestimmte Pflanzen, die sich dem jeweiligen Klima angepasst haben. Die hier angegebenen Höhen- oder Vegetationsstufen gelten für die gemäßigten Breiten.

Als Südhang bezeichnet man einen Berghang, der von der Sonne beschienen wird: Hier ist es also wärmer. Da der Mensch den Wald gerodet hat, um Dörfer zu bauen und Felder anzulegen, beginnt der Wald erst etwas höher. Er besteht aus Nadelbäumen, die viel Licht lieben, wie Kiefern und Lärchen.

Auf den Nordhang treffen die Sonnenstrahlen sehr schräg auf: Es ist also kälter als auf dem Südhang. Hier wachsen dichte, dunkle Wälder, die hauptsächlich aus Tannen und Fichten bestehen. Sowohl der Südhang als auch der Nordhang werden in Höhenstufen unterteilt. Auf dem Nordhang beginnt der Wald schon weiter unten (ab 900 m) als auf dem Südhang (ab 1500 m).

Mitgedacht und aufgepasst!

Es ist unmöglich, in den Bergen das Wetter vorherzusagen. Gute Ausrüstung und die Beachtung folgender Regeln sind deshalb ein Muss!

Vor der Wanderung

- Brecht niemals ohne einen erfahrenen Erwachsenen auf.

- Legt euren Weg am Abend vorher fest.

- Morgens vor der Wanderung ruft ihr die Wettervorhersage an. Bei schlechter Wetterlage sagt ihr das Vorhaben ab.

- Feste Wanderschuhe sind Pflicht! Selbst im Sommer solltet ihr im Rucksack warme Kleidung dabeihaben: Sweatshirt, Windjacke, Mütze und Handschuhe. Für längere Wanderungen empfiehlt sich ein Schlafsack.

- Verpflegung nicht nur für den Notfall mitnehmen: Wasser, Trockenobst, Schokolade, Kekse.

- Eine Schirmmütze oder ein Sonnenhut, Sonnenschutzcreme mit hohem Lichtschutzfaktor und eine Sonnenbrille sind zum Schutz vor Sonnenbrand und Sonnenstich unverzichtbar.

- Informiert immer jemanden über eure Wanderroute und den voraussichtlichen Zeitpunkt eurer Rückkehr.

Während der Wanderung

- Vermeidet Eisflächen und Geröllhalden. Sie können zu tödlichen Fallen werden.

- Verlasst niemals die markierten Wanderwege.

- Benutzt Brücken, um Wildbäche zu überqueren, und vermeidet Furten. Kommt es nämlich zu einem Gewitter, kann der Bach von den Wassermassen des Regens anschwellen und euch den Rückweg abschneiden.

- Wenn sich einer in der Gruppe schlecht fühlt oder müde wird, solltet ihr auf jeden Fall umkehren.

- Verzichtet beim Rückweg auf vermeintliche Abkürzungen: Die Gefahr sich zu verlaufen ist einfach zu groß!

Was in Extremfällen zu tun ist

- Wenn das Wetter mit Regen oder Wind plötzlich umschlägt, kehrt sofort um.

- Wenn Nebel aufzieht, müsst ihr euch gut sichtbare Orientierungspunkte suchen und so schnell wie möglich einem leicht begehbaren Weg ins Tal folgen – auch wenn ihr so nicht an eurem Ausgangspunkt herauskommt.

- Sobald ihr Donnergrollen hört, habt ihr keine Sekunde zu verlieren: Entfernt euch generell von allem, was den Erdboden überragt! Stellt euch nicht in einer Höhle, unter einem Felsen oder entlang einer Felswand unter, denn auch hier könnt ihr vom Blitz getroffen werden.

Am besten kauert ihr euch auf freien Bergwiesen in Mulden geduckt nieder. Im Wald sucht ihr unter den niedrigsten Bäumen Schutz und haltet euch von den Stämmen fern.

- Bleibt ruhig, wenn der Rückweg schwierig oder unmöglich sein sollte. Nehmt euch dann Zeit, um einen sicheren Unterschlupf zu finden oder zu bauen. Haltet euch warm, kuschelt euch eng aneinander und wartet auf das Nachlassen des Unwetters. Wenn keine Wetterbesserung in Aussicht ist, sollten die Kräftigsten unter euch gut ausgerüstet Hilfe holen, bevor es dunkel wird.

Vorsicht, Lawinengefahr!

Im Winter kannst du für deine Naturbeobachtungen nicht in die Berge gehen, es sei denn, es handelt sich um eine Tour unter fachmännischer Aufsicht. Die Wetterstationen geben gerne Auskunft. Lawinengefahr bedeutet Lebensgefahr!

Die Schneedecke auf den Hängen kann über 3 m dick werden – eine stattliche Schneemenge. Wenn diese ins Rutschen kommt und den Hang hinabstürzt, kann sie Geschwindigkeiten zwischen 200 und 300 km/h erreichen! Lawinen reißen mit sich, was ihnen im Wege ist: Menschen, Bäume oder gar Waldabschnitte, Schutzhütten, Autos und sogar ganze Dörfer.

Wie entstehen Lawinen?

Wenn viel Neuschnee fällt, sammelt er sich im oberen Bereich der Berghänge an. Wenn er noch nicht gefestigt ist, kann es zu einer Pulverschneelawine (1) kommen. Erfasst sie einen, kann sie zum Tod durch Ersticken führen. Zu losen Schneeanhäufungen, so genannten Schneewächten, kann es auch durch starken Wind kommen (2). Wenn ein Skifahrer in solche Hänge hineinfährt, löst er leicht eine Lawine aus. Im Frühling entsteht durch eine begrenzte Schneeschmelze sehr feuchter und schwerer Schnee, der wie ein Lavastrom alles mit sich in die Tiefe reißen kann (3). Lawinen löst man aus Sicherheitsgründen auch absichtlich und professionell durch gezielte Explosionen aus.

Sternschnuppen

Die meisten Sternwarten werden an höher gelegenen Stellen gebaut. Aufgrund der dünnen, sauberen Luft sind Berge also ein perfekter Ort, um den Himmel zu beobachten. Zu bestimmten Zeiten kannst du ein Feuerwerk aus Sternschnuppen sehen, da diese Meteoritenschauer die Umlaufbahn der Erde regelmäßig kreuzen.

Sternschnuppen kannst du in klaren Nächten, weit von allen künstlichen Lichtquellen entfernt, beobachten. Zweimal jährlich sind es besonders viele. Die Zeichnungen geben an, welchen Himmelsabschnitt du zu dieser Zeit betrachten solltest. Zwischen Mitternacht und 3 Uhr morgens sieht man die meisten Sternschnuppen. Du musst also gut darauf vorbereitet sein, mitten in der Nacht mehrere Stunden draußen zu verbringen! Es kommt vor, dass eine halbe Stunde lang gar nichts zu sehen ist. Sei geduldig und nutze die Zeit, um die Sternbilder kennen zu lernen. Bedenke aber auch, dass sie je nach Uhrzeit und Breitengrad an einer anderen Stelle am Himmel zu sehen sind. Die Zeichnungen geben die Positionen der Sternbilder zwischen 22 Uhr und Mitternacht an.

Der nördliche Himmel in Richtung des Perseus, vom 12. bis 14. August.

Der östliche Himmel in Richtung der Zwillinge (10. bis 12. Dezember).

Augusthimmel, Blick gen Norden

1 - Fuhrmann
2 - Kapella
3 - Perseus
4 - Andromeda
5 - Pegasus
6 - Adler
7 - Leier
8 - Schwan
9 - Kassiopeia
10 - Kleiner Bär, Kleiner Wagen
11 - Drache
12 - Herkules
13 - Schlange
14 - Nördliche Krone
15 - Bärenhüter
16 - Großer Bär, Großer Wagen
17 - Jagdhunde
18 - Löwe

Dezemberhimmel, Blick gen Osten

1 - Hase
2 - Orion
3 - Walfisch
4 - Fische
5 - Pegasus
6 - Andromeda
7 - Widder
8 - Perseus
9 - Kassiopeia
10 - Kepheus
11 - Kleiner Bär, Kleiner Wagen
12 - Großer Bär, Großer Wagen
13 - Fuhrmann
14 - Zwillinge
15 - Kleiner Hund
16 - Krebs

NA SO WAS!

Was für ein Krater!
Den größten Meteoritenkrater der Welt findet man in der Wüste Arizonas, in den Vereinigten Staaten von Amerika. Er ist etwa 24 000 Jahre alt, hat einen Umfang von 3,8 km und ist 180 m tief.

Das Ende der Dinosaurier
Kleine Meteoriten verbrennen, wenn sie in die Erdatmosphäre eindringen. Große hingegen können die Atmosphäre durchdringen und schlagen dann auf der Erde ein. Manche Wissenschaftler nehmen an, dass das Aussterben der Dinosaurier auf den Einschlag eines riesigen Meteoriten zurückzuführen ist.

WIE MAN METEORITEN SAMMELT

Meteoriten, die sich mit voller Geschwindigkeit auf die Erde zu bewegen, verbrennen in den höheren Schichten der Atmosphäre und werden für kurze Zeit zu Sternschnuppen. Trotzdem gelangen winzige Splitter bis auf den Erdboden. Wir erklären dir hier, wie du diese Meteoritensplitter sammeln kannst.

Zwar gibt es nur sehr wenige solcher Splitter auf der Erde, aber mit etwas Glück kannst du auf folgende Weise doch welche finden.

Wann und wo?
- Gehe zwischen dem 10. und 14. August auf die Suche – am besten in den Bergen, so wirst du sicher keinen Industriestaub sammeln.

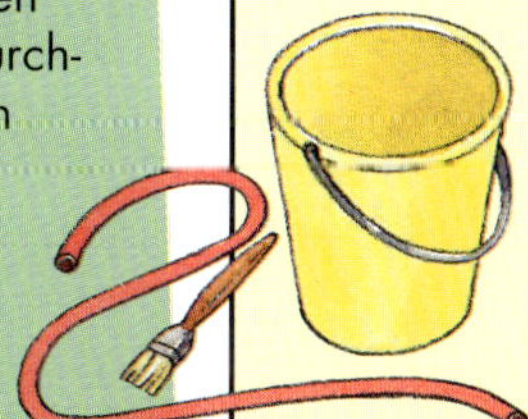

Was du brauchst:
- einen großen, sehr sauberen Plastikeimer
- einen 1 m langen Gartenschlauch
- einen neuen Pinsel
- einen Magneten

Wie es geht:
- Stelle den Eimer am 10. August unter die Regenrinne und warte bis zum 15. auf Regen.

- Am 14. oder 15. August stellst du den mit Regenwasser gefüllten Eimer

an eine sichere Stelle.

- Zwei Tage später tauchst du das eine Ende des Schlauchs in den Eimer, etwa 5 cm vom Boden entfernt. Halte das andere Ende tiefer und sauge daran bis das Wasser kurz vor deinem Mund ist. Lasse es ablaufen, aber achte darauf, die Ablagerungen im Eimer nicht aufzuwühlen!
- Das restliche Wasser lässt du verdunsten. Wenn der Eimer ganz trocken ist, fährst du mit dem

Pinsel über den Boden und lockerst die Ablagerungen.
- Halte einen Magneten über den Staub: Alle Teilchen, die von ihm angezogen werden, sind außerirdische Minerale!
- Sammle sie auf weißem Papier und betrachte sie unter der Lupe.

Minerale und Gesteinsarten

Ein Ausflug in die Berge ist im Sommer eine gute Gelegenheit, um Minerale und Gesteinsarten näher kennen zu lernen und vielleicht sogar eine Sammlung anzulegen. Allerdings wirst du keine Edelsteine finden! Dafür kannst du aber die schönsten Exemplare der gängigen Gesteinsarten auswählen. Achte auf die Reinheit der Steine und auf originelle Formen, da die Schönheit eines Gesteins davon abhängt. Jeder Stein erzählt auf seine Weise die Geschichte unseres Planeten. Bringe sie also zum Sprechen!

Minerale

Minerale sind feste Stoffe, die jeweils eine bestimmte chemische Zusammensetzung aufweisen wie etwa Kalk oder Quarz.

Quarz
Diese Kristalle sind sehr hart und besitzen meist die Form sechsseitiger Prismen. Härtegrad: 7, meist weiß, durchsichtig.

Chalzedon
Dieses Mineral findest du in hohlen Steinen und in Feuersteinen. Härtegrad: 7, in verschiedenen Farben, glasartig.

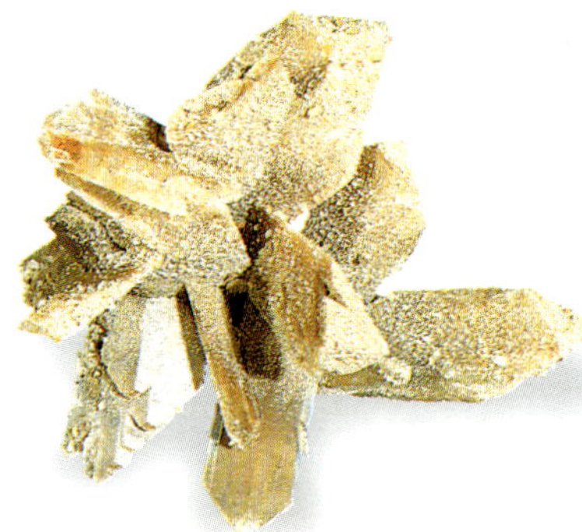

Graphit
Bleistiftminen sind aus Graphit. Oft in der Nähe von Schiefer. Härtegrad: 1 – 2, grau-schwarz, undurchsichtig.

Gips
Er kann sehr unterschiedliche Formen und Farben haben. Härtegrad: 2, sehr weich, durchscheinend.

Baryt
Sehr leicht wieder zu erkennen. Die Kristalle sind faserig angeordnet. Härtegrad: 3, meist weiß, durchscheinend und sehr schwer.

Muskowit
Der Muskowit gehört zur Gruppe der Glimmer. Es lassen sich kleine Spaltblättchen ablösen. Härtegrad: 3, oft mit Perlmuttglanz.

NA SO WAS!

Härtetest für Minerale
Den Härtegrad von Mineralen kannst du folgendermaßen feststellen:

1 – Fühlt sich seifig an und ist zerreibbar, Bsp.: Kreide.
2 – Kann mit dem Fingernagel angeritzt werden, Bsp.: Gips.
3 – Kann mit einem Geldstück angeritzt werden, Bsp.: Kalzit.
4 – Kann mit Glas leicht angeritzt werden.
5 – Kann nur schwer mit Glas angeritzt werden.
6 – Kann mit Quarz oder einer Stahlfeile angeritzt werden.
7 – Kann nicht angeritzt werden, kann selbst aber Glas oder Eisen anritzen, Bsp.: Quarz.
8–9 – Kann nur mit einem Diamanten angeritzt werden: Du hast einen Edelstein gefunden!
10 – Nur Diamanten sind so hart!

Kalzit, Kalkspat
Er bildet in Tropfsteinhöhlen nach unten hängende Stalaktiten und nach oben wachsende Stalagmiten (Foto links). Härtegrad: 3, weiß, durchscheinend.

Gesteinsarten

Gesteine bilden Gebirge und auch Kies und Sand von Flüssen und Wüsten. Sie bestehen aus verschiedenen Mineralen. Granit z. B. setzt sich aus Quarz, Glimmer und Feldspat zusammen.

Sedimentgesteine

Die Zersetzungsprodukte verschiedener Gesteine reichern sich auf der Erdoberfläche an und lassen diese Gesteinsart entstehen.

Magmatische Gesteine

Sie entstehen durch Magma (geschmolzenes Gesteinsmaterial). Nach Vulkanausbrüchen verfestigten sie sich auf der Erdkruste.

Kalkstein
Er besteht hauptsächlich aus Kalzit und kann in verschiedenen Formen auftreten z. B. als Kreide oder oolithischer Kalkstein. Kalksteinfelsen sind die reinste Fundgrube was Fossilien betrifft. Er ist weich bis sehr weich und reagiert mit Essig.

Granit
Er besteht aus einer Verbindung der groben Mineralkörner: Quarz, Glimmer und Feldspat. Es kommt vor, dass Granite Edelsteine einschließen!
Er ist hart, übersät mit schimmernden Körnchen und existiert in verschiedenen Farben.

Ton
Ton oder Lehm ist sehr weich und in feuchtem Zustand modellierfähig. Aus ihm werden Gebrauchsgegenstände gefertigt. Getrocknet wirkt er erdig. Er kommt in vielen Farben vor und entsteht aus Schlamm.

Obsidian
Dieses Lavaglas kann sehr scharfe Kanten haben! Aufgrund seiner Eigenschaften stellten die Menschen in der Steinzeit daraus Werkzeuge her. Obsidian ist hart, brüchig, schwarz und glasartig.

Basalt
Er besteht aus erkalteter und gehärteter Lava, ist sehr kompakt und schwarz und enthält schimmernde Kristallkörnchen. Hart, glasartig, aber dunkel mit kleinen Körnchen. Gehört zu den verbreitetsten Gesteinen der Erdoberfläche.

Metamorphe Gesteine

Es handelt sich dabei ursprünglich um Sedimentgesteine und magmatische Gesteine, die sich unter Einwirkung von Druck und Wärme veränderten.

Gneis
Größere Mineralkörner lagern sich in parallelen Schichten an. Verschiedene Härtegrade.

Schiefer
Er ähnelt dem Gneis, weist aber deutlichere Schichten auf, die durch Druck entstanden. Ziemlich hart.

Glimmerschiefer
Da er Glimmer oder Quarz enthält, schimmert dieser Schiefer. Hart, grauschwarz glänzend.

Tonschiefer
Dieser dunkle Schiefer kann in Platten oder feinen Streifen abgelöst werden. Mittelhart, schwarz, grün oder grau.

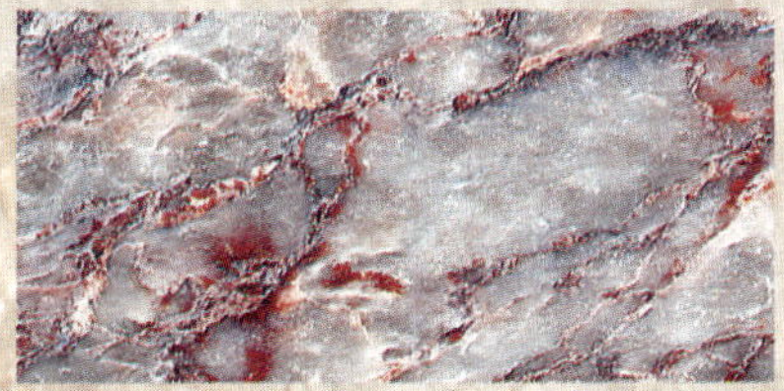

Marmor
Dieser metamorphe Kalkstein entstand aus Sedimentgestein, das durch Druck und Wärme neu kristallisierte. Hart, weiß oder farbig, mit Adern.

Metamorphe Gesteine können auf zwei Arten entstehen. Man unterscheidet Regional- und Kontaktmetamorphose. Regionalmetamorphose tritt bei der Bildung von Gebirgen auf. Dabei werden Gesteine in größere Tiefen versenkt. Kontaktmetamorphose tritt in der Nähe von Intrusionen auf, dort, wo Magma in Gesteine der Erdkruste eingedrungen ist. Die Temperatur des Magmas ist hoch, sie liegt zwischen 700 und 1100 °C. Dadurch wird das Nebengestein erhitzt und neue Minerale bilden sich.

WIE EIN MOSAIK ENTSTEHT

Was du brauchst:

- ein festes Stück Karton oder Pappe
- Sekundenkleber (Trage auf jeden Fall Handschuhe!).
- einen Sack voller selbst gesammelter Steine in allen Formen und Farben

Wie es geht:

- Skizziere auf dem Karton die Form vor, die du als Mosaik gestalten willst: ein Tier, eine Landschaft oder geometrische Formen. Zeichne die Konturen dick ein, die Details dünner.

- Wähle Steine aus, die die richtige Form und Farbe haben, wie z. B. runde Steine für die Augen und dreieckige für die Ohren usw., und klebe sie auf (siehe Zeichnung).
- Dunklere Steine klebst du auf die dicken Konturlinien.
- Farbige Steine klebst du auf die dünneren Detaillinien.
- Fülle dann die leeren Stellen mit den restlichen Steinen aus.

Die Gestaltung der Erdoberfläche

Ob in den Bergen oder in der Ebene – die Landschaft, die du betrachtest, entstand dadurch, dass Wasser, Wind, Kälte und Sonne auf die Felsen an der Erdoberfläche einwirkten. Zwar sind diese Felsen meist unter Pflanzen versteckt, aber die Form einer Landschaft kann viel über sie erzählen.

Vulkane
Hierbei handelt es sich um ganz besondere Berge. Man erkennt sie an der kegelartigen Form und häufig an einem Krater. Sie entstanden durch die Anhäufung von Lava und Asche, die bei Vulkanausbrüchen ausgestoßen wurden.

Mittelgebirge
Sie bestehen oft aus Granit und metamorphen Gesteinen. Im Laufe vieler Millionen Jahre hat sie das Wasser abgetragen, sodass sie heute runde Hügel bilden.

Hochebenen
Sie bestehen aus dicken Kalksteinschichten und sind von trockenen Weiden bedeckt. Im Untergrund hat das Wasser oft schwer zugängliche Schluchten, Grotten und Höhlen in den Stein gegraben.

Flachland
Auch das Flachland gibt Anhaltspunkte dafür, aus welchem Gestein es geformt ist. Seen und Sümpfe entstehen nur dort, wo wasserundurchlässiges Gestein wie Ton verhindert, dass das Wasser versickert. Trockene, vegetationsarme Böden, z. B. Kiefernwälder oder Heideland, bilden sich auf Sand oder Kalkstein.

Junge Gebirgsketten

Ihre Entstehung begann vor ca. 200 Millionen Jahren, erdgeschichtlich sind sie damit recht jung. Sie bestehen aus Kalk, Granit oder Gneis und sind stark zerklüftet. An ihrem Fuß häuft sich Geröll, also durch Temperaturunterschiede und Frost abgesprengte Felsstücke.

Flusstäler

Flüsse schlängeln sich zwischen flachen, feuchten Flussauen auf einem angeschwemmten Geröllbett dahin. Die Hügel sind oft Reste des Gesteins, das einst die ganze Region bedeckte. Harter Kalk- und Sandstein bilden steile Talhänge; Lockergestein wie Sand und weiches Gestein wie Ton lassen sanftere Talhänge entstehen.

Die Natur spricht

Auch die Vegetation gibt dir Auskunft, woraus das Erdreich besteht. Esskastanien wachsen auf sandigen, Orchideen auf kalkhaltigen Böden und Weiden in feuchten Gebieten mit oft tonhaltiger Erde. Alles was du sehen kannst, angefangen bei der Form des Geländes bis hin zu seinem Bewuchs, hängt von der geologischen Beschaffenheit des Bodens ab.

Pflanzen in extremen Lebensräumen

Die Natur der oberen alpinen Stufe und der nivalen Stufe scheint kalt und tot zu sein. Trotzdem gibt es in diesem Reich aus Eis und Steinen Lebewesen, die sich nicht unterkriegen lassen. Das Leben ist für diese Pflanzen nicht leicht. Zum Überleben setzen sie deshalb erstaunliche Tricks ein.

Alpen-Leinkraut
Es wächst gewöhnlich auf kalkigem Schutt. Auf der Suche nach etwas Erde schiebt es seine Wurzeln auch bis in Felsspalten. Höhe: 5 - 15 cm.

Silberwurz
Die Gämsen suchen sie im Winter unter dem Schnee, da ihre Blätter grün bleiben. Wie andere Hochgebirgspflanzen wächst auch sie in der Tundra der nordischen Länder. Höhe: 5 - 15 cm.

Gegenblättriger Steinbrech
Er hat oft ledrige Blätter und seine kräftigen Wurzeln sind in der Lage sich auch durch den härtesten Stein noch einen Weg zu bahnen. Höhe: 5 - 10 cm.

Gletscherhahnenfuß
Er wächst zwischen Geröll und nutzt dabei das kleinste Fleckchen Muttererde aus. In den Alpen fand man ihn in einer Höhe von über 3000 m. Höhe: 5 - 20 cm.

Krautweide
Sie kriecht mit ihren Zweigen unmittelbar unter der Erdoberfläche entlang. Ihre Blättchen ragen aus dem Boden und bilden ganze Teppiche. Höhe: 2 - 5 cm.

NA SO WAS!

Schiefer zur Wärmedämmung
Manche Häuser am Meer sind ständig dem Wind ausgesetzt, deshalb sind nicht nur ihre Dächer schiefergedeckt, sondern auch die Wände. Einige Pflanzen wie die Lobelien der Berge Afrikas haben eine ähnliche Strategie entwickelt: Spezielle Blätter, die wie Dachziegel übereinander liegen, schützen Stiel und Blüten vor der Kälte.

NA SO WAS!

Blumen im Pelzmantel
Das geschützte Edelweiß zählt zu den schönsten Alpenblumen und kann sehr niedrige Temperaturen ertragen, da es von einem Pelz aus Millionen weißer Härchen bedeckt ist. Wie bei den Eisbären stellt die Luft zwischen den Haaren einen idealen Schutz vor der Kälte dar.

Beine wie Riesen
Einige Pflanzen bieten dem Wind keine Angriffsfläche, da ihr Stiel ganz kurz ist, genau genommen 1 cm. Ihre Wurzeln können dafür 2 m lang werden! In dieser Tiefe ist die Temperatur milder und schwankt weniger. Die langen Wurzeln erlauben es den Pflanzen, in der Tiefe Wasser und Nährstoffe aufzunehmen.

Landkartenflechte
Diese Krustenflechte wächst auf Felsen und ist gelbgrün bis schwarz. Den Bildern von Landkarten ähnelnd überzieht sie oft große Flächen. Höhe: einige Millimeter.

Becherflechte
Flechten sind Doppellebewesen aus Pilz und Alge. Diese hier wächst an Felsen und bildet Blüten in Trompetenform. Höhe: 1 - 3 cm.

Edelweiß
Es kommt meist nur noch in kaum zugänglichen Lagen vor und kann, in Spalten versteckt, der größten Kälte standhalten. Außerdem ist es sehr schön und streng geschützt. Höhe: 1 - 3 cm.

Blumen der Bergwiesen

Die meisten Blumen, die in den Bergen wachsen, haben leuchtendere Farben als Pflanzen in der Ebene und ziehen um so mehr unsere Blicke an. Manche von ihnen werden seit Jahrhunderten von Kennern zur Medikamenten-, Farbstoff- und Likörherstellung genutzt. Andere sind hochgiftig. Sie sind alle selten und schützenswert: Betrachte sie, pflücke sie aber niemals!

Trollblume
Dieses giftige Hahnenfußgewächs liebt feuchte Stellen in Bergwiesen. Höhe: 10 - 50 cm.

Große Sterndolde
Ihre kleinen weißen oder rötlichen Blüten stehen in Dolden zusammen. Höhe: 30 - 90 cm.

Alpenakelei
Sie ist selten und fällt sofort durch ihre hinreißende blaue Blüte auf! Höhe: 20 - 80 cm.

Akeleiblättrige Wiesenraute
Ihre Blüten werden im Gesamtaussehen durch violette Staubblätter bestimmt, an deren Enden sich gelbe Staubbeutel befinden. Höhe: 50 - 150 cm.

Bärtige Glockenblume
Man findet sie von Juni bis August in Höhen bis zu 2800 m. Höhe: 10 - 50 cm.

Alpen-Ampfer
Er wächst auf den Lägerfluren der Gebirge. Die gegarten Blätter sind lecker als Gemüse. Höhe: bis 200 cm.

Blauer Eisenhut
Diese stark giftige Pflanze wächst gern auf Viehweiden, auch mitten in einem Kuhfladen. Höhe: 50 - 150 cm.

Teufelskralle
Sie wächst meist nur in den Bergen. Ihre Blüten sind weißlich oder blauviolett. Höhe: 20 - 80 cm.

Arnika
Weil sie häufig ausgegraben und abgepflückt wurde, ist diese alte Heilpflanze stark gefährdet. Sie blüht von Juni bis August in aromatisch duftenden goldgelben Blüten.
Höhe: 30 - 60 cm.

Frühlingsenzian
Er schließt seine Blüten, wenn die Temperatur sinkt.
Höhe: 5 - 10 cm.

Wiesenkümmel
Er ähnelt dem Anis und seine Samen werden Käse oder Salami als Würze beigegeben.
Höhe: 30 - 60 cm.

Silberdistel, Eberwurz
(oben) Sie wächst dicht am Boden auf sehr trockenen Wiesen. Die Blüte erinnert an eine Margerite. Die Blätter sind dornig.
Höhe: 5 - 30 cm.

Süßklee
Er ist eine beliebte Futterpflanze mit süßem Zuckersaft an der Blütenbasis. Höhe: 10 - 40 cm.

Klappertopf (links)
Er ist ein Halbschmarotzer: Die Wurzeln der Jungpflanzen zapfen vor allem die Wurzeln von Gräsern an.
Höhe: 20 - 60 cm.

Weißer Germer
Verwechsle diese hochgiftige Pflanze nicht mit dem Gelben Enzian, dem sie sehr ähnelt.
Höhe: 50 - 150 cm.

Gelber Enzian
Aus seinen Wurzeln, die Bitterstoffe enthalten, wird ein sehr bekannter Magenbitter hergestellt.
Höhe: 40 - 140 cm.

Schlangenknöterich
Er trägt rosafarbene, walzenförmige Blütenstände. Der Wurzelstock ist schlangenförmig gewunden, daher sein Name! Höhe: 30 - 120 cm.

Frauenschuh
Diese Orchidee ist wie das Edelweiß eine mythenumwobene Alpenblume. Sie steht unter Schutz.
Höhe: 20 - 50 cm.

Blumen zwischen Geröll und Felsen

Viele Pflanzen wachsen in Felsspalten und zwischen Geröll, obwohl sie an diesen Orten nur wenig Erde finden. In der Regel haben sie kräftige, lange Wurzeln, die es ihnen ermöglichen, in der Tiefe nach Wasser und Nahrung zu suchen und ihnen einen festen Stand verschaffen. Die meisten sind klein, da sie so dem scharfen Wind weniger stark ausgesetzt sind. Ihre Blätter sind oft dick oder behaart und bilden, dicht an dicht gedrängt, kleine Polster. So kann ihnen die Kälte weniger anhaben und die Feuchtigkeit nicht so schnell verdunsten.

Rundblättriges Täschelkraut
Es bildet lange, kriechende Triebe, die weite Flächen bedecken können. Höhe: 5 - 10 cm.

Blaugrüner Steinbrech
Seine blaugrünen Blätter bilden kleine polstrige Rosetten. Höhe: 2 - 10 cm.

Himmelsherold
Er bildet Teppiche. Seine Wurzeln können auf der Suche nach Erde bis in eine Tiefe von 1,5 m reichen. Es lohnt sich, die duftenden Blüten unter der Lupe zu betrachten. Höhe: 3 - 10 cm.

Kriechende Berg-Nelkenwurz
Ihre goldgelben Blüten heben sich deutlich von den grünen Blättern ab. Die bis zu 1 m langen Ausläufer umschlingen Steine. Höhe: 5 - 20 cm.

NA SO WAS!

Kuscheln gegen Hunger und Kälte
Einige Mannsschildarten haben eine sehr originelle Art sich zu ernähren und vor Kälte zu schützen: Dicht an dicht zusammengedrängt bilden sie ein Kugelpolster. Im Inneren der Kugel bleibt die Temperatur 10 bis 15 °C über der Außentemperatur! Auch einem Mangel an Erde kann abgeholfen werden: Verwelkte Blätter und Blüten, die in der Mitte der Kugel herunterfallen, bilden, wenn sie sich zersetzen, einen ausgezeichneten Nährboden für neue Triebe. Auf einem Felsen mit wenig Erde ist das ein großer Vorteil!

Stängelloses Leimkraut
Es sieht wie Moos aus und trägt im Sommer viele kleine Blüten. Jedes der fünf rosafarbenen Blütenblätter ist leicht eingeschnitten. Es kommt in den gesamten Alpen und in der Arktis von 1800 - 3600 m vor. Höhe: 1 - 5 cm.

Spinnweben-Hauswurz
Betrachte mit einer Lupe aufmerksam die Blätter. Lange, weiße Haare, die an Spinnenweben erinnern, bedecken sie. Blüten mit 12 - 18 karminroten Kronblättern krönen sie. Höhe: 5 - 10 cm.

Echte Edelraute
Diese giftige Pflanze ist mit dem Wermut verwandt und wurde früher als Heilpflanze und Likörzusatz verwendet. Sie ist in den Alpen geschützt. Höhe: 10 - 20 cm.

Schweizer Mannsschild
In sonnigen Felsspalten bildet er dichte, filzige Polster aus kleinen graugrünen Blattrosetten. Er erträgt große Temperaturschwankungen. Höhe: 2 - 6 cm.

Zwerg-Pippau
Seine sehr hübschen gelben Blüten erinnern an die des Löwenzahns. Fast alle Blätter sind grundständig. Sehr häufig auf gedüngten Wiesen zu finden. Höhe: 5 - 10 cm.

NA SO WAS!

Wundersame Vermehrung
Wenn du einen Zwerg-Pippau zerstört hast, weil du aus Unachtsamkeit darauf getreten bist, wächst an der gleichen Stelle kein neuer nach. Aber schon bald zeigen sich neue Pflanzen nicht weit von der alten Stelle entfernt! Der Zwerg-Pippau besitzt nämlich lange Wurzelausläufer, die neue Triebe bilden, wenn die alten beschädigt wurden.

Kleine Blumen – große Strafen
Die meisten Alpenblumen sind gesetzlich geschützt, das heißt du darfst sie nicht pflücken. Betrachte sie also nur oder fotografiere sie. Besonders streng geschützt sind das Edelweiß und alle Pflanzen der nivalen Stufe, der Mannsschild, der Frauenschuh, die Alpenakelei, die Alpen-Kuhschelle, die Alpenaster, die Lilien sowie alle Steinbrech-, Primel- und Enziangewächse. Auch bestimmte andere Arten dürfen in Naturschutzgebieten nicht gepflückt werden.

Bergsträucher

In den Wäldern, die sich zwischen 1000 und 2000 m Höhe befinden, wachsen die Sträucher im Schatten der Bäume. Ab einer Höhe von 2000 m beginnt die Baumgrenze. Die Sträucher sind die einzigen Holzgewächse, die mit den Kräutern hier ums Überleben kämpfen. Kälte und Wind machen größeren Pflanzen das Gedeihen in dieser Region unmöglich.

Bärentraube
Die Blätter dieses zarten kriechenden Strauchs leisten als Tee bei Blasenentzündungen gute Dienste.
Höhe: 10 - 30 cm.

Preiselbeere
Sie ähnelt der Bärentraube, aber ihre Blätter sind nach unten eingerollt. Die roten Beeren sind essbar, wenn auch sehr sauer. Höhe: bis 20 cm.

Heidelbeere
Aus den kleinen, blauschwarzen Früchten dieses Zwergstrauches kann man leckere Marmelade oder Kuchen herstellen. Höhe: 20 - 50 cm.

Wacholder
In den Bergen wird er nicht sehr hoch, sondern kriecht über den Boden. Die kleinen blauschwarzen Beeren spielen bei der Herstellung von Likör, Schnaps und Saft, aber auch als Würzmittel eine Rolle. Höhe: 10 - 50 cm.

Rostblättrige Alpenrose
Ihre roten, glockenförmigen Blüten stehen in Dolden. Sie braucht im Winter eine schützende Schneedecke. Höhe: 50 - 150 cm.

NA SO WAS!

Tödliche Beeren
Die roten oder schwarzen Früchte der Tollkirsche, des Seidelbasts und der Eibe sind sehr giftig, manchmal sogar tödlich! Pflücke sie niemals und berühre sie am besten nicht einmal. Wirf alle essbaren Früchte weg, wenn du aus Versehen auch giftige gesammelt hast.

KÖSTLICHES GELEE AUS BEEREN

Sammle während einer Wanderung 2 kg Beeren: Brombeeren, Walderdbeeren, Himbeeren, Johannisbeeren, Heidelbeeren und Preiselbeeren.

Deine Ernte sollte wenigstens zu einem Drittel aus roten Beeren wie Walderdbeeren, Johannisbeeren oder Himbeeren bestehen. Wenn du nicht genügend solcher Beeren findest, kannst du immer noch welche kaufen und sie deinen selbst gesammelten Früchten hinzufügen.

Was du brauchst:

- Früchte und Gelierzucker in gleicher Menge. Dieser spezielle Zucker enthält Pektin, das für das Festwerden des Gelees sorgt.
- ein sauberes, nasses Küchenhandtuch
- einen großen Topf
- eine Schaumkelle
- eine große Salatschüssel
- Marmeladengläser, Zellophanpapier, Gummibänder

Wie es geht

- Wasche die Beeren und entferne die Stiele.
- Wiege sie und stelle die gleiche Menge Zucker bereit.
- Gib die Beeren in den Topf und gieße zwei Gläser Wasser dazu. Erhitze das Ganze und rühre vorsichtig mit dem Schaumlöffel um.
- Unter ständigem Rühren 8 Minuten kochen.
- Lege das Handtuch über die Salatschüssel.
- Achtung: Verbrennungsgefahr! Gieße die Fruchtmischung auf das Handtuch und hebe dessen Ränder so an, dass der Saft in die Mitte der Schüssel läuft.
- Wenn der Saft nur noch tropfenweise kommt, formst du aus dem Handtuch einen Beutel und drückst die Früchte kräftig aus. Für farbloses Gelee darfst du nicht zu stark pressen.
- Mische den Zucker unter den Saft und gib das Ganze wieder in den Topf. Bei mittlerer Hitze musst du nun ständig rühren.
- Lasse es unter ständigem Rühren 25 Minuten kochen.
- Entferne dann den Schaum an der Oberfläche mit dem Schaumlöffel.
- Fülle das noch heiße Gelee in Gläser und verschließe sie mit Zellophanpapier und einem Gummiband.

NA SO WAS!

Festschmaus für Tiere

Wenn du im Herbst mit dem Fernglas Tiere in den Bergen beobachten willst, halte nach Sträuchern der Bärentraube oder der Preiselbeere Ausschau. Berühre die Pflanzen nicht, da dein Geruch daran haften bleibt. Verstecke dich in etwa 200 m Entfernung. Bestimmt wirst du Vögel bei ihrem Festessen beobachten können und vielleicht sogar Steinböcke.

Vorsicht: Ansteckungsgefahr

Es kann gefährlich sein, wild wachsende Früchte zu essen, da sie durch Fuchsexkremente mit dem Fuchsbandwurm verseucht sein können und dann eine gefährliche Krankheit, die Echinokokkose, übertragen. Iss also nur Früchte, die du in mindestens 50 cm Höhe über dem Boden gepflückt hast.

Nadelwälder

Bergwälder bestehen zum Großteil aus Nadelbäumen, auch Koniferen genannt. Deren Blätter sind nadel- oder schuppenförmig und bleiben meist das ganze Jahr über grün. Nadelbäume können große Schneemassen tragen, ohne unter der Last zusammenzubrechen. Sie schützen vor Erosion, halten Lawinen auf und bieten vielen Tierarten Zuflucht.

Zirbelkiefer
Sie wächst hoch oben in den Bergen in 3000 m Höhe. Ab 1800 m ist sie allerdings meist verkrüppelt. Vorherrschend ist die Zirbelkiefer auf der subalpinen Stufe. Ihre Nadeln sind in kleinen Büscheln zu je fünf Stück zusammengefasst.
Höhe: 5 - 30 m.

Fichte
Jeder kennt sie als Weihnachtsbaum. Sie verträgt die Kälte und kann bis in Höhen von 2000 m vorkommen.
Höhe: 20 - 70 m.

Europäische Lärche
Ihre Nadeln färben sich im Herbst gelb und fallen ab. Zusammen mit der Zirbelkiefer bildet sie die Wälder der subalpinen Stufe. Höhe: 15 - 40 m.

Hakenkiefer
Die Schuppen ihrer Zapfen tragen Haken an den Enden. Man findet sie ungefähr in derselben Höhe wie die Zirbelkiefer.
Höhe: 5 - 20 m.

Edel- oder Weißtanne
In einer Höhe über 1500 m findet man sie selten. Ihre Zapfen stehen aufrecht, während die der Fichte nach unten hängen.
Höhe: 20 - 50 m.

NA SO WAS!

Der Weihnachtsbaum
Die Idee zum Weihnachtsfest eine Tanne zu schmücken scheint aus dem Elsass zu kommen. Aufgestellt auf dem Dorfplatz, war er das Zentrum der Feierlichkeiten. Früher schmückte man ihn mit allerlei Früchten, vor allem mit Äpfeln. Im Lauf der Jahre kamen dann moderne Dekorationsmaterialien hinzu, wie Lametta, Süßigkeiten, Glaskugeln und andere Dinge, die von Land zu Land verschieden sein können.

Stattliches Alter
Zwar sind die Kiefern, die in den kalifornischen Bergen in 3000 m Höhe wachsen, verkrüppelt und fast kahl, unseren Respekt verdienen sie trotzdem: Sie sind nämlich an die 5000 Jahre alt!

EIN HUNDEBAROMETER

Wenn du im Voraus wissen willst, ob ein wahres Hundewetter bevorsteht, musst du dir dieses Hundebarometer basteln!

Was du brauchst:
- einen möglichst langen, schon leicht geöffneten Fichtenzapfen
- ein Stück weiches, leicht zu bearbeitendes Holz, z. B. Pappel, Birke
- zwei lange Streichhölzer und etwas braune Schnur
- eine Tube Holzkleber
- eine kleine Sperrholzplatte (etwa so lang wie der Zapfen), die du mit Moos beklebst
- ein kleines scharfes Messer, arbeite vorsichtig, um dich nicht zu schneiden!

Wie es geht:
- Der Zapfen bildet den Körper des Hundes. Aus dem weichen Holzstück schnitzt du einen Hundekopf. Es reicht aus, die Konturen ungefähr herauszuarbeiten. Färbe dann den Kopf mit Wasserfarben oder Kaffee in der Farbe des Zapfens.
- Schneide das untere Ende des Zapfens so gerade wie möglich ab und klebe den Kopf fest. Lies vorher genau die Packungsbeilage des Klebstoffes durch!

- Die zwei Streichhölzer dienen als Vorderbeine. Klebe sie am unteren Ende des Zapfens an die Schuppen, sodass der Hund sitzt.
- Als Schwanz kannst du ein Stück braune Schnur an die Spitze des Zapfens kleben.
- Stelle deinen Barometerhund nun außen aufs Fensterbrett. Achtung: Wind!

Die Wettervorhersage
- Wenn sich die Haare deines Hundes, also die Schuppen des Zapfens aufstellen, wird es trocken und schön.
- Wenn die Haare glatt anliegen, der Zapfen also geschlossen ist, gibt es das reinste Hundewetter!

Die Vögel der Berge

In den Bergen kann man ganz unterschiedliche Vogelarten jeglicher Größe antreffen. Im Winter verlassen manche Vögel die Berge, um in andere Regionen oder Länder zu ziehen. Andere bleiben in den Höhenlagen und machen nur gelegentliche Ausflüge in die wärmeren Täler. So passt sich jeder mit seiner Natur und seinen Gewohnheiten diesem Lebensraum an.

Gebirgsstelze
Sie brütet an Flüssen und Bächen und ist selten oberhalb der Baumgrenze zu sehen. Es ist interessant, dass einige Vertreter im Winter in den Süden ziehen, während andere in den Bergen bleiben. Sie ist sehr zutraulich!

Alpen-Schneehuhn
Seine Füße sind dicht befiedert und wirken wie Schneeschuhe. Je nach Jahreszeit wechselt es die Farbe: Im Winter wird es bis auf den schwarzen Augenstreifen ganz weiß. Es lebt vor allem am Boden.

Alpenbraunelle
Im Sommer lebt sie in kleinen Gruppen auf alpinen Steinhalden an der Grenze zur nivalen Stufe. Da sie sehr vorsichtig und unauffällig ist, lässt sie sich nicht leicht beobachten.

Alpendohle
Sie sieht wie ein kleiner Rabe mit gelbem Schnabel aus. Oft sieht man sie in Schwärmen und kann ihre Flugkünste beobachten. Ohne Scheu nähert sie sich picknickenden Wanderern, um sich die Reste einzuverleiben.

Mauerläufer
Er ist ein wahrer Klettermeister und lebt an steilen Felswänden, deren Spalten und Höhlen er nach Insekten absucht. Wenn er mit halb gespreizten Flügeln an senkrechten Felsen klettert, blitzen die roten Flügelflächen auf. Er kommt in den Alpen, den Pyrenäen und Südosteuropa vor.

Steinschmätzer
Im Sommer lebt er auf Felsen oder zwischen Geröll. Im Winter zieht er nach Afrika.

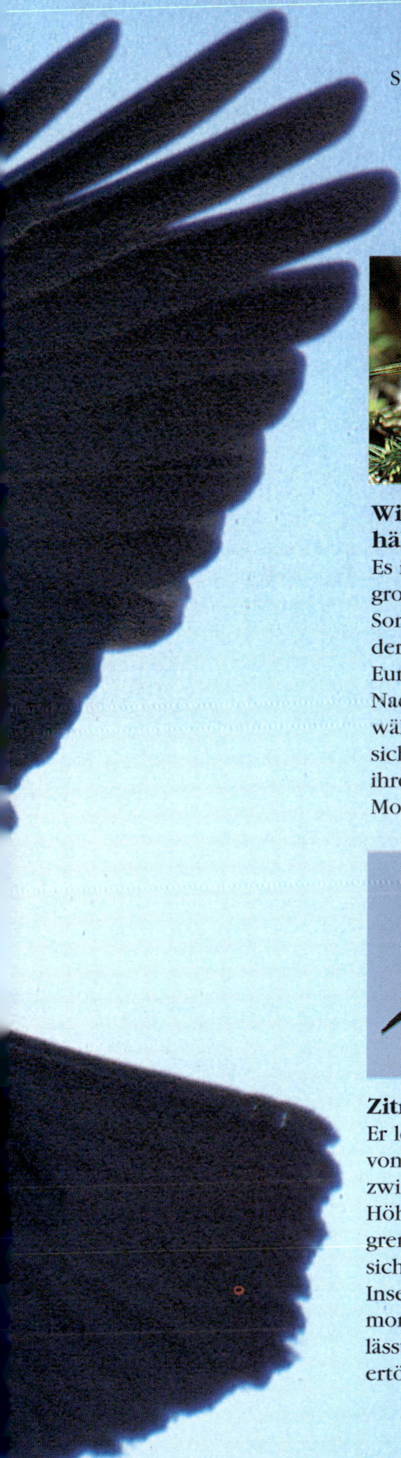

Schneefink
Dieser große Sperlingsvogel brütet in der alpinen Felszone meist zwischen 2000 und 3000 m Höhe.

Wintergoldhähnchen
Es ist nur etwa 9 cm groß und neben dem Sommergoldhähnchen der kleinste Vogel Europas. Es lebt in Nadel- und Mischwäldern und ernährt sich von Insekten und ihren Larven. Es lebt 6 Monate in den Bergen.

Zitronengirlitz
Er lebt am Rande von Nadelwäldern zwischen 1400 m Höhe und der Baumgrenze. Er ernährt sich von Samen und Insekten und von morgens bis abends lässt er seinen Gesang ertönen.

Wasseramsel
Sie hat eine weiß gefärbte Brust und lebt an Flüssen und Bächen in bis zu 2000 m Höhe. Von allen Singvögeln ist sie am besten an das Leben am Wasser angepasst. Die Wasseramsel kann gut schwimmen und stürzt sich von Felsen aus ins Wasser, wo sie bis zu 2 m tief taucht, um ihre Beute zu erwischen.
Sie kann 30 Sekunden unter Wasser bleiben und wagt sich im Winter auch unter das Eis. Frisst Fische, Wasserinsekten und Würmer.

Wasserpieper
Im Sommer brütet er in den Bergen, manchmal sogar in über 2000 m Höhe, und lebt an Wildbächen. In der Brutzeit trillert er lerchenartig. An den Meeresküsten tritt eine eigene Rasse mit anderer Gefiederfärbung auf.

NA SO WAS!

Verrückt vor lauter Liebe
Um die Dame seines Herzens zu betören lässt sich der Steinschmätzer allerhand einfallen. Er steigt wie eine Rakete in den Himmel auf, bremst in 10 m Höhe plötzlich seinen Flug, beginnt wie ein Verrückter zu singen und lässt sich dann wie ein Stein zu Boden fallen – seiner Liebsten zu Füßen!

Putzige Vögel
Wenn du in der Nähe eines Wildbaches Gebirgsstelzen entdeckst, solltest du dir für ihre Beobachtung Zeit nehmen. Sie fliegen schnell und elegant sind aber richtig putzig, wenn sie sich im Wasser tummeln. Achte einmal darauf, welche Vorsichtsmaßnahmen sie ergreifen, um sich die Federn nicht nass zu machen.

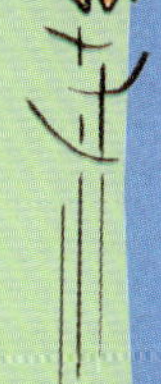

Vom Winde verweht
Das Wintergoldhähnchen wiegt nur 5 g. Wenn es am Waldrand umherfliegt, reicht ein Windstoß aus, um es wie einen Strohhalm aus seiner Flugbahn zu wehen, sodass es einen Umweg in Kauf nehmen muss.

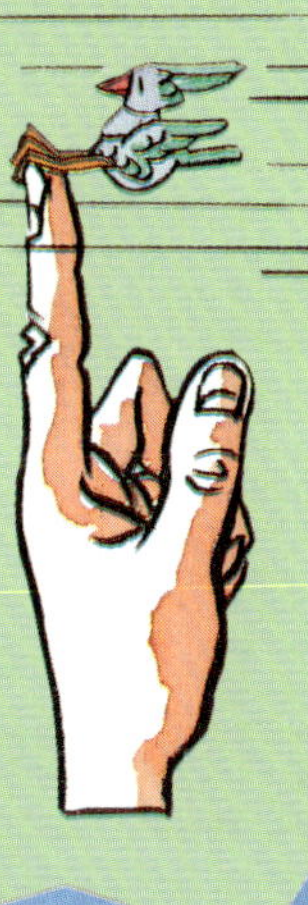

Die Greifvögel der Berge

In den Bergen leben viele Greifvögel. Einige leben in über 2000 m Höhe, andere ziehen niedrigeres Gebirge vor.

Steinadler
Dieser große Adler ist vom Aussterben bedroht. Männchen und Weibchen bleiben ein Leben lang zusammen und herrschen über ein bis zu 150 km² großes Gebiet. Ihr Nest wird Horst genannt, kann einen Durchmesser von bis zu 2 m haben und befindet sich in unerreichbaren Felsnischen oder auf großen Bäumen. Seine Beute sind Murmeltiere, Hasen oder Kaninchen, aber auch Füchse oder schwache Rehe.

DER STEINADLER, EIN BLITZSCHNELLER ANGREIFER

Der König der Lüfte jagt gemeinsam mit seiner Königin. In einiger Entfernung voneinander segeln sie durch die Luft (1). Das Weibchen zeigt sich dem Wild, um ihm Angst zu machen: Die Beute flüchtet in entgegengesetzter Richtung, wo das Männchen bereits wartet! Ein Fuchs auf der Jagd sieht das Adlerweibchen. Er flüchtet sofort, um im Wald Schutz zu suchen.
Das Männchen zieht seine Kreise und bringt sich in die richtige Angriffsstellung, ohne in das Blickfeld des Fuchses zu geraten.
Schließlich schießt es im Sturzflug mit über 100 km/h zur Erde herunter (2)! Der Fuchs achtet bei seiner Flucht nur auf das Weibchen, das ihn weiter in die Richtung ihres Partners treibt.
Das Männchen scheint sich nicht mehr abfangen zu können und auf den Boden zu prallen ... Doch sobald es nur noch einen Meter vom Fuchs entfernt ist, schwenkt es abrupt um, schiebt seine Fänge vor, breitet die Flügel aus und landet auf dem Rücken des Fuchses.
Es ergreift die sichere Beute mit seinen scharfen Fängen (3 und 4) und bleibt Sieger, obwohl sich der Fuchs heftig wehrt.

1 2 3 4

Gänsegeier
Mit einer Flügelspannweite von mehr als 2,5 m zählt er zu den größten Greifvögeln. Sein langer, nackter Hals und sein gebogener Schnabel lassen ihn nicht gerade liebenswürdig aussehen. Er ist ein Aasfresser und ernährt sich vor allem von toten Huftieren. Bei uns wurde er vor über 100 Jahren ausgerottet, allerdings gibt es Bemühungen ihn in Deutschland, Österreich, Frankreich und der Schweiz wieder anzusiedeln. Er streicht im Segelflug über die Berge und kann unter günstigen Wetterbedingungen stundenlang in der Luft bleiben. Da seine Krallen nur wenig gebogen sind, fühlt er sich wie die meisten Geier auch am Boden wohl.

Habichtsadler
Er ist etwas kleiner als der Steinadler und ein gefürchteter Jäger, der sowohl im Flug Vögel fängt, als auch Hasen am Boden. In den ersten Wochen, nachdem die Jungen ausgeschlüpft sind, kümmert sich das Männchen alleine um die Nahrungssuche, während das Weibchen die Jungen bewacht. Wenn die Sonne zu heftig scheint, breitet es seine großen Flügel aus, um den Jungen Schatten zu spenden. Leider wirst du Habichtsadler kaum beobachten können, da sie im Mittelmeergebiet und in den Berglandschaften Nordafrikas vorkommen.

Bartgeier
Er lebt nur in den felsigen Hochgebirgen Südeuropas und Asiens und gehört zu den wenigen Geiern, deren Kopf und Hals befiedert sind. Seinen Namen verdankt er einem kleinen Federbüschel unter dem Schnabel. Eine seiner wichtigsten Nahrungsquellen ist Knochenmark. Mit einer Flügelspannweite von bis zu 2,7 m ist er ein meisterhafter Segler und verbringt viel Zeit damit, sein weites Revier zu überfliegen und nach Aas abzusuchen.

NA SO WAS!

Eine wirkungsvolle Technik
Kleinere Knochen verschlingt der Bartgeier im Ganzen. Um an das Mark der größeren Knochen zu gelangen ergreift er sie mit seinen Fängen und schwingt sich in weite Höhen. Von dort lässt er sie auf Felsen fallen, wo sie zerbrechen.

Seltene Eier
Die großen Greifvögel sind fast alle bedroht. Es ist auch nicht einfach, sie zu schützen. Noch dazu werden viele erst im Alter von fünf bis sieben Jahren oder sogar erst mit zehn oder zwölf Jahren geschlechtsreif. Außerdem legen einige Arten, wie der Gänsegeier, höchstens ein einziges Ei im Jahr.

Säugetiere der Berge

Im Sommer halten sich viele Tiere, die sonst in den Wäldern der Ebenen leben, in den Mittelgebirgen auf. An das Hochgebirge haben sich nur wenige Säugetiere angepasst und es zu ihrem ständigen Lebensraum erkoren.

Hermelin
Er sieht sehr niedlich aus und hat ein ganz weiches Fell. Dabei ist er ein entschiedener Jäger, der seine Beute sogar bis in ihren Bau oder auf hohe Bäume hinauf verfolgt! Sein Winterkleid ist bis auf das schwarze Schwanzende so weiß wie Schnee. Größe: 50 cm, Gewicht: 250 g.

Gämse
Im Winter lebt sie in den Wäldern, im Sommer oberhalb der Baumgrenze. Sie kann ausgezeichnet springen und klettern. Zur Paarungszeit liefern sich die Männchen erbitterte Kämpfe.

Schneehase
Auch er trägt ein weißes Winterfell. Allerdings ist er so vorsichtig und zurückhaltend, dass man ihn nur selten zu sehen bekommt. Seine Höhle verlässt er erst in der Dämmerung oder nachts. Wenn es aber um die Fortpflanzung geht, wird er sehr aktiv und springt und hoppelt mit seiner Zukünftigen nur so um die Wette. Größe: 50 cm, Gewicht: 1 kg.

Murmeltier
Im Winter hält es Winterschlaf, aber im Sommer ist es sehr aktiv. Mit den ersten Sonnenstrahlen steht es auf und putzt sich erst einmal gründlich vor seinem Bau. Die restliche Zeit vertreibt es sich mit Fressen und Sonnenbaden. Erhebungen des Geländes werden zum Ausschauhalten genutzt, um Fressfeinde rechtzeitig zu erkennen. Wenn sich ein Feind nähert, stößt es schrille, pfeifende Warnschreie aus und die ganze Familie flüchtet sich in den Bau. Größe: 75 cm, Gewicht: 8 kg.

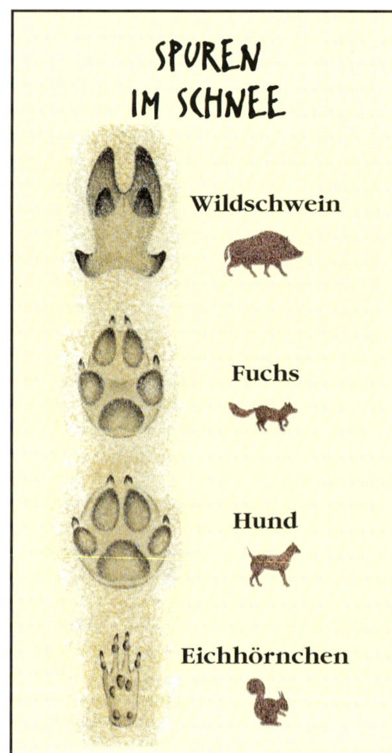

Braunbär
Sein Lebensraum wurde durch Straßen und Skilifte zerstört und der Mensch jagte ihn. Er braucht viel Platz und Ruhe, liebt das Gebirge, jagt zu jeder Tages- und Nachtzeit, ist ein Allesfresser und in fast allen europäischen Ländern ganzjährig geschützt. Größe: 1,7 – 2,5 m. Gewicht: 90 – 300 kg.

Mufflon
Im Unterschied zum Steinbock hat das Mufflon schneckenförmig eingedrehte Hörner und keinen Kinnbart. Es zieht offene Mittelgebirge den steilen Hängen vor. Die Weibchen leben einen Teil des Jahres zusammen mit den Jungtieren in Rudeln. Zur Paarungszeit gesellen sich auch die Männchen dazu.

Pyrenäen-Desman
Er sieht wie ein Maulwurf mit abgeplattetem Schwanz und Schwimmhäuten an den Hinterfüßen aus. Seine Nahrung sucht der Desman im Wasser: Insekten, Würmer, Süßwasserkrebse und der Laich von Fischen und Fröschen sind seine Leibspeisen. Beim Schwimmen schaut oft nur die Spitze seines langen, flachen, sehr beweglichen Rüssels hervor.

NA SO WAS!

Rivalenkämpfe
Die Steinbockmännchen, die im Sommer von den Weibchen getrennt leben, liefern sich zur Paarungszeit im Winter

heftige Kämpfe. Die Rivalen stehen sich gegenüber und richten sich auf den Hinterbeinen auf. Während sie sich nach vorne fallen lassen, prallen sie mit den Hörnern aufeinander.

NA SO WAS!

Erstaunliche Sprungkraft
Gämsen sind sehr geschickt und können beachtliche Sprünge von bis zu 4 m Höhe und 10 m Weite vollführen. Sie springen von Fels zu Fels, überwinden Abgründe und erklimmen auch noch die steilsten Hänge.

Steinbock
Die Hörner dieser Wildziege sind beeindruckend und umso länger, je älter das Tier ist. Ihr Lebensraum befindet sich in 2500 bis 3500 m Höhe. Ihre asiatischen Verwandten erklimmen die höchsten Gipfel des Himalaja.

Fische in Gebirgsseen und Wildbächen

In den Bergen ist das Wasser oft so klar, dass du die Fische auf dem Grund sehen kannst. Nutze die Gelegenheit, um sie beim Schwimmen zu beobachten und ihre schillernden Farben zu bewundern.

Bachsaibling
Dieser 20 - 40 cm lange Fisch stammt ursprünglich aus Nordamerika und wurde erst Ende des 19. Jahrhunderts bei uns eingeführt. Er liebt kühle, stark strömende Flüsse und wächst sehr schnell. Bei uns wird er etwa 1 kg schwer.

Elritze
Dieser Karpfenfisch bildet Schwärme. Zur Zeit der Eiablage sucht er kühle, klare Flüsse oder Bäche auf. Die Männchen tragen dann leuchtende Farben zur Schau: Die Flanken sind smaragdgrün, der Bauch ist rotorange und das Maul karminrot!

Seesaibling
Er ist der Herrscher in vielen Gebirgsseen. Zum Verdruss der Angler versteckt er sich gerne am Grund. Er ist ein geschätzter Speisefisch und ernährt sich von Larven, Krebsen, Schnecken und manchmal sogar von seinen eigenen Nachkommen!

Bachforelle
In den Bergen findet man sie in kühlen, sauerstoffreichen und schnell fließenden Flüssen und Bächen, manchmal sogar in Höhen von über 2000 m. Sie ist kleiner als die Forellen, die in den Flüssen der Ebenen leben. Ihre Grundfärbung wechselt sehr.

Europäische Äsche
Sie duftet leicht nach Thymian. Wenn du sie mal an der Wasseroberfläche beobachten kannst, wirst du die blauviolett gefärbte Rückenflosse erkennen können. Im Frühling legt das Weibchen bis zu 6000 Eier! Sie ist ein Speise- und Sportangelfisch.

ANGELN IN DEN BERGEN

In den Bergen zu angeln ist besonders sportlich und macht sehr viel Spaß. Es ist aber auch nicht ganz einfach.

Einige Tipps

- Gehe nicht alleine angeln, sondern schließe dich einem erfahrenen Fischer an.
- Informiere dich vorher darüber, wann und wo das Angeln verboten ist. In der Regel ist das Fischen nur an der Meeresküste für jedermann und ohne Angelschein erlaubt.
- Das Wasser ist eiskalt; rüste dich also mit oberschenkelhohen Gummistiefeln aus.
- Nimm dich vor der Strömung in Acht: Sie wirkt meist schwächer, als sie in Wirklichkeit ist!
- Trage kakifarbene, dunkelgrüne oder braune Kleidung.
- Vorsicht: In den Bergen leben oft Ottern am Rande von Flüssen und Seen!

Fischen in Gebirgsseen

Die Fische halten sich vom Ufer fern und beißen nur bei Sonnenauf- und -untergang. Du brauchst eine lange Rute und eine kräftige Schnur, da die Fische sehr groß sein und sich heftig wehren können. Die Elritze ist ein idealer Köderfisch, ein Wurm reicht in der Regel aber aus. Denke daran, dass das Wasser sehr klar ist und die Fische sehr vorsichtig sind: Halte dich also im Hintergrund.

Fischen in Wildbächen

Du brauchst eine leichte Rute und eine sehr dünne Schnur. Benutze keinen Schwimmer und ködere die Fische mit Würmern, die du im ruhigen Wasser in der Nähe von Felsen hin und her bewegst. Vielleicht beißt eine jagende Forelle an. Informiere dich, welche Fische überhaupt gefangen werden dürfen!

Fische streicheln

Das Fangen von Fischen mit der Hand ist verboten. Dafür kannst du dich aber im „Fischestreicheln“ üben! Kleine Bäche im Mittelgebirge sind dafür ideal. Du musst vorsichtig unter die Uferböschung oder unter Steine greifen. Dort halten sich vor allem junge Forellen fast regungslos auf. Mit etwas Übung findest du heraus, wie du sie am Bauch streicheln kannst.

Urlaub im Süden

Durch die Nähe des Meeres und einen langen, trockenen Sommer verfügt der Mittelmeerraum über eine einzigartige Tier- und Pflanzenwelt. Die wunderbar duftende Flora besteht aus ursprünglichem Wald, typischen Nadelbäumen, Sträuchern und farbenprächtigen Blumen.

Garrigue und Macchie

Die Mittelmeerlandschaften sind durch ihre Oberflächengestalt, die Nähe des Meeres, das Klima und die Anwesenheit des Menschen geprägt, die Ausgrabungen von Siedlungsresten bezeugen. Die Winter sind mild und feucht, die Sommer heiß und trocken.

Ursprünglich wuchsen hier vor allem Bäume mit kräftigen Wurzeln, die im Stande waren der Trockenzeit zu trotzen: verschiedene Eichenarten, typische Nadelbäume dieser Gegend, wilde Ölbäume, Sträucher und niedrige Pflanzen. Die Entwicklung des Haus- und Schiffbaus sowie der Bedarf an Feuerholz führten zur Abholzung der meisten Bäume. Nur in den unerreichbaren Gegenden konnten sie überleben. Die Bäume wurden von zahlreichen Pflanzenarten ersetzt, die zuerst am Rande des ursprünglichen Waldes wuchsen oder aus anderen Regionen der Welt stammten und sich dem Mittelmeerklima anpassten. Die oft dornigen und stets duftenden Pflanzen bilden eine sehr buschige, schwer zu durchdringende Vegetation.

Die Macchie besteht aus immergrünen Sträuchern und bis zu 5 m hohen Bäumen, die Garrigue dagegen aus Büschen, die selten über 50 cm hoch werden. Bei dieser Verteilung spielt die Bodenbeschaffenheit keine große Rolle: Fast überall sind die gleichen Pflanzenarten zu finden.
Die Haltung von Haustieren, vor allem von Ziegen, führt heute zunehmend zum Verschwinden der Sträucher. An ihre Stelle treten grasbewachsene Steppen und kahle Steinflächen.

Die Tierwelt hat sich in der Luft und am Boden ausgebreitet: Man findet Insekten, Spinnen, Skorpione, zahlreiche Eidechsen, Schlangen und auch Schildkröten wie die griechische Landschildkröte, die geschützt ist.

Insekten

Das heiße und trockene Mittelmeerklima stellt für Insekten eine sehr vorteilhafte Lebensbedingung dar. Manche, die Verwandte in nördlicheren Gegenden haben, sind hier größer und spektakulärer. Andere für den Mittelmeerraum typische Arten kündigen schon die Insektenwelt Nordafrikas und des Nahen Ostens an.

Immenkäfer, Bienenwolf
Anhand der roten und blauvioletten Streifen erkennst du diesen Käfer leicht. Oft ist er auf den Blüten von Doldengewächsen anzutreffen, wo er kleine Beutetiere jagt. Seine Larve lebt im Nest wilder Bienen oder in Bienenstöcken. Länge: 1 – 2 cm.

Heuschrecken
Es gibt zahlreiche Heuschreckenarten. Manche haben rot oder blau gefärbte Flügel, die du aber nur beim Abfliegen der Tiere bewundern kannst, denn in Ruhestellung sind Heuschrecken ausgezeichnet getarnt und schwer von ihrer Umgebung zu unterscheiden. An sonnigen Tagen kannst du das typische, tiefe Zirpen der Männchen hören. Länge: bis 10 cm.

Riesenholzwespe
Sie lebt in Nadelwäldern und legt ihre Eier in Baumstämme. Ihr Brummen im Flug erinnert an eine Hummel. Obwohl sie gefährlich aussieht, ist sie völlig harmlos für den Menschen. Länge: Männchen: 2 cm, Weibchen: 4 cm.

Mittelmeerfruchtfliege
Diese Verwandte der Hausfliege hat die schlechte Angewohnheit ihre Eier in Oliven und andere Mittelmeerfrüchte zu legen und so die Ernte erheblich zu schädigen. Sie ist klein und schwarz, hat rote Augen und gelb gefleckte Flügel.
Länge: 5 mm.

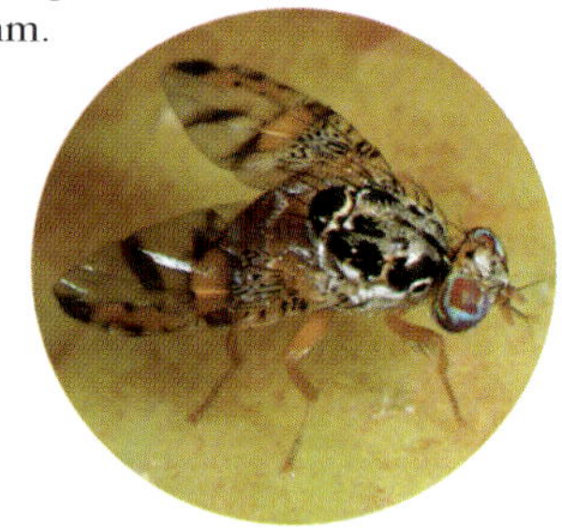

Ameisenjungfer
Dieses große Insekt ähnelt einer Libelle. Ihre Larve, der Ameisenlöwe, hat eine Vorliebe für Sand, egal ob in Dünen oder Kiefernwäldern. Dort gräbt er einen wenige Zentimeter großen Fangtrichter, auf dessen Boden er sich verbirgt. Nur seine Zangen ragen heraus. In diesem Hinterhalt lauert er auf Ameisen. Wenn sie in den Trichter fallen, frisst er sie auf. Länge: 5 cm, Spannweite: 6 – 8 cm.

Singzikade
Die Männchen kann man aufgrund ihres Zirpens orten. Da sie meist regungslos auf Ästen sitzen und ihre Farbe der Rinde ähnelt, sind sie schwer zu beobachten. Die Larven verbringen mehrere Jahre unter der Erde, bevor sie sich verwandeln. Länge: 2 - 4 cm.

SO BEOBACHTEST DU AMEISENLÖWEN

Ameisenlöwen sind faszinierende Tiere. So kannst du sie am besten beobachten:

- Fülle einen Eimer mit trockenem Sand. Gehe dann mit einem Glas und einem Löffel ausgestattet, Ameisenlöwen sammeln. Suche einfach nach ihren Fangtrichtern, die sie in den Sand von Dünen oder Kiefernwäldern - aber niemals am Strand - graben.
- Verteile die Ameisenlöwen auf dem Sand im Eimer. Schon bald verbergen sie sich in ihren Trichtern.
- Sammle nun Ameisen, am besten dicke schwarze, und setze sie in den Eimer. Beobachte mit einem Fernglas aus einiger Entfernung, was geschieht.
- Sobald eine Ameise den Rand des Trichters berührt, kommt der Ameisenlöwe heraus, bewirft sein Opfer mit Sandkörnern und bringt die Trichterwände zum Einstürzen. Die Ameise kommt mit dem Sand ins Rutschen und fällt in die Grube. Der Ameisenlöwe ergreift sie, spritzt Verdauungssäfte hinein und saugt sie aus. Ist er mit seinem Mahl fertig, wirft er den leeren Körper über den Trichterrand hinaus.

NA SO WAS!

Eine wirtschaftliche Katastrophe!
Früher vermehrten sich die Olivenfliegen so stark, dass sie den Mittelmeerraum wirtschaftlich beinahe in den Ruin trieben, indem sie bis zu 90 % der Ernten zerstörten. Ein einziges Fliegenpaar kann an die 40 000 Oliven verunreinigen! Der Einsatz von Insektenvernichtungsmitteln hat diese Gefahr eingedämmt.

Es geht nur rückwärts
Die meisten Larven der verschiedenen Ameisenjungfern errichten Fangfallen. Einige jedoch sind aktive Jägerinnen und verfolgen ihre Beute. Bemerkenswert ist, dass sie sich in alle Richtungen bewegen können, während diejenigen, die Fallen bauen, aufgrund ihrer nach vorne gerichteten Borsten nur rückwärts laufen können!

Begraben, aber nicht tot ...
In Europa verbringt die Zikadenlarve zwei bis drei Jahre unter der Erde, bevor sie sich in ein perfektes Insekt verwandelt. Die Larve einer amerikanischen Art bleibt 17 Jahre verborgen, bevor sie ans Licht kommt!

Schmetterlinge

Der frühzeitige Frühling und der späte Herbst begünstigen die Entwicklung mehrerer Schmetterlingsgenerationen direkt nacheinander. Bekannte Arten, die im Norden nur einmal im Jahr erscheinen, sind also im Süden viel länger anzutreffen. Andere Arten treten ausschließlich im Mittelmeerraum auf.

Gelber C-Falter
Er liebt steinige Gegenden mit starker Sonneneinstrahlung. Man könnte meinen, seine Flügel seien mit der Schere ausgeschnitten worden. Sie sind gelbbraun mit dunkleren Flecken. Der Gelbe C-Falter erscheint im Mai/Juni. Spannweite: 5 cm.

Harlekin
Seine dunklen Flügel sind mit geometrischen, roten und gelben Mustern verziert. Dieser Falter erscheint an warmen Orten bereits im Februar und bleibt in kühleren Lagen bis in den Juni hinein. Spannweite: 4 - 5 cm.

Kleopatrafalter
Er bevorzugt Kiefern- und Steineichenwälder. Die Flügel des Männchens sind gelb mit einem großen orangefarbenen Vorderflügelfleck. Die Raupe lebt auf verschiedenen Faulbaumarten. Spannweite: 5 - 6 cm.

Zürgelbaum-Schnauzenfalter
Er lebt ausschließlich in der Nähe des Zürgelbaums, von dessen Blättern sich seine Raupen ernähren. Er ist leicht an seinen braunen, rot gefleckten Flügeln zu erkennen, die am Rand stark gezackt sind. Er erscheint im Juni. Spannweite: 3,5 - 4,5 cm.

Erdbeerbaumfalter
Den Sommer verbringt er in Küstennähe, oft auf abgefallenen, faulenden Früchten sitzend. Seine Hinterflügel weisen je zwei Spitzen auf und sind bunt gefärbt. Die Raupe lebt auf dem Erdbeerbaum. Spannweite: 7 - 8 cm.

Eichenschwärmer
Gut zu beobachten ist er in der Dämmerung in Korkeichenwäldern. Die Flügel dieses großen Schmetterlings sind bräunlich mit dunklen Schattierungen und am Rand leicht gewellt. Er erscheint zu Beginn des Sommers.
Spannweite: Männchen: 6 - 8 cm, Weibchen: 9 - 11 cm.

Hummelschwärmer
Eine Seltenheit unter Schmetterlingen: Seine Flügel sind durchsichtig. Wie ein Kolibri steht er flatternd in der Luft vor den Pflanzen, deren Nektar er saugt. Im Gegensatz zu den meisten Schwärmern, die nachtaktiv sind, ist er nur tagsüber zu beobachten. Seine Ähnlichkeit mit einer Hummel schützt ihn vor Feinden.
Spannweite: 4 - 5 cm.

NA SO WAS!

Jedem sein Baum
Es gibt viele Schwärmerarten und jede Art lebt in der Nähe der Pflanze, von der sich ihre Raupen ernähren. Der Weinschwärmer und der Kiefernschwärmer sind am einfachsten zu beobachten, da sie und die Futterpflanzen ihrer Raupen sehr verbreitet sind.

Gammaeule
Sie lebt am Mittelmeer und zieht im Sommer gen Norden. Die Hinterflügel sind graubraun und marmoriert, die Vorderflügel tragen ein silbernes Zeichen, das an den griechischen Buchstaben Gamma erinnert. Die grünen Raupen leben auf zahlreichen Pflanzenarten. Spannweite: 7 - 8 cm.

Blutströpfchen
Im Sommer kommt es auf dem Land sehr häufig vor. Die Vorderflügel sind dunkel mit blauem oder grünlichem Glanz und tragen rote Flecken. Vorsicht: Wenn es sich bedroht fühlt, sondert es eine ekelhafte, giftige Substanz ab. Die Raupe lebt am Hornklee. Spannweite: 3 - 4 cm.

Oleanderschwärmer
Seine Raupe lebt an Oleanderbüschen. Seine Vorderflügel sind grünlich mit dunklerer Schattierung, die Hinterflügel weisen einen rosafarbenen Schimmer auf. Spannweite: 9 - 11 cm.

NA SO WAS!

Weit gereist
Zu der Familie der Schwärmer gehören die besten Flieger. Sie können Entfernungen von mehreren Tausend Kilometern im aktiven Flug zurücklegen. Der Totenkopfschwärmer z. B. fliegt von seiner Heimat in Nordafrika bis nach Mitteleuropa, ja sogar bis nach Skandinavien! Dabei überwindet er mühelos das Mittelmeer, die Alpen und die Ostsee.

Verbreitete Bäume

Die folgenden Bäume prägen das Aussehen der Mittelmeerlandschaft – egal, ob sie allein stehen oder große Wälder bilden. Vorsicht: Das Feuer ist ihr schlimmster Feind. Zünde niemals in einem Wald am Mittelmeer ein Feuer an!

Zürgelbaum
Er ist an seinen spitz zulaufenden Blättern zu erkennen, trägt im Frühling grüne Blüten und im September violettbraune Früchte. Höhe: 8 - 25 m.

Westlicher Erdbeerbaum
Dieser immergrüne Baum trägt im Sommer essbare, erdbeerähnliche Früchte mit einer warzigen Oberfläche. Höhe: 3 - 12 m.

Steineiche
Es gibt zahlreiche Eichenarten, die sich alle ziemlich ähneln. Alte, allein stehende Exemplare können sehr eindrucksvoll sein. Höhe: bis 25 m.

Pinie
Ihre Schirmform ist unverkennbar. Die massiven, fast runden Zapfen enthalten essbare Samen, die Pinienkerne.
Höhe: 15 - 25 m.

Zypresse
Ihre typische Form verleiht der Landschaft ihren Charakter. Sie wird oft als Windschutzhecke gepflanzt. Ihre Zapfen sind klein und rundlich. Höhe: 20 - 30 m.

Seestrandkiefer
Diese Kiefer besiedelt Dünen und sandige Flächen. Ihre langen, harten Nadeln haben scharfe Spitzen. Der Stamm älterer Exemplare trägt keine Schuppen. Höhe: 15 - 25 m.

Korkeiche
Aus der sehr dicken Rinde dieses immergrünen Baums stellt man Korken her. Ungefähr alle zehn Jahre werden die Bäume geschält. Ihre Form ist sehr seltsam. Höhe: 5 - 20 m.

Aleppokiefer
Wenn sie altert, wird ihre Rinde rotbraun und bekommt orangefarbene Risse. Ihre kegelförmigen Zapfen erscheinen meistens paarweise. Höhe: 5 - 20 m.

NA SO WAS!

Geduldige Landwirte
Kork wird aus der Rinde der Korkeiche gewonnen. Problematisch ist, dass die Rinde ungefähr zehn Jahre braucht, um sich zu regenerieren. Sie muss sehr vorsichtig abgeschält werden, damit das Stammholz nicht beschädigt wird.

Eine lange Umrundung
Der Stamm der Mexikanischen Zypresse kann so dick werden, dass ihn alle Schüler deiner Klasse zusammen, wenn sie sich an den Händen fassten, kaum umspannen könnten!

Außerdem straft er Ärzte Lügen, die behaupten, dass es sich mit zu großer Leibesfülle schlecht altern lässt: Manche Exemplare sind über 4000 Jahre alt!

Obstbäume

Einige Obstbäume des Mittelmeerraums stammen direkt aus dieser Gegend. Ihre wild wachsenden Vorfahren, z. B. die des Olivenbaums gibt es heute noch. Andere, wie etwa der Orangenbaum, waren in dieser Region zunächst unbekannt, wurden aber wegen ihrer begehrten Früchte eingeführt.

1 - Mandelbaum
Gegen Ende des Winters ist er völlig mit rosafarbenen Blüten bedeckt und wunderschön. Es gibt mehrere Mandelarten, darunter sehr bitter schmeckende. Höhe: 3 – 8 m.

2 - Mandarinenbaum
Er ist kugelförmig und eher klein. Höhe: 2 m.

3 - Ölbaum
Seit der Antike baut man diesen für die Mittelmeerlandschaft typischen Baum wegen seiner Früchte an. Die knotigen Stämme älterer Exemplare sehen aus, als hätte sie ein Künstler geschnitzt. Höhe: bis 15 m.

4 - Zitronenbaum
Er unterscheidet sich vom Orangenbaum durch die kräftigen Dornen an den Ästen sowie durch die größeren, fahlgrünen Blätter. Höhe: 3 – 8 m.

8 - Johannisbrotbaum
Dieser schöne, immergrüne Baum hat eine ausladende Krone und trägt 10 – 30 cm lange Hülsen. Die zuckerhaltigen Früchte (Karoben) sind essbar. Höhe: 5 - 10 m.

7 - Granatapfelbaum
Die leckeren Früchte müssen sehr reif gegessen werden. Man macht daraus Grenadinesirup. Höhe: 2 - 6 m.

5 - Orangenbaum
Seine Früchte trägt er im Winter. Aber Vorsicht: Nicht alle Orangen sind essbar. Höhe: 2 - 6 m.

6 - Feigenbaum
Seine charakteristischen Blätter sind meist handförmig drei- bis fünflappig. Die Früchte sind grün oder violett. Höhe: 2 - 6 m.

NA SO WAS!

Friedenssymbol
Der Ölbaum trägt erst im Alter von 30 Jahren essbare Früchte. Wenn in der Antike eine Armee ein Land überfiel, zerstörte sie die Ernten und fällte die Bäume. Trug ein Zweig also Früchte, so bedeutete dies, dass es seit mindestens 30 Jahren auf diesem Land keinen Krieg mehr gegeben hatte. So ist der Ölbaumzweig zum Friedenssymbol geworden.

Würgefeigen
Der Feigenbaum gehört zu einer großen Familie mit tropischen Angehörigen. Manche Arten sind Zierpflanzen, andere Parasiten. Eine am Amazonas vorkommende Art profitiert zunächst von einem großen Baum. Sie lässt sich auf einem seiner Zweige nieder, ernährt sich von ihm und entwickelt dann riesige Luftwurzeln, die den Wirtsbaum wie eine Riesenschlange umschlingen und erwürgen!

Exotische Pflanzen

Viele Bäume und Sträucher wurden zu verschiedenen Zeiten aus Afrika, Amerika und sogar China eingeführt. Sie haben sich perfekt akklimatisiert und sind heute Teil der Mittelmeerlandschaft.

Feigenkaktus
Er bildet unüberwindbare Hecken. Allein stehend kann er bis zu 10 m hoch werden. Seine Früchte, die Kaktusfeigen, sind lecker, aber von hartnäckigen, mit Widerhaken versehenen Borsten bedeckt!

Zwergpalme, Dumpalme
Sie bildet fächerförmige Palmwedel und trägt Rispen voller gelber, roter oder brauner Beeren, die ungenießbar sind. Die zarten Blattknospen können als Gemüse gegessen werden.
Höhe: 0,5 – 4 m.

Fächerpalme
Ihre Blätter sind fächerförmig und der schlanke Stamm weist ringförmige Narben auf. Sie ist ausdauernd, kann bis zu 20 m hoch werden und wird sogar in Regionen mit strengen Wintern angepflanzt.

Chilepalme, Honigpalme
Die chilenische Palme erinnert an einen Staubwedel und ist wirklich sehenswert. Ihr glatter Stamm ähnelt der Haut eines Elefanten. Ihre Blätter wachsen in dichten Büscheln und die Früchte sehen wie kleine Kokosnüsse aus.

NA SO WAS!

Man sieht sie wachsen
Der Riesenbambus kann an einem Tag bis zu einem Meter wachsen und erreicht so nach drei Monaten eine Höhe von 30 m!

Es lohnt sich, einen jungen Trieb eine halbe Stunde lang mit der Videokamera zu filmen! Wenn du hinterher die Kassette schneller abspielst, kannst du zusehen, wie die Pflanze wächst und sich entwickelt.

Chinesische Fächerpalme
Sie trägt lange, fächerförmige Palmwedel und stammt aus China, passt sich aber auch dem gemäßigten Klima an. Der Stamm ist dornig und besteht aus den Strünken abgestorbener Blätter. Die Früchte ähneln Weintrauben. Höhe: 4 - 12 m.

Eukalyptus, Fieberbaum
Er wurde aus Australien eingeführt und ist leicht am typischen Geruch seiner blaugrünen Blätter zu erkennen, die das Eukalyptusöl liefern. Die charakteristischen Früchte sind umgekehrt kegelförmig. Höhe: 20 - 40 m.

Kanarische Dattelpalme
Sie hat einen eindrucksvollen Schopf aus großen, mit dicken Dornen versehenen Blättern und kann 20 m hoch und 100 Jahre alt werden! Ihre Früchte sind ungenießbar, im Gegensatz zu denen der Echten Dattelpalme.

Agave
Sie stammt aus Mexiko, wo aus ihrem Saft ein starker Branntwein, der Tequila, hergestellt wird. Die fleischigen Blätter wachsen am Boden und haben einen dornigen Rand. Sie können 1 bis 2 m hoch werden, die Blüte bis zu 8 m.

NA SO WAS!

140 Meter hoch
Der Mammutbaum gilt mit seinen 90 m Höhe als der größte Baum der Welt. In Australien gibt es aber Eukalyptusbäume, die 140 m hoch sind!

Tod nach der Blüte
Nach etwa 15 Jahren bringt die Agave einen einzigen Blütentrieb mit einer riesigen Rispe wohlriechender Blüten hervor. Nachdem die Früchte reif sind, stirbt die Pflanze ab, vermehrt sich aber durch Wurzelsprosse weiter.

Tipp für Naschkatzen
Kaktusfeigen sammelt man, wenn sie schön gelbrot sind. Um sich dabei nicht zu stechen gibt es einen Trick: Pflücke sie mit einem langen, V-förmig endenden Stab. Lege sie dann in einen Eimer mit Wasser und rühre kräftig um. Die winzigen Borsten mit den Widerhaken lösen sich im Wasser ab und du kannst die Kaktusfeigen bequem schälen und genießen.

Sträucher und Blumen

Sie bringen Farbe in die karge, trockene Landschaft und machen aus dem Frühling ein Ereignis. Im Sommer verbrennt die Sonne die Erde, sodass die Pflanzen hier besonders widerstandsfähig sein müssen!

Sträucher

Nicht nur in der Macchie und der Garrigue, sondern auch auf Brachland bilden immergrüne, oft dornige Sträucher eine dichte Vegetation. Höhe: 1 – 5 Meter.

Terpentin-Pistazie
Dieser Laub werfende Strauch wächst in der Macchie.

Myrte
Ihre aromatisch duftenden Blüten erscheinen zu Beginn des Sommers.

Immergrüner Kreuzdorn
Er ist dornlos (!) und kann bis zu 5 m hoch werden. Seine roten und schwarzen Beeren sind nicht essbar.

Spanischer-, Pfriemen-Ginster
Dieser reich verzweigte 1 bis 3 m hohe Strauch hat fast keine Blätter und leuchtend gelbe Blüten. Vorsicht: Alle Pflanzenteile sind giftig!

Baumheide
Man erkennt sie an ihren jungen Zweigen, die dicht weiß behaart sind. Im Frühling trägt sie kleine, stark duftende, glockenförmige Blüten.

Oleander
Seine roten, weißen oder rosafarbenen Blüten riechen nach Honig.

NA SO WAS!

Gefährlicher als eine ganze Armee
Der Oleander ist eine der giftigsten Pflanzen überhaupt. Als Napoleons Truppen Spanien überfielen, kamen einige seiner Soldaten auf erstaunliche Weise ums Leben: Sie bereiteten ihre Mahlzeiten über einem Feuer aus Oleanderholz zu und vergifteten sich dabei. Verwende nie dieses Holz, vor allem nicht zum Grillen!

Peruanischer Pfefferbaum
Dieser immergrüne Baum oder Strauch ähnelt einer kleinen Esche. Seine Blüten erinnern an die des Flieders.

Mimose
Mitten im Winter erscheinen ihre gelben, wohlriechenden Blüten. Sie stammt ursprünglich aus Australien und hat immergrüne Fiederblättchen. Sie liebt sonnige Plätze.

Hibiskus
(Unten) Er blüht den ganzen Sommer über, obwohl jede einzelne seiner prächtigen Blüten schon nach einem Tag vergeht. Er wächst langsam und hat holzige Zweige.

Dornige Bibernelle
Wo sie wächst, machen ihre Dornen ein Durchkommen unmöglich. Sie duftet sehr stark und trägt im Herbst leuchtend rote, giftige Beeren.

Zedern- oder Stechwacholder
Dieser Wacholder trägt nadelförmige spitze Blätter. Man macht Duftöl aus dem Holz.

Behaarte Spatzenzunge
Ihre herabhängenden Zweige sind von einem weißen Flaum bedeckt. Die winzigen, ebenfalls behaarten gelben Blüten erscheinen im Winter.

Phönizischer Wacholder
Dieser Wacholder trägt schuppenförmige Blätter. Die Blätter der Jungpflanzen sind nadelförmig. Vorsicht: Die beerenförmigen Zapfen sind giftig!

Stech-, Christusdorn
Er ist voller spitzer Dornen. Die Dornenkrone Christi bestand angeblich aus seinen Zweigen.

Wilder Ölbaum
Seine Früchte sind nicht wirklich essbar, lieferten aber den ersten Mittelmeervölkern pflanzliche Fette für Küche, Gesundheit und Schönheit.

Keuschbaum, Mönchspfeffer
Er wächst nur an feuchten Orten. Im Sommer erkennt man ihn an seinen lilafarbenen, wohlriechenden Blüten.

Zistrose
Die Zistrosengewächse bilden eine große Familie. Meist sind sie leicht klebrig und tragen im Sommer sehr schöne, duftende Blüten.

Blumen

Im Frühling bedecken unzählige Blumen die Landschaften im Mittelmeerraum. Manche sind Unterarten von Arten, die auch in den gemäßigten Zonen wachsen, andere sind ausschließlich für diese Gegend charakteristisch.

Messina-Schachblume
Ihre glockenförmige Blüte ähnelt im Frühling einer nickenden, rosa-grünlichen Tulpe! Höhe: 20 - 50 cm.

Dünen-Trichternarzisse
Die großen weißen Blüten dieser Dünenpflanze riechen ausgesprochen angenehm. Höhe: 30 - 60 cm.

Großes Zittergras
Man erkennt es im Sommer an seinen hängenden, herzförmigen Blütenähren. Höhe: 10 - 50 cm.

Herbst-Blaustern
Er ist weit verbreitet und trägt gegen Ende des Sommers glockenförmige Blüten, die rosa, blau oder violett sein können. Höhe: 20 - 50 cm.

Schopfige Traubenhyazinthe
Sie kann man nur am Ende des Frühlings bewundern und leicht an ihrem purpurnen oder blauen Schopf erkennen. Höhe: 30 - 50 cm.

Stahlblauer Mannstreu
Diese widerstandsfähige und kräftige Distel fällt durch ihre schönen blauen Blüten auf. Man bindet sie in Sommersträuße. Höhe: 20 - 70 cm.

Gemeines Rutenkraut
Die mattgelben Blüten stehen in Dolden und verbreiten einen starken Anisduft. Höhe: 1 - 3 m.

Sternklee
Am Ende seines seidig behaarten Stängels entwickelt er wunderschöne, sternförmige, rosarote Blüten. Höhe: 10 - 20 cm.

Weicher Akanthus
Seine Blätter sollen Vorbild für die Ornamente antiker Säulen gewesen sein. Von Mai bis Juni schmücken ihn seine Blütenähren. Höhe: 20 - 50 cm.

Röhriger Affodill
Am Ende seiner langen, hohlen Stiele trägt er attraktive weiße Blüten.
Die Blätter sind lang und schmal.
Höhe: 20 - 50 cm.

Spanisches Rohr, Riesenschilf
Dieses größte Gras Europas erinnert in Farbe und Blattform an Bambus, ist aber ein Schilf!
Höhe: 1 - 4 m.

Wilder Fenchel
Er ähnelt dem Gemeinen Rutenkraut. Seine Wurzeln sind essbar. Höhe: 1 - 2,5 m.

Dornbusch-Wolfsmilch
Sie hat kleine, gelbe Blüten und ist sehr dornig. Alle Pflanzenteile sind giftig! Höhe: 10 - 35 cm.

Baumförmige Strauchpappel
Diese imposante Pflanze trägt den ganzen Sommer über violette bis rosafarbene Blüten. Höhe: 1 - 3 m.

Spanische Golddistel
Vorsicht: Ihre Blätter sind sehr dornig! Im Sommer trägt sie gelbe Blüten. Höhe: 20 - 80 cm.

Kronenanemone
Sie zählt zu den schönsten Frühlingsboten des Mittelmeerraums und wird gern zur Zierde angepflanzt. Höhe: 20 - 40 cm.

Narbonne-Milchstern
Er liebt trockene Gebiete. Gegen Ende des Frühlings erscheinen seine weißen, wunderschönen Blüten. Höhe: 60 - 80 cm.

Die Mittelmeerküsten

Die Mittelmeerküsten sind nicht nur von Hitze und Licht geprägt, sondern auch von besonders starken Winden. In dieser Umgebung voller Widrigkeiten und Gegensätze ist das Wasser oft kristallklar. Die Landschaft ist beeindruckend: Berge und Meer scheinen gegeneinander anzukämpfen.

Das Land

Das unmittelbare Hinterland ist karg und menschenfeindlich. Im Sommer verhindern die große Hitze und das Licht die vollständige Entfaltung der Vegetation, die außerdem unter der salzigen Gischt leidet, die mit dem Wind heranweht. Unter dem Einfluss der Naturgewalten entstehen neue Wuchsformen. Die Silhouetten knorrig gebeugter Korkeichen, Buchsbäume und Pinien sind von diesen Küsten nicht wegzudenken. Auch wilde Obstbäume, wie Feigen-, Aprikosen- und Olivenbäume und sogar einige Weinreben, gedeihen hier. Typische Sträucher, wie Yuccas, Agaven, Wacholder und Feigenkakteen, wachsen manchmal direkt am Fels. Mit ihren kleinen, stacheligen Blättern und den gekrümmten, von einer dicken Rinde geschützten Stämmen haben sie sich der Trockenheit gut angepasst. Thymian, Rosmarin, Lavendel und Oregano erfüllen die Luft mit würzigem Duft. Hier und da haben sich Pinienwälder gehalten, die wohltuende Ruhe und Frische bieten. Einige Siedlungsspuren, wie kleine bröckelnde Steinmauern, alte, verfallene Scheunen und ausgetrocknete Brunnen, zeugen von Versuchen der Menschen sich an diesen Orten niederzulassen.

Die Tiere

Zahlreiche Kleintiere, wie Eidechsen, Insekten und Vögel, leben hier. Sie sind alle ebenso unauffällig wie widerstandsfähig. Tagsüber schlafen sie und werden nur in der morgendlichen und abendlichen Frische aktiv.

Die Küste

Es herrschen dunkle, meist sehr harte Felsen vor: Porphyr und Granit sind rot und schwarz, die Schieferarten grau und schwarz. Die oft steilen Reliefs ergeben eine bizarre Landschaft mit senkrechten Felswänden und Höhlen, Halbinseln und dunklen Buchten. Hier ist das Reich der Vögel. Seemöwen, Wanderfalken und Mauerläufer regieren diese Felsenwelt, die für den Menschen unzugänglich bleibt.

Das Meer

Kristallklar und stürmisch zugleich, offenbart es seine Schätze: Das Neptungras z. B. ist für viele Arten Nahrung und Unterschlupf in einem. Mit einer Taucherbrille und einem Schnorchel kannst du diese Welt entdecken. Purpurseeigel, Seesterne, Zackenbarsche, Schlangensterne und die großen Meerbarben erwarten dich!

Vögel am Mittelmeer

Viele der Vogelarten, die man in den mediterranen Gebieten antrifft, leben auch in nördlicheren Regionen. Hinzu kommen einzelne sesshafte Arten, denen die langen Sommer und der Überfluss an Insekten und Früchten günstige Lebensbedingungen ermöglichen. Von Frühling bis Herbst sieht man außerdem Zugvögel aus Zentral- oder Nordafrika, die hier die schöne Jahreszeit verbringen. Oft fallen sie durch ihre prächtigen Farben, ihre Größe und ihr Verhalten auf.

Bienenfresser
Im Flug ähnelt er einer Schwalbe. Erst wenn er sitzt, erkennt man die Farben dieses scheuen Vogels in ihrer ganzen Vielfalt. Der Rücken ist rötlich und gelb, der Bauch – bis auf die leuchtend gelbe Kehle – blaugrün. Schwarze Flecken unterstreichen noch die Farbenpracht. Auf Stromleitungen sitzend lauert er auf Insekten. Er lebt in Kolonien an Steilhängen. Größe: 29 cm.

Blauracke
Auch sie ist prächtig gefärbt: azurblau mit rotbraunem Rücken. Die Flügel haben einen dunkelblauen Ansatz und eine schwärzliche Spitze. Der Balzflug des Männchens im Frühling ist sehr kunstvoll. Der Ruf ähnelt dem einer Krähe. Größe: 30 cm.

Zippammer
Ihr Gefieder ist beige, zimtfarben und rotbraun gefärbt und weist schwarze Flecken auf. Der aschgraue Kopf mit den schmalen schwarzen Streifen und ihre die silbergraue Kehle sind charakteristisch. Sie brütet an sonnigen und trockenen Orten mit Büschen und ist oft in nicht bereinigten Weinbergen zu sehen. Größe: 16 cm.

NA SO WAS!

Ein merkwürdiger Saft
Die Flamingoeltern ernähren ihre Jungen mit einer rot gefärbten Schlundmilch. Diese nahrhafte Flüssigkeit besteht aus Eiweißen, Fetten und Kohlehydraten. Die rote Farbe beruht auf dem Gehalt von roten Blutkörperchen und Farbstoffen, die in ähnlicher Form auch in Eidotter oder Möhren enthalten sind. Jeder Jungvogel nimmt täglich etwa einen Viertelliter dieser Schlundmilch zu sich, gedeiht dabei prächtig und erhält dadurch seine schöne, rötliche Farbe!

Flamingo
Er ist ein Verwandter der Gänse und Enten. Allerdings haben sie nur den Ruf und die Art der Nahrungsaufnahme gemeinsam. Sie alle filtrieren Schlamm und Wasser durch die Lamellen ihres Schnabels.

Die Länge seines Halses und seiner Beine sowie die Farbe, von hellrosa bis rosarot, machen ihn unverwechselbar. Er lebt in Kolonien in Südeuropa und Nordafrika. Die Eier werden auf einen Erdhaufen gelegt und ausgebrütet. Größe: ca. 125 cm.

Weißbartgrasmücke
Der Kopf und der Rücken dieses kleinen Zugvogels sind schiefergrau, Brust und Kehle rötlich braun. Typisch ist der weiße „Schnurrbart" unter jedem Auge. Sie lebt an trockenen, sonnigen Berghängen mit dichtem Gestrüpp, in dem sie sich verstecken kann, und ernährt sich von Insekten. Größe: 12 cm.

Spießflughuhn
Es ist weder ein Rebhuhn noch eine Taube, obwohl es beiden ähnelt. Es lebt in den Trockengebieten Spaniens und Nordafrikas. Seine Oberseite ist sandfarben, gefleckt und gestreift, seine Unterseite ist weiß. Die Brust ist ockerbraun und mit schmalen schwarzen Streifen begrenzt. Es fliegt schnell und sein Ruf klingt etwa wie „Katarr-katarr". Größe: 35 cm.

Häherkuckuck
Wie der Kuckuck ist er ein Brutschmarotzer, der seine Eier in die Nester anderer Vögel, vor allem die der Elstern, legt. Der junge Häherkuckuck schiebt jedoch seine Nestgeschwister oder die noch vorhandenen Eier nicht aus dem Nest, sondern wird gemeinsam mit ihnen groß gezogen. Der erwachsene Vogel ist grau mit weißen Flecken und trägt eine hellgraue Haube. Größe: 40 cm.

NA SO WAS!

Wasserlieferung frei Haus
Wie beschafft das Spießflughuhn in den dürren Steppen eigentlich Wasser für seine Jungen? Die Methode ist sehr trickreich: Wenn es selber – an oft weit entfernten Wasserstellen – trinkt, taucht es die Bauchfedern ins Wasser. Geschützt von den äußeren Bauchfedern dienen sie als Wasserspeicher, da bei längeren Flügen nur wenig Feuchtigkeit verdunstet. Den Jungvögeln verbleibt noch genug, um ihren Durst zu stillen. Verblüffend, wie anpassungsfähig die Tiere in schwierigen Gegenden sind.

Spinnen und Skorpione

Viele Spinnentiere finden in den Häusern der Menschen ideale Lebensbedingungen. Wenn sie sich bedroht fühlen, können sie allerdings gefährlich werden. In Gegenden, in denen es viele Skorpione gibt, muss man vorsichtig sein. Man sollte das Bett vor dem Schlafengehen genau inspizieren sowie die Schuhe, bevor man sie anzieht.

Abendländischer Skorpion
Er ist größer als der Hausskorpion, hält sich an trockenen Orten auf und versteckt sich tagsüber unter Steinen. Nachts begibt er sich auf die Jagd. Sein Stich ist gefährlich und kann bei kleinen Kindern zum Tod führen! Größe: 7 - 8 cm.

Taranteln
Es gibt verschiedene Arten dieser großen Spinne. Ihr Biss ist sehr schmerzhaft, aber nicht tödlich. Größe: 2,5 - 3,5 cm.

Uroctea durandi
Diese Scheibennetzspinne hat auf ihrem schwarzen Körper fünf gelbe Punkte. Man findet sie in der Garrigue unter Steinen. Größe: bis 1,5 cm.

NA SO WAS!

Eine Furcht erregende Witwe
Das Gift einer lateinamerikanischen Art der Schwarzen Witwe ist noch stärker als das Gift

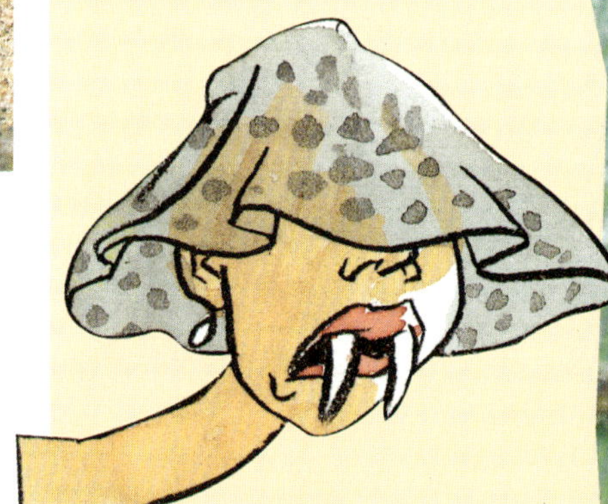

der gefährlichsten Schlangen. Die Indianer bestreichen damit die Pfeile ihrer Blasrohre, um Großwild oder auf Bäumen lebende Affen zu jagen.

Die größte Spinne der Welt
Die Vogelspinnen im Amazonasgebiet können 20 cm groß werden. In seltenen Fällen begegnet man ihnen auch im Mittelmeerraum, wo sie eine gewisse Zeit lang überleben können. Meist kommen sie zusammen mit Bananen oder in der Erde tropischer Pflanzen nach Europa.

Hausskorpion, Italienischer Skorpion
Er ist klein und dunkel und hält sich häufig in Häusern auf, z. B. in Mauerritzen, in Betten oder Schuhen. Sein Stich ist schmerzhaft, aber nicht gefährlich. Größe: 3 - 4 cm.

Europäische Schwarze Witwe
Sie ist die gefährlichste Spinne Europas und leicht an ihrem schwarzen, glänzenden Körper mit den roten Flecken zu erkennen. Im Mittelmeerraum kommt sie recht häufig vor. Ihr Biss kann tödlich sein. Du darfst sie niemals reizen! Größe: 0,5 - 1 cm.

Smaragdspinne
Man findet sie in der Garrigue oder in Gärten. Dort lauert sie auf oder unter den Pflanzen auf Insekten. Sie ergreift ihre Beute und saugt sie aus. Ihre grüne Färbung tarnt sie perfekt. Größe: 2 - 3 cm.

Echsen und Schildkröten

Früher gab es im Mittelmeerraum unzählige Eidechsen, aber sie werden immer seltener. Sie sind Opfer von Insektenschutzmitteln, durch die sie einerseits um ihre Beutetiere gebracht und andererseits in ihrer Fruchtbarkeit beeinträchtigt werden. Auch für Schildkröten ist der Mensch eine Gefahr. Noch dazu können sie sich bei Waldbränden nicht schnell genug in Sicherheit bringen.

Smaragdeidechse
Sie zählt ohne Zweifel zu den schönsten europäischen Eidechsen. Mit etwas Glück kannst du sie auf einem großen Stein oder einem Baumstumpf beim Sonnenbaden beobachten. Nähere dich sehr langsam und geräuschlos, sonst flüchtet sie sofort. Größe: 15 - 40 cm.

Chamäleon
Es besitzt die Fähigkeit sich farblich dem Grund anzupassen, auf dem es sich befindet. Nur selten verlässt es die Bäume, auf denen es sich von Insekten ernährt, die es mit seiner langen, klebrigen Zunge fängt. Am Boden bewegt es sich langsam und vorsichtig. Größe: 10 - 15 cm.

NA SO WAS!

Glasläufer
Man glaubte lange, dass der Mauergecko Saugnäpfe an Fingern und Zehen habe und sich deshalb kopfüber an der Decke bewegen könne. In Wirklichkeit verfügt er über Haftscheiben, die winzige Haken aufweisen und es ihm erlauben, sich an die feinsten Unebenheiten zu heften. Sogar Glas erklimmt er mühelos!

NA SO WAS!

Das älteste Tier der Erde
Der Bischof von Petersborough in England besaß eine Schildkröte, die erst lange nach ihm, im Alter von 230 Jahren, starb.

Dieses Alter scheint so unglaublich, dass gemunkelt wird, die Schildkröte sei bei dem Tod des Bischofs gegen eine jüngere ausgetauscht worden. Trotzdem können Schildkröten gut 100 Jahre alt werden.

Der letzte Dinosaurier
Der Komodowaran, auch Drache von Komodo genannt, kann 4 m lang und 150 kg schwer werden. Er kommt nur noch auf einigen kleinen Inseln Südindonesiens vor, z. B. auf der Insel Komodo. Der reine Fleischfresser und Furcht einflößende Jäger greift sowohl Wildschweine als auch Vieh an.

Griechische Landschildkröte
Da sie sehr leicht im Haus zu halten ist, gibt es einen regen Schildkrötenhandel, der ihr Fortleben in der Wildbahn bedroht. Sie liebt trockene, steinige und heiße Gegenden und hält von Oktober bis April Winterschlaf. Im Sommer legt das Weibchen etwa ein Dutzend Eier. Größe: 20 - 30 cm.

Mauergecko
Diese kleine Echse lebt oft in den Häusern der Menschen. Tagsüber ist der Gecko sehr ruhig und unauffällig, nachts jedoch macht er Jagd auf Insekten, die sich im Lampenschein an den Wänden versammeln. Er ist nicht sehr scheu und lässt sich sogar zähmen. Größe: 7 - 15 cm.

Europäische Sumpfschildkröte
(Unten) Sie liebt flache Teiche mit sonnigen Ufern, zieht sich aber bei Gefahr ins Wasser zurück. Von Oktober bis April hält sie Winterschlaf. Umweltverschmutzung und die Trockenlegung von Feuchtgebieten führen dazu, dass sie vom Aussterben bedroht ist. Größe: 15 - 25 cm.

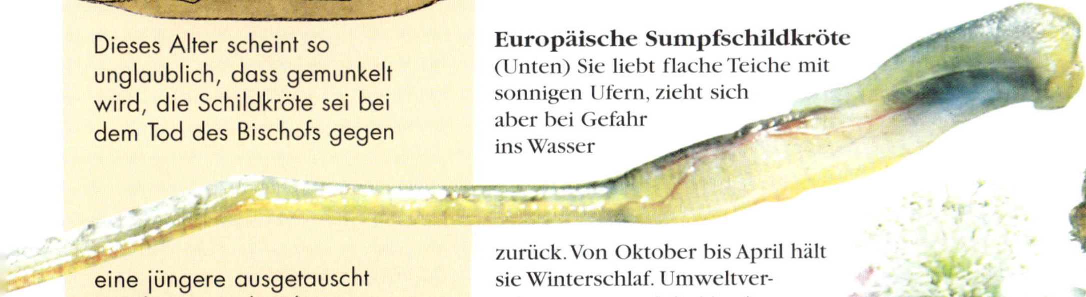

Perleidechse
Sie kann sehr groß werden und ist leicht durch die blauen Flecken an den Flanken zu erkennen. Sie ist sehr scheu und kann kräftig zubeißen, wenn man versucht sie zu fangen. Sie frisst kleine Tiere und Früchte. Größe: bis 65 cm.

ORIENTIERUNGSHILFEN

Auch ohne Kompass ist es möglich, sich recht genau zu orientieren. Du kannst lernen, die Hinweise der Natur zu deuten und anhand des Standes der Sonne oder der Sterne deinen Weg zu finden. Bastle doch einmal einen Behelfskompass!

Die Hinweise der Natur

Die folgenden Hinweise müssen je nach Region manchmal unterschiedlich gedeutet werden. Normalerweise ziehen Tiefdruckgebiete von Westen nach Osten, sodass die vorherrschenden Winde und der Regen aus Westen kommen. Informiere dich, ob dies auch für deine Region zutrifft. Wenn ja, achte auf folgende Zeichen:

Moose oder Flechten wachsen auf der Seite des Baumstammes, die nach Norden oder Nordwesten zeigt.

Allein stehende Bäume neigen sich gen Osten.

Die Sonne geht im Osten auf.

Die Sonne geht im Westen unter.

Tiefe und mittelhohe Wolken ziehen nach Osten.

Die Steilseite von Dünen zeigt nach Osten, die leicht ansteigende Seite nach Westen.

Bedenke immer, dass ein einzelner dieser Hinweise täuschen kann. Je mehr Anzeichen du beobachten kannst, desto sicherer ist deine Voraussage.

EIN BEHELFSKOMPASS

Dieser Kompass funktioniert nicht immer, aber es lohnt sich doch ihn auszuprobieren.

- Nimm ein Stück Draht (ohne Plastikumhüllung und unlackiert) oder eine Nähnadel.
- Fülle ein Glas oder einen Becher mit Wasser oder nimm einen anderen Behälter, der nicht aus Metall ist.
- Lege einen Grashalm auf das Wasser.
- Reibe den Draht einige Zeit an einem Wollpullover und zwar immer in die gleiche Richtung: parallel zu dir und nicht hin und her. Auf diese Weise lädt sich der Draht mit statischer Elektrizität auf.
- Lege den Draht vorsichtig auf den Grashalm, der sich nun so dreht, dass er auf der Nord-Süd-Achse liegt.
- Finde anhand anderer Hinweise (s.v.) heraus, wo Norden und wo Süden ist und markiere den Wasserbehälter. Trage auch Westen und Osten ein. Der Kompass ist jetzt einsatzbereit!
- Um sicher zu gehen, dass der Kompass funktioniert, kannst du den Draht an einem Magneten aufladen.

So findest du den Polarstern

Der Polarstern steht immer im Norden. Mit der folgenden Methode findest du ihn ganz leicht:

- Suche den Großen Wagen: Er hat die Form eines Handwagens und ist leicht zu erkennen. Bedenke aber, dass er sich durch die Erddrehung täglich an einer anderen Stelle am Himmel befindet.

- Denke dir eine Linie zwischen den zwei Sternen, die sich am hinteren Ende des Wagens befinden. Verlängere diese Linie um den vierfachen Abstand der beiden Sterne. Am Ende der Linie siehst du den Polarstern. Er sitzt an der Spitze des Griffs des kleinen Wagens. An ihm kannst du dich weiter orientieren.

DIE SONNE ALS WEGWEISER

Wenn du dich anhand des Sonnenstandes orientieren willst, stelle deine Uhr nach der Sonnenzeit. Du musst sie, je nach Land, eventuell ein oder zwei Stunden zurückstellen.

- Nimm die Uhr in die Hand und halte sie so, dass der Stundenzeiger auf die Sonne zeigt.
- Denke dir nun einen Winkel zwischen dem Stundenzeiger und 12 Uhr, dann zeigt die Winkelhalbierende nach Süden. Davon ausgehend kannst du die richtige Richtung herausfinden und dich somit nicht verirren!

Die richtige Richtung

Jetzt kennst du eine Himmelsrichtung, aber wie findest du deinen Weg?
Bastle dir aus zwei Stöcken ein Kreuz und ritze in jedes Ende den Anfangsbuchstaben einer Himmelsrichtung: Osten zeigt immer nach rechts, Westen nach links, Norden nach oben und Süden nach unten. Füge dann einen dritten, etwas größeren Stock hinzu, der in die Richtung zeigt, der du folgen willst.

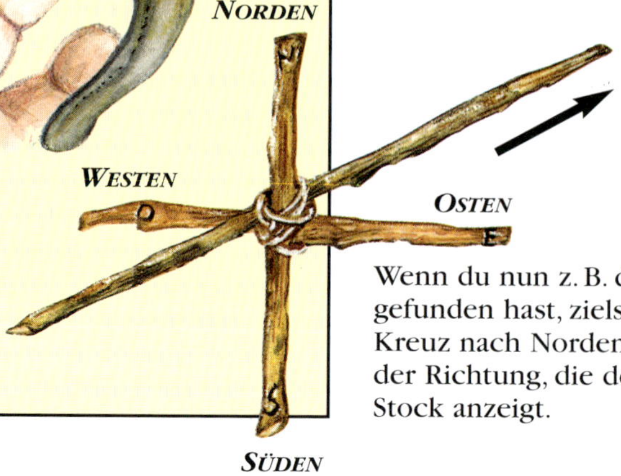

Wenn du nun z. B. den Polarstern gefunden hast, zielst du mit dem Kreuz nach Norden und folgst der Richtung, die der größere Stock anzeigt.

Verlaufen, was nun?

In den Kapiteln „Im Wald“ und „In den Bergen“ findest du einige Hinweise, was du tun kannst, wenn du dich verlaufen hast. Wir haben die wichtigsten Grundregeln zusammengestellt, an die du dich immer halten solltest.

• Lasse dir nicht länger als eine Stunde Zeit, um deinen Weg wiederzufinden. Nach dieser Stunde solltest du versuchen Häuser wie etwa ein Forsthaus oder einen Bauernhof anzusteuern, um dort um Hilfe zu bitten.

• Damit man dich schneller finden kann und du feststellen kannst, ob du eventuell im Kreis gehst, markiere deinen Weg etwa alle 500 m und jedes Mal, wenn du die Richtung wechselst, mit gut sichtbaren Zeichen: Stelle ein Kreuz auf, das in deine Laufrichtung weist, lege Steine oder Zweige zu einem Pfeil zusammen, kratze einen Pfeil in den Boden oder markiere einen Baumstamm. Wenn du zusätzlich die Zeit angeben kannst, zu der du dich an dieser Stelle aufgehalten hast, erleichtert dies die Suche.

• Verlasse niemals die vorgegebenen Wege, selbst wenn du eine vielversprechend aussehende Abkürzung entdeckst. Sie kann dich noch weiter von deinem eigentlichen Weg abbringen.

• Sobald du an einen größeren Weg gelangst, folge ihm: Je größer und gepflegter der Weg ist, desto größer sind die Chancen, dass er dich in bewohntes Gebiet zurückführt.

• Wenn du dich erschöpft fühlst, halte besser an und warte auf Hilfe.

• Vergiss in der Aufregung nicht, regelmäßig zu essen und zu trinken. Wenn deine Vorräte zu Ende gehen, kannst du eventuell Essbares im Wald sammeln. Sei aber stets sehr vorsichtig beim Sammeln von Wildfrüchten. Sie können unter Umständen giftig sein. Beachte die Ratschläge in diesem Buch.

• In der Nacht solltest du nicht weiter gehen, auch wenn du glaubst, schon fast zu Hause zu sein. Richte dich lieber am Wegrand für die Nacht ein und warte auf Hilfe.

NA SO WAS!

Nah oder fern?

Es gibt Umstände, da erscheinen Dinge oder Menschen viel näher, als sie es tatsächlich sind:
• bei klarem Wetter.
• auf dem Wasser, auf Eis, Schnee oder Sand.
• wenn ein Gegenstand besonders hell angestrahlt wird.
• wenn sich ein Gegenstand auf halber Höhe eines Hügels befindet.

In anderen Situationen scheinen diese Dinge weiter entfernt:
• Der Gegenstand weist die gleiche Farbe auf wie der Hintergrund.
• Es ist diesig oder neblig.
• Der Gegenstand befindet sich in einer hügeligen Landschaft.
• Der Gegenstand befindet sich am Ende einer gerade verlaufenden Landstraße.

ENTFERNUNGEN SCHÄTZEN

Bei guter Sicht und klarem Wetter kannst du Folgendes mit bloßem Auge erkennen:
• **200 km:** Du kannst Hochgebirge sehen.
• **100 km:** Du kannst Mittelgebirge erkennen.
• **40 km:** Hochhäuser oder Fernsehtürme sind zu sehen.
• **14 km:** Du kannst Kirchtürme von der Umgebung unterscheiden.
• **10 km:** Du kannst Ruinen und Schlösser sehen.
• **7 km:** Die Umgebung hebt sich wie ein Scherenschnitt vom Horizont ab.
• **4 km:** Fenster, Dächer und Schornsteine sind klar zu erkennen.
• **2 km:** Die Baumwipfel heben sich vom Himmel ab.
• **1,5 km:** Die Stämme einzeln stehender Bäume sind zu unterscheiden.
• **1 km:** Ist es ein Pflock oder die Silhouette eines Menschen, was du siehst?
• **700 m:** Nun ist die menschliche Gestalt von einem Pflock zu unterscheiden.
• **500 m:** Weitschweifige Gesten sind erkennbar.
• **400 m:** Du kannst die Farbe der Kleidung feststellen.
• **300 m:** Gesichter werden schärfer, du kannst Häuser beschreiben.
• **200 m:** Du unterscheidest die Kleidungsstücke von Menschen.
• **100 m:** Die Augen sind als zwei kleine Punkte sichtbar.
• **70 m:** Du erkennst die Augen.
• **50 m:** Du kannst die Person bestimmen.

Beobachtungskalender

Januar

- Schnee, Raureif
- Stechpalme, Mistel
- Fußabdrücke im Schnee
- Wildschweine auf Nahrungssuche

Februar

- die allerersten Blumen in den Wäldern
- die ersten Knospen in Garten, Wald und Wiese
- Welche Vögel kehren aus ihrem Winterquartier zurück?
- die ersten Düfte im Wald
- junge Dachse bei der Erkundung ihrer Umgebung
- die Balz der Rebhühner

März

- Regenbögen
- Spuren im Schlamm
- Tiefdruckgebiete
- erste Zeichen der erwachenden Natur
- keimende Pflanzen
- Veilchen und die ersten Frühlingsblumen im Wald
- Meisen beim Nestbau
- Schnepfen, Kraniche und Kiebitze bei ihrem Zug
- die ersten Insekten

April

- Blüten von Bäumen und Büschen
- Gesang der Nachtigall
- Rückkehr von wilden Tauben und Schwalben
- Krähen, die alle auf dem gleichen Baum sitzen
- Gewölle von Greifvögeln
- Vogelstimmen
- Balzverhalten der Vögel
- Pilze im Frühling
- Fuchswelpen

Mai

- Moose und Flechten
- Bienen auf Honigsuche
- Schmetterlinge und andere Insekten
- Wann blüht welche Blume auf den Feldern?
- vom Wind verwehter Samen
- Wohlgerüche am frühen Morgen
- die Rückkehr des Kuckucks
- Rehkitze

Juni

- die Bäume des Waldes
- unterschiedliche Gerüche der Bäume und ihrer Rinde
- reifende Früchte
- Auf welchen Bäumen wachsen Misteln?
- essbare Beeren
- Heilpflanzen
- Lehrzeit für Jungvögel
- Schlangen beim Sonnenbad
- Kaulquappen
- Hirschkälber

Juli

- Morgentau
- Gewitter
- Quellen
- das Leben in den Flüssen, Libellen bei der Jagd
- Süßwasserfische
- Bergalmen und Bergwälder
- Blumen, die sich nach der Sonne richten
- Pflanzen bilden neue Triebe.
- Mücken
- Ameisen
- Glühwürmchen
- die Milchstraße
- neugierige Eichhörnchen

◀ August

- Sternschnuppen
- Nachtfalter
- Mauersegler beim Aufbruch
- Algen und Muscheln
- Dünenpflanzen
- Ameisenlöwen
- Fische in Küstennähe
- Almabtrieb
- Erntezeit
- Fledermäuse

September

- Pflanzen in Wasser und Schlamm
- Farne
- Früchte und Beeren
- Vorbereitungen der Zugvögel
- Kampf der Hirsche
- Grasmücken im Garten
- Höhlen und Bauten der Tiere
- die Suhle der Wildschweine
- Tierspuren
- Futterstellen der Eichhörnchen

Oktober

- Waldpilze
- buntes Herbstlaub
- Ankunft der Schnepfen
- Die Drosseln scharen sich zusammen.
- Schwalben, Nachtigall, Grasmücken, Kraniche, Finken und Türkentauben verlassen das Land.
- Die Schlangen häuten sich.
- Eichelhäher in der Nähe von Wohngebieten

November

- Stürme
- Dunst und Nebel über dem Boden
- blühender Efeu
- immergrüne Bäume
- leere Nester
- Die Fasane sind weniger scheu.
- Dachse auf Nahrungssuche
- das Winterkleid der Tiere

Dezember

- Sternschnuppen
- Himmelsbeobachtungen mit dem Fernglas
- die Oberfläche des Mondes
- Eis und Schnee
- Rinde und Form der entlaubten Bäume
- Sperber bei der Jagd
- Füchse nähern sich Siedlungen

Kleines Wörterbuch

A

Aasfresser:
Tiere, die sich vor allem von toten Tieren ernähren.

Akklimatisieren:
Das Anpassen von Tieren oder Pflanzen an ein bestimmtes Klima.

Alchimisten:
Menschen, die sich im Mittelalter und zu Beginn der Neuzeit wissenschaftlich mit chemischen Stoffen beschäftigten.

Alm:
Bergweide, die während des Sommers als Viehweide genutzt wird.

Ansitzjäger:
Vor allem Greifvögel, die von einer höher gelegenen Warte (z. B. Pfosten) nach Beute Ausschau halten.

Antike:
Bezeichnung für die Zeit des griechich-römischen Altertums, das etwa um 1100 v. Chr. beginnt und im 4.-6. Jahrhundert endet.

Aufpfropfen:
Veredelungsverfahren für Zierpflanzen und Obstbäume.

Aufwind:
Ein nach oben gerichteter Luftstrom.

Ausläufer:
Oberirdischer oder unterirdischer Seitenspross einer Pflanze, der der Fortpflanzung dient.

Auwald:
Wald, der sich in der Nähe des Uferbereichs von Gewässern befindet.

B

Bakterien:
Mikroorganismen, die aus nur einer Zelle bestehen. Manche können als Erreger von Infektionskrankheiten für Menschen, Tiere und Pflanzen gefährlich werden.

Balz:
Liebesspiel, z. B. bei Vögeln und Fischen, während der Paarungszeit. Die Männchen legen in dieser Zeit ein Verhalten an den Tag, das das oder die auserwählten Weibchen beeindrucken soll. Die Balz entspricht der Brunft der Säugetiere.

Bartel:
Zipfelige oder fadenförmige Anhänge in der Nähe des Mauls, die man bei vielen Fischen sehen kann.

Binnenland:
Festland, das sich im Landesinneren, also nicht am Meer, befindet.

Biologisch abbaubar:
Stoffe, die sich auf natürliche Weise zersetzen.

Blanchieren:
Das kurze Erhitzen von Lebensmitteln.

Blattrosette:
Blattanordnung einer Pflanze, bei der die Blätter meist dicht gedrängt am unteren Stängelende stehen; es handelt sich also um grundständige Blätter.

Blütennektar:
Wässrige Flüssigkeit, die von Blüten ausgeschieden wird. Sie ist zuckerhaltig und dient als Lockspeise für die Insekten, die die Blüten besuchen.

Blütenpollen:
Blütenstaub.

Breite:
Entfernung vom Äquator.

Brunft:
Paarungszeit bei Säugetieren.

Bürzel:
Schwanzansatz der Vögel.

C

Chlorophyll:
Magnesiumhaltiger, grüner Farbstoff in den Pflanzenzellen.

E

Ebbe:
Eine der Gezeiten während der der Meeresspiegel absinkt.

Evolution:
Die Entwicklung der Lebewesen von einfachen zu hoch entwickelten.

Exotisch:
Fremdartig oder ungewöhnlich.

F

Fänge:
Füße der Greifvögel mit besonders scharfen Krallen, die dem Ergreifen von Beutetieren dienen.

Farbpigmente:
Farbgebende Stoffe, die Pflanzen, Tiere und Menschen haben.

Fauna:
Die Tierwelt eines bestimmten Gebietes.

Finkenschlag:
Typischer Gesang der Finken.

Flora:
Die Pflanzenwelt eines bestimmten Gebietes.

Flossen:
Organe der Fische, die der Fortbewegung dienen.

Flut:
Eine der Gezeiten während der der Meeresspiegel ansteigt.

G

Gefiederte Blätter:
Zusammengesetzte Laubblätter, die aus mehreren, voneinander getrennten Blättchen, den so genannten Fiedern, bestehen.

Gekerbte Blätter: Laubblätter, deren Ränder abgerundete Vorsprünge aufweisen, die in einem spitzen Winkel zusammenstoßen.

Gelege:
Alle von einem Vogel oder Reptil an einer Stelle abgelegten Eier.

Genetisch:
Erblich bedingt.

Geologe:
Wissenschaftler, der sich mit der Entwicklungsgeschichte und dem Aufbau der Erde beschäftigt.

Geostationäre Satelliten:
Künstliche Himmelskörper, die sich in der gleichen Geschwindigkeit bewegen wie die Erde. Sie befinden sich also stets über dem gleichen Punkt der Erde.

Gischt:
Von starkem Wind versprühte Meerwassertröpfchen.

Gründeln:
Form der Nahrungssuche am Grund flacher Gewässer bei verschiedenen Wasservögeln.

Grundständige Blätter:
Blätter einer Pflanze, die direkt über dem Boden stehen.

H

Häutung:
Durch Wachstum oder Jahreszeiten bedingte Ablösung der abgestorbenen oberen Hautschicht, etwa bei Schlangen, Eidechsen und Insektenlarven.

Hauer:
Bezeichnung für die vorstehenden unteren Eckzähne bei männlichen Wildschweinen.

Hexenring:
Bezeichnung für die kreisförmige Wachstumsanordnung einiger Pilze.

Höhlenbrüter:
Bezeichnung für Vögel, die zur Aufzucht ihrer Jungen Baum- oder Felshöhlen benötigen, und die auch gerne Nistkästen aufsuchen.

Horst:
Große Nester der Greifvögel, die häufig über Jahre hinweg benutzt werden.

Huftiere:
Bezeichnung für Säugetiere, deren Zehen von Hufen umgeben sind.

Humus:
Besonders fruchtbare Erde von dunkler Farbe, die durch die Zersetzung von Pflanzen und Tieren entsteht.

Hydraulisch:
Unter Mitwirkung von Wasser arbeitend.

I

Individuum:
Ein einzelnes Lebewesen.

Infrarotstrahlung:
Wärmestrahlung, die im Allgemeinen nicht vom menschlichen Auge wahrgenommen werden kann.

Injizieren:
Das Einspritzen von Flüssigkeit in einen Körper.

Instinkt:
Ererbte Fähigkeit von Tieren und Menschen, die ihnen erlaubt, z. B. warnende Signale wahrzunehmen und entsprechend zu handeln.

Interplanetarischer Raum:
Der Raum, der sich zwischen den Planeten des Sonnensystems befindet.

J

Jura:
Ein Erdzeitalter, das vor 195 Millionen Jahren begann und vor 135 Millionen Jahren endete.

K

Kehllatz:
Farbig abgesetztes Gefieder im Halsbereich vieler Vögel.

Kiemen:
Atmungsorgane von Tieren, die im Wasser leben. Sie erlauben den Tieren die Aufnahme von Sauerstoff, der sich gelöst im Wasser befindet.

Kokon:
Meist aus Seidenfäden bestehende Hülle, in der sich die Eier verschiedener Tiere oder Insektenpuppen befinden.

Kondensation:
Übergang eines Stoffes vom gasförmigen in den flüssigen oder festen Zustand.

Konifere:
Das Wort kommt aus dem Lateinischen und bedeutet „Zapfen tragend“; andere Bezeichnung für Nadelbaum.

Konzentrische Kreise:
Kreise unterschiedlicher Größe, die einen gemeinsamen Mittelpunkt haben.

Kopfplatte:
Runder, farbiger Fleck auf dem Kopf.

Kropf:
„Tasche“ in der Speiseröhre, über die vor allem Körner fressende Vögel verfügen und in der die Nahrung aufgeweicht wird.

L

Laich:
Eier von Fröschen und Kröten, die ins Wasser abgelegt werden. Meist sind sie von einer Schutzhülle umgeben.

Länge:
Entfernung vom Nullmeridian. Als Nullmeridian wird die gedachte Linie zwischen den zwei Polen bezeichnet, die durch die Stadt Greenwich in England geht.

Lanzettförmig oder lanzettlich:
In der Form einer Lanze, also länglich und am Ende zugespitzt.

Larve:
Jugendform von Tieren, die ihre Entwicklung vom Ei zum ausgewachsenen Tier nicht direkt durchmachen, sondern die eine Metamorphose (einen Formwandel) durchlaufen.

M

Metamorphose:
Formwandel.

Mikroorganismen:
Lebewesen, die aus nur einer Zelle bestehen, und die aufgrund ihrer geringen Größe nur durch Vergrößerung mit dem Mikroskop sichtbar gemacht werden können.

Mole:
Bauwerk, das ins Wasser hineinragt und dem Schutz des Hafens dient.

Monsun:
Von den Jahreszeiten abhängige Regenzeit, die in einigen Regionen, wie z. B. Indien, zu beobachten ist. Das Wort kommt aus dem Arabischen und bedeutet „für die Seefahrt geeignete Jahreszeit".

Mutation:
Plötzlich auftretende erbliche Veränderung, die günstig oder ungünstig sein kann.

N

Nachtaktiv:
Bezeichnung für Tiere, die nachts auf die Jagd gehen.

Nahrungskette:
Organismen, die in ihrer Ernährung voneinander abhängig sind. Beispiel: Ein Kleinkrebs wird von einem jungen Fisch gefressen, der von einem Raubfisch verzehrt wird, und dieser wird wiederum vom Menschen gegessen.

Nival:
Den Schnee betreffend. Gebiete, in denen der Niederschlag vor allem in Form von Schnee zur Erde fällt, sind nivale Gebiete.

O

Oolithischer Kalkstein:
Schichtgestein (Sedimentgestein), das durch die Anhäufung von Sandkörnern entstand, im Gegensatz zum organischen Sandstein, der durch die Anhäufung lebender Organismen (Muscheln und Schnecken) entstand.

Organismus:
Lebewesen.

P

Parasit oder Schmarotzer:
Eigentlich „Mitspeisender"; Tiere oder Pflanzen, die ihre Nahrung anderen Lebewesen entnehmen und sich vorübergehend oder dauernd an oder in deren Körper aufhalten.

Pestizid:
Chemisches Schädlingsbekämpfungsmittel.

Phonetische Schrift:
Lautschrift; Versuch, jeden Laut schriftlich genau wiederzugeben.

Photosynthese:
Vorgang, bei dem die Pflanzen mithilfe von Chlorophyll, Sonnenlicht und Wasser das in der Luft enthaltene Kohlendioxid in Energie umwandeln und Sauerstoff abgeben.

Plankton:
Pflanzliche und tierische Lebewesen, die im Wasser schweben und sich nicht oder kaum selbstständig bewegen können, sodass Ortsveränderungen nur durch die Wasserströmung erfolgen können.

Pollen:
Blütenstaub.

Prähistorisch oder Vorgeschichtlich:
Zeitraum der menschlichen Frühzeit, der nicht durch schriftliche Überlieferungen belegt ist.

R

Regenerieren:
Auffrischen, erneuern, sich neu bilden, sich erholen.

Revier:
Von der Natur begrenztes Gebiet, das Tiere als ihr Territorium betrachten und daher markieren und verteidigen.

Riedwiesen:
Wiesen in einem moorigen Gebiet.

Rindenmulch:
Bodenbedeckung aus zerkleinerter Baumrinde.

Rote Liste:
Zusammenstellung von gefährdeten Tier- und Pflanzenarten in abgestuften Gefährdungsgraden von 1 – 5.

Rüttelflug:
Jagdmethode von Greifvögeln, bei der der Vogel in der Luft „steht" und nach Beutetieren späht.

S

Säugetiere:
Tierklasse, bei der die Jungen, ähnlich wie beim Menschen, von der Mutter mit Milch gesäugt werden.

Schierlingsbecher:
Getränk, das den giftigen Saft des Schierlings enthält, und mit dem in der Antike Menschen (z. B. Sokrates) hingerichtet wurden.

Schlickgrund:
Grund von Meeren und Seen, der vor allem aus kleinen Tonteilchen besteht, die sich dort abgelagert haben.

Schonmaß:
Vorgabe bestimmter Größen, z. B. bei Fischen. Tiere, die kleiner sind als die vorgegebene Größe, dürfen nicht gefangen werden oder müssen gegebenenfalls wieder freigelassen werden.

Schwimmhaut:
Eine Haut, die sich bei bestimmten im Wasser lebenden Tieren zwischen den Zehen befindet und die als „Paddel" dient.

Schwingkölbchen:
Neben ihrem einen Flügelpaar weisen Fliegen noch ein verkümmertes zweites Flügelpaar auf, das zu Schwingkölbchen umgewandelt wurde. Diese dienen zum Ausbalancieren des Fluges.

Sporen:
Winzige, plättchenförmige Zellen von bestimmten Pflanzen (etwa Pilzen und Algen), die der Fortpflanzung dienen.

Sporentierchen:
Winzige Urtierchen, die zum Teil gefährliche Krankheitserreger bei Mensch und Tier sein können.

Sporn:
Hohle und spitz zulaufende Ausformung an bestimmten Blüten.

Spurenelemente:
Mikronährstoffe; chemische Elemente, die für die menschliche, tierische und pflanzliche Ernährung unentbehrlich sind.

Stabilisierung:
Verhinderung oder Verminderung von Schwankungen.

Staubbeutel oder Staubblatt:
Männliches Geschlechtsorgan von Blüten, in dem der Blütenstaub gebildet wird.

Staubgefäß:
Andere Bezeichnung für Staubbeutel oder Staubblatt.

Steckling:
Abgetrennter Pflanzenteil, der Wurzeln bildet und somit zu einer neuen selbstständigen Pflanze heranwächst.

Steinobst:
Bezeichnung für Obstsorten (z. B. Kirschen, Pflaumen, Pfirsiche), deren Früchte einen Steinkern enthalten.

Sternwarte:
Einrichtung zur Beobachtung des Sternenhimmels oder einzelner Sterne.

Symmetrisch:
Formen, bei denen sich die linke und die rechte Seite entsprechen.

T

Tagundnachtgleiche:
Der Zeitpunkt, an dem für alle Orte auf der Erde Tag und Nacht gleich lang sind. Es gibt jährlich zwei Tagundnachtgleichen: Eine im Frühling (um den 21. März) und eine im Herbst (um den 23. September).

Tentakel:
Körperanhängsel, die als Tastorgane dienen und die als Fangarme das Ergreifen von Beutetieren ermöglichen.

Thermisch:
Die Wärme betreffend oder durch Wärme verursacht.

Thorax:
Brustteil der Insekten.

Torf:
Er entsteht durch die Zersetzung von Pflanzen in Mooren und dient der Verbesserung von Böden. Allerdings müssen zu seinem Abbau Moore trockengelegt werden, was zur Zerstörung von Lebensräumen führt. Durch den Torfabbau sind zahlreiche Tier- und Pflanzenarten, die in den Mooren heimisch sind, vom Aussterben bedroht.

Trockenrasen:
Trockener und magerer Boden, auf dem Blumen, Gräser und Sträucher wachsen. Bäume kommen auf Trockenrasen kaum vor.

U

Ultraschallortung:
Als Ultraschall bezeichnet man den Schall, der für den Menschen nicht hörbar ist. Bei der Ultraschallortung wird der Schall hörbar gemacht und dient so einigen Tieren wie Delfinen oder Fledermäusen zur Orientierung.

V

Vegetarisch:
Pflanzlich.

W

Watt:
Das Wort kommt aus dem Niederdeutschen und bedeutet eigentlich „Stelle, die sich durchwaten lässt". Meeresboden, der an flachen Gezeitenküsten zweimal täglich vom Meer überflutet wird und dann wieder trockenfällt.

Widerhakig:
Mit Widerhaken besetzt.

Winterschlaf:
Einige Tiere (z. B. Igel, Murmeltier) halten ab Herbst Winterschlaf. In dieser Zeit sinkt die Körpertemperatur stark ab. Die Tiere verstecken sich und fallen in einen Schlaf, der nur durch kurze Wachpausen unterbrochen wird.

Z

Zelle:
Kleinste eigenständig lebensfähige Grundeinheit aller Lebewesen von den Einzellern bis zum Menschen.

Zirkulieren:
In Umlauf sein, kreisen.

Zirpen:
Laute, die einige Insekten durch Gegeneinanderstreichen bestimmter Organe erzeugen.

Stichwortverzeichnis

H

I

J

K

L

M

N

O

P

Q

R

S

T

U

V

W

Bildnachweis

2 r: SUNSET / Lacz - 3 ol: SUNSET / Maier; ul: SUNSET / Lorne; r: J. Six - 4 l: BIOS / Grospas; m: SUNSET / NHPA; r: SUNSET / Animals Animals - 5 l: SUNSET / Animals Animals; om: BIOS / Mayet; um: A. und J. Six; r: Barbe - 6 ol: BIOS / Decobecq; ul: JACANA / Church; or: COSMOS / Geospace / Science Photo Library; mr: JACANA / Zvardon; ur: PHONE / Gohier - 7: JACANA / Zvardon - 12 ol: JACANA / Pilloud; or: J. Six; m: JACANA / Lorne; ul: PHONE / Goetgheluck; ur: SUNSET / Lacz - 14 o: A. und J. Six; m: SUNSET / Lorne; u: SUNSET / Holt Studios; u SR: SUNSET / Thomas - 16 ol: BIOS / Lopez; or und mr: A. und J. Six; ml: SUNSET / Lorne; ul: BIOS / Lafranchis; ur: SUNSET / NHPA - 18 o: SUNSET / Lacz; ml: SUNSET / Weiss; mr: BIOS / Le Moigne; ul: SUNSET / Lorne; ur: BIOS / Foto Natura / Maywald - 19 o: SUNSET / Lacz; u: SUNSET / FLPA - 20 ol: SUNSET / Holt Studios; om: BIOS / Lenain; ul: JACANA / Berthoule; um: BIOS / Lenain; r: SUNSET / Holt Studios - 21: BIOS / Douillet - 28: COSMOS / Geospace / Science Photo Library - 29: COSMOS / ESA / SPL - 46-47 Hintergrund: SUNSET / Weather Stock - 58 ol: SUNSET / STF; or: MAP / Descat; ul: BIOS / Barthélémy; ur: SUNSET / Animals Animals - 59 o: SUNSET / Holt Studios; ul: MAP / Descat; um: SUNSET / Moulu; ur: BIOS / Ausloos - 60 ol: MAP / Monel; or: MAP / N. und P. Mioulane; ul: SUNSET / FLPA; ur: JACANA / Berthoule - 61 ol und om: SUNSET / FLPA; or: SUNSET / Delfino; ml: SUNSET / Animals Animals; mr: BIOS / Grospas; ul: SUNSET / Lacz; um, ur und u SR: MAP / Descat - 66; 67; 68; 69: NCS - 70 ol: SUNSET / Bringard; om: NCS; or: SUNSET / Leduc; u: NCS - 71: NCS - 72 ol: NCS; or: PIX / Delon; m und u: NCS - 73 l, r und om: NCS; um: SUNSET / Weiss - 74: NCS - 75: NCS sauf gueule-de-loup: BIOS / Halleux -76 ol: NCS; or: SUNSET / Reinhard; m und u: NCS - 77 Hintergrund: SUNSET / Moulu - 80 ol: SUNSET / Wilmhurst; or: BIOS / Halleux; ml: BIOS / Meyer; mr: BIOS / Renson; ul: BIOS / Lefevre - 82 ol: SUNSET / Lacz; or: SUNSET / Delfino; m: SUNSET / FLPA; ul: BIOS / Lopez; um: SUNSET / FLPA; ur: SUNSET / NHPA; u SR: BIOS / Seitre - 84 ol: SUNSET / Maier; or: SUNSET / Holt Studios; m: SUNSET / FLPA; u: SUNSET / Lacz - 86 ol und u: SUNSET / NHPA; or: SUNSET / Prévot - 87: SUNSET / Animals Animals - 92 ol: SUNSET / Brossard; om: SUNSET / Arthaud; or: SUNSET / Prix; ml: PIX / Didillon; m: BIOS / Collection Leber; mr: SUNSET / Holt Studios; ul: SUNSET / Bringard; ur: SUNSET / TH Foto Werbung - 93 o: SUNSET / Holt Studios; m: PIX / Toulouse; ul: PIX / Tiziana Bertani; um: SUNSET / Arthaud; ur: SUNSET / Warden - 94 ol: SUNSET / Holt Studios; om: SUNSET / Japack; or: PIX / Bavaria-Bildagentur; ml: PIX / Toulouse; m: SUNSET / Adams; mr: PIX / Dusart; ul: PIX / Bastide; um: SUNSET / Animals Animals; ur: SUNSET / Moulu - 96 o: SUNSET / Moulu; ml: JACANA / Dulhoste; mr: BIOS / Marielle; ul: SUNSET / Carpentier; um: JACANA / Félix; ur: JACANA / Thouvenin - 97: BIOS / Marielle - 98 or: BIOS / Mayet; ur: JACANA / Nardin - 99 o: BIOS / Pambour; m: BIOS / Bertrand; u: NCS - 100 o: SUNSET / Maier; m: SUNSET / Holt Studios; u: SUNSET / Lorne -101: A. und J. Six - 108 ol: BIOS / Fautre; or: BIOS / Cavignaux; ml: BIOS / Lopez; ul: SUNSET / Moulu; ur: BIOS / Douillet - 109 o: BIOS / Lopez; m: BIOS / Lafranchis; ul: BIOS / Cavignaux; ur: BIOS / Pambour -110 ol: B. Bock; or: BIOS / Halleux; ul: BIOS / Feve; um und ur: BIOS / Cavignaux - 111 o: BIOS / Bahr; ml: BIOS / Delfino; mr: BIOS / Merlet; ul: BIOS / Lévêque; ur: M. Bournérias - 112 ol: BIOS / Bacle; or: BIOS / Malausa; ul: BIOS / Lafranchis; ur: SUNSET / Moulu - 113 ol: BIOS / Lopez; om: BIOS / Lévêque; or und m: BIOS / Lafranchis; ul: BIOS / Lopez; ur: SUNSET / Moulu - 114 ol: BIOS / Rauch; or: SUNSET / Holt Studios; ml: SUNSET / Animals Animals; ul: BIOS / Ziegler; ur: B. Bock; u SR: SUNSET / Holt Studios - 115 ol: BIOS / Cahez; om: SUNSET / Fichaux; or: BIOS / Le Norcy; ml: SUNSET / Moulu; m: SUNSET / Thielemann; mr: BIOS / Cavignaux; ul: BIOS / Lévêque; um: BIOS / Face & Cie; ur: BIOS / Lévêque - 116 ol: SUNSET / STF / Heppner; om: SUNSET / NHPA; or: M. Bournérias; ml: BIOS / Beignet; mr: BIOS / Lévêque; ul: BIOS / Cavignaux; um: BIOS / Dufresne; ur: BIOS / Lafranchis - 117 ol: BIOS / Ausloos; om: B. Bock; or: BIOS / Lévêque; ml: SUNSET / FLPA; om und um: BIOS / Lopez; mr: BIOS / Testu; ul: BIOS / Lopez; um: BIOS / Lafranchis; ur: SUNSET / Delfino - 118 ol: SUNSET / Moulu; om: BIOS / Lafranchis; or: SUNSET / Thielemann; ml: SUNSET / Silvestris / Hanneforth; m: BIOS / Beignet; mr: BIOS / Lévêque; ul: SUNSET / Delfino; um: BIOS / Mayet; ur: BIOS / Lopez - 120 ol: BIOS / Merlet; om: B. Bock; or: BIOS / Borrell; ml: BIOS / Fautre; om: SUNSET / Reinhard; um: SUNSET / Thielemann; mr: B. Bock; ul: BIOS / Lundberg; um: SUNSET / Moulu; ur: BIOS / Delfino - 121 o: BIOS / Ausloos; om: SUNSET / Holt Studios; um: SUNSET / Moulu; u: BIOS / Testu - 126 o: SUNSET / Georges; u: SUNSET / NHPA; r: SUNSET / STF - 127 ol und or: SUNSET / Animals Animals; ml: BIOS / Grospas; mr: JACANA / Viard; u: SUNSET / NHPA - 128 ol: SUNSET / Lacz; or: BIOS / Mayet; m: SUNSET / Wilmhurst; u: SUNSET / Maier - 129 SUNSET / FLPA - 130 ol: SUNSET / Canstock; or: SUNSET / Lacz; ml; SUNSET / Cavagnaro; mr: SUNSET / FLPA; ul: BIOS / Lafranchis; SUNSET / Boyard;u SR l: BIOS / Pernot;u SR r: BIOS / Petit - 131 ol und ul: SUNSET / FLPA; or: SUNSET / Boyard; ur: SUNSET / Wilmhurst; u SR: SUNSET / NHPA - 132 ol: BIOS / Prévot; or: BIOS / Rauch; ml: BIOS / Prévot; mr: BIOS / Malausa; u: BIOS / Lafranchis - 133 ol und ml: SUNSET / FLPA; or: BIOS / Lafranchis; mr: A. und J. Six; ul: BIOS / Boyard; ur: SUNSET / Silvestris / Brockhaus -134 o: SUNSET / Prévot; ml: SUNSET / Lorne; mr: A. und J. Six; u: SUNSET / Lorne - 135 o: BIOS / Mayet; ml: SUNSET / FLPA; mr: SUNSET / Lorne; u: SUNSET / FLPA - 136 ol: BIOS / Lafranchis; om: BIOS / Merlet; or: BIOS / Lopez; ml: SUNSET / NHPA; mr: J. Six; ul: A. und J. Six; ur: BIOS / Mingorance - 138 o: SUNSET / Lorne; ml: BIOS / Heuclin; mr: BIOS / Bahr; ul: BIOS / Delobelle; ur: SUNSET / Holt Studios - 140 ol und um: SUNSET / FLPA; om: SUNSET / Weiss; or: SUNSET / Maier; m: SUNSET / Lacz; ul: BIOS / Lundberg; ur: SUNSET / Maier - 141 o und u: SUNSET / FLPA; m: SUNSET / Wilmhurst; r: SUNSET / STF -142 o und ur: SUNSET / FLPA; m: SUNSET / Philips; ul: SUNSET / STF - 143 o: SUNSET / STF; m, um und ur: SUNSET / Wilmhurst; ul: BIOS /

Fischer - 144 o: SUNSET / Wilmhurst; u: SUNSET / Maier - 145 o: SUNSET / Maier; m: SUNSET / FLPA; u: BIOS / Le Moigne - 148 ol und mr: SUNSET / FLPA; or: SUNSET / Sorbi; ml: BIOS / Noblet; ul: BIOS / Seitre; ur: SUNSET / Lacz - 150 o: SUNSET / Maier; m: SUNSET / Weiss; u: SUNSET / FLPA - 152 ol: BIOS / Dif; or: SUNSET / STF; ml: BIOS / Marquez; mr: SUNSET / Thielemann; ul: SUNSET / Delfino; ur: SUNSET / NHPA - 154 ol: BIOS / Rauch; or: BIOS / Renaud; u: SUNSET / Lacz - 155 o: SUNSET / NHPA; u: SUNSET / Lacz - 156 ol: BIOS / Heuclin; or: SUNSET / FLPA; ml: SUNSET / Lacz; ul: BIOS / Guihard; ur: SUNSET / Prévot - 170 ol: BIOS / Lafranchis; om: BIOS / Lévêque; or: A. und J. Six; ul: J. Six; ur: BIOS / Guihard - 171 ol: BIOS / Lafranchis; or: A. und J. Six; m: BIOS / Ziegler; ul: BIOS / Lévêque; uml: A. und J. Six; umr: A. und J. Six; ur: J. Six - 172 o und m: A. und J. Six; ul: JACANA / Nief; ur: SUNSET / Animals Animals - 173 ol: SUNSET / Thielemann; or: SUNSET / Animals Animals; m: JACANA / Nardin; u: BIOS / Ziegler - 174 o und ml: A. und J. Six; mr: BIOS / Duquenne; ul: BIOS / Delfino; ur: BIOS / Rauch - 175 Hintergrund: A. und J. Six; ol: BIOS / Prévot; or: BIOS / Rauch; ul: BIOS / Mayet; ur: BIOS / Martin - 178 ol: BIOS / Munoz; or: A. und J. Six; ul: J. Six; ur: BIOS / Mingorance - 179 o: A. und J. Six; ul: BIOS / Lafranchis; ur: BIOS / Renevey - 181 ol, ul und ur: SUNSET /NHPA; or: SUNSET / STF - 182 o: SUNSET / Lacz; ml: J. Six; mr: BIOS / Bringard; ul: BIOS / Ziegler - 184 ol: BIOS / Martin; or und m: J. Six; u: BIOS / Ziegler -186 ol: A. und J. Six; or: BIOS / Wildlife Picture / Henno; ml: BIOS / Bringard; mr: BIOS / Guihard; um: BIOS / Ziegler; ul: A. und J. Six - 188 ol: BIOS / Lefevre; om: BIOS / Fischer; or: BIOS / Delfino; ml: BIOS / Costes; mr: BIOS / Thonnerieux; ul: BIOS / Cavignaux; ur: BIOS / Fatras - 189 o: BIOS / Le Moigne; m: BIOS / Fischer; u: BIOS / Fatras - 190 ol: BIOS / Duquet; or: BIOS / Le Moigne; u: BIOS / Ruoso - 191 o: BIOS / ADN; m: BIOS / Le Moigne; u: BIOS / Noto Campanella - 192 ol: BIOS / Le Moigne; or: BIOS / Halleux; ml: BIOS / Martin; mr: BIOS / Klein / Hubert; ul: J. Six; ur: (eider) BIOS / Martin; (nette) BIOS / Feve; u SR: BIOS / Nitsch - 193 Hintergrund: BIOS / Bortolato; ol: BIOS / Foto Natura / Ellinger; or: BIOS / Merlet; u: BIOS / Mayet - 196 ol: JACANA / Petit; or: JACANA / Sipp; m: BIOS / Le Moigne; u: BIOS / Deschandol - 197 ol: BIOS / Munoz; or: BIOS / Barbelette; ml: BIOS / Guillemont; mr: BIOS / Denis-Huot; ul: BIOS / Renevey; um: BIOS / Denis-Huot; ur: BIOS / Dani / Jeske - 198 ol: BIOS / Halleux; or und ml: SUNSET / Animals Animals; mr: BIOS / Sams / Arno; u: BIOS / Ausloos -200 ol: A. und J. Six; om: JACANA / Winter; or: SUNSET / Animals Animals; ml: BIOS / Adams; mr und u: A. und J. Six -212 ol: BIOS / Lafranchis; om: SUNSET / Georges; or: BIOS / Grospas; m: BIOS / Lopez; ul: JACANA / Hoang Cong; ur: BIOS / Lopez - 213 o: BIOS / Grospas; ml: BIOS / Noto Campanella; mr: BIOS / Lopez; ul: BIOS / Le Moigne; ur: BIOS / Noto Campanella - 214 or und mr: SUNSET / FLPA; ml: BIOS / Cahez; ul: JACANA / Konig; ur: BIOS / Guihard - 215 o: BIOS / Grospas; u: BIOS / Noto Campanella; r: BIOS / Le Moigne - 216 ol: BIOS / Le Moigne; om: BIOS / Grospas; or: JACANA / Carré; ml: JACANA / Hoang Cong; m und mr: BIOS / Le Moigne; ul: BIOS / Chelle; um: JACANA / Pilloud; ur: JACANA / Hawkes - 217 ol: BIOS / Mayet; om: BIOS / Lopez; or: BIOS / Grospas; ml: BIOS / Le Moigne; mr: JACANA / Viard; ul: BIOS / Lopez; um: BIOS / Le Moigne - 218 o: BIOS / Cavignaux; m: BIOS / Beignet; u: BIOS / Barthélémy -219 o: BIOS / Noto Campanella; ml: BIOS / Feve; mr: BIOS / Beignet; ul: BIOS / Bringard; ur: BIOS / Schulz - 220 ol: BIOS / Gunther; or: BIOS / Barthélémy; ul: JACANA / Konig; um: BIOS / Lafranchis; ur: BIOS / Beignet - 221 ol: BIOS / Cavignaux; or: BIOS / Delobelle; ul: BIOS / Noto Campanella; ur: JACANA / Konig - 222 o: BIOS / Mayet; ul: BIOS / Le Moigne; um: BIOS / Thennerieux; ur: BIOS / Lopez - 223 ol: BIOS / Cavignaux; or: BIOS / Lévêque; u: BIOS / Lafranchis - 230 ol: BIOS / Rauch; or: BIOS / Renevey; ul: BIOS / Klein / Hubert; ur: BIOS / Cahez - 231 o: BIOS / Schulz; u: BIOS / Cagnucci - 232 o: BIOS / Munoz; m: BIOS / Cahez; u: BIOS / Ribette - 233 ol: BIOS / Grospas; or: BIOS / Fischer; ul: BIOS / Renard; ur: JACANA / Maes -234: A. und J. Six - 235: ol und m: J. Six; ul: A. und J. Six; ur: BIOS / Ziegler - 236 ol: BIOS / Ruoso; or: BIOS / Barbelette; u: BIOS / Ribette - 237 o: BIOS / Dif; m: BIOS / Le Moigne; u: BIOS / Lustrat - 246 o: SUNSET / FLPA / Broadhurst; ml: SUNSET / Silvestris / Jakobi; m: SUNSET / Silvestris / Pölking; mr: SUNSET / NHPA; u: JACANA / Dulhoste; u SR l: SUNSET / FLPA / Rose; u SR r: SUNSET / FLPA / Thomas - 247 ol: SUNSET / Silvestris / Irsch; or: SUNSET / Animals Animals; ml: SUNSET / FLPA / E. und D. Hosking; mr: SUNSET / Silvestris / Skibbe; u: SUNSET / Silvestris / Wilmshurst - 248 l: SUNSET / Silvestris / Ramstetter; r: SUNSET / FLPA / A. Wharton; u: SUNSET / Silvestris / Brockhaus - 249 ol: SUNSET / FLPA / Rose; or: SUNSET / FLPA / T. Wharton; ml: BIOS / Lévêque; m: SUNSET / NHPA; mr: SUNSET / FLPA; u: BIOS / Kille - 250: SUNSET / Animals Animals - 251 o: SUNSET / Bringard; m: SUNSET / Lacz; u: SUNSET / FLPA / Nimno - 254 o und m: SUNSET / NHPA; u: SUNSET / FLPA - 255 o: SUNSET / NHPA; ul: JACANA / H. Chaumeton; um: SUNSET / NHPA; ur: SUNSET / FLPA / Wilson - 256 ol: SUNSET / FLPA / Wilson; or: SUNSET / NHPA; ml und u: JACANA / H. Chaumeton; mr: SUNSET / FLPA / Wilson - 258 o: SUNSET / Silvestris / Maier; m: JACANA / H. Chaumeton; u: SUNSET / FLPA / Wilson - 259 ol: JACANA / Gladu; or: JACANA / H. Chaumeton; m: SUNSET / FLPA / Wilson; ul: SUNSET / NHPA; ur: SUNSET / FLPA / Wilson; u SR: PHONE / Le Toquin - 260 ol: BIOS / Simeonidis; om: SUNSET / FLPA / Wilson; or: BIOS / Gunther; m: PHONE / Le Toquin; ul: BIOS / Quillivic; ur: SUNSET / FLPA / Wilson - 264 o: BIOS / Panda Photo / Petretti; ml: SUNSET / Animals Animals; mr: BIOS / Guihard; ul: SUNSET / Lacz; ur: BIOS / Guihard - 265 Hintergrund: JACANA / Giannoni - 266 o: BIOS / Guihard; m: JACANA / Mayet; u: SUNSET / Lacz - 268 ol und om: JACANA / Konig; or: SUNSET / Lacz; m: JACANA / Danrigal; ul: M. Loir; ur: JACANA / H. Chaumeton - 269 ol: JACANA / H. Chaumeton; om: BIOS / Panda Photo / Di Dominico; or: JACANA / Danrigal; ml: JACANA / Winner; mr: SUNSET / Lacz; ul: JACANA / Danrigal; ur: JACANA / Konig; u SR: BIOS / Simeonidis - 270 ol: SUNSET / Lacz; or: SUNSET / Stock; ml: JACANA / Gladu; mr: SUNSET / FLPA; u: BIOS / Gunther - 272 ol: SUNSET / Animals Animals; or: JACANA / H. Chaumeton; m: BIOS / Guihard; u: JACANA / Winner; u SR l: JACANA / F. Sauer; u SR m: BIOS / Simeonidis; u SR r: BIOS / Guihard - 273 o: BIOS / Simeonidis; m: JACANA / Danrigal; ul: BIOS / Heuclin; um: SUNSET / NHPA; ur: JACANA / H. Chaumeton / Lanceau - 276 ol: BIOS /

Simeonidis; or und m: JACANA / H. Chaumeton; ml: SUNSET / Pakiela; mr und u: SUNSET / NHPA - 278 ol: SUNSET / Lacz; om: SUNSET / NHPA; or: SUNSET / Silvestris / Hecker; ml und u: SUNSET / Lacz; mr: SUNSET / FLPA / Hyde - 279 o: SUNSET / Animals Animals; m: SUNSET / Pakiela; ul: SUNSET / Lacz; ur: BIOS / Tavernier; u SR: SUNSET / Silvestris - 280 ol: BIOS / WWF International / Schafer; or: BIOS / Lefevre; m und u: BIOS / Simeonidis - 281 o: BIOS / Heuclin; m und ur: JACANA / H. Chaumeton; ul: JACANA / Winner - 282 ol, mr und u: SUNSET / Animals Animals; or: SUNSET / Lacz; ml: SUNSET / NHPA - 283 o: SUNSET / FLPA; ml: BIOS / Ausloos; mr: SUNSET / Animals Animals; ul: JACANA / Konig; ur: JACANA / Winner;u SR l: SUNSET / FLPA / Wilson; u SR r: SUNSET / Animals Animals - 284 o: BIOS / Gunther; u: SUNSET / FLPA / Wilson - 285 ol: SUNSET / NHPA; or: BIOS / Panda Photo / Di Dominico; ml: JACANA / H. Chaumeton; mr: BIOS / Panda Photo / Rinaldi; ul: BIOS / Gunther; ur: BIOS / Heuclin - 286 o: SUNSET / Cartwright; u: BIOS / J.-L. und F. Ziegler - 287 ol: BIOS / Quillivic; or: BIOS / Ausloos; ml und u: BIOS / Heuclin; mr: BIOS / Sylvestre - 288 ol: SUNSET / FLPA; or: BIOS / Guihard; ml: SUNSET / Pakiela; mr und u: BIOS / Guihard; u SR l: BIOS / Schulz; u SR r: SUNSET / NHPA - 289 ol: BIOS / Wildlife Picture / Henno; or: BIOS / Tavernier; ml: SUNSET / Pakiela; m und ul: JACANA / H. Chaumeton; mr: BIOS / Simeonidis; ur: SUNSET / Collins; u SR r: BIOS / Guihard - 290 o: JACANA / Labat / Lanceau; ml: BIOS / Simeonidis; mr: BIOS / Panda Photo / Sorisio; u: SUNSET / NHPA - 291 ol: SUNSET / Pakiela; or: BIOS / Simeonidis; ml: SUNSET / NHPA; mr: BIOS / Heuclin; ul: BIOS / Sylvestre; ur: SUNSET / Collins; u SR: BIOS / Heuclin - 292 ol: BIOS / Simeonidis; om: JACANA / H. Chaumeton; or: SUNSET / Collins; ml: SUNSET / FLPA / Wilson; mr: SUNSET / Lacz; ul: SUNSET / Animals Animals; ur: SUNSET / FLPA - 293 o: BIOS / Panda Photo / Sorisio; m: BIOS / Guihard; ul: JACANA / Gladu; ur: BIOS / Panda Photo / Calegari - 294 o: BIOS / Garguil; l und u: SUNSET / Pakiela; r: BIOS / Quillivic - 295 ol: BIOS / Simeonidis; or: JACANA / Lanceau; ml und ul: JACANA / H. Chaumeton; mr: BIOS / Guihard; ur: BIOS / Fagot - 296 o: BIOS / Sylvestre; l: SUNSET / Animals Animals; r: SUNSET / NHPA - 297 l: SUNSET / Animals Animals; r: SUNSET / Collins - 298 o: BIOS / Sylvestre; u: BIOS / Panda Photo / Calegari - 299 o: BIOS / Panda Photo / Calegari; ml: SUNSET / FLPA / Wilson; mr: SUNSET / FLPA / Lane; ul: SUNSET / Lacz; ur: SUNSET / FLPA / Wilson; u SR: BIOS / Simeonidis - 300 ol und m: SUNSET / Animals Animals; or: BIOS / Panda Photo / Cranston; ul: H. Chaumeton / Hellio; ur: JACANA / Varin - 301 o: JACANA / Gladu; ul: JACANA / H. Chaumeton; ur: SUNSET / NHPA - 302 Hintergrund: SUNSET / McDonald; o: BIOS / Ausloos; u: BIOS / Crocetta - 303 o: BIOS / Schnellmann; m: BIOS / Halleux; ul: SUNSET / McDonald; ur: SUNSET / ANT - 304 ol: JACANA / Prigent; or: BIOS / Halleux; u: BIOS / Mayet - 305 l: BIOS / Moreau; o: BIOS / Dif; m: BIOS / Klein / Hubert; u: BIOS / Le Moigne - 306 ol: BIOS / Ausloos; or und ml: BIOS / Klein / Hubert; m: BIOS / Mayet; mr: BIOS / Le Moigne; u: BIOS / Halleux - 320 l: PIX / Delon; ol: SUNSET / Animals Animals; or: PHONE / Flossy; ml: JACANA / Claye; mr und ur: PHONE / Flossy; ul: PHONE / Labat - 321: PIX / Delon - 322 ol: PIX / Tourenne; or: PIX / Hiroshi; ul: PHONE / Gohier; ur: BIOS / A. und M. Breuil; Spalte r von o nach u: BIOS / Decobecq; BIOS / Decobecq; PHONE / Parer & Parer-Cook; PIX / Berjonneau - 323 Spalte l von o nach u: JACANA / Schall; PIX / De Richemon; JACANA / Giannoni; SUNSET / Marge; ol: JACANA / Bernard; or: PIX / Simpson - 326 ol: SUNSET / FLPA / Wharton; om: PIX / Klein; or: JACANA / Champroux; m: PIX / Planet Earth Pictures / Kongs Fjord; u: PIX / Mahlinger - 327 ol: PIX / Planet Earth Pictures / Mattock; or: PIX / Planet Earth Pictures / Downer; u: FOTOGRAM-STONE / Huber - 328 ol: PIX / Panigatti; or: JACANA / Blanc; ml: JACANA / Konig; mr: PIX / Planet Earth Pictures / Heap; u von l nach r: PIX / Gauthier; SUNSET / Holt Studios / Gibbons; PIX / Planet Earth Pictures / McGeeney; SUNSET / Holt Studios / Gibbons - 329 ol: SUNSET / FLPA; om: PIX / Mahlinger; or: PIX / D'Amboise; ml: PIX / Planet Earth Pictures / McGeeney; m: SUNSET / Animals Animals; mr: BIOS / Dubreuil; u von l nach r: PIX / Planet Earth Pictures / Dr Gasson; PIX / Protet; PIX / Klein / Hubert; PIX / Edy - 330 ol: JACANA / Lieuter; or: JACANA / Champroux; m: JACANA / Lieuter; u: PIX / Bavaria / Geiersperger - 331 o: PIX / Planet Earth Pictures / Ferrera; ml: PIX / Hemon; mr: COLIBRI / Simon; ul: SUNSET / Holt Studios / Gibbons; ur: JACANA / Lieuter - 332 ol: PIX / Planet Earth Pictures / Clay; om: JACANA / Champroux; or: JACANA / Volot; ul: JACANA / Hofer; ur: JACANA / Konig - 334 l: PIX / Bavaria / Barth; ol: PIX / Boyer; or: PIX / Kanny; ul: MAP. / Nief; ur: PIX / Klein - 336 ol: PIX / Le Moigne; om: SUNSET / FLPA; or, ul und um: PIX / Mahlinger; ur: BIOS / Marielle - 337 ol: PIX / Mahlinger; or: PIX / Planet Earth Pictures / Broad; m: COLIBRI / Jouffray; ul: COLIBRI / Simon; ur: SUNSET / Simon - 338: PIX / Hill - 339 o: PIX / Gauthier; m: PIX / Planet Earth Pictures / Greaves; u: PIX / Planet Earth Pictures / Wendy Dennis - 340 o und ul: PIX / Mahlinger; ur: PIX / Gleiter -341 ol: PIX / Benelux; or: PIX / Mahlinger; m: COLIBRI / Baranger; u: PIX / Valarcher - 342 von o nach u: PIX / Bavaria / Reinhard; PIX / Planet Earth Pictures / Sheridan / ARPS; SUNSET / Maier; BIOS / Wildlife Picture / Henno; JACANA / Berthoule - 343 Hintergrund: FOTOGRAM-STONE / Giambi - 348 o: BIOS / Mayet; ml: SUNSET / Thielemann; mr: BIOS / Goutet; u: SUNSET / NHPA; u SR: BIOS / Klein / Hubert - 349: BIOS / Prévot - 350 o: Y. Lanceau; ml: BIOS / Lafranchis; mr: SUNSET / FLPA; ul: BIOS / Malausa; ur: BIOS / Mingorance - 351 ol: COLIBRI / Tauran; or: BIOS / Heuclin; ml: SUNSET / Holt Studios; mr: BIOS / Dubreuil; u: SUNSET / FLPA - 352 ol: BIOS / Lévêque; om: SUNSET / Moulu; or: BIOS / Bertrand; u: BIOS / Vantighem - 353 ol: BIOS / Klein / Hubert; or: BIOS / Lopez; ul: BIOS / Alcalay; ur: BIOS / Klein / Hubert - 356 ol: J. Six; or: C. Bock; ul: BIOS / Foto Natura / Smit; ur: JACANA / Viard - 357 ol: SUNSET / NHPA; or: J. Six; ul: SUNSET / Silvestris / Lochstampfer; ur: SUNSET / Silvestris / Brockhaus - 358 ol: C. Bock; or: BIOS / Malausa; ml: BIOS / Lafranchis; mr: BIOS / Lopez; ul: BIOS / Malausa; ur: BIOS / Lopez - 359 ol: SUNSET / Holt Studios / Gibbons; or: BIOS / Malausa; ul und um: SUNSET / Holt Studios / Gibbons; ur: BIOS / Prévot - 360 ol, or und m: SUNSET / Silvestris / Galan; om und ul: B. Bock; ur: BIOS / Klein / Hubert - 361 ol: BIOS / Marcon; om: SUNSET / Durantel; or: SUNSET / Thielemann; ul: B. Bock; um: BIOS / Merlet; ur: JACANA / Le Roy - 362 ol: BIOS / Lopez; or: SUNSET / Silvestris / Cramm; ul: BIOS / E. und D. Boyard; um: BIOS / Pernot; ur: J. Six -

363 ol: SUNSET /Moulu; or: SUNSET / FLPA / Batten; ml: SUNSET / Silvestris / Brockhaus; r: BIOS / Lévêque; ul: BIOS / Lopez; ur: SUNSET / Moulu - 366 l: BIOS / Mayet; o: BIOS / Fischer; u: BIOS / Munoz - 367 Hintergrund: BIOS / Cavignaux; o: BIOS / Borrell; m: BIOS / Boutin; u: BIOS / Fischer - 368 o: BIOS / Heuclin; ul: BIOS / Klein / Hubert; ur: JACANA / Lorne - 369 Hintergrund: JACANA / Lorne; l: JACANA / Carrara; r: SUNSET / Animals Animals - 370 o: BIOS / Prévot; u: SUNSET / NHPA - 371 ol: A. und J. Six; or: BIOS / Prévot; m: BIOS / Mayet; u: BIOS / Heuclin. Umschlag: J. T. Johansson/Pix

Illustrationen

Die Illustrationen der Rubrik „Na so was!" stammen von Barbe.
Die Signets der einzelnen Kapitel stammen von N. Locoste.

8-9: P.-E. Dequest; 10-11: J.-J. Hatton; 12-13: N. Wintz; 15: A. Bodin; 17: N. Wintz; 19: N. Wintz; 21: A. Bodin; 22-23: A. Bougerolle; 24-25: P.-E. Dequest; 26-27: R. Roussel; 30-31: R. Roussel; 32-33: N. Wintz; 34-35: N. Locoste 36-37: J.-J. Hatton; 38-39: A. Bienfait; 40-41: A. Bodin; 42-43: J.-M. Pariselle; 44-45: N. Wintz; 46: N. Locoste; 48-49: J.-C. Sénée; 50-51-52-53: A. Bodin; 54-55: P.-E. Dequest; 56-57: L. Favreau; 58-59-60-61: P.-E. Dequest (Baumumrisse); 62-63: J.-J. Hatton; 64-65: A. Bodin; 77: A. Bienfait; 78-79: J.-J. Hatton; 81: N. Wintz; 83: N. Wintz; 85-86-87: E. Obadia; 88-89: N. Locoste; 90-91: A. Bougerolle; 95: A. Bougerolle; 97: A. Bienfait; 99: A. Bienfait; 101: L. Favreau; 102-103: P.-E. Dequest; 104-105-106-107: J.-C. Sénée; 119: A. Bodin; 121: A. Bodin; 122-123: L. Favreau; 124-125: N. Locoste; 137: J.-M. Pariselle; 139: J.-J. Hatton; 146-147: J.-J. Hatton; 149: J.-J. Hatton; 151: J.-M. Pariselle; 153: E. Obadia; 157: A. Bienfait; 158-159: J.-M. Pariselle; 160-161: J. H. Pariselle; 162-163: J.-J. Hatton; 164-165: P.-E. Dequest; 166-167-168-169: J.-C. Sénée; 176-177: J.-J. Hatton; 180: J.-J. Hatton; 183: J.-C. Sénée; 185: B. Charles; 187: J.-J. Hatton; 194-195: J.-J. Hatton; 197: A. Bodin; 199: A. Bodin; 201: A. Bougerolle; 202-203: S. Strosberg; 204-205-206-207-208-209: P.-E. Dequest; 210-211: J.-M. Pariselle; 213: L. Favreau; 224-225: L. Favreau; 226: A. Bodin; 227: S. Strosberg (Bäume), P. de Hugo (Personen); 228-229: J.-J. Hatton; 238-239: J.-J. Hatton; 240-241: P.-E. Dequest; 242-243: L. Favreau; 244-245: J.-J. Hatton; 251-252-253: N. Locoste; 257: A. Bienfait, F. Guiraud; 261: F. Guiraud; 262-263: J.-C. Sénée; 265: A. Bougerolle; 267: F. Guiraud; 271: N. Wintz; 274-275: J.-M. Pariselle; 277: C. Fichaux; 279: C. Fichaux; 297: A. Bougerolle; 303: A. Bodin; 307: J.-M. Pariselle, F. Guiraud; 308-309: P.-E. Dequest; 310-311: N. Locoste; 312-313: J.-J. Hatton; 314-315: N. Locoste; 316-317: J.-C. Sénée; 318: L. Favreau; 319: A. Bienfait; 323: A. Bienfait; 324-325: J.-C. Sénée; 333: A. Bienfait; 335: A. Bienfait; 338: J.-C. Sénée; 340-341: J. C. Sénée; 343: A. Bienfait; 344-345: P.-E. Dequest; 346-347: A. Bodin; 349: J.-C. Sénée; 354 355: L. Favreau; 364-365: J.-J. Hatton; 372: N. Locoste, J.-C. Sénée; 373: J.-J. Hatton, J.-C. Sénée, E. Obadia; 374: J.-C. Sénée, E. Obadia, F. Guiraud; 376-383: S. Chrétien.

• *Layout:* OCTAVO

• *Illustrationen*: Barbe, Andrée Bienfait, Anne Bodin, Annick Bougerolle, Benoît Charles, Sylvie Chrétien, Pierre-Emmanuel Dequest, Luc Favreau, Catherine Fichaux, Florence Guiraud, Jean-Jacques Hatton, Pierre de Hugo, Nathalie Locoste, Emmanuel Obadia, Jean-Marc Pariselle, Claudine Parra, Richard Roussel, Jean-Claude Sénée, Serge Strosberg, Nicolas Wintz

• *Fachlektorat der französischen Ausgabe:* Paragraphe
Fachlektorat der deutschen Ausgabe: Anne-Kathrin Janetzky

• *Übersetzung aus dem Französischen:* Friederike Spatz und Pascal Froger

Nach den Regeln der neuen Rechtschreibung

ISBN 3-89717-037-X
Satz: A & M dtp, Stuttgart
Belichtung: Goustard, Clamart
Printed in France by Partenaires-Livres